高等学校信息工程类专业系列教材
"十三五"江苏省重点教材(2018 - 1 - 149)

微波技术与天线

(第五版)

刘学观　郭辉萍　编著

西安电子科技大学出版社

内 容 简 介

本书系统论述了微波技术与天线的基本原理、基本技术及其典型应用系统,对当前技术热点,如无线传感与射频识别、光纤技术、智能天线、低温共烧陶瓷(LTCC)、基片集成波导(SIW)等新技术进行了讨论。本书在编撰时较多地将理论与工程结合起来,强调工程设计及工程应用。

全书共分 10 章,内容包括均匀传输线理论、规则金属波导、微波集成传输线、微波网络基础、微波电路基础、天线辐射与接收的基本理论、电波传播概论、线天线、面天线及典型微波应用系统。每章均附有小结和习题。

本次修订首先丰富了微波有源电路知识,其次将课件资源、动画、重点难点及拓展分析文档、设计案例等 100 多个教学资源文档以二维码的形式嵌入教材中,形成特色互动资源,方便开展线上、线下混合教学。

本书可作为电子信息类各专业的本科生教材,也可作为电子工程与通信工程技术人员或相关专业技术人员的参考书。

图书在版编目(CIP)数据

微波技术与天线/刘学观,郭辉萍编著. —5 版.
—西安:西安电子科技大学出版社,2021.4(2024.12 重印)
ISBN 978 - 7 - 5606 - 6045 - 5

Ⅰ. ①微… Ⅱ. ①刘… ②郭… Ⅲ. ①微波技术-高等学校-教材
②微波天线-高等学校-教材 Ⅳ. ①TN015 ②TN822

中国版本图书馆 CIP 数据核字(2021)第 090261 号

策 划 马乐惠
责任编辑 阎 彬
出版发行 西安电子科技大学出版社(西安市太白南路 2 号)
电 话 (029)88202421 88201467 邮 编 710071
网 址 www.xduph.com 电子邮箱 xdupfxb001@163.com
经 销 新华书店
印刷单位 陕西博文印务有限责任公司
版 次 2021 年 4 月第 5 版 2024 年 12 月第 33 次印刷
开 本 787 毫米×1092 毫米 1/16 印张 19
字 数 446 千字
定 价 48.00 元
ISBN 978 - 7 - 5606 - 6045 - 5
XDUP 6347005 - 33

前　言

《微波技术与天线》自 2001 年 11 月首版已超过二十年，该教材连续印刷了 30 次，累计印刷超过 17 万册，2007 年被遴选为江苏省精品教材，2018 年被推荐为江苏省"十三五"重点教材，全国几十所重点高校将其作为教材，东南大学等著名大学还将其作为研究生考试指定参考书。

为了深入贯彻落实党的"二十大精神"，更好服务"科教兴国、人才强国、创新驱动发展"三大战略，确保专业教材跟上时代步伐，为此我们提出"纸质教材、网络平台、教学课件、学习指导、工程设计指导"五位一体的全景化教材建设愿景，进一步适应线上线下混合教学新趋势以及射频微波技术发展需要，既为电子信息类专业学生掌握射频与微波基础知识提供支撑，同时也为未来可能成为射频工程师的学生提供扎实的设计能力。以培养更多素养高、专业能力强的射频与微波工程人才。

本次修订就是围绕上述建设目标，增加教学内容、丰富教学资源、突出工程设计案例，将课件资源、动画、重点难点及拓展分析文档、设计案例等 100 多个教学资源以二维码的形式嵌入教材，形成特色互动资源，以更好地服务线上线下混合教学。

本书可作为高等学校电子信息类本科各专业学生的教材，也可以作为电子与通信学科及有关技术人员继续教育的参考书。

本教材计划学时数为 72 学时，全书共分 10 章，包括微波技术、天线与电波传播和微波应用系统三个部分，每章都有小结。第 1～5 章为微波技术部分，主要讨论了均匀传输线理论、规则金属波导、微波集成传输线、微波网络基础和微波元器件，其中在微波集成传输线部分主要讨论了带状线、微带线、耦合微带线、共面波导、基片集成波导及介质波导的传输特性，并对光纤传输原理及特性做了介绍；在微波电路基础一章分为无源电路和有源电路，其中无源电路部分重点介绍了具有代表性的几组微波无源元器件，主要包括连接匹配元件、功率分配与合成器件、微波谐振元件和微波铁氧体器件，还介绍了 LTCC 器件；微波有源电路部分从工程应用的角度出发，介绍了微波二极管、晶体管以及放大器、振荡器、混频器的基本原理。第 6—9 章为天线与电波传播部分，主要叙述了天线辐射与接收的基本理论、电波传播概论、线天线及面天线，其中在线天线部分侧重介绍了在工程中常用的鞭天线、电视天线、移动通信基站天线、行波天线、宽频带天线、微带天线等，还对智能天线做了简要介绍。微波应用系统安排在第 10 章，主要讨论了雷达系统、微波通信系统、微波遥感系统及无线传感与射频识别等四个典型微波应用系统。上述三部分既有联系又有相对灵活性，使用本书作教材时可根据不同的教学要求进行取舍。同时书中将专业词汇加注英文以满足工程需求。

本书由刘学观和郭辉萍合编，刘学观编写了绪论、第 1～5 章及第 10 章，郭辉萍编写了第 6～9 章，曹洪龙同志参与了配套多媒体课件的设计与制作，周朝栋教授审阅了全书，西安电子科技大学出版社编辑马乐惠对本书提出了许多宝贵的意见，在此表示诚挚的谢意。

在本书的成稿过程中，得到包括南京信息工程大学、东南大学、中山大学、西安电子科技大学、南京航空航天大学等单位的许多同行专家的支持和帮助，还得到了苏州大学电子信息学院领导和同事及相关研究生的帮助，还得到了苏州大学—禾邦电子无线辐射测试中心、苏州大学—兵器 214 所微波毫米波联合实验室有关同行的帮助与支持，在此一并表示感谢。同时作者对西安电子科技大学出版社的马乐惠、陈婷等同志的大力支持表示由衷的感谢。

由于作者水平有限，书中难免还存在一些缺点和错误，敬请广大读者批评指正，我们的 Email：txdzlxg@suda.edu.cn。

苏州大学　刘学观　郭辉萍

2021 年 3 月

2023 年 8 月修订

第 一 版 前 言

　　针对目前全国各高校课程体系改革，电磁场微波技术系列课程的内容调整较大，一方面课时压缩，另一方面如天线、无线电波传播等课程已不再单独开设，但按照专业要求，学生对相关知识应有一定的掌握，本书就是针对这一要求编写的。

　　本书在保持理论体系的完整和严谨的同时，尽量简化繁杂的推导，以使读者易于接受。其次，为了拓宽学生知识面以适应宽口径培养的需要，结合当前技术热点，书中适当讨论了光纤技术、智能天线技术等方面的内容，以实现微波与光、天线与数字信号处理等技术的相互渗透，完成学科结合。另外，为了使读者在熟悉理论的基础上建立一个系统平台的概念，书中安排了微波应用系统一章。另外，鉴于 MATLAB 是研究和解决工程问题的有力工具，它在微波、天线的分析与设计中应用日趋广泛，本书中的许多图表曲线都是作者用该软件绘制的。

　　本书可作为高等学校信息与通信系统学科本科有关各专业学生的教材，也可作为相关学科及有关专业技术人员的参考书。

　　本教材计划学时数为 72 学时，全书共分为 10 章，包括微波技术、天线与电波传播和微波应用系统三个部分。第 1～5 章为微波技术部分，主要讨论了均匀传输线理论、规则金属波导、微波集成传输线、微波网络基础和微波元器件，其中在微波集成传输线部分主要讨论了带状线、微带线、耦合微带线及介质波导的传输特性，并对光纤的传输原理及特性做了介绍；在"微波元器件"一章中，从工程应用的角度出发，重点介绍了具有代表性的几组微波无源元器件，主要包括连接匹配元件、功率分配元器件、微波谐振元件和微波铁氧体器件。第 6～9 章为天线与电波传播部分，主要叙述了天线辐射与接收的基本理论、电波传播概论、线天线及面天线，其中在线天线部分侧重介绍了在工程中常用的鞭天线、电视天线、移动通信基站天线、行波天线、宽频带天线、微带天线等，还对智能天线技术做了简要介绍。微波应用系统安排在第 10 章，主要讨论了雷达系统、微波通信系统及微波遥感系统三个典型系统。上述三部分既相互联系又相对独立，使用本书作教材时可根据不同的教学要求进行取舍。

　　本书由刘学观和郭辉萍合编，刘学观编写了绪论、第 1～5 章及第 10 章，郭辉萍编写了第 6～9 章，周朝栋教授审阅了全书，主审和审阅人及责任编辑对本书提出了许多宝贵的意见，在此表示诚挚的感谢。在本书的编写过程中，高等学校电磁场教学与教材研究会的许多同志提出了许多建设性意见，研究生陈东华同学、朱祺同学也提供了很多帮助，在此一并表示感谢。同时作者对西安电子科技大学出版社的大力支持表示感谢。由于作者水平有限，书中难免还存在一些缺点和错误，敬请广大读者批评指正。

刘学观　郭辉萍

2001 年 7 月

目　　录

绪　　论

1. 微波及其特点

根据波长的长短，可将电磁波分成不同的波段，通常有超长波、长波、中波、短波、米波、分米波、厘米波、毫米波、亚毫米波、远红外、中红外、近红外、可见光、紫外线、X 射线等。图 0 - 1 所示是典型的电磁波谱。通常将频率在 3 kHz～3000 GHz 范围内的电磁波称为无线电波(Radio Wave)，而其中的微波(Microwave)是电磁波谱中介于超短波与红外线之间的波段，它属于无线电波中波长最短(即频率最高)的波段，相应的频率范围从 300 MHz(波长 1 m)至 3000 GHz(波长 0.1 mm)。在通信和雷达工程中还使用拉丁字母来表示微波更细的分波段。表 0 - 1 给出了常用微波波段的划分。值得指出的是，近年来成为热点的太赫兹(THz)波段是介于毫米波和远红外之间的一段特殊的频段(可参考知识拓展文档：太赫兹及其应用)。

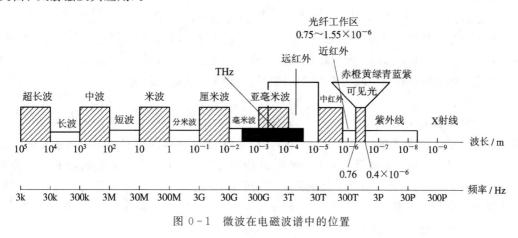

图 0 - 1　微波在电磁波谱中的位置

绪论　　　　　　　　　　　射频与微波　　　　　　　　太赫兹及其应用

对于低于微波频率的无线电波，其波长远大于电系统的实际尺寸，可用集总参数电路的理论进行分析，即为电路分析法；频率高于微波波段的光波、X 射线、γ 射线等，其波长远小于电系统的实际尺寸，甚至与分子、原子的尺寸相比拟，因此可用光学理论进行分析，即为光学分析法；而微波则由于其波长与电系统的实际尺寸相当，不能用普通电子学中电路的方法研究或用光的方法直接去研究，必须用场的观点去研究，即由麦克斯韦方程组出发，结合边界条件来研究系统内部的结构，这就是场分析法。

表 0-1　常用微波波段的划分

波段符号	频率/GHz	波段符号	频率/GHz
UHF	0.3～1.12	Ka	26.5～40.0
L	1.12～1.7	Q	33.0～50.0
LS	1.7～2.6	U	40.0～60.0
S	2.6～3.95	M	50.0～75.0
C	3.95～5.85	E	60.0～90.0
XC	5.85～8.2	F	90.0～140.0
X	8.2～12.4	G	140.0～220.0
Ku	12.4～18.0	R	220.0～325.0
K	18.0～26.5	THz	100.0～1000.0

正因为微波波长的特殊性，所以它具有以下特点：

（1）似光性。

微波的特点

微波具有类似光一样的特性，主要表现在反射性、直线传播性及集束性等几个方面，即：由于微波的波长与地球上的一般物体(如飞机、轮船、汽车等)的尺寸相比要小得多，或在同一量级，因此当微波照射到这些物体上时会产生强烈的反射，基于此特性人们发明了雷达系统；微波如同光一样在空间直线传播，如同光可聚焦成光束一样，微波也可通过天线装置形成定向辐射，从而可以定向传输或接收由空间传来的微弱信号以实现微波通信或探测。

（2）穿透性。

微波照射到介质时具有穿透性，主要表现在云、雾、雪等对微波传播的影响较小，这为全天候微波通信和遥感打下了基础，同时微波能穿透生物体的特点也为微波生物医学打下了基础；另一方面，微波具有穿越电离层的透射特性，实验证明：微波波段的几个分波段，如1～10 GHz、20～30 GHz 及 91 GHz 附近受电离层的影响较小，微波可以较为容易地由地面向外层空间传播，从而成为人类探索外层空间的"无线电窗口"，为空间通信、卫星通信、卫星遥感和射电天文学的研究提供了难得的无线电通道。

（3）宽频带特性。

我们知道，任何通信系统为了传递一定的信息必须占有一定的频带，为传输某信息所需的频带宽度叫做带宽。例如，电话信道的带宽为 4 kHz，广播的带宽为 16 kHz，而一路电视频道的带宽为 8 MHz。显然，要传输的信息越多，所用的频带就越宽。一般一个传输信道的相对带宽(即频带宽度与中心频率之比)不能超过百分之几，所以为了使多路电视、电话能同时在一条线路上传送，就必须使信道中心频率比所要传递的信息总带宽高几十至几百倍。而微波具有较宽的频带特性，其携带信息的能力远远超过中短波及超短波，因此现代多路无线通信几乎都工作在微波波段。随着数字技术的发展，单位频带所能携带的信息更多，这为微波通信提供了更广阔的前景。

（4）热效应特性。

当微波电磁能量传送到有耗物体的内部时，就会使物体的分子互相碰撞、摩擦，从而使物体发热，这就是微波的热效应特性。利用微波的热效应特性可以进行微波加热，由于微波加热具有内外同热、效率高、加热速度快等特点，因而被日益广泛地应用于粮食、茶叶、卷烟、木材、纸张、皮革、食品等各种行业中。另外，微波对生物体的热效应也是微波生物医学的基础。

（5）散射特性。

当电磁波入射到某物体上时，会在除入射波方向外的其他方向上产生散射。散射是入射波和该物体相互作用的结果，所以散射波携带了大量关于散射体的信息。打个比方：早晨，当太阳还没有升起来的时候，我们虽然无法直接看到太阳，但当我们看到天空被染成鱼肚白或云被染成红色时，我们就知道太阳在地平线下不远的地方了，这个信息就是通过大气或云对阳光的散射作用传递给我们的。由于微波具有频域信息、相位信息、极化信息、时域信息等多种信息，人们通过对不同物体的散射特性的检测，从中提取目标特征信息，从而进行目标识别，这是微波遥感、雷达成像等的基础。另一方面，还可利用大气对流层的散射实现远距离微波散射通信。

（6）抗低频干扰特性。

地球周围充斥着各种各样的噪声和干扰，主要归纳为：由宇宙和大气在传输信道上产生的自然噪声，由各种电气设备工作时产生的人为噪声。由于这些噪声一般在中低频区域，与微波波段的频率成分差别较大，它们在微波滤波器的阻隔下，基本不能影响微波通信的正常进行。这就是微波的抗低频干扰特性。

微波除了具有以上一些特性外，还有以下几个特点：

（1）视距传播特性。

各波段电磁波的传播特性是不一样的，长波可沿地表传播，短波可利用电离层反射实现天波传播，而超短波和微波只能在视距内沿直线传播，这就是微波的视距传播特性。但由于地球表面的弯曲和障碍物（高山、建筑物等）的阻拦，微波不能直接传播到很远的地方去（一般不超过 50 km），因此在地面上利用微波进行远距离通信时，必须建立中继站，并使站与站之间的距离不超过视距，微波信号就像接力棒一样一站一站地传递下去。这样显然增加了通信的复杂程度。

中继通信

（2）分布参数的不确定性。

在低频情况下，电系统的元器件尺寸远远小于电波的波长，因此稳定状态的电压和电源的效应可以被认为是在整个系统各处同时建立起来的，系统各种不同的元件可用既不随时间、也不随空间变化的变量来表征，这就是集总参数元件。而微波的频率很高，电磁振荡周期极短，与微波电路中从一点到另一点的电效应的传播时间是可比拟的，因此就必须用随时间、空间变化的变量，即分布参量来表征。分布参量明显的不确定性，增加了微波理论与技术的难度，从而增加了微波设备的成本。另外，随着电子设备主频越来越高，高速电路间的分布效应越来越明显，因此高速电路设计也越来越依赖于微波理论。

（3）电磁兼容与电磁环境污染。

随着无线电技术的不断发展，越来越多的无线设备在相同的区域同时工作，势必会引起相互干扰。尤其是在飞行器、舰船上，不同通信设备之间的距离极小，必然产生相互干扰。另外在十分拥挤的公共场所，众多的移动用户之间的相互影响也是显而易见的。

电磁兼容性问题

所以必须考虑电磁兼容的问题。同时，越来越多的无线信号充斥于人们的生活空间，必然对人体产生影响。因此从某种意义上说，电磁环境污染已成为新的污染源。这方面已引起各国政府和科技界的广泛重视。

2. MATLAB 的特点及在本书中的应用

MATLAB 自 1984 年由美国 Math Works 公司推向市场以来，历经了三十多年的发展与竞争，现已成为国际公认的最优秀的科技应用软件。与 C、C＋＋、FORTRAN、PASCAL 和 BASIC 相比，MATLAB 不但在数学语言的表达与解释方面表现出人机交互的高度一致，而且具有作为优秀高技术计算环境所不可或缺的以下特点：

（1）强大的数值计算和符号计算能力（且计算结果和编程可视化、数字和文字统一处理、可离线和在线计算）。

（2）以向量、数组和复数矩阵为计算单元，指令表达与标准教科书的数学表达式相近。

（3）高级图形和可视化处理能力。

（4）广泛地应用于解决各学科、各专业领域的复杂问题，广泛地应用于自动控制、图像信号处理、生物医学工程、语音处理、雷达工程、信号分析、振动理论、时序分析与建模、优化设计等领域。

（5）拥有一个强大的非线性系统仿真工具箱。

（6）支持科学和工程计算标准的开放式可扩充结构。

（7）跨平台兼容。

由于 MATLAB 具有一般高级语言难以比拟的优点，而且拥有许多实用工具箱，它很快成为应用学科计算机辅助分析、设计、仿真、教学乃至科技文字处理不可缺少的基础软件。

微波、天线的分析与设计涉及的数学知识较多，公式冗长，计算繁琐，而且经常还要用到多种特殊函数，因此常常要借助于 MATLAB，这样不仅可以省时、省力，而且还可以做到比较直观。比如在天线的分析中，如果想了解天线的辐射电阻，借助 MATLAB，不仅可以计算其辐射电阻，而且还可以画出其辐射特性曲线；如果想知道天线的方向特性，借助 MATLAB，不仅可以计算方向系数，还可以画出主平面方向图及全空间方向图；等等。在天线的优化设计中，由于天线的一些参数（如天线增益与工作带宽、主瓣宽度与旁瓣电平等）往往是相互矛盾的，使用 MATLAB 更能显示其魅力。

本教材是针对非电磁场专业的学生编写的，所以只注重微波、天线的分析和基本概念的介绍，但 MATLAB 作为一个工具，其使用始终贯穿其中。像书中的计算、曲线、图形大多是使用 MATLAB 得到的结果。读者也可通过 MATLAB 的实际编程更好地理解微波、天线的概念。

3. 本课程的体系结构

微波、天线与电波传播是无线电技术的一个重要组成部分，它们三者研究的对象和目的有所不同。微波主要研究如何导引电磁波在微波传输系统中有效传输，它的特点是希望电磁波按一定要求沿微波传输系统无辐射地传输，对传输系统而言，辐射是一种能量的损耗。天线的任务则是将导行波变换为向空间定向辐射的电磁波，或将在空间传播的电磁波变为微波设备中的导行波，因此天线有两个基本作用：一个是有效地辐射或接收电磁波，另一个是把无线电波能量转换为导行波能量。电波传播分析和研究的是电波在空间的传播方式和特点。微波、天线与电波传播三者的共同基础是电磁场理论，三者都是电磁场在不同边值条件下的应用。

　　本书力图保持理论体系完整严谨，对微波、天线和电波传播的基本埋论进行了讨论，并结合当前的技术热点，尤其在光纤技术、智能天线方面，完成学科结合，实现学科的相互渗透；同时加强系统概念，突出工程应用，使理论与实用系统相结合，以拓宽学生的知识面。另外，MATLAB 是研究和解决工程问题的有力工具，它在微波、天线的分析与设计中的应用日趋广泛，因此本教材也尽力体现这一点。此外，微波辅助设计（EDA）软件在工程中应用得越来越广泛，附录中对相关软件作了简单介绍。

　　全书共分为 10 章，包括均匀传输线理论、规则金属波导、微波集成传输线、微波网络基础、微波电路基础、天线辐射与接收的基本理论、电波传播概论、线天线、面天线及典型微波应用系统等。

课程体系

有声 PPT

绪论教学要求

第1章　均匀传输线理论

各类传输线结构示意图

　　微波传输线（Transmission Line）是用以传输微波信息和能量的各种形式传输系统的总称，它的作用是引导电磁波沿一定方向传输，因此又称为导波系统，其所导引的电磁波被称为导行波。一般将截面尺寸、形状、媒质分布、材料及边界条件均不变的导波系统称为规则导波系统，又称为均匀传输线。把导行波传播的方向称为纵向，垂直于导波传播的方向称为横向。无纵向电磁场分量的电磁波称为横电磁波（Transverse Electromagnetic Wave），即 TEM 波。另外，传输线本身的不连续性可以构成各种形式的微波无源元器件，这些元器件和均匀传输线、有源元器件及天线一起构成微波系统。

　　微波传输线大致可以分为三种类型。第一类是双导体传输线，它由两根或两根以上平行导体构成，因其传输的电磁波是横电磁波（TEM 波）或准 TEM 波，故又称为 TEM 波传输线，主要包括平行双线、同轴线、带状线和微带线等，如图 1-1(a)所示。第二类是均匀填充介质的金属波导管，因电磁波在管内传播，故称为波导，主要包括矩形波导、圆波导、脊形波导和椭圆波导等，如图 1-1(b)所示。第三类是介质传输线，因电磁波沿传输线表面传播，故称为表面波波导，主要包括介质波导、镜像线和单根表面波传输线等，如图 1-1(c)所示。

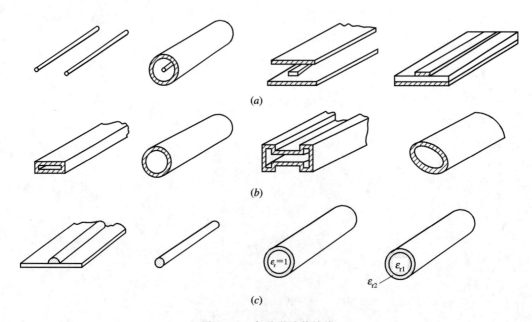

图 1-1　各种微波传输线

(a) 双导体传输线；(b) 波导；(c) 介质传输线

　　对均匀传输线的分析方法通常有两种：一种是场分析法，即从麦克斯韦方程出发，求出满足边界条件的波动解，得出传输线上电场和磁场的表达式，进而分析传输特性；另一种是等效电路法，即从传输线方程出发，求出满足边界条件的电压、电流波动方程的解，得出沿线等效电压、电流的表达式，进而分析传输特性。前一种方法较为严格，但数学上比较繁琐，后一种方法实质是在一定的条件下"化场为路"，有足够的精度，数学上较为简便，因此被广泛采用。

场与路的等效

　　本章从"化场为路"的观点出发，首先建立传输线方程，导出传输线方程的解，引入传输线的重要参量——阻抗、反射系数及驻波比；然后分析无耗传输线的特性，给出传输线的匹配、效率及功率容量的概念；最后介绍最常用的 TEM 传输线——同轴线。

1.1　均匀传输线方程及其解

1. 均匀传输线方程

1.1 节 PPT

　　由均匀传输线组成的导波系统都可等效为如图 1-2(a) 所示的均匀平行双导线系统。其中传输线的始端接微波信号源(简称信源)，终端接负载，选取传输线的纵向坐标为 z，坐标原点选在终端处，波沿负 z 方向传播。在均匀传输线上任意一点 z 处，取一微分线元 $\Delta z(\Delta z \ll \lambda)$，该线元可视为集总参数电路，其上有电阻 $R\Delta z$、电感 $L\Delta z$、电容 $C\Delta z$ 和漏电导 $G\Delta z$(其中 R, L, C, G 分别为单位长电阻、单位长电感、单位长电容和单位长漏电导)，得到的等效电路如图 1-2(b) 所示，则整个传输线可看作由无限多个上述等效电路级联而成。有耗和无耗传输线的等效电路分别如图 1-2(c)、(d) 所示。

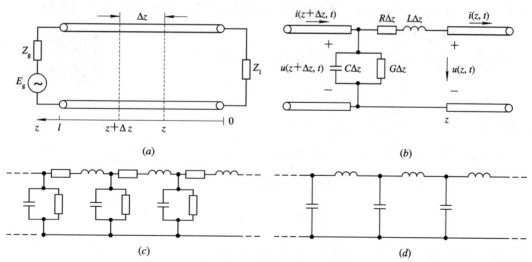

图 1-2　均匀传输线及其等效电路

(a) 均匀平行双导线系统；(b) 均匀平行双导线的等效电路；

(c) 有耗传输线的等效电路；(d) 无耗传输线的等效电路

　　设在时刻 t，位置 z 处的电压和电流分别为 $u(z, t)$ 和 $i(z, t)$，而在位置 $z+\Delta z$ 处的电压和电流分别为 $u(z+\Delta z, t)$ 和 $i(z+\Delta z, t)$。对很小的 Δz，忽略高阶小量，有

$$u(z+\Delta z, t) - u(z, t) = \frac{\partial u(z, t)}{\partial z}\Delta z \left.\vphantom{\frac{\partial u(z, t)}{\partial z}}\right\}$$
$$i(z+\Delta z, t) - i(z, t) = \frac{\partial i(z, t)}{\partial z}\Delta z \qquad\qquad (1-1-1)$$

对图 1 - 2(b)应用基尔霍夫定律可得

$$u(z, t) + R\Delta z i(z, t) + L\Delta z\frac{\partial i(z, t)}{\partial t} - u(z+\Delta z, t) = 0 \left.\vphantom{\frac{\partial i}{\partial t}}\right\}$$
$$i(z, t) + G\Delta z u(z+\Delta z, t) + C\Delta z\frac{\partial u(z+\Delta z, t)}{\partial t} - i(z+\Delta z, t) = 0 \qquad (1-1-2)$$

将式(1-1-1)代入式(1-1-2),并忽略高阶小量,可得

$$\frac{\partial u(z, t)}{\partial z} = Ri(z, t) + L\frac{\partial i(z, t)}{\partial t} \left.\vphantom{\frac{\partial i}{\partial t}}\right\}$$
$$\frac{\partial i(z, t)}{\partial z} = Gu(z, t) + C\frac{\partial u(z, t)}{\partial t} \qquad\qquad (1-1-3)$$

这就是均匀传输线方程,也称电报方程。

对于时谐电压和电流,可用复振幅表示为

$$u(z, t) = \mathrm{Re}[U(z)\mathrm{e}^{\mathrm{j}\omega t}]$$
$$i(z, t) = \mathrm{Re}[I(z)\mathrm{e}^{\mathrm{j}\omega t}] \qquad\qquad (1-1-4)$$

将上式代入式(1-1-3),即可得时谐传输线方程

$$\frac{\mathrm{d}U(z)}{\mathrm{d}z} = ZI(z) \left.\vphantom{\frac{\mathrm{d}U}{\mathrm{d}z}}\right\}$$
$$\frac{\mathrm{d}I(z)}{\mathrm{d}z} = YU(z) \qquad\qquad (1-1-5)$$

式中,$Z=R+\mathrm{j}\omega L$,$Y=G+\mathrm{j}\omega C$,分别称为传输线单位长串联阻抗和单位长并联导纳。

2. 均匀传输线方程的解

将式(1-1-5)的第一式两边微分并将第二式代入,得

$$\frac{\mathrm{d}^2 U(z)}{\mathrm{d}z^2} - ZYU(z) = 0$$

传输线方程

同理可得

$$\frac{\mathrm{d}^2 I(z)}{\mathrm{d}z^2} - ZYI(z) = 0$$

令 $\gamma^2 = ZY = (R+\mathrm{j}\omega L)(G+\mathrm{j}\omega C)$,则上两式可写为

$$\frac{\mathrm{d}^2 U(z)}{\mathrm{d}z^2} - \gamma^2 U(z) = 0 \left.\vphantom{\frac{\mathrm{d}^2 U}{\mathrm{d}z^2}}\right\}$$
$$\frac{\mathrm{d}^2 I(z)}{\mathrm{d}z^2} - \gamma^2 I(z) = 0 \qquad\qquad (1-1-6)$$

显然电压和电流均满足一维波动方程。电压的通解为

$$U(z) = U_+(z) + U_-(z) = A_1\mathrm{e}^{+\gamma z} + A_2\mathrm{e}^{-\gamma z} \qquad (1-1-7a)$$

式中,A_1,A_2 为待定系数,由边界条件确定。

利用式(1-1-5),可得电流的通解为

$$I(z) = I_+(z) + I_-(z) = \frac{1}{Z_0}(A_1\mathrm{e}^{+\gamma z} - A_2\mathrm{e}^{-\gamma z}) \qquad (1-1-7b)$$

式中，$Z_0 = \sqrt{(R+j\omega L)/(G+j\omega C)}$。

令 $\gamma = \alpha + j\beta$，$A_1 = |A_1| e^{j\theta_1}$，$A_2 = |A_2| e^{j\theta_2}$，$Z_0$ 为实数，则可得传输线上的电压和电流的瞬时值表达式为

$$
\left.
\begin{aligned}
u(z,\,t) &= u_+(z,\,t) + u_-(z,\,t) \\
&= |A_1| e^{+\alpha z} \cos(\omega t + \beta z + \theta_1) + |A_2| e^{-\alpha z} \cos(\omega t - \beta z + \theta_2) \\
i(z,\,t) &= i_+(z,\,t) + i_-(z,\,t) \\
&= \frac{1}{Z_0} \left[|A_1| e^{+\alpha z} \cos(\omega t + \beta z + \theta_1) - |A_2| e^{-\alpha z} \cos(\omega t - \beta z + \theta_2) \right]
\end{aligned}
\right\}
$$

$$(1-1-8)$$

由上式可见，传输线上电压和电流以波的形式传播，在任一点的电压或电流均由沿 $-z$ 方向传播的行波(称为入射波)和沿 $+z$ 方向传播的行波(称为反射波)叠加而成。

现在来确定待定系数。由图 $1-2(a)$ 可知，传输线的边界条件通常有以下三种：

① 已知终端电压 U_1 和终端电流 I_1。

② 已知始端电压 U_i 和始端电流 I_i。

③ 已知信源电动势 E_g 和内阻 Z_g 以及负载阻抗 Z_1。

下面我们讨论第一种情况，其他两种情况留给读者自行推导。

将边界条件 $z=0$ 处 $U(0) = U_1$、$I(0) = I_1$ 代入式 $(1-1-7)$，得

$$
\left.
\begin{aligned}
U_1 &= A_1 + A_2 \\
I_1 &= \frac{1}{Z_0}(A_1 - A_2)
\end{aligned}
\right\}
$$

$$(1-1-9)$$

由此解得

$$
\left.
\begin{aligned}
A_1 &= \frac{1}{2}(U_1 + I_1 Z_0) \\
A_2 &= \frac{1}{2}(U_1 - I_1 Z_0)
\end{aligned}
\right\}
$$

$$(1-1-10)$$

将上式代入式 $(1-1-7)$，则有

$$
\left.
\begin{aligned}
U(z) &= U_1 \cosh\gamma z + I_1 Z_0 \sinh\gamma z \\
I(z) &= I_1 \cosh\gamma z + \frac{U_1}{Z_0} \sinh\gamma z
\end{aligned}
\right\}
$$

$$(1-1-11)$$

写成矩阵形式为

$$
\begin{bmatrix} U(z) \\ I(z) \end{bmatrix} =
\begin{bmatrix} \cosh\gamma z & Z_0 \sinh\gamma z \\ \dfrac{1}{Z_0} \sinh\gamma z & \cosh\gamma z \end{bmatrix}
\begin{bmatrix} U_1 \\ I_1 \end{bmatrix}
$$

$$(1-1-12)$$

当 $\gamma = j\beta$ 时，上式可写成

$$
\begin{bmatrix} U(z) \\ I(z) \end{bmatrix} =
\begin{bmatrix} \cos\beta z & jZ_0 \sin\beta z \\ \dfrac{j}{Z_0} \sin\beta z & \cos\beta z \end{bmatrix}
\begin{bmatrix} U_1 \\ I_1 \end{bmatrix}
$$

$$(1-1-13)$$

可见，只要已知终端负载电压 U_1、电流 I_1 及传输线特性参数 γ、Z_0，则传输线上任意一点的电压和电流就可由式 $(1-1-12)$ 求得。

3. 传输线的工作特性参数

1) 特性阻抗 Z_0

将传输线上导行波的电压与电流之比定义为传输线的特性阻抗(Characteristic Impedance),用 Z_0 来表示,其倒数称为特性导纳,用 Y_0 来表示。

由定义得

$$Z_0 = \frac{U_+(z)}{I_+(z)} = -\frac{U_-(z)}{I_-(z)}$$

由式(1-1-6)及式(1-1-7)得特性阻抗的一般表达式为

$$Z_0 = \sqrt{\frac{R+j\omega L}{G+j\omega C}} \qquad (1-1-14)$$

可见特性阻抗 Z_0 通常是个复数,且与工作频率有关。它由传输线自身分布参数决定而与负载及信源无关,故称为"特性阻抗"。当满足以下三个条件时特性阻抗为常数:

(1) 对于均匀无耗传输线,$R=G=0$,传输线的特性阻抗为

$$Z_0 = \sqrt{\frac{L}{C}} \qquad (1-1-15)$$

此时,特性阻抗 Z_0 为实数,且与频率无关。

(2) 当损耗很小,即满足 $R \ll \omega L$、$G \ll \omega C$ 时,有

$$Z_0 = \sqrt{\frac{R+j\omega L}{G+j\omega C}} \approx \sqrt{\frac{L}{C}}\left(1+\frac{1}{2}\frac{R}{j\omega L}\right)\left(1-\frac{1}{2}\frac{G}{j\omega C}\right)$$

$$\approx \sqrt{\frac{L}{C}}\left[1-j\frac{1}{2}\left(\frac{R}{\omega L}-\frac{G}{\omega C}\right)\right] \approx \sqrt{\frac{L}{C}} \qquad (1-1-16)$$

可见,损耗很小时的特性阻抗近似为实数。

(3) 当传输线的分布参数满足 $RC=GL$ 时,其传输线的特性阻抗也为 $Z_0 = \sqrt{L/C}$。

对于直径为 d、间距为 D 的平行双导线传输线,其特性阻抗为

$$Z_0 = \frac{120}{\sqrt{\varepsilon_r}} \ln \frac{2D}{d} \qquad (1-1-17)$$

式中,ε_r 为导线周围填充介质的相对介电常数。常用的平行双导线传输线的特性阻抗有 250 Ω,400 Ω 和 600 Ω 三种。

对于内、外导体半径分别为 a、b 的无耗同轴线,其特性阻抗为

$$Z_0 = \frac{60}{\sqrt{\varepsilon_r}} \ln \frac{b}{a} \qquad (1-1-18)$$

式中,ε_r 为同轴线内、外导体间填充介质的相对介电常数。工程中常用的同轴线的特性阻抗有 50 Ω 和 75 Ω 两种。

2) 传播常数 γ

传播常数(Propagation Constant)γ 是描述传输线上导行波沿导波系统传播过程中衰减和相移的参数,通常为复数,由前面的分析可知

$$\gamma = \sqrt{(R+j\omega L)(G+j\omega C)} = \alpha + j\beta \qquad (1-1-19)$$

式中,α 为衰减常数,单位为 dB/m(有时也用 Np/m,1 Np/m=8.86 dB/m);β 为相移常数,单位为 rad/m。

对于无耗传输线，$R=G=0$，则 $\alpha=0$，此时 $\gamma=\mathrm{j}\beta$，$\beta=\omega\sqrt{LC}$。

对于损耗很小的传输线，即满足 $R\ll\omega L$、$G\ll\omega C$ 时，有

$$\gamma\approx\mathrm{j}\omega\sqrt{LC}\left(1+\frac{R}{\mathrm{j}\omega L}\right)^{\frac{1}{2}}\left(1+\frac{G}{\mathrm{j}\omega C}\right)^{\frac{1}{2}}$$

$$\approx\frac{1}{2}(RY_0+GZ_0)+\mathrm{j}\omega\sqrt{LC} \qquad (1-1-20)$$

于是小损耗传输线的衰减常数 α 和相移常数 β 分别为

$$\left.\begin{array}{l}\alpha=\dfrac{1}{2}(RY_0+GZ_0)\\[3mm]\beta=\omega\sqrt{LC}\end{array}\right\} \qquad (1-1-21)$$

3) 相速 v_p 与波长 λ

传输线上的相速(Phase Velocity)定义为电压、电流入射波(或反射波)等相位面沿传输方向的传播速度，用 v_p 来表示。由式(1-1-8)得等相位面的运动方程为

$$\omega t\pm\beta z=\mathrm{const.}(常数)$$

上式两边对 t 微分，有

$$v_\mathrm{p}=\frac{\mp\mathrm{d}z}{\mathrm{d}t}=\frac{\omega}{\beta} \qquad (1-1-22)$$

传输线上的波长(Wave Length)λ 与自由空间的波长 λ_0 有以下关系：

$$\lambda=\frac{2\pi}{\beta}=\frac{v_\mathrm{p}}{f}=\frac{\lambda_0}{\sqrt{\varepsilon_\mathrm{r}}} \qquad (1-1-23)$$

对于均匀无耗传输线来说，由于 β 与 ω 成线性关系，故导行波的相速与频率无关，也称为无色散波。当传输线有损耗时，β 不再与 ω 成线性关系，使相速 v_p 与频率 ω 有关，这就称为色散特性。

在微波技术中，常把传输线看作是无损耗的。因此，下面着重介绍均匀无耗传输线。

1.2　传输线阻抗与状态参量

传输线上任意一点的电压与电流之比称为传输线在该点的阻抗，它与导波系统的状态特性有关。由于微波阻抗是不能直接测量的，只能借助于状态参量(如反射系数或驻波比)的测量而获得，为此，引入以下三个重要的物理量：输入阻抗、反射系数和驻波比。

1.2 节 PPT

1. 输入阻抗(Input Impedance)

由上一节可知，对于无耗均匀传输线，线上各点电压 $U(z)$、电流 $I(z)$ 与终端电压 U_1、终端电流 I_1 的关系如下

$$\left.\begin{array}{l}U(z)=U_1\cos(\beta z)+\mathrm{j}I_1Z_0\sin(\beta z)\\[3mm]I(z)=I_1\cos(\beta z)+\mathrm{j}\dfrac{U_1}{Z_0}\sin(\beta z)\end{array}\right\} \qquad (1-2-1)$$

式中，Z_0 为无耗传输线的特性阻抗；β 为相移常数。

定义传输线上任意一点 z 处的输入电压和输入电流之比为该点的输入阻抗，记作

$Z_{in}(z)$，即

$$Z_{in}(z) = \frac{U(z)}{I(z)} \tag{1-2-2}$$

由式$(1-2-1)$得

$$Z_{in}(z) = \frac{U_1 \cos(\beta z) + jI_1 Z_0 \sin(\beta z)}{I_1 \cos(\beta z) + j\frac{U_1}{Z_0} \sin(\beta z)} = Z_0 \frac{Z_1 + jZ_0 \tan(\beta z)}{Z_0 + jZ_1 \tan(\beta z)} \tag{1-2-3}$$

式中，Z_1为终端负载阻抗。

上式表明：均匀无耗传输线上任意一点的输入阻抗与观察点的位置、传输线的特性阻抗、终端负载阻抗及工作频率有关，且一般为复数，故不宜直接测量。另外，无耗传输线上任意相距$\lambda/2$处的阻抗相同，一般称之为$\lambda/2$重复性。

[例1-1] 一根特性阻抗为50 Ω、长度为0.1875 m的无耗均匀传输线，其工作频率为200 MHz，终端接有负载$Z_1=40+j30$（Ω），试求其输入阻抗。

解：由工作频率$f=200$ MHz得，相移常数$\beta=2\pi f/c=4\pi/3$。将$Z_1=40+j30$（Ω），$Z_0=50$，$z=l=0.1875$及β值代入式$(1-2-3)$，有

$$Z_{in} = Z_0 \frac{Z_1 + jZ_0 \tan\beta l}{Z_0 + jZ_1 \tan\beta l} = 100 \ \Omega$$

可见，若终端负载为复数，传输线上任意点处输入阻抗一般也为复数，但若传输线的长度合适，则其输入阻抗可变换为实数，这也称为传输线的阻抗变换特性。

阻抗重复性与变换性

由上可见，无耗传输线的阻抗具有$\lambda/2$重复性和阻抗变换特性两个重要性质。

2. 反射系数（Reflection Coefficient）

定义传输线上任意一点z处的反射波电压（或电流）与入射波电压（或电流）之比为电压（或电流）反射系数，即

$$\left.\begin{aligned} \Gamma_u &= \frac{U_-(z)}{U_+(z)} \\ \Gamma_i &= \frac{I_-(z)}{I_+(z)} \end{aligned}\right\} \tag{1-2-4}$$

由式$(1-1-7)$知，$\Gamma_u(z)=-\Gamma_i(z)$，因此只需讨论其中之一即可。通常将电压反射系数简称为反射系数，并记作$\Gamma(z)$。

由式$(1-1-7)$及式$(1-1-10)$并考虑到$\gamma=j\beta$，有

$$\Gamma(z) = \frac{A_2 e^{-j\beta z}}{A_1 e^{j\beta z}} = \frac{Z_1 - Z_0}{Z_1 + Z_0} e^{-j2\beta z} = \Gamma_1 e^{-j2\beta z} \tag{1-2-5}$$

式中，$\Gamma_1 = \frac{Z_1 - Z_0}{Z_1 + Z_0} = |\Gamma_1| e^{j\phi_1}$，称为终端反射系数。于是任意点反射系数可用终端反射系数表示为

$$\Gamma(z) = |\Gamma_1| e^{j(\phi_1 - 2\beta z)} \tag{1-2-6}$$

由此可见，对均匀无耗传输线来说，任意点反射系数$\Gamma(z)$大小均相等，沿线只有相位按周期变化，其周期为$\lambda/2$，即反射系数也具有$\lambda/2$重复性。

3. 输入阻抗与反射系数的关系

由式（1 - 1 - 7）及式（1 - 2 - 4）得

反射系数与驻波比

$$
\left.\begin{aligned}
U(z) &= U_+(z) + U_-(z) = A_1 \mathrm{e}^{\mathrm{j}\beta z}\left[1 + \Gamma(z)\right] \\
I(z) &= I_+(z) + I_-(z) = \frac{A_1}{Z_0}\mathrm{e}^{\mathrm{j}\beta z}\left[1 - \Gamma(z)\right]
\end{aligned}\right\} \qquad (1 - 2 - 7)
$$

于是有

$$
Z_{\mathrm{in}}(z) = \frac{U(z)}{I(z)} = Z_0\,\frac{1 + \Gamma(z)}{1 - \Gamma(z)} \qquad (1 - 2 - 8)
$$

式中，Z_0 为传输线特性阻抗。式（1 - 2 - 8）还可以写成

$$
\Gamma(z) = \frac{Z_{\mathrm{in}}(z) - Z_0}{Z_{\mathrm{in}}(z) + Z_0} \qquad (1 - 2 - 9)
$$

由此可见，当传输线特性阻抗一定时，输入阻抗与反射系数有一一对应的关系，因此，输入阻抗 $Z_{\mathrm{in}}(z)$ 可通过反射系数 $\Gamma(z)$ 的测量来确定。

当 $z = 0$ 时，$\Gamma(0) = \Gamma_1$，则终端负载阻抗 Z_1 与终端反射系数 Γ_1 的关系为

$$
\Gamma_1 = \frac{Z_1 - Z_0}{Z_1 + Z_0} \qquad (1 - 2 - 10)
$$

这与式（1 - 2 - 5）得到的结果完全一致。

显然，当 $Z_1 = Z_0$ 时，$\Gamma_1 = 0$，即负载端无反射，此时传输线上反射系数处处为零，一般称之为负载匹配。而当 $Z_1 \neq Z_0$ 时，负载端就会产生一反射波，向信源方向传播，若信源阻抗与传输线特性阻抗不相等，则它将再次被反射。

4. 驻波比（VSWR）

由前面的分析可知，终端不匹配的传输线上各点的电压和电流由入射波和反射波叠加而成，结果在线上形成驻波。对于无耗传输线，沿线各点的电压和电流的振幅不同，以 $\lambda/2$ 周期变化。为了描述传输线上驻波的大小，我们引入一个新的参量——电压驻波比（Voltage Standing Wave Ratio），工程上简记为 VSWR。

定义传输线上波腹点电压振幅与波节点电压振幅之比为电压驻波比，用 ρ 表示，即

$$
\rho = \frac{|U|_{\max}}{|U|_{\min}} \qquad (1 - 2 - 11)
$$

电压驻波比有时也称为电压驻波系数，简称驻波系数，其倒数称为行波系数，用 K 表示，于是有

$$
K = \frac{1}{\rho} = \frac{|U|_{\min}}{|U|_{\max}} \qquad (1 - 2 - 12)
$$

由于传输线上电压是由入射波电压和反射波电压叠加而成的，因此电压最大值位于入射波和反射波相位相同处，而最小值位于入射波和反射波相位相反处，即有

$$
\left.\begin{aligned}
|U|_{\max} &= |U_+| + |U_-| \\
|U|_{\min} &= |U_+| - |U_-|
\end{aligned}\right\} \qquad (1 - 2 - 13)
$$

将式（1 - 2 - 13）代入式（1 - 2 - 11），并利用式（1 - 2 - 4），得

$$
\rho = \frac{1 + |U_-| / |U_+|}{1 - |U_-| / |U_+|} = \frac{1 + |\Gamma_1|}{1 - |\Gamma_1|} \qquad (1 - 2 - 14)
$$

于是，$|\Gamma_1|$ 可用 ρ 表示为

$$|\Gamma_1| = \frac{\rho-1}{\rho+1} \qquad (1-2-15)$$

由此可知，当 $|\Gamma_1|=0$，即传输线上无反射时，驻波比 $\rho=1$；而当 $|\Gamma_1|=1$，即传输线上全反射时，驻波比 $\rho\to\infty$，因此驻波比 ρ 的取值范围为 $1\leqslant\rho<\infty$。可见，驻波比和反射系数一样可用来描述传输线的工作状态，当然驻波比是个实数，不包含相位信息。

［例 1－2］ 一根 75 Ω 均匀无耗传输线，终端接有负载 $Z_1=R_1+jX_1$，欲使线上电压驻波比为 3，则负载的实部 R_1 和虚部 X_1 应满足什么关系？

解： 由驻波比 $\rho=3$，可得终端反射系数的模值应为

$$|\Gamma_1| = \frac{\rho-1}{\rho+1} = 0.5$$

于是由式(1－2－10)得

$$|\Gamma_1| = \left|\frac{Z_1-Z_0}{Z_1+Z_0}\right| = 0.5$$

将 $Z_1=R_1+jX_1$，$Z_0=75$ 代入上式，整理得负载的实部 R_1 和虚部 X_1 应满足的关系式为

$$(R_1-125)^2 + X_1^2 = 100^2$$

即负载的实部 R_1 和虚部 X_1 应在圆心为(125，0)、半径为 100 的圆上，上半圆的对应负载为感抗，而下半圆的对应负载为容抗。

1.3 无耗传输线的状态分析

对于无耗传输线，负载阻抗不同则波的反射也不同；反射波不同则合成波不同；合成波不同意味着传输线有不同的工作状态。归纳起来，无耗传输线有三种不同的工作状态：① 行波状态；② 纯驻波状态；③ 行驻波状态。下面分别讨论之。

1.3节 PPT

负载与状态的关系

1. 行波状态(Traveling Wave State)

行波状态就是无反射的传输状态，此时反射系数 $\Gamma_1=0$，而负载阻抗等于传输线的特性阻抗，即 $Z_1=Z_0$，也可称此时的负载为匹配负载(Matched Load)。处于行波状态的传输线上只存在一个由信源传向负载的单向行波，此时传输线上任意一点的反射系数 $\Gamma(z)=0$，将之代入式(1－2－7)就可得行波状态下传输线上的电压和电流，即

$$\left.\begin{array}{l} U(z) = U_+(z) = A_1 e^{j\beta z} \\ I(z) = I_+(z) = \dfrac{A_1}{Z_0}e^{j\beta z} \end{array}\right\} \qquad (1-3-1)$$

设 $A_1=|A_1|e^{j\phi_0}$，考虑到时间因子 $e^{j\omega t}$，则传输线上电压、电流瞬时表达式为

$$\left.\begin{array}{l} u(z,t) = |A_1|\cos(\omega t+\beta z+\phi_0) \\ i(z,t) = \dfrac{|A_1|}{Z_0}\cos(\omega t+\beta z+\phi_0) \end{array}\right\} \qquad (1-3-2)$$

此时传输线上任意一点 z 处的输入阻抗为

$$Z_{in}(z) = Z_0$$

综上所述，对无耗传输线的行波状态有以下结论：

① 沿线电压和电流振幅不变，驻波比 $\rho = 1$。

② 电压和电流在任意点上都同相。

③ 传输线上各点阻抗均等于传输线特性阻抗。

传输线上行波

2. 纯驻波状态 (Pure Standing Wave State)

纯驻波状态就是全反射状态，也即终端反射系数 $|\Gamma_1| = 1$。在此状态下，由式 $(1-2-10)$ 知，负载阻抗必须满足

$$\left| \frac{Z_1 - Z_0}{Z_1 + Z_0} \right| = |\Gamma_1| = 1 \qquad (1-3-3)$$

传输线上纯驻波

由于无耗传输线的特性阻抗 Z_0 为实数，因此要满足式 $(1-3-3)$，负载阻抗必须为短路 $(Z_1 = 0)$、开路 $(Z_1 \to \infty)$ 或纯电抗 $(Z_1 = jX_1)$ 三种情况之一。在上述三种情况下，传输线上入射波在终端将全部被反射，沿线入射波和反射波叠加都形成纯驻波分布，唯一的差异在于驻波的分布位置不同。下面以终端短路为例分析纯驻波状态。

终端负载短路，即负载阻抗 $Z_1 = 0$ 时，终端反射系数 $\Gamma_1 = -1$，而驻波系数 $\rho \to \infty$，此时，传输线上任意点 z 处的反射系数为 $\Gamma(z) = -e^{-j2\beta z}$，将之代入式 $(1-2-7)$ 并经整理得

$$\left. \begin{array}{l} U(z) = j2A_1 \sin\beta z \\ I(z) = \dfrac{2A_1}{Z_0} \cos\beta z \end{array} \right\} \qquad (1-3-4)$$

设 $A_1 = |A_1| e^{j\phi_0}$，考虑到时间因子 $e^{j\omega t}$，则传输线上电压、电流瞬时表达式为

$$\left. \begin{array}{l} u(z,\ t) = 2|A_1| \cos\left(\omega t + \phi_0 + \dfrac{\pi}{2}\right) \sin\beta z \\ i(z,\ t) = \dfrac{2|A_1|}{Z_0} \cos(\omega t + \phi_0) \cos\beta z \end{array} \right\} \qquad (1-3-5)$$

此时传输线上任意一点 z 处的输入阻抗为

$$Z_{in}(z) = jZ_0 \tan\beta z \qquad (1-3-6)$$

图 $1-3$ 给出了终端短路时沿线电压、电流瞬时变化的幅度分布以及阻抗变化的情形。对无耗传输线终端短路情形有以下结论：

① 沿线各点电压和电流振幅按余弦变化，电压和电流相位差 $90°$，功率为无功功率，即无能量传输。

② 在 $z = n\lambda/2 (n = 0, 1, 2, \cdots)$ 处电压为零，电流的振幅值最大且等于 $2|A_1|/Z_0$，称这些位置为电压波节点，在 $z = (2n+1)\lambda/4\ (n = 0, 1, 2, \cdots)$ 处电压的振幅值最大且等于 $2|A_1|$，而电流为零，称这些位置为电压波腹点。

③ 传输线上各点阻抗为纯电抗，在电压波节点处 $Z_{in} = 0$，相当于串联谐振；在电压波腹点处 $|Z_{in}| \to \infty$，相当于并联谐振；在 $0 < z < \lambda/4$ 内，$Z_{in} = jX$ 相当于一个纯电感；在 $\lambda/4 < z < \lambda/2$ 内，$Z_{in} = -jX$ 相当于一个纯电容。从终端起每隔 $\lambda/4$ 阻抗性质就变换一次，这种特性称为 $\lambda/4$ 阻抗变换性。

根据同样的分析，终端开路时传输线上的电压和电流也呈纯驻波分布，因此也只能存

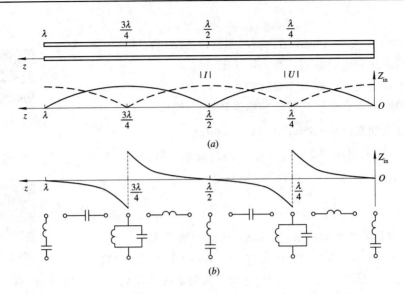

图 1-3 终端短路线中的纯驻波状态

储能量而不能传输能量。在 $z=n\lambda/2$ $(n=0,1,2,\cdots)$ 处为电压波腹点，而在 $z=(2n+1)\lambda/4$ $(n=0,1,2,\cdots)$ 处为电压波节点。实际上终端开口的传输线并不是开路传输线，因为在开口处会有辐射，所以理想的终端开路线是在终端开口处接上 $\lambda/4$ 短路线来实现的。图 1-4 给出了终端开路时的驻波分布特性。O' 位置为终端开路处，OO' 为 $\lambda/4$ 短路线。

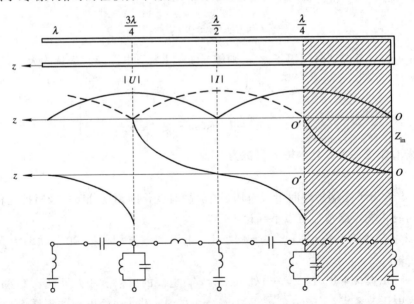

图 1-4 无耗终端开路线的驻波特性

当均匀无耗传输线端接纯电抗负载 $Z_1=\pm jX$ 时，因负载不消耗能量，仍将产生全反射，入射波和反射波振幅相等，但此时终端既不是波腹也不是波节，沿线电压、电流仍按纯驻波分布。由前面分析得小于 $\lambda/4$ 的短路线相当于一个纯电感，因此当终端负载为 $Z_1=jX_1$ 的纯电感时，可用长度小于 $\lambda/4$ 的短路线 l_{sl} 来代替。由式(1-3-6)得

$$l_{sl} = \frac{\lambda}{2\pi}\arctan\left(\frac{X_L}{Z_0}\right) \qquad (1-3-7)$$

同理可得，当终端负载为 $Z_1 = -\mathrm{j}X_C$ 的纯电容时，可用长度小于 $\lambda/4$ 的开路线 l_{oc} 来代替（或用长度为大于 $\lambda/4$ 小于 $\lambda/2$ 的短路线来代替），其中：

$$l_{oc} = \frac{\lambda}{2\pi} \operatorname{arccot}\left(\frac{X_C}{Z_0}\right) \tag{1-3-8}$$

图 1-5 给出了终端接电抗时驻波分布及短路线的等效。

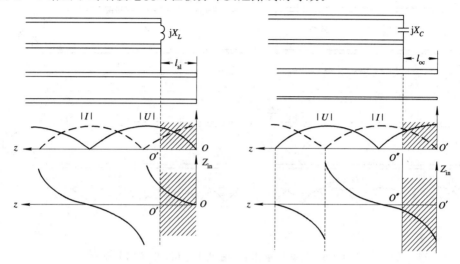

图 1-5　终端接电抗时驻波分布及短路线的等效

总之，处于纯驻波工作状态的无耗传输线，沿线各点电压、电流在时间和空间上相差均为 $\pi/2$，故它们不能用于微波功率的传输，但因其输入阻抗的纯电抗特性，在微波技术中却有着非常广泛的应用。

3. 行驻波状态 (Traveling-Standing Wave State)

当微波传输线终端接任意复数阻抗负载时，由信号源入射的电磁波功率一部分被终端负载吸收，另一部分则被反射，因此传输线上既有行波又有纯驻波，构成混合波状态，故称之为行驻波状态。

传输线上行驻波

设终端负载为 $Z_1 = R_1 \pm \mathrm{j}X_1$，由式(1-2-5)得终端反射系数为

$$\Gamma_1 = \frac{Z_1 - Z_0}{Z_1 + Z_0} = \frac{R_1 \pm \mathrm{j}X_1 - Z_0}{R_1 \pm \mathrm{j}X_1 + Z_0} = |\Gamma_1| \, \mathrm{e}^{\pm \mathrm{j}\phi_1} \tag{1-3-9}$$

其中

$$|\Gamma_1| = \sqrt{\frac{(R_1 - Z_0)^2 + X_1^2}{(R_1 + Z_0)^2 + X_1^2}}, \qquad \phi_1 = \arctan\frac{2X_1 Z_0}{R_1^2 + X_1^2 - Z_0^2}$$

由式(1-2-7)可得传输线上各点电压、电流的时谐表达式为

$$\left.\begin{array}{l} U(z) = A_1 \mathrm{e}^{\mathrm{j}\beta z}\left[1 + \Gamma_1\, \mathrm{e}^{-\mathrm{j}2\beta z}\right] \\[2mm] I(z) = \dfrac{A_1}{Z_0}\mathrm{e}^{\mathrm{j}\beta z}\left[1 - \Gamma_1\, \mathrm{e}^{-\mathrm{j}2\beta z}\right] \end{array}\right\} \tag{1-3-10}$$

设 $A_1 = |A_1| \mathrm{e}^{\mathrm{j}\phi_0}$，则传输线上电压、电流的模值为

$$\left.\begin{array}{l} |U(z)| = |A_1|\left[1 + |\Gamma_1|^2 + 2|\Gamma_1|\cos(\phi_1 - 2\beta z)\right]^{1/2} \\[2mm] |I(z)| = \dfrac{|A_1|}{Z_0}\left[1 + |\Gamma_1|^2 - 2|\Gamma_1|\cos(\phi_1 - 2\beta z)\right]^{1/2} \end{array}\right\} \tag{1-3-11}$$

传输线上任意点输入阻抗为复数，其表达式为

$$Z_{in}(z) = Z_0 \frac{Z_1 + jZ_0 \tan(\beta z)}{Z_0 + jZ_1 \tan(\beta z)} \qquad (1-3-12)$$

图 1-6 给出了行驻波条件下传输线上电压、电流的分布。

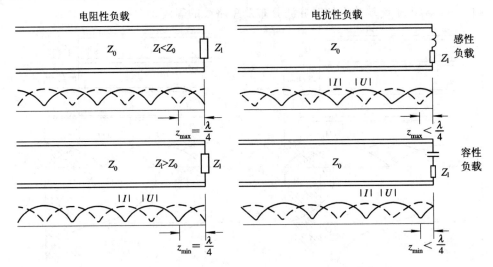

图 1-6　行驻波条件下传输线上电压、电流的分布

讨论：

① 当 $\cos(\phi_1 - 2\beta z) = 1$ 时，电压幅度最大，而电流幅度最小，此处称为电压的波腹点，对应位置为

$$z_{max} = \frac{\lambda}{4\pi}\phi_1 + n\frac{\lambda}{2} \qquad (n = 0, 1, 2, \cdots)$$

相应的电压、电流分别为

$$\left.\begin{array}{l} |U|_{max} = |A_1|[1+|\Gamma_1|] \\ |I|_{min} = \dfrac{|A_1|}{Z_0}[1-|\Gamma_1|] \end{array}\right\} \qquad (1-3-13)$$

于是可得电压波腹点阻抗为纯电阻，其值为

$$R_{max} = Z_0 \frac{1+|\Gamma_1|}{1-|\Gamma_1|} = Z_0\rho \qquad (1-3-14)$$

② 当 $\cos(\phi_1 - 2\beta z) = -1$ 时，电压幅度最小，而电流幅度最大，此处称为电压的波节点，对应位置为

$$z_{min} = \frac{\lambda}{4\pi}\phi_1 + (2n\pm 1)\frac{\lambda}{4} \qquad (n = 0, 1, 2, \cdots)$$

相应的电压、电流分别为

$$\left.\begin{array}{l} |U|_{min} = |A_1|[1-|\Gamma_1|] \\ |I|_{max} = \dfrac{|A_1|}{Z_0}[1+|\Gamma_1|] \end{array}\right\} \qquad (1-3-15)$$

该处的阻抗也为纯电阻，其值为

$$R_{min} = Z_0 \frac{1-|\Gamma_1|}{1+|\Gamma_1|} = \frac{Z_0}{\rho} \qquad (1-3-16)$$

可见，电压波腹点和波节点相距 $\lambda/4$，且两点阻抗有如下关系：

$$R_{\max} \cdot R_{\min} = Z_0^2$$

实际上，无耗传输线上距离为 $\lambda/4$ 的任意两点处阻抗的乘积均等于传输线特性阻抗的平方，这种特性称为 $\lambda/4$ 阻抗变换性。

[**例 1 - 3**]　设有一无耗传输线，终端接有负载 $Z_1 = 40 - j30(\Omega)$，则

① 要使传输线上驻波比最小，该传输线的特性阻抗应取多少？

② 此时最小的反射系数及驻波比各为多少？

③ 离终端最近的波节点位置在何处？

④ 画出特性阻抗与驻波比的关系曲线。

解： ① 要使线上驻波比最小，实质上是使终端反射系数的模值最小，即 $\dfrac{\partial |\Gamma_1|}{\partial Z_0} = 0$，而由式(1 - 2 - 10)得

$$|\Gamma_1| = \left| \frac{Z_1 - Z_0}{Z_1 + Z_0} \right| = \left[\frac{(40 - Z_0)^2 + 30^2}{(40 + Z_0)^2 + 30^2} \right]^{\frac{1}{2}}$$

将上式对 Z_0 求导，并令其为零，经整理可得

$$40^2 + 30^2 - Z_0^2 = 0$$

即 $Z_0 = 50\ \Omega$。这就是说，当特性阻抗 $Z_0 = 50\ \Omega$ 时，终端反射系数最小，从而驻波比也为最小。

② 此时终端反射系数及驻波比分别为

$$\Gamma_1 = \frac{Z_1 - Z_0}{Z_1 + Z_0} = \frac{40 - j30 - 50}{40 - j30 + 50} = \frac{1}{3} e^{j\frac{3\pi}{2}}$$

$$\rho = \frac{1 + |\Gamma_1|}{1 - |\Gamma_1|} = 2$$

③ 由于终端为容性负载，故离终端的第一个电压波节点位置为

$$z_{\min 1} = \frac{\lambda}{4\pi} \phi_0 - \frac{\lambda}{4} = \frac{1}{8}\lambda$$

④ 终端负载一定时，传输线特性阻抗与驻波系数的关系曲线如图 1 - 7 所示。其中负载阻抗 $Z_1 = 40 - j30\ \Omega$。由图可见，当 $Z_0 = 50\ \Omega$ 时，驻波比最小，与前面的计算相吻合。

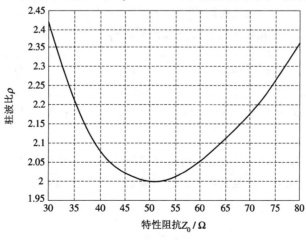

图 1 - 7　特性阻抗与驻波系数的关系曲线

前面讨论了行波、纯驻波和行驻波三种情况，对无耗传输线来说，其传输特性均有 $\lambda/2$ 重复性和 $\lambda/4$ 变换性。

1.4 有耗传输线与传输效率

前面三节我们讨论了无耗传输线的一些特性，事实上信号沿传输线传输时是边传输边损耗的，而且其损耗特性还会随着频率的变化而变化，因此就会存在色散现象，导致群延时的发生。

本节将围绕有耗传输线的传输特性、传输功率与效率和传输损耗（回波损耗和插入损耗）三个部分进行分析与讨论。

1. 有耗传输线的传输特性

由 1.1 节分析可知，长度为 l、终端接有任意负载 Z_1 的有耗传输线可用图 $1-8(a)$ 表示，其特性阻抗 Z_0 为

$$Z_0 = \sqrt{\frac{R + \mathrm{j}\omega L}{G + \mathrm{j}\omega C}} \qquad (1-4-1)$$

一般为复数，但当损耗特别小时其值近似为实数，或者满足 $RC = GL$ 时，其特性阻抗也为实数。

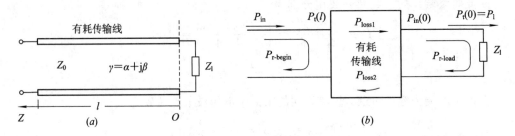

图 $1-8$ 有耗传输线及其功率传输示意图

有耗传输线的传播常数一般为复数，其一般表达式为

$$\gamma = \sqrt{(R + \mathrm{j}\omega L)(G + \mathrm{j}\omega C)} = \alpha + \mathrm{j}\beta \qquad (1-4-2)$$

其中，α 为衰减常数，β 为相移常数，可以分别表示为

$$\left.\begin{array}{l} \alpha = \sqrt{\dfrac{1}{2}\left[\sqrt{\omega^4 (LC)^2 + \omega^2 [(LG)^2 + (RC)^2] + (RG)^2} + (RG - \omega^2 LC)\right]} \\[4mm] \beta = \sqrt{\dfrac{1}{2}\left[\sqrt{\omega^4 (LC)^2 + \omega^2 [(LG)^2 + (RC)^2] + (RG)^2} - (RG - \omega^2 LC)\right]} \end{array}\right\}$$

$$(1-4-3)$$

可见，一般来说，相移常数 β 不会是 ω 的线性函数，也就是说有耗传输线一般具有色散特性。但有一个值得指出的特例是：当分布参数满足 $RC = GL$ 时，式$(1-4-3)$变为

$$\left.\begin{array}{l} \alpha = \sqrt{RG} \\[2mm] \beta = \omega \sqrt{LC} \end{array}\right\} \qquad (1-4-4)$$

此时尽管还有损耗，但已是一个无色散的传输线，而且其特性阻抗也为常数：$Z_0 =$

$\sqrt{L/C}$。因此此时的传输线具有很宽的带宽。这在高速数字传输时十分有用。

下面来讨论有耗传输线的传输特性。由式（1-1-11）得，沿线电压电流可表示为

$$U(z) = U_1\cosh\gamma z + I_1 Z_0 \sinh\gamma z \left.\vphantom{\frac{U_1}{Z_0}}\right\}$$
$$I(z) = I_1\cosh\gamma z + \frac{U_1}{Z_0}\sinh\gamma z \tag{1-4-5}$$

由 $Z_1 = U_1/I_1$ 得任意一点 z 处的输入阻抗可表示为

$$Z_{\text{in}}(z) = \frac{U(z)}{I(z)} = Z_0\frac{Z_1 + Z_0\tanh\gamma z}{Z_0 + Z_1\tanh\gamma z} \tag{1-4-6}$$

其终端反射系数依然可表示为

$$\Gamma_1 = \frac{Z_1 - Z_0}{Z_1 + Z_0} \tag{1-4-7}$$

则任意一点 z 处的反射系数为

$$\Gamma(z) = \Gamma_1 e^{-2\alpha z} e^{-j2\beta z} \tag{1-4-8}$$

考虑到式（1-1-10），式（1-4-5）还可以表达为

$$U(z) = A_1\left[e^{\alpha z}e^{j\beta z} + \Gamma_1 e^{-\alpha z}e^{-j\beta z}\right]\left.\vphantom{\frac{A_1}{Z_0}}\right\}$$
$$I(z) = \frac{A_1}{Z_0}\left[e^{\alpha z}e^{j\beta z} - \Gamma_1 e^{-\alpha z}e^{-j\beta z}\right] \tag{1-4-9}$$

从式（1-4-9）可以看出，有耗传输线上的入射波和反射波均为衰减的行波。从功率传输的角度看：从源端输入的功率，一部分从传输线始端返回；一部分入射到传输线，沿传输线边损耗边传输到终端；一部分传给负载吸收；一部分被负载反射后再经传输线边传输边损耗又回到源端，如果源端也不匹配，就会再次入射到传输线，并一直来回反射下去，直到信号衰减到零为止，这就是所谓的电路中的振铃现象。可见传输线的功率传输除与传输线本身的参数（如特性阻抗、传输常数）有关外，还与源端、负载端的匹配状况有很大关系。下面来具体分析传输线的功率传输与效率。

2. 传输功率与效率

假设输入到传输线源端的功率为 P_{in}，源端的反射功率为 P_r，入射到传输线的功率为 $P_t(l)$，沿传输线边传输边损耗（假设损耗功率为 P_{loss1}），到达传输线终端的功率为 $P_{\text{in}}(0)$，然后一部分被负载吸收（设功率为 P_1），另一部

传输效率分析　传输线的损耗

分被负载反射（设功率为 $P_{\text{r-load}}$），从负载反射后的信号传到源端过程中又损耗了一部分，假设损耗功率为 P_{loss2}。现假设从终端反射回来后的信号全部被源端吸收而不再返回到负载（即不考虑多次反射情形），总的输入功率可表示为

$$P_{\text{in}} = P_t(l) + P_r = P_{\text{loss1}} + P_{\text{loss2}} + P_1 + P_r \tag{1-4-10}$$

则此时总的效率为

$$\eta = \frac{P_1}{P_{\text{in}}}\times 100\% = \frac{P_t(l)}{P_{\text{in}}} \cdot \frac{P_1}{P_t(l)} = \eta_r\eta_t \tag{1-4-11}$$

其中，$\eta_r = \dfrac{P_t(l)}{P_{\text{in}}}\times 100\%$ 为计及源端反射损耗的效率，而 $\eta_t = \dfrac{P_1}{P_t(l)}\times 100\%$ 为传输效率。

下面来讨论 η_t 的计算。由电路理论可知，传输线上任一点 z 处的传输功率（Transmitted Power）为

$$P_t(z) = \frac{1}{2}\mathrm{Re}[U(z)I^*(z)] = \frac{|A_1|^2}{2Z_0}\mathrm{e}^{2\alpha z}[1-|\Gamma_1|^2\mathrm{e}^{-4\alpha z}] = P_{in}(z) - P_r(z)$$

$$(1-4-12)$$

所以传输到 $z=0$ 处的负载功率（即负载吸收功率）为

$$P_t(0) = P_1 = \frac{|A_1|^2}{2Z_0}[1-|\Gamma_1|^2] \qquad (1-4-13)$$

源端 $z=l$ 处向负载传输的功率为

$$P_t(l) = \frac{|A_1|^2}{2Z_0}\mathrm{e}^{2\alpha l}[1-|\Gamma_1|^2\mathrm{e}^{-4\alpha l}] = P_{in0} - P_r \qquad (1-4-14)$$

则传输线上消耗的功率为

$$P_{loss} = P_{loss1} + P_{loss2} = P_t(l) - P_t(0) = \frac{|A_1|^2}{2Z_0}[\mathrm{e}^{2\alpha l}-1+|\Gamma_1|^2(1-\mathrm{e}^{-4\alpha l})]$$

$$(1-4-15)$$

不考虑源端反射，可得传输线的传输效率为

$$\eta_t = \frac{\text{负载吸收功率 } P_t(0)}{\text{源端传输功率 } P_t(l)} = \frac{1-|\Gamma_1|^2}{\mathrm{e}^{2\alpha l}[1-|\Gamma_1|^2\mathrm{e}^{-4\alpha l}]} \qquad (1-4-16)$$

当负载与传输线匹配，即 $|\Gamma_1|=0$ 时，传输效率最高，其值为

$$\eta_{max} = \mathrm{e}^{-2\alpha l} \qquad (1-4-17)$$

可见，传输效率取决于传输线的损耗和终端匹配情况。

　　工程上，功率值常用分贝来表示，这需要选择一个功率单位作为参考，常用的参考单位有 1 mW 和 1 W。如果用 1 mW 作参考，则分贝表示为

$$P(\mathrm{dBm}) = 10\lg P(\mathrm{mW})$$

如 1 mW＝0 dBm，10 mW＝10 dBm，1 W＝30 dBm，0.1 mW＝－10 dBm。

　　如果用 1 W 作参考，则分贝表示为

$$P(\mathrm{dBW}) = 10\lg P(\mathrm{W})$$

如 1 W＝0 dBW，10 W＝10 dBW，0.1 W＝－10 dBW。

3. 回波损耗和插入损耗

传输线的损耗可分为回波损耗和插入损耗。

回波损耗[*]（Return Loss）定义为入射波功率与反射波功率之比，通常以分贝来表示，即

$$L_r(z) = 10\lg\frac{P_{in}}{P_r}\,\mathrm{dB} \qquad (1-4-18)$$

由式(1-4-14)得

$$L_r(z) = -10\lg(|\Gamma_1|^2\mathrm{e}^{-4\alpha z}) = -20\lg|\Gamma_1| + 2(8.686\alpha z)\,\mathrm{dB} \qquad (1-4-19)$$

对于无耗线，$\alpha=0$，L_r 与 z 无关，即

$$L_r(z) = -20\lg|\Gamma_1|\,\mathrm{dB} \qquad (1-4-20)$$

若负载匹配，则 $|\Gamma_1|=0$，$L_r\to+\infty$，表示无反射波功率。

　　插入损耗（Insertion Loss）定义为入射波功率与传输波功率之比，以分贝来表示为

---

　　* 注：关于回波损耗，有定义为入射波功率比反射波功率的，也有定义为反射波功率比入射波功率的。前者取对数后为正，后者取对数后为负。本书取前者。

$$L_i(z) = 10 \lg \frac{P_{in}}{P_t} \text{ dB} \tag{1-4-21}$$

由式(1-4-13)和式(1-4-14)得

$$L_i(z) = -10 \lg(1 - |\Gamma_l|^2 e^{-4\alpha z}) \tag{1-4-22}$$

它包括：输入和输出失配损耗和其他损耗。若不考虑其他损耗，即 $\alpha = 0$，则

$$L_i(z) = -10 \lg(1 - |\Gamma_l|^2) = 20 \lg \frac{\rho + 1}{\sqrt{\rho}} \tag{1-4-23}$$

其中，ρ 为传输线上驻波系数。此时，由于插入损耗仅取决于失配情况，故又称为失配损耗。

总之，对于如图1-8所示的传输系统来说，如果从功率守恒的角度来看，从源端输入的功率 P_{in}，转化为反射波功率 P_r、负载吸收功率（或者称传输功率）P_t、耗散功率 P_{loss}，即

$$P_{in} = P_r + P_t + P_{loss} \tag{1-4-24}$$

回波损耗的大小取决于传输系统与负载共同作用后反映到输入端口处的反射状况。对于无耗传输线来说，终端反射系数和源端反射系数大小相同，此时终端反射系数越大，反射功率越大，回波损耗越小（与入射功率的差越小）；插入损耗大小取决于传输系统总的功率耗散，包括失配损耗和其他损耗（一般包括导体损耗、介质损耗和辐射损耗等）。对于无耗传输线来说，插入损耗仅与失配损耗有关，反射系数越大，引起的失配损耗越大，因此插入损耗越大。无耗传输线的回波损耗和插入损耗随反射系数的变化关系如图1-9所示。

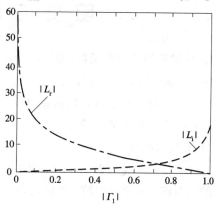

图 1-9　$|L_r|$、$|L_i|$ 随反射系数的变化曲线

［**例 1-4**］　现有同轴型三路功率分配器如图1-10所示，设在 2.5~5.5 GHz 频率范围内该功率分配器输入端的输入驻波比均小于等于 1.5，总插入损耗为 0.5 dB，输入功率被平均地分配到各个输出端口，试计算：

① 输入端的回波损耗（用分贝表示）。

② 每个输出端口得到的输出功率与输入端总输入功率的比值（用百分比表示）。

解：① 由于驻波比为 1.5，因而反射系数的大小为

$$|\Gamma_l| = \frac{\rho - 1}{\rho + 1} = 0.2$$

故输入端的回波损耗为

$$L_r(z) = 10 \lg \frac{P_{in}}{P_r} = -20 \lg |\Gamma_l| = 13.98 \text{ dB}$$

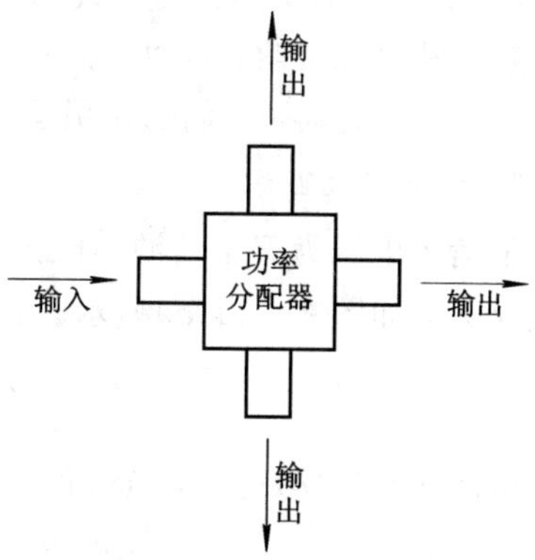

于是

图 1-10　三路功率分配器示意图

$$P_r = 0.04 P_{in}$$

可见，由于输入失配，有 4% 的功率返回到输入端口。

② 设传输功率为 P_t，由于插入损耗为 0.5 dB，故

$$L_i(z) = 10 \lg \frac{P_{in}}{P_t} = 0.5$$

有

$$P_t = 0.89 P_{in}$$

该功率均匀分配到三个输出端口，则每个输出端口得到的输出功率与输入端口总输入功率的比值应为

$$\frac{P_{out}}{P_{in}} = 29.7\%$$

因此有

$$P_{in} = P_r + 3P_{out} + P_i$$

可见，功率分配器的功率可分为反射功率、输出功率和损耗功率三部分。

1.5 阻 抗 匹 配

1. 传输线的三种匹配状态

阻抗匹配(Impedance Matching)具有三种不同的含义，分别是负载阻抗匹配、源阻抗匹配和共轭阻抗匹配，它们反映了传输线上三种不同的状态。

1.5 节 PPT　　阻抗匹配的意义

1) 负载阻抗匹配

负载阻抗匹配是负载阻抗等于传输线的特性阻抗的情形，此时传输线上只有从信源到负载的入射波，而无反射波。匹配负载完全吸收了由信源入射来的微波功率；而不匹配负载则将一部分功率反射回去，在传输线上出现驻波。当反射波较大时，波腹电场要比行波电场大得多，容易发生击穿，这就限制了传输线的最大传输功率，因此要采取措施进行负载阻抗匹配。负载阻抗匹配一般采用阻抗匹配器。

2) 源阻抗匹配

电源的内阻等于传输线的特性阻抗时，电源和传输线是匹配的，这种电源称为匹配源。对匹配源来说，它给传输线的入射功率是不随负载变化的，负载有反射时，反射回来的反射波被电源吸收。可以用阻抗变换器把不匹配源变成匹配源，常用的方法是加一个去耦衰减器或隔离器，它们的作用是吸收反射波。

3) 共轭阻抗匹配

设信源电压为 E_g，信源内阻抗 $Z_g = R_g + jX_g$，传输线的特性阻抗为 Z_0，总长为 l，终端负载为 Z_1，如图 1-11(a) 所示，则源端输入阻抗 Z_{in} 为

$$Z_{in} = Z_0 \frac{Z_1 + jZ_0 \tan\beta l}{Z_0 + jZ_1 \tan\beta l} = R_{in} + jX_{in} \tag{1-5-1}$$

由图 1-11(b) 可知，负载得到的功率为

$$P = \frac{1}{2} \frac{E_g E_g^*}{(Z_g + Z_{in})(Z_g + Z_{in})^*} R_{in} = \frac{1}{2} \frac{|E_g|^2 R_{in}}{(R_g + R_{in})^2 + (X_g + X_{in})^2} \tag{1-5-2}$$

要使负载得到的功率最大，首先要求

$$X_{in} = -X_g \tag{1-5-3}$$

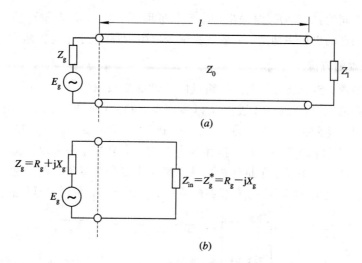

图 1 - 11 无耗传输线信源的共轭匹配

此时负载得到的功率为

$$P = \frac{1}{2} \frac{|E_g|^2 R_{in}}{(R_g + R_{in})^2} \qquad (1-5-4)$$

可见当 $\dfrac{\mathrm{d}P}{\mathrm{d}R_{in}} = 0$ 时，P 取最大值，此时应满足

$$R_g = R_{in} \qquad (1-5-5)$$

综合式(1-5-3)和式(1-5-5)得

$$Z_{in} = Z_g^* \qquad (1-5-6)$$

因此，对于不匹配电源，当负载阻抗折合到电源参考面上的输入阻抗为电源内阻抗的共轭值，即当 $Z_{in} = Z_g^*$ 时，负载能得到最大功率值。通常将这种匹配称为共轭匹配。此时，负载得到的最大功率为

$$P_{max} = \frac{1}{2} |E_g|^2 \frac{1}{4R_g} \qquad (1-5-7)$$

归一化输出功率及其导数绝对值随输入电阻变化的曲线如图 1-12 所示。

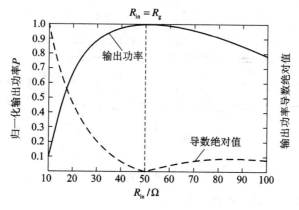

图 1-12 输出功率及其导数绝对值随输入电阻变化的曲线

从图 1-12 中可以看出，当 $R_{in} = R_g$ 时输出功率最大；同时，$R_{in} = R_g$ 左右两侧输出功

率的变化率是不同的：$R_{in} > R_g$ 时输出功率变化平坦，而 $R_{in} < R_g$ 时输出功率变化陡峭，因此工程上为了保证输出功率稳定，一般选择输入电阻 R_{in} 略大于电源内阻 R_g。

2. 阻抗匹配的方法

对一个由信源、传输线和负载阻抗组成的传输系统(如图 1-11(a)所示)，希望信号源在输出最大功率的同时，负载全部吸收，以实现高效稳定的传输。因此一方面应用阻抗匹配器使信源输出端达到共轭匹配，另一方面应用阻抗匹配器使负载与传输线特性阻抗相匹配，如图 1-13 所示。由于信源端一般用隔离器或去耦衰减器来实现信源端匹配，因此我们着重讨论负载匹配的方法。阻抗匹配方法从频率上划分为窄带匹配和宽带匹配，从实现手段上划分为 λ/4 阻抗变换器法、支节调配器法。下面就来分别讨论这两种阻抗匹配方法。

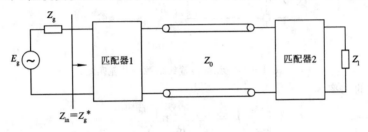

图 1-13 传输线阻抗匹配方法示意图

1) λ/4 阻抗变换器法

当负载阻抗为纯电阻 R_1 且其值与传输线特性阻抗 Z_0 不相等时，可在两者之间加接一节长度为 λ/4、特性阻抗为 Z_{01} 的传输线来实现负载和传输线间的匹配，如图 1-14(a)所示。

λ/4 阻抗变换器

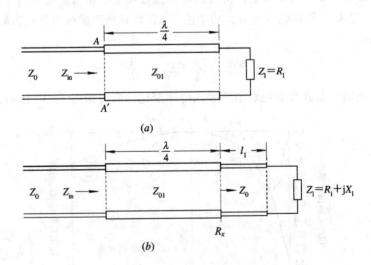

图 1-14 λ/4 阻抗变换器

由无耗传输线输入阻抗公式得

$$Z_{in} = Z_{01} \frac{R_1 + jZ_{01}\tan(\beta\lambda/4)}{Z_{01} + jR_1\tan(\beta\lambda/4)} = \frac{Z_{01}^2}{R_1} \tag{1-5-8}$$

因此当匹配传输线的特性阻抗 $Z_{01} = \sqrt{Z_0 R_1}$ 时，输入端的输入阻抗 $Z_{in} = Z_0$，从而实现了负载和传输线间的阻抗匹配。由于无耗传输线的特性阻抗为实数，所以 $\lambda/4$ 阻抗变换器只适合于匹配电阻性负载；若负载是复阻抗，则需先在负载与变换器之间加一段传输线，使变换器的终端为纯电阻，然后用 $\lambda/4$ 阻抗变换器实现负载匹配，如图 $1 - 14(b)$ 所示。由于 $\lambda/4$ 阻抗变换器的长度取决于波长，因此严格说它只能在中心频率点才能匹配，当频偏时匹配特性变差，所以说该匹配法是窄带的。

2）支节调配器法

支节调配器是由距离负载某固定位置上的并联或串联终端短路或开路的传输线（又称支节）构成的，可分为单支节调配器、双支节调配器及多支节调配器。下面我们仅分析单支节调配器，关于多支节调配的方法本书不作介绍。

支节调配器

（1）串联单支节调配器。

设传输线和调配支节的特性阻抗均为 Z_0，负载阻抗为 Z_1，长度为 l_2 的串联单支节调配器串联于距离主传输线负载 l_1 处，如图 $1 - 15$ 所示。设终端反射系数为 $|\Gamma_1| e^{j\phi_1}$，传输线的工作波长为 λ，驻波系数为 ρ，由无耗传输线状态分析可知，离负载第一个电压波腹点位置及该点阻抗分别为

$$
\left.
\begin{aligned}
l_{\text{max}1} &= \frac{\lambda}{4\pi} \phi_1 \\
Z_1' &= Z_0 \rho
\end{aligned}
\right\} \tag{1-5-9}
$$

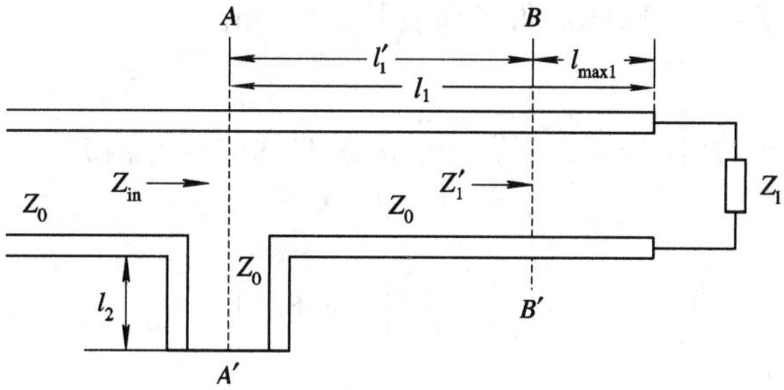

图 $1 - 15$ 串联单支节调配器

令 $l_1' = l_1 - l_{\text{max}1}$，并设参考面 AA' 处输入阻抗为 Z_{in1}，则有

$$
Z_{in1} = Z_0 \frac{Z_1' + j Z_0 \tan(\beta l_1')}{Z_0 + j Z_1' \tan(\beta l_1')} = R_1 + j X_1 \tag{1-5-10}
$$

终端短路的串联支节输入阻抗为

$$
Z_{in2} = j Z_0 \tan(\beta l_2) \tag{1-5-11}
$$

则总的输入阻抗为

$$
Z_{in} = Z_{in1} + Z_{in2} = R_1 + j X_1 + j Z_0 \tan(\beta l_2) \tag{1-5-12}
$$

要使其与传输线特性阻抗匹配，应有

$$
\left.
\begin{aligned}
R_1 &= Z_0 \\
X_1 + Z_0 \tan(\beta l_2) &= 0
\end{aligned}
\right\} \tag{1-5-13}
$$

经推导可得其中一组解为

$$
\left.\begin{aligned}
\tan\beta l_1' &= \sqrt{\frac{Z_0}{Z_1'}} = \frac{1}{\sqrt{\rho}}\\
\tan\beta l_2 &= \frac{Z_1' - Z_0}{\sqrt{Z_0 Z_1'}} = \frac{\rho - 1}{\sqrt{\rho}}
\end{aligned}\right\}
\tag{1-5-14a}
$$

其中，Z_1' 由式(1-5-9)决定。式(1-5-14a)还可写成

$$
\left.\begin{aligned}
l_1' &= \frac{\lambda}{2\pi}\arctan\frac{1}{\sqrt{\rho}}\\
l_2 &= \frac{\lambda}{2\pi}\arctan\frac{\rho-1}{\sqrt{\rho}}
\end{aligned}\right\}
\tag{1-5-14b}
$$

而另一组解为

$$
\left.\begin{aligned}
l_1' &= \frac{\lambda}{2\pi}\arctan\left(-\frac{1}{\sqrt{\rho}}\right)\\
l_2 &= \frac{\lambda}{4} + \frac{\lambda}{2\pi}\arctan\frac{\sqrt{\rho}}{\rho-1}
\end{aligned}\right\}
\tag{1-5-14c}
$$

其中，λ 为工作波长。而 AA' 距实际负载的位置 l_1 为

$$
l_1 = l_1' + l_{\text{max1}}
\tag{1-5-15}
$$

由式(1-5-14)及式(1-5-15)就可求得串联支节的位置及长度。

[例1-5] 设无耗传输线的特性阻抗为 50 Ω，工作频率为 300 MHz，终端接有负载 $Z_1 = 25 + j75$ Ω，试求串联短路匹配支节与负载的距离 l_1 及短路支节的长度 l_2。

解： 由工作频率 $f = 300$ MHz，得工作波长 $\lambda = 1$ m。

终端反射系数为

$$
\Gamma_1 = |\Gamma_1| e^{j\phi_1} = \frac{Z_1 - Z_0}{Z_1 + Z_0} = 0.333 + j0.667 = 0.7454 e^{j1.1071}
$$

驻波系数为

$$
\rho = \frac{1 + |\Gamma_1|}{1 - |\Gamma_1|} = 6.8541
$$

第一波腹点位置为

$$
l_{\text{max1}} = \frac{\lambda}{4\pi}\phi_1 = 0.0881 \text{ m}
$$

调配支节位置为

$$
l_1 = l_{\text{max1}} + \frac{\lambda}{2\pi}\arctan\frac{1}{\sqrt{\rho}} = 0.1462 \text{ m}
$$

调配支节的长度为

$$
l_2 = \frac{\lambda}{2\pi}\arctan\frac{\rho-1}{\sqrt{\rho}} = 0.1831 \text{ m}
$$

或

$$
l_1 = l_{\text{max}_1} - \frac{\lambda}{2\pi}\arctan\frac{1}{\sqrt{\rho}} = 0.03
$$

$$
l_2 = \frac{\lambda}{4} + \frac{\lambda}{2\pi}\arctan\frac{\sqrt{\rho}}{\rho-1} = 0.317
$$

（2）并联调配器。

设传输线和调配支节的特性导纳均为 Y_0，负载导纳为 Y_1，长度为 l_2 的单支节调配器并联于距离主传输线负载 l_1 处，如图 1 - 16 所示。设终端反射系数为 $|\Gamma_1|e^{j\phi_1}$，传输线的工作波长为 λ，驻波系数为 ρ，由无耗传输线状态分析可知，离负载的第一个电压波节点位置及该点导纳分别为

$$\left.\begin{aligned} l_{\min 1} &= \frac{\lambda}{4\pi}\phi_1 \pm \frac{\lambda}{4} \\ Y_1' &= Y_0\rho \end{aligned}\right\} \qquad (1-5-16)$$

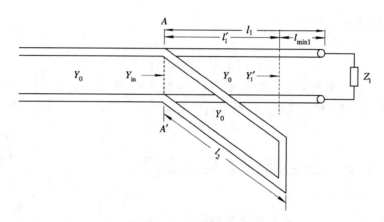

图 1 - 16　并联单支节调配器

令 $l_1' = l_1 - l_{\min 1}$，并设参考面 AA' 处的输入导纳为 Y_{in1}，则有

$$Y_{\text{in1}} = Y_0\frac{Y_1' + jY_0\,\tan(\beta l_1')}{Y_0 + jY_1'\,\tan(\beta l_1')} = G_1 + jB_1 \qquad (1-5-17)$$

终端短路的并联支节输入导纳为

$$Y_{\text{in2}} = -\frac{jY_0}{\tan(\beta l_2)} \qquad (1-5-18)$$

则总的输入导纳为

$$Y_{\text{in}} = Y_{\text{in1}} + Y_{\text{in2}} = G_1 + jB_1 - \frac{jY_0}{\tan(\beta l_2)} \qquad (1-5-19)$$

要使其与传输线特性导纳匹配，应有

$$\left.\begin{aligned} G_1 &= Y_0 \\ B_1\tan(\beta l_2) - Y_0 &= 0 \end{aligned}\right\} \qquad (1-5-20)$$

由此可得其中一组解为

$$\left.\begin{aligned} \tan\beta l_1' &= \sqrt{\frac{Y_0}{Y_1'}} = \frac{1}{\sqrt{\rho}} \\ \tan\beta l_2 &= \frac{\sqrt{Y_0Y_1'}}{Y_0Y_1'} = \frac{\sqrt{\rho}}{1-\rho} \end{aligned}\right\} \qquad (1-5-21a)$$

其中，Y_1' 由式（1 - 5 - 16）确定。式（1 - 5 - 21a）还可写成

$$l_1' = \frac{\lambda}{2\pi} \arctan \frac{1}{\sqrt{\rho}} \Bigg\}$$

$$l_2 = \frac{\lambda}{4} - \frac{\lambda}{2\pi} \arctan \frac{1-\rho}{\sqrt{\rho}} \Bigg\}$$

$(1-5-21b)$

另一组解为

$$l_1' = -\frac{\lambda}{2\pi} \arctan \frac{1}{\sqrt{\rho}} \Bigg\}$$

$$l_2 = \frac{\lambda}{4} + \frac{\lambda}{2\pi} \arctan \frac{1-\rho}{\sqrt{\rho}} \Bigg\}$$

$(1-5-21c)$

而 AA' 距实际负载的位置 l_1 为

$$l_1 = l_1' + l_{\min 1}$$

$(1-5-22)$

由式$(1-5-21)$及式$(1-5-22)$就可求得并联支节的位置及长度。

类似以上分析可得到多支节阻抗调配器的性能分析，但往往比较复杂，这时可采用计算机辅助分析与设计，从而实现一定频带内的阻抗变换。

1.6 史密斯圆图及其应用

1.6 节 PPT

史密斯圆图(Smith Chart)是用来分析传输线匹配问题的有效方法。它具有概念明晰、求解直观、精度较高等特点，被广泛应用于射频工程中。

史密斯圆图的引入　史密斯圆图

1. 阻抗圆图

由公式$(1-2-8)$可将传输线上任意一点的反射函数 $\Gamma(z)$ 表达为

$$\Gamma(z) = \frac{\bar{z}_{in}(z) - 1}{\bar{z}_{in}(z) + 1}$$

$(1-6-1)$

其中，$\bar{z}_{in}(z) = Z_{in}(z)/Z_0$ 为归一化输入阻抗。$\Gamma(z)$ 为一复数，它可以表示为极坐标形式，也可以表示成直角坐标形式。当表示为极坐标形式时，对于无耗线，有

$$\Gamma(z) = |\Gamma_1| e^{j(\phi_1 - 2\beta z)} = |\Gamma_1| e^{j\phi}$$

$(1-6-2)$

式中，ϕ_1 为终端反射系数 Γ_1 的辐角，$\phi = \phi_1 - 2\beta z$ 是 z 处反射系数的辐角。当 z 增加，即由终端向电源方向移动时，ϕ 减小，相当于顺时针转动；反之，由电源向负载移动时，ϕ 增大，相当于逆时针转动。沿传输线每移动 $\lambda/2$，反射系数经历一周，如图 $1-17$ 所示。又因为反射系数的模值不可能大于 1，因此，它的极坐标表示被限制在半径为 1 的单位圆周内。图 $1-18$ 绘出了反射系数圆图，图中每个同心圆的半径表示反射系数的大小，沿传输线移动的距离以波长为单位来计量，其起点为实轴左边的端点(即 $\phi = 180°$ 处)。在这个图中，任一点与圆心的连线的长度就是与该点对应的传输线上某点处的反射系数的大小，连线与 $\phi = 0°$ 的那段实轴间的夹角就是反射系数的辐角。

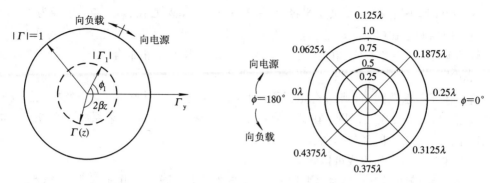

图 1 - 17　反射系数极坐标表示　　　　图 1 - 18　反射系数圆图

对于任一个确定的负载阻抗的归一化值，都能在圆图中找到一个与之相对应的点，这一点从极坐标关系来看，也就代表了 $\Gamma_1 = |\Gamma_1| e^{j\phi_1}$。它是传输线终端接这一负载时计算的起点。当将 $\Gamma(z)$ 表示成直角坐标形式时，有

$$\Gamma(z) = \Gamma_u + j\Gamma_v \tag{1-6-3}$$

其中，Γ_u 和 Γ_v 分别为 $\Gamma(z)$ 的实部与虚部。传输线上任意一点归一化阻抗为

$$\bar{z}_{in} = \frac{Z_{in}}{Z_0} = \frac{1 + (\Gamma_u + j\Gamma_v)}{1 - (\Gamma_u + j\Gamma_v)} \tag{1-6-4}$$

令 $\bar{z}_{in} = r + jx$，则可得以下方程

$$\left.\begin{array}{r}\left(\Gamma_u - \dfrac{r}{1+r}\right)^2 + \Gamma_v^2 = \left(\dfrac{1}{1+r}\right)^2 \\[3mm] (\Gamma_u - 1)^2 + \left(\Gamma_v - \dfrac{1}{x}\right)^2 = \left(\dfrac{1}{x}\right)^2\end{array}\right\} \tag{1-6-5}$$

这两个方程是以归一化电阻 r 和归一化电抗 x 为参数的两组圆方程。方程(1-6-5)的第一式为归一化电阻圆(Resistance Circle)，见图 1-19(a)；第二式为归一化电抗圆(Reactance Circle)，见图 1-19(b)。

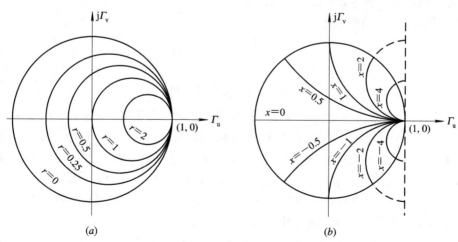

(a)　　　　　　　　　　　　　　　(b)

图 1 - 19　归一化等电阻和电抗圆

(a) 归一化电阻圆；(b) 归一化电抗圆

电阻圆的圆心在实轴(横轴)$(r/(1+r), 0)$处，半径为 $1/(1+r)$，r 愈大圆的半径愈

小。当 $r=0$ 时，圆心在(0,0)点，半径为1；当 $r\to\infty$ 时，圆心在(1,0)点，半径为零。

电抗圆的圆心在(1,1/x)处，半径为 $1/x$。由于 x 可正可负，因此全簇分为两组，一组在实轴的上方，另一组在实轴的下方。当 $x=0$ 时，圆与实轴相重合；当 $x\to\pm\infty$ 时，圆缩为点(1,0)。

将上述反射系数圆图、归一化电阻圆图和归一化电抗圆图画在一起，就构成了完整的阻抗圆图，也称为史密斯圆图。在实际使用中，一般不需要知道反射系数 Γ 的情况，故不少圆图中并不画出反射系数圆图。

由上述阻抗圆图的构成可以知道：

① 在阻抗圆图的上半圆内的电抗 $x>0$ 呈感性，下半圆内的电抗 $x<0$ 呈容性。

② 实轴上的点代表纯电阻点，左半轴上的点为电压波节点，其上的刻度既代表 $r_{\min}$ 又代表行波系数 K，右半轴上的点为电压波腹点，其上的刻度既代表 $r_{\max}$ 又代表驻波比 ρ。

③ 圆图旋转一周为 $\lambda/2$。

④ $|\Gamma|=1$ 的圆周上的点代表纯电抗点。

⑤ 实轴左端点为短路点，右端点为开路点，中心点处有 $\bar{z}=1+\mathrm{j}0$，是匹配点。

⑥ 在传输线上由负载向电源方向移动时，在圆图上应顺时针旋转；反之，由电源向负载方向移动时，应逆时针旋转。

为了使用方便起见，在圆图外圈常分别标有向电源方向和负载方向的电长度刻度，详见附录二。

2. 导纳圆图

根据归一化导纳与反射系数之间的关系可以画出另一张圆图，称作导纳圆图。实际上，由无耗传输线的 $\lambda/4$ 的阻抗变换特性，将整个阻抗圆图旋转180°即得到导纳圆图。因此，一张圆图理解为阻抗圆图还是理解为导纳圆图，视如何解决问题方便而定。比如，处理并联情况时用导纳圆图较为方便，而处理沿线变化的阻抗问题时使用阻抗圆图较为方便。现在来说明阻抗圆图如何变为导纳圆图。

归一化阻抗和导纳的表达式为

$$\bar{z}_{\mathrm{in}}=\frac{1+\Gamma}{1-\Gamma}=r+\mathrm{j}x \tag{1-6-6}$$

$$\bar{y}_{\mathrm{in}}=\frac{1-\Gamma}{1+\Gamma}=g+\mathrm{j}b \tag{1-6-7}$$

式(1-6-7)中，g 是归一化电导，b 是归一化电纳。将归一化阻抗表示式中的 $\Gamma\to-\Gamma$，则 $\bar{z}\to\bar{y}$，也就是 $r\to g$，$x\to b$，阻抗圆图变为导纳圆图，由于 $-\Gamma=\Gamma\mathrm{e}^{\mathrm{j}\pi}$，所以让反射系数圆在圆图上旋转180°，本来在阻抗圆图上位于 A 点的归一化阻抗，经过 $\Gamma\to-\Gamma$ 变换，则 A 点移到 B 点，B 点代表归一化导纳在导纳圆图上的位置，如图1-20所示。上述变换过程并未对圆图作任何修正，且保留了圆图上的所有已标注好的数字。若对导纳圆图再作 $\Gamma\to-\Gamma$ 变换，导纳圆图同样可变为阻抗圆图。

由于 $\bar{z}=1/\bar{y}$，即当 $x=0$ 时 $g=1/r$，当 $r=0$ 时 $b=1/x$，所以阻抗圆图与导纳圆图有如下对应关系：当实施 $\Gamma\to-\Gamma$ 变换后，匹配点不变，$r=1$ 的电阻圆变为 $g=1$ 的电导圆，纯电阻线变为纯电导线；$x=\pm1$ 的电抗圆弧变为 $b=\pm1$ 的电纳圆弧，开路点变为短路点，短路点变为开路点；上半圆内的电纳 $b>0$ 呈容性；下半圆内的电纳 $b<0$ 呈感性。阻抗圆

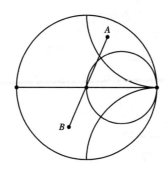

图 1 - 20　作 $\Gamma \to -\Gamma$ 变换在圆图上的表示

图与导纳圆图的重要点、线、面的对应关系如图 1 - 21 和图 1 - 22 所示。

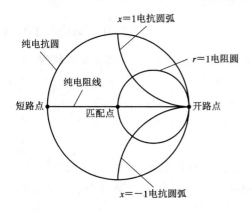

图 1 - 21　阻抗圆图上的重要点、线、面　　　图 1 - 22　导纳圆图上的重要点、线、面

下面举例说明两个圆图的使用方法。

[**例 1 - 6**]　已知传输线的特性阻抗 $Z_0 = 50\ \Omega$，如图 1 - 23 所示。假设传输线的负载阻抗为 $Z_1 = 25 + j25\Omega$，求离负载 $z = 0.2\lambda$ 处的等效阻抗。

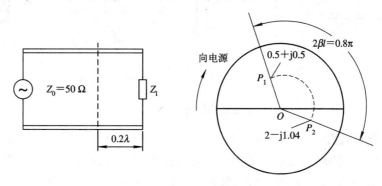

图 1 - 23　史密斯圆图示例一

解：先求出归一化负载阻抗 $\bar{z}_1 = 0.5 + j0.5\ \Omega$，在圆图上找出与此相对应的点 P_1，以圆图中心点 O 为中心，以 OP_1 为半径，顺时针（向电源方向）旋转 0.2λ 到达 P_2 点，查出 P_2 点的归一化阻抗为 $2 - j1.04\ \Omega$，将其乘以特性阻抗即可得到 $z = 0.2\lambda$ 处的等效阻抗为 $100 - j52\ \Omega$。

[**例 1 - 7**]　在特性阻抗 $Z_0 = 50\ \Omega$ 的无耗传输线上测得驻波比 $\rho = 5$，电压最小点出现

在 $z=\lambda/3$ 处，如图 1-24 所示。求负载阻抗。

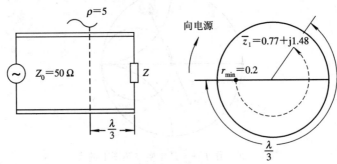

图 1-24   史密斯圆图示例二

解： 电压波节点处等效阻抗为一纯电阻 $r_{min}=K=\dfrac{1}{\rho}=0.2$，此点落在圆图的左半实轴上，从 $r_{min}=0.2$ 点沿等 $\rho(\rho=5)$ 的圆逆时针（向负载方向）转 $\lambda/3$，得到归一化负载为

$$\bar{z}_1 = 0.77 + j1.48$$

故负载阻抗为

$$Z_1 = (0.77 + j1.48) \times 50 = 38.5 + j74 \ \Omega$$

用圆图进行支节匹配也是十分方便的，下面举例来说明。

[例 1-8] 设负载阻抗为 $Z_1=100+j50 \ \Omega$，接入特性阻抗为 $Z_0=50 \ \Omega$ 的传输线上，如图 1-25 所示，要用支节调配法实现负载与传输线匹配，试用史密斯圆图求支节的长度 l 及离负载的距离 d。

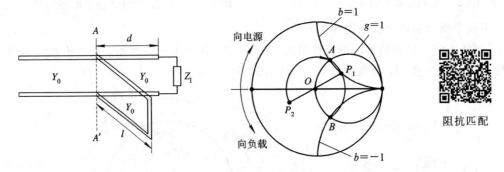

阻抗匹配

图 1-25   史密斯圆图示例三

解： 归一化负载阻抗 $\bar{z}_1=Z_1/Z_0=2+j1$，它在圆图上位于 P_1 点，相应的归一化导纳为 $\bar{y}_1=0.4-j0.2$，在圆图上位于过匹配点 O，与 OP_1 相对称的位置点 P_2 上，其对应的向电源方向的电长度为 0.463，负载反射系数 $\Gamma_1=0.4+j0.2=0.447\angle 0.464$。

将点 P_2 沿等 $|\Gamma_1|$ 圆顺时针旋转，与 $g=1$ 的电导圆交于 A,B 两点：

A 点的导纳为 $\bar{y}_A=1+j1$，对应的电长度为 0.159，B 点的导纳为 $\bar{y}_B=1-j1$，对应的电长度为 0.338。

① 支节离负载的距离为

$$d = (0.5-0.463)\lambda + 0.159\lambda = 0.196\lambda$$
$$d' = (0.5-0.463)\lambda + 0.338\lambda = 0.375\lambda$$

② 短路支节的长度：短路支节对应的归一化导纳为 $\bar{y}_1 = -\mathrm{j}1$ 和 $\bar{y}_2 = \mathrm{j}1$，分别与 $\bar{y}_A = 1 + \mathrm{j}1$ 和 $\bar{y}_B = 1 - \mathrm{j}1$ 中的虚部相抵消。由于短路支节负载为短路，对应导纳圆图的右端点，将短路点顺时针旋转至单位圆与 $b = -1$ 及 $b = 1$ 的交点，旋转的长度分别为

$$l = 0.375\lambda - 0.25\lambda = 0.125\lambda$$

$$l' = 0.125\lambda + 0.25\lambda = 0.375\lambda$$

因此，从以上分析可以得到两组答案，即 $d = 0.196\lambda$，$l = 0.125\lambda$ 和 $d' = 0.375\lambda$，$l' = 0.375\lambda$，与用式(1-5-21)和式(1-5-22)算出的结果相同。

[例 1-9] 图 1-26 为某天线输入阻抗特性随频率变化的在圆图上的表示。其中编号 3 的频率为 $f = 1.728\ \mathrm{GHz}$，实测阻抗为 $Z_{\mathrm{in}} = (49.1 - 0.8)\ \Omega$。显然，在工程上认为该点为匹配点(相对于 50 Ω)。

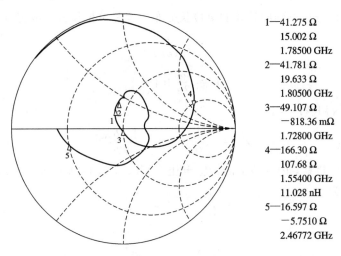

1—41.275 Ω
 15.002 Ω
 1.78500 GHz
2—41.781 Ω
 19.633 Ω
 1.80500 GHz
3—49.107 Ω
 −818.36 mΩ
 1.72800 GHz
4—166.30 Ω
 107.68 Ω
 1.55400 GHz
 11.028 nH
5—16.597 Ω
 −5.7510 Ω
 2.46772 GHz

图 1-26 某天线输入阻抗的实测曲线

总之，史密斯圆图直观地描述了无耗传输线各种特性参数的关系，在微波电路设计、天线特性测量等工程领域以及许多专用测试设备中有着广泛的应用。

1.7 同轴线及其特性阻抗

1.7 节 PPT

同轴线(Coaxial Line)是一种典型的双导体传输系统，它由内、外同轴的两导体柱构成，中间为支撑介质，如图 1-27 所示。其中，内、外半径分别为 a 和 b，填充介质的磁导率和介电常数分别为 μ 和 ε。同轴线是微波技术中最常见的 TEM 模传输线，分为硬、软两种结构。硬同轴线是以圆柱形铜棒作内导体，同心的铜管作外导体，内、外导体间用介质支撑，这种同轴线也称为同轴波导。软同轴线的内导体一般采用多股铜丝，

同轴线的电场分布　同轴线的磁场分布

外导体是铜丝网，在内、外导体间用介质填充，外导体网外有一层橡胶保护壳，这种同轴线又称为同轴电缆。

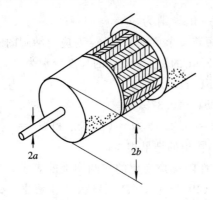

各种同轴线

图 1-27 同轴线结构图

由电磁场理论分析得到同轴线的单位长分布电容和单位长分布电感分别为

$$\left.\begin{array}{l} C = \dfrac{2\pi\varepsilon}{\ln(b/a)} \\[3mm] L = \dfrac{\mu}{2\pi}\ln\left(\dfrac{b}{a}\right) \end{array}\right\} \qquad (1-7-1)$$

由式(1-1-14)得其特性阻抗为

$$Z_0 = \sqrt{\frac{L}{C}} = \sqrt{\frac{\mu}{\varepsilon}}\,\frac{\ln(b/a)}{2\pi} \qquad (1-7-2)$$

设同轴线的外导体接地，内导体上的传输电压为 $U(z)$，取传播方向为 $+z$，传播常数为 β，则同轴线上电压为

$$U(z) = U_0 \mathrm{e}^{-\mathrm{j}\beta z} \qquad (1-7-3)$$

同轴线上电流为

$$I(z) = \frac{U(z)}{Z_0} = \frac{2\pi U_0}{\sqrt{\mu/\varepsilon}\,\ln(b/a)}\mathrm{e}^{-\mathrm{j}\beta z} \qquad (1-7-4)$$

而传输功率为

$$P = \frac{1}{2}\mathrm{Re}[UI^*] = \frac{\pi U_0^2}{\sqrt{\mu/\varepsilon}\,\ln(b/a)} \qquad (1-7-5)$$

下面重点讨论同轴线外半径 b 不变，改变内半径 a，同轴线分别达到耐压最高、传输功率最大及衰减最小三种状态时，对应的不同特性阻抗。

1. 耐压最高时的特性阻抗

设外导体接地，内导体接电压 U_m，则内导体表面的电场为

$$E_a = \frac{U_\mathrm{m}}{a\,\ln x} \qquad \left(x = \frac{b}{a}\right) \qquad (1-7-6)$$

为达到耐压最大，设 E_a 取介质的极限击穿电场，即 $E_a = E_{\max}$，故

$$U_{\max} = aE_{\max}\ln\left(\frac{b}{a}\right) = bE_{\max}\frac{\ln x}{x} \qquad (1-7-7)$$

求 $U_{\max}$ 最大值，即令 $\mathrm{d}U_{\max}/\mathrm{d}x = 0$，可得 $x = 2.72$。这时固定外导体半径的同轴线达到最大电压，此时同轴线的特性阻抗为

$$Z_0 = \frac{\sqrt{\mu/\varepsilon}}{2\pi} \qquad (1-7-8)$$

当同轴线中填充空气时，相应于耐压最大时的特性阻抗为 60 Ω。

2. 传输功率最大时的特性阻抗

限制传输功率的因素也是内导体的表面电场，由式(1-7-5)及式(1-7-7)得

$$P = P_{max} = \frac{\pi a^2 E_{max}^2}{\sqrt{\mu/\varepsilon}} \ln \frac{b}{a} = \frac{\pi b^2 E_{max}^2}{\sqrt{\mu/\varepsilon}} \frac{\ln x}{x^2} \tag{1-7-9}$$

式中，$x = b/a$。要使 P_{max} 取最大值，则 P_{max} 应满足

$$\frac{\mathrm{d}P_{max}}{\mathrm{d}x} = 0 \tag{1-7-10}$$

于是可得 $x = b/a = \sqrt{e} = 1.65$，相应的特性阻抗为

$$Z_0 = \frac{\sqrt{\mu/\varepsilon}}{4\pi} \tag{1-7-11}$$

当同轴线中填充空气时，相应于传输功率最大时的特性阻抗为 30 Ω。

3. 衰减最小时的特性阻抗

同轴线的损耗由导体损耗和介质损耗引起，由于导体损耗远比介质损耗大，因此这里只讨论导体损耗的情形。设同轴线单位长电阻为 R，而导体的表面电阻为 R_s，两者之间的关系为

$$R = R_s \left(\frac{1}{2\pi a} + \frac{1}{2\pi b} \right) \tag{1-7-12}$$

由式(1-1-21)得导体损耗而引入的衰减常数 α_c 为

$$\alpha_c = \frac{R}{2Z_0} \tag{1-7-13}$$

将式(1-7-12)和式(1-7-2)代入式(1-7-13)得

$$\alpha_c = \frac{R_s}{2\sqrt{\mu/\varepsilon} \ln(b/a)} \left(\frac{1}{a} + \frac{1}{b} \right) = \frac{R_s}{2b\sqrt{\mu/\varepsilon} \ln x}(1+x) \tag{1-7-14}$$

要使衰减常数 α_c 最小，则应满足

$$\frac{\mathrm{d}\alpha_c}{\mathrm{d}x} = 0 \tag{1-7-15}$$

于是可得 $x \ln x - x - 1 = 0$，即 $x = b/a = 3.59$，此时特性阻抗为

$$Z_0 = \frac{1.278 \sqrt{\mu/\varepsilon}}{2\pi} \tag{1-7-16}$$

当同轴线中填充空气时，相应于衰减最小时的特性阻抗为 76.7 Ω。

可见在不同的使用要求下，同轴线应有不同的特性阻抗。实际使用的同轴线其特性阻抗一般有 50 Ω 和 75 Ω 两种。50 Ω 的同轴线兼顾了耐压、功率容量和衰减的要求，是一种通用型同轴传输线；75 Ω 的同轴线是衰减最小的同轴线，它主要用于远距离传输。

工程上，相同特性阻抗的同轴线也有不同的规格(如 75-5，75-9)，75 代表 75 Ω，-5 代表外导体直径为 5 mm。一般来说，电缆越粗其衰减越小。

以上分析是假设同轴线工作在 TEM 模式。实际上要使同轴线工作于 TEM 模式，则同轴线的内、外半径还应满足以下条件：

$$\lambda_{min} > \pi(b+a) \tag{1-7-17}$$

其中，$\lambda_{\min}$ 为最短工作波长。

由上述分析可见，在决定同轴线的内、外直径时，必须同时考虑使用要求和工作模式。

本 章 小 结

本章小结

本章首先给出了微波传输线的定义、类别及其分析方法；接着讨论了均匀传输线的方程、特性参数、状态参量（如输入阻抗、反射系数及驻波比）以及工作状态（行波、纯驻波、行驻波），着重讨论了无耗传输线的状态参量之间的关系、不同负载与工作状态的关系以及在三种状态下传输线上电压和电流的分布、阻抗性质等变化规律，得到了无耗传输线具有 $\lambda/4$ 的变换性和 $\lambda/2$ 的重复性的重要性质；然后介绍了传输线的传输功率和效率，给出了工程上常用的回波损耗和插入损耗的定义和计算公式，明确了回波损耗和插入损耗与反射系数的关系；随后讨论了阻抗匹配的意义和含义，并对常用的负载阻抗匹配的方法——串联 $\lambda/4$ 阻抗变换器法和支节调配器法进行了讨论；之后介绍了史密斯圆图的构成以及使用方法，特别交待了工程上如何利用圆图评估匹配性能和确定匹配方案；最后介绍了典型均匀传输线——同轴线，分析了同轴线的阻抗、功率以及不同工程应用条件下的分类。

习 题

典型例题　　思考与拓展

1.1　设一特性阻抗为 50 Ω 的均匀传输线终端接负载 $R_1=100\ \Omega$，求负载反射系数 Γ_1。在离负载 0.2λ、0.25λ 及 0.5λ 处的输入阻抗及反射系数分别为多少？

1.2　求内、外导体直径分别为 0.25 cm 和 0.75 cm 的空气同轴线的特性阻抗。若在内、外两导体间填充介电常数 $\varepsilon_r=2.25$ 的介质，求其特性阻抗及 $f=300$ MHz 时的波长。

1.3　设特性阻抗为 Z_0 的无耗传输线的驻波比为 ρ，第一个电压波节点离负载的距离为 $l_{\min 1}$，试证明此时终端负载应为

$$Z_1 = Z_0 \frac{1-\mathrm{j}\rho\,\tan\beta l_{\min 1}}{\rho - \mathrm{j}\,\tan\beta l_{\min 1}}$$

1.4　有一特性阻抗 $Z_0=50\ \Omega$ 的无耗均匀传输线，导体间的媒质参数 $\varepsilon_r=2.25$，$\mu_r=1$，终端接有 $R_1=1\ \Omega$ 的负载。当 $f=100$ MHz 时，其线长度为 $\lambda/4$。试求：

① 传输线实际长度。

② 负载终端反射系数。

③ 输入端反射系数。

④ 输入端阻抗。

1.5　试证明无耗传输线上任意相距 $\lambda/4$ 的两点处的阻抗的乘积等于传输线特性阻抗的平方。

1.6　设某一均匀无耗传输线特性阻抗为 $Z_0=50\ \Omega$，终端接有未知负载 Z_1。现在传输线上测得电压最大值和最小值分别为 100 mV 和 20 mV，第一个电压波节点离负载的距离 $l_{\min 1}=\lambda/3$，试求该负载阻抗 Z_1。

1.7　求无耗传输线上回波损耗为 3 dB 和 10 dB 时的驻波比。

1.8　设某传输系统如题 1.8 图所示，画出 AB 段及 BC 段沿线各点电压、电流和阻抗的振幅分布图，并求出电压的最大值和最小值（图中 $R = 900\ \Omega$）。

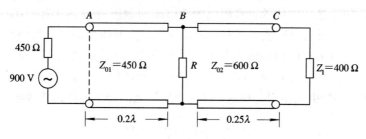

题 1.8 图

1.9　特性阻抗为 $Z_0 = 100\ \Omega$、长度为 $\lambda/8$ 的均匀无耗传输线，终端接有负载 $Z_1 = (200 + j300)\ \Omega$，源端接有电压为 $500\ V\angle 0°$、内阻 $R_g = 100\ \Omega$ 的电源。求：

① 传输线源端的电压。

② 负载吸收的平均功率。

③ 终端的电压。

1.10　特性阻抗为 $Z_0 = 150\ \Omega$ 的均匀无耗传输线，终端接有负载 $Z_1 = 250 + j100\ \Omega$，用 $\lambda/4$ 阻抗变换器实现阻抗匹配（如题 1.10 图所示），试求 $\lambda/4$ 阻抗变换器的特性阻抗 Z_{01} 及离终端的距离。

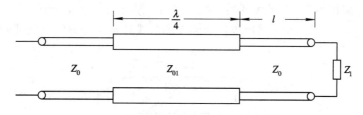

题 1.10 图

1.11　设特性阻抗为 $Z_0 = 50\ \Omega$ 的均匀无耗传输线，终端接有负载阻抗 $Z_1 = 100 + j75\ \Omega$ 的复阻抗时，可用以下方法实现 $\lambda/4$ 阻抗变换器匹配：在终端或在 $\lambda/4$ 阻抗变换器前并联一段终端短路线，如题 1.11 图所示，试分别求这两种情况下 $\lambda/4$ 阻抗变换器的特性阻抗

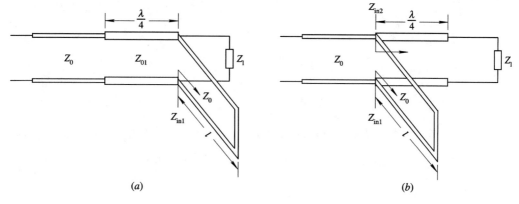

(a)　　　　　　　　　　　　　　　　(b)

题 1.11 图

Z_{01} 及短路线长度 l。

1.12 在特性阻抗为 600 Ω 的无耗双导线上测得 $|U|_{max}$ 为 200 V，$|U|_{min}$ 为 40 V，第一个电压波节点的位置 $l_{min1}=0.15\lambda$，求负载 Z_l。今用并联支节进行匹配，求出支节的位置和长度。

1.13 一均匀无耗传输线的特性阻抗为 70 Ω，负载阻抗为 $Z_1=70+j140$ Ω，工作波长 $\lambda=20$ cm。试用史密斯圆图和公式两种方法设计串联支节匹配器的位置和长度。

1.14 有一空气介质的同轴线需装入介质支撑片，薄片的材料为聚苯乙烯，其相对介电常数为 $\varepsilon_r=2.55$，如题 1.14 图所示。设同轴线外导体的内径为 7 mm，而内导体的外径为 2 mm，为使介质的引入不引起反射，则由介质填充部分的导体的内径应为多少？

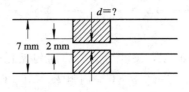

题 1.14 图

1.15 空气绝缘的同轴线外导体的内半径 $b=20$ mm，当要求同轴线耐压最高、传输功率最大或衰减最小时，同轴线内导体的半径 a 为多少？

1.16 在充有 $\varepsilon_r=2.25$ 介质的 5 m 长同轴线中，传播频率为 20 MHz 的电磁波。当终端短路时测得输入阻抗为 4.61 Ω；当终端理想开路时，测得输入阻抗为 1390 Ω。试计算该同轴线的特性阻抗。

1.17 特性阻抗为 50 Ω 的无耗传输线，终端接阻抗为 $Z_1=25+j75$ Ω 的负载，采用单支节匹配，如题 1.17 图所示，试用史密斯圆图和公式计算两种方法求支节的位置和长度。

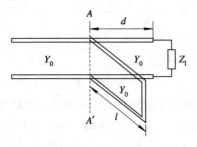

题 1.17 图

第 2 章　规则金属波导

第 1 章从路的观点出发，分析了均匀传输线的基本参数和工作状态，比较适用于同轴线等双导体系统。

对由均匀填充介质的金属波导管组成的规则金属波导，一般采用场分析法。本章首先对规则波导传输系统中的电磁场问题进行分析，研究规则波导的一般特性，然后着重讨论矩形金属波导和圆形金属波导的传输特性和场结构，最后介绍波导的耦合和激励方法。

2.1　导 波 原 理

1. 规则金属管内电磁波

2.1 节 PPT

对有均匀填充介质的金属波导管建立如图 2-1 所示的坐标系，设 z 轴与波导的轴线相重合。由于波导的边界和尺寸沿轴向不变，故称为规则金属波导。为了简化起见，我们作如下假设：

① 波导管内填充的介质是均匀、线性、各向同性的。

② 波导管内无自由电荷和传导电流的存在。

③ 波导管内的场是时谐场。

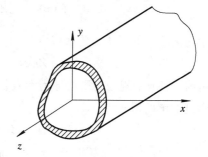

图 2 - 1　金属波导管结构图

由电磁场理论可知，无源自由空间电场 $\boldsymbol{E}$ 和磁场 $\boldsymbol{H}$ 满足以下矢量亥姆霍兹方程：

$$\left.\begin{array}{l} \nabla^2 \boldsymbol{E} + k^2 \boldsymbol{E} = 0 \\ \nabla^2 \boldsymbol{H} + k^2 \boldsymbol{H} = 0 \end{array}\right\} \qquad (2-1-1)$$

式中，$k^2 = \omega^2 \mu \varepsilon$。

现将电场和磁场分解为横向分量和纵向分量，即

$$\left.\begin{array}{l} \boldsymbol{E} = \boldsymbol{E}_t + \boldsymbol{a}_z E_z \\ \boldsymbol{H} = \boldsymbol{H}_t + \boldsymbol{a}_z H_z \end{array}\right\} \qquad (2-1-2)$$

式中，$\boldsymbol{a}_z$ 为 z 向单位矢量，t 表示横向坐标，可以代表直角坐标中的 (x,y)，也可代表圆柱坐标中的 (ρ, φ)。为方便起见，下面以直角坐标为例讨论。将式 $(2-1-2)$ 代入式 $(2-1-1)$，整理后可得

$$\left.\begin{array}{l} \nabla^2 E_z + k^2 E_z = 0 \\ \nabla^2 \boldsymbol{E}_t + k^2 \boldsymbol{E}_t = 0 \\ \nabla^2 H_z + k^2 H_z = 0 \\ \nabla^2 \boldsymbol{H}_t + k^2 \boldsymbol{H}_t = 0 \end{array}\right\} \qquad (2-1-3)$$

下面以电场为例来讨论纵向场应满足的解的形式。

设 ∇_t^2 为二维拉普拉斯算子，则有

$$\nabla^2 = \nabla_t^2 + \frac{\partial^2}{\partial z^2} \qquad (2-1-4)$$

利用分离变量法，令

$$E_z(x, y, z) = E_z(x, y) Z(z) \qquad (2-1-5)$$

将式 (2-1-5) 代入式 (2-1-3)，并整理得

$$-\frac{(\nabla_t^2 + k^2) E_z(x, y)}{E_z(x, y)} = \frac{\dfrac{d^2}{dz^2} Z(z)}{Z(z)} \qquad (2-1-6)$$

上式中左边是横向坐标 (x, y) 的函数，与 z 无关；而右边是 z 的函数，与 (x, y) 无关。只有二者均为一常数，上式才能成立，设该常数为 γ^2，则有

$$\left.\begin{array}{l} \nabla_t^2 E_z(x, y) + (k^2 + \gamma^2) E_z(x, y) = 0 \\ \dfrac{d^2}{dz^2} Z(z) - \gamma^2 Z(z) = 0 \end{array}\right\} \qquad (2-1-7)$$

上式中的第二式的形式与传输线方程 (1-1-5) 相同，其通解为

$$Z(z) = A_+ e^{-\gamma z} + A_- e^{\gamma z} \qquad (2-1-8)$$

由前面假设，规则金属波导为无限长，没有反射波，故 $A_- = 0$，即纵向电场的纵向分量应满足的解的形式为

$$Z(z) = A_+ e^{-\gamma z} \qquad (2-1-9)$$

A_+ 为待定常数，对于无耗波导，$\gamma = j\beta$，而 β 为相移常数。

现设 $E_{oz}(x, y) = A_+ E_z(x, y)$，则纵向电场可表达为

$$E_z(x, y, z) = E_{oz}(x, y) e^{-j\beta z} \qquad (2-1-10a)$$

同理，纵向磁场也可表达为

$$H_z(x, y, z) = H_{oz}(x, y) e^{-j\beta z} \qquad (2-1-10b)$$

而 $E_{oz}(x, y)$，$H_{oz}(x, y)$ 满足以下方程：

$$\left.\begin{array}{l} \nabla_t^2 E_{oz}(x, y) + k_c^2 E_{oz}(x, y) = 0 \\ \nabla_t^2 H_{oz}(x, y) + k_c^2 H_{oz}(x, y) = 0 \end{array}\right\} \qquad (2-1-11)$$

式中，$k_c^2 = k^2 - \beta^2$ 为传输系统的本征值。

由麦克斯韦方程，无源区电场和磁场应满足的方程为

$$\left.\begin{array}{l} \nabla \times \boldsymbol{H} = j\omega\varepsilon\boldsymbol{E} \\ \nabla \times \boldsymbol{E} = -j\omega\mu\boldsymbol{H} \end{array}\right\} \qquad (2-1-12)$$

将它们用直角坐标展开，并利用式 (2-1-10) 可得

$$E_x = -\frac{j}{k_c^2}\left(\omega\mu\frac{\partial H_z}{\partial y} + \beta\frac{\partial E_z}{\partial x}\right)$$

$$E_y = \frac{j}{k_c^2}\left(\omega\mu\frac{\partial H_z}{\partial x} - \beta\frac{\partial E_z}{\partial y}\right)$$

$$H_x = \frac{j}{k_c^2}\left(-\beta\frac{\partial H_z}{\partial x} + \omega\varepsilon\frac{\partial E_z}{\partial y}\right) \tag{2-1-13}$$

$$H_y = -\frac{j}{k_c^2}\left(\beta\frac{\partial H_z}{\partial y} + \omega\varepsilon\frac{\partial E_z}{\partial x}\right)$$

从以上分析可得以下结论：

① 在规则波导中场的纵向分量满足标量齐次波动方程，结合相应边界条件即可求得纵向分量 E_z 和 H_z，而场的横向分量可由纵向分量求得。

② 既满足上述方程又满足边界条件的解有许多，每一个解对应一个波型（也称为模式），不同的模式具有不同的传输特性。

③ k_c 是微分方程(2-1-11)在特定边界条件下的特征值，它是一个与导波系统横截面形状、尺寸及传输模式有关的参量。由于当相移常数 $\beta=0$ 时，意味着波导系统不再传播，亦称为截止，此时 $k_c=k$，故将 k_c 称为截止波数。

模式的含义

2. 传输特性

描述波导传输特性的主要参数有相移常数、截止波数、相速、波导波长、群速、波阻抗及传输功率，下面分别介绍。

1) 相移常数和截止波数

在确定的均匀媒质中，波数 $k=\omega\sqrt{\mu\varepsilon}$ 与电磁波的频率成正比，相移常数 β 和 k 的关系式为

截止波长的理解

$$\beta = \sqrt{k^2 - k_c^2} = k\sqrt{1 - \frac{k_c^2}{k^2}} \tag{2-1-14}$$

2) 相速 v_p 与波导波长 λ_g

电磁波在波导中传播，其等相位面移动速率称为相速，于是有

$$v_p = \frac{\omega}{\beta} = \frac{\omega}{k}\frac{1}{\sqrt{1 - k_c^2/k^2}} = \frac{c/\sqrt{\mu_r\varepsilon_r}}{\sqrt{1 - k_c^2/k^2}} \tag{2-1-15}$$

式中，c 为真空中的光速。对导行波来说 $k>k_c$，故 $v_p>c/\sqrt{\mu_r\varepsilon_r}$，即在规则波导中波的传播速度比在无界空间媒质中传播的速度要快。

导行波的波长称为波导波长，用 λ_g 表示，它与波数的关系式为

$$\lambda_g = \frac{2\pi}{\beta} = \frac{2\pi}{k}\frac{1}{\sqrt{1 - k_c^2/k^2}} \tag{2-1-16}$$

另外，我们将相移常数 β 及相速 v_p 随频率 ω 的变化关系称为色散关系，它描述了波导系统的频率特性。当存在色散特性时，相速 v_p 已不能很好地描述波的传播速度，这时就要引入"群速(Group Velocity)"的概念，它表征了波能量的传播速度。当 k_c 为常数时，导行波的群速为

$$v_{\mathrm{g}} = \frac{\mathrm{d}\omega}{\mathrm{d}\beta} = \frac{1}{\mathrm{d}\beta/\mathrm{d}\omega} = \frac{c}{\sqrt{\mu_{\mathrm{r}}\varepsilon_{\mathrm{r}}}}\sqrt{1 - k_{\mathrm{c}}^2/k^2} \qquad (2-1-17)$$

3）波阻抗

定义某个波型的横向电场和横向磁场之比为波阻抗，即

$$Z = \frac{E_t}{H_t} \qquad (2-1-18)$$

4）传输功率

由坡印廷定理，波导中某个波型的传输功率为

$$P = \frac{1}{2}\mathrm{Re}\int_s (\boldsymbol{E} \times \boldsymbol{H}^*) \cdot \mathrm{d}\boldsymbol{S} = \frac{1}{2}\mathrm{Re}\int_s (\boldsymbol{E}_t \times \boldsymbol{H}_t^*) \cdot \boldsymbol{a}_z \, \mathrm{d}\boldsymbol{S}$$

$$= \frac{1}{2Z}\int_s |E_t|^2 \, \mathrm{d}S = \frac{Z}{2}\int_s |H_t|^2 \, \mathrm{d}\boldsymbol{S} \qquad (2-1-19)$$

式中，Z 为该波型的波阻抗。

3. 导行波的分类

用以约束或导引电磁波能量沿一定方向传输的结构称为导波结构，在其中传输的波称为导行波（Guided Wave）。导行波的结构不同，所传输的电磁波的特性就不同，因此，根据截止波数 k_{c} 的不同可将导行波分为以下三种情况。

1）$k_{\mathrm{c}}^2 = 0$（即 $k_{\mathrm{c}} = 0$）

这时必有 $E_z = 0$ 和 $H_z = 0$，否则由式(2-1-13)知 E_x、E_y、H_x、H_y 将出现无穷大，这在物理上是不可能的。这样，$k_{\mathrm{c}} = 0$ 意味着该导行波既无纵向电场又无纵向磁场，只有横向电场和磁场，故称为横电磁波，简称 TEM 波。

对于 TEM 波，$\beta = k$，故相速、波长及波阻抗与无界空间均匀媒质中的相同，而且由于截止波数 $k_{\mathrm{c}} = 0$，因此理论上任意频率均能在此类传输线上传输。此时不能采用纵向场分析法，而应采用二维静态场分析法或前述传输线方程法进行分析。

2）$k_{\mathrm{c}}^2 > 0$

这时 $\beta^2 > 0$，而 E_z 和 H_z 不能同时为零，否则 $\boldsymbol{E}_t$ 和 $\boldsymbol{H}_t$ 必然全为零，系统将不存在任何场。一般情况下，只要 E_z 和 H_z 中有一个不为零即可满足边界条件，这时又可分为两种情形：

（1）TM 波。

将 $E_z \neq 0$ 而 $H_z = 0$ 的波称为磁场纯横向波，简称 TM 波，由于只有纵向电场故又称其为 E 波。此时满足的边界条件应为

$$E_z|_s = 0 \qquad (2-1-20)$$

式中，S 表示波导周界。

而由式(2-1-18)波阻抗的定义得 TM 波的波阻抗为

$$Z_{\mathrm{TM}} = \frac{E_x}{H_y} = \frac{\beta}{\omega\varepsilon} = \sqrt{\frac{\mu}{\varepsilon}}\sqrt{1 - \frac{k_{\mathrm{c}}^2}{k^2}} \qquad (2-1-21)$$

（2）TE 波。

将 $E_z = 0$ 而 $H_z \neq 0$ 的波称为电场纯横向波，简称 TE 波，此时只有纵向磁场，故又称其为 H 波。它应满足的边界条件为

$$\frac{\partial H_z}{\partial \boldsymbol{n}}\bigg|_s = 0 \qquad (2-1-22)$$

式中，S 表示波导周界；n 为边界法向单位矢量。

而由式(2-1-18)波阻抗的定义得 TE 波的波阻抗为

$$Z_{TE} = \frac{E_x}{H_y} = \frac{\omega\mu}{\beta} = \sqrt{\frac{\mu}{\varepsilon}} \frac{1}{\sqrt{1 - k_c^2/k^2}} \quad (2-1-23)$$

无论是 TM 波还是 TE 波，其相速 $v_p = \omega/\beta > c/\sqrt{\mu_r\varepsilon_r}$，均比无界媒质空间中的速度要快，故称之为快波。

3) $k_c^2 < 0$

这时 $\beta = \sqrt{k^2 - k_c^2} > k$，而相速 $v_p = \omega/\beta < c/\sqrt{\mu_r\varepsilon_r}$，即相速比无界媒质空间中的速度要慢，故又称之为慢波。在由光滑导体壁构成的导波系统中不可能存在 $k_c^2 < 0$ 的情形，只有当某种阻抗壁存在时才有这种可能。

以上三种情况实质上对应了三种导波结构，即 TEM 传输线、封闭金属波导和表面波导。本章着重讨论封闭金属波导的传输特性，下面分别对常用的矩形波导和圆波导的传输特性进行分析。

2.2 矩 形 波 导

2.2节 PPT

通常将由金属材料制成的、矩形截面的、内充空气的规则金属波导称为矩形波导(Rectangular Waveguide)，它是微波技术中最常用的传输系统之一。

设矩形波导的宽边尺寸为 a，窄边尺寸为 b，并建立如图 2-2 所示的坐标。

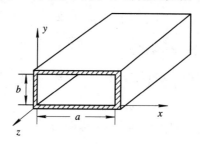

图 2-2 矩形波导及其坐标

1. 矩形波导中的场

由上节分析可知，矩形金属波导中只能存在 TE 波和 TM 波。下面分别来讨论这两种情况下场的分布。

1) TE 波

此时 $E_z = 0$，$H_z = H_{oz}(x, y)e^{-j\beta z} \neq 0$，且满足

$$\nabla_t^2 H_{oz}(x, y) + k_c^2 H_{oz}(x, y) = 0 \quad (2-2-1)$$

在直角坐标系中 $\nabla_t^2 = \frac{\partial^2}{\partial x^2} + \frac{\partial^2}{\partial y^2}$，则上式可写作

$$\left(\frac{\partial^2}{\partial x^2} + \frac{\partial^2}{\partial y^2}\right)H_{oz}(x, y) + k_c^2 H_{oz}(x, y) = 0 \quad (2-2-2)$$

应用分离变量法，令

$$H_{oz}(x, y) = X(x)Y(y) \tag{2-2-3}$$

代入式 $(2-2-2)$，并除以 $X(x)Y(y)$，得

$$-\frac{1}{X(x)}\frac{\mathrm{d}^2 X(x)}{\mathrm{d}x^2} - \frac{1}{Y(y)}\frac{\mathrm{d}^2 Y(y)}{\mathrm{d}y^2} = k_c^2$$

要使上式成立，上式左边每项必须均为常数，设分别为 k_x^2 和 k_y^2，则有

$$\left.\begin{aligned}
\frac{\mathrm{d}^2 X(x)}{\mathrm{d}x^2} + k_x^2 X(x) &= 0\\[2mm]
\frac{\mathrm{d}^2 Y(y)}{\mathrm{d}y^2} + k_y^2 Y(y) &= 0\\[2mm]
k_x^2 + k_y^2 &= k_c^2
\end{aligned}\right\} \tag{2-2-4}$$

于是，$H_{oz}(x, y)$ 的通解为

$$H_{oz}(x, y) = (A_1 \cos k_x x + A_2 \sin k_x x)(B_1 \cos k_y y + B_2 \sin k_y y) \tag{2-2-5}$$

其中，A_1，A_2，B_1，B_2 为待定系数，由边界条件确定。由式 $(2-1-22)$ 知，H_z 应满足的边界条件为

$$\left.\begin{aligned}
\frac{\partial H_z}{\partial x}\bigg|_{x=0} = \frac{\partial H_z}{\partial x}\bigg|_{x=a} &= 0\\[2mm]
\frac{\partial H_z}{\partial y}\bigg|_{y=0} = \frac{\partial H_z}{\partial y}\bigg|_{y=b} &= 0
\end{aligned}\right\} \tag{2-2-6}$$

将式 $(2-2-5)$ 代入式 $(2-2-6)$ 可得

$$\left.\begin{aligned}
A_2 &= 0, \quad k_x = \frac{m\pi}{a}\\[2mm]
B_2 &= 0, \quad k_y = \frac{n\pi}{b}
\end{aligned}\right\} \tag{2-2-7}$$

于是矩形波导 TE 波纵向磁场的基本解为

$$H_z = A_1 B_1 \cos\left(\frac{m\pi}{a}x\right)\cos\left(\frac{n\pi}{b}y\right)\mathrm{e}^{-\mathrm{j}\beta z} = H_{mn}\cos\left(\frac{m\pi}{a}x\right)\cos\left(\frac{n\pi}{b}y\right)\mathrm{e}^{-\mathrm{j}\beta z}$$

$$m, n = 0, 1, 2, \cdots \tag{2-2-8}$$

式中，H_{mn} 为模式振幅常数，故 $H_z(x, y, z)$ 的通解为

$$H_z = \sum_{m=0}^{\infty}\sum_{n=0}^{\infty} H_{mn}\cos\left(\frac{m\pi}{a}x\right)\cos\left(\frac{n\pi}{b}y\right)\mathrm{e}^{-\mathrm{j}\beta z} \tag{2-2-9}$$

将式 $(2-2-9)$ 代入式 $(2-1-13)$ 中，则 TE 波其他场分量的表达式为

$$\left.\begin{aligned}
E_x &= \sum_{m=0}^{\infty}\sum_{n=0}^{\infty} \frac{\mathrm{j}\omega\mu}{k_c^2}\frac{n\pi}{b} H_{mn}\cos\left(\frac{m\pi}{a}x\right)\sin\left(\frac{n\pi}{b}y\right)\mathrm{e}^{-\mathrm{j}\beta z}\\[2mm]
E_y &= \sum_{m=0}^{\infty}\sum_{n=0}^{\infty} \frac{-\mathrm{j}\omega\mu}{k_c^2}\frac{m\pi}{a} H_{mn}\sin\left(\frac{m\pi}{a}x\right)\cos\left(\frac{n\pi}{b}y\right)\mathrm{e}^{-\mathrm{j}\beta z}\\[2mm]
E_z &= 0\\[2mm]
H_x &= \sum_{m=0}^{\infty}\sum_{n=0}^{\infty} \frac{\mathrm{j}\beta}{k_c^2}\frac{m\pi}{a} H_{mn}\sin\left(\frac{m\pi}{a}x\right)\cos\left(\frac{n\pi}{b}y\right)\mathrm{e}^{-\mathrm{j}\beta z}\\[2mm]
H_y &= \sum_{m=0}^{\infty}\sum_{n=0}^{\infty} \frac{\mathrm{j}\beta}{k_c^2}\frac{n\pi}{b} H_{mn}\cos\left(\frac{m\pi}{a}x\right)\sin\left(\frac{n\pi}{b}y\right)\mathrm{e}^{-\mathrm{j}\beta z}
\end{aligned}\right\} \tag{2-2-10}$$

式中，$k_c = \sqrt{\left(\dfrac{m\pi}{a}\right)^2 + \left(\dfrac{n\pi}{b}\right)^2}$ 为矩形波导 TE 波的截止波数，显然它与波导尺寸、传输波型有关。m 和 n 分别代表 TE 波沿 x 方向和 y 方向分布的半波个数，一组 m、n，对应一种 TE 波，称作 TE_{mn} 模；但 m 和 n 不能同时为零，否则场分量全部为零。因此，矩形波导能够存在 TE_{m0} 模和 TE_{0n} 模及 $\text{TE}_{mn}(m, n \neq 0)$ 模，其中 TE_{10} 模是最低次模，其余称为高次模（High Mode）。

2）TM 波

对 TM 波，$H_z = 0$，$E_z = E_{oz}(x, y)\mathrm{e}^{-\mathrm{j}\beta z}$，此时满足

$$\nabla_t^2 E_{oz} + k_c^2 E_{oz} = 0 \tag{2-2-11}$$

其通解也可写为

$$E_{oz}(x, y) = (A_1 \cos k_x x + A_2 \sin k_x x)(B_1 \cos k_y y + B_2 \sin k_y y) \tag{2-2-12}$$

由式（2-1-20），应满足的边界条件为

$$\left. \begin{aligned} E_z(0, y) = E_z(a, y) = 0 \\ E_z(x, 0) = E_z(x, b) = 0 \end{aligned} \right\} \tag{2-2-13}$$

用求 TE 波的全部场分量的方法可求得 TM 波的全部场分量

$$\left. \begin{aligned} E_x &= \sum_{m=1}^{\infty}\sum_{n=1}^{\infty} \frac{-\mathrm{j}\beta}{k_c^2}\frac{m\pi}{a}E_{mn}\cos\left(\frac{m\pi}{a}x\right)\sin\left(\frac{n\pi}{b}y\right)\mathrm{e}^{-\mathrm{j}\beta z} \\ E_y &= \sum_{m=1}^{\infty}\sum_{n=1}^{\infty} \frac{-\mathrm{j}\beta}{k_c^2}\frac{n\pi}{b}E_{mn}\sin\left(\frac{m\pi}{a}x\right)\cos\left(\frac{n\pi}{b}y\right)\mathrm{e}^{-\mathrm{j}\beta z} \\ E_z &= \sum_{m=1}^{\infty}\sum_{n=1}^{\infty} E_{mn}\sin\left(\frac{m\pi}{a}x\right)\sin\left(\frac{n\pi}{b}y\right)\mathrm{e}^{-\mathrm{j}\beta z} \\ H_x &= \sum_{m=1}^{\infty}\sum_{n=1}^{\infty} \frac{\mathrm{j}\omega\varepsilon}{k_c^2}\frac{n\pi}{b}E_{mn}\sin\left(\frac{m\pi}{a}x\right)\cos\left(\frac{n\pi}{b}y\right)\mathrm{e}^{-\mathrm{j}\beta z} \\ H_y &= \sum_{m=1}^{\infty}\sum_{n=1}^{\infty} \frac{-\mathrm{j}\omega\varepsilon}{k_c^2}\frac{m\pi}{a}E_{mn}\cos\left(\frac{m\pi}{a}x\right)\sin\left(\frac{n\pi}{b}y\right)\mathrm{e}^{-\mathrm{j}\beta z} \\ H_z &= 0 \end{aligned} \right\} \tag{2-2-14}$$

式中，$k_c = \sqrt{\left(\dfrac{m\pi}{a}\right)^2 + \left(\dfrac{n\pi}{b}\right)^2}$；$E_{mn}$ 为模式电场振幅数。

TM_{11} 模是矩形波导 TM 波的最低次模，其他均为高次模。

总之，矩形波导内存在许多模式的波，TE 波是所有 TE_{mn} 模式场的总和，而 TM 波是所有 TM_{mn} 模式场的总和。

2. 矩形波导的传输特性

1）截止波数与截止波长（Cutoff Wave Number & Cutoff Wave Length）

由式（2-2-10）和式（2-2-14）知，矩形波导 TE_{mn} 和 TM_{mn} 模的截止波数均为

$$k_{cmn}^2 = \left(\frac{m\pi}{a}\right)^2 + \left(\frac{n\pi}{b}\right)^2 \tag{2-2-15}$$

波导的主要参数

对应截止波长为

$$\lambda_{cTE_{mn}} = \lambda_{cTM_{mn}} = \frac{2\pi}{k_{cmn}} = \frac{2}{\sqrt{(m/a)^2 + (n/b)^2}} = \lambda_c \qquad (2-2-16)$$

此时，相移常数为

$$\beta = \frac{2\pi}{\lambda}\sqrt{1 - \left(\frac{\lambda}{\lambda_c}\right)^2} \qquad (2-2-17)$$

其中，$\lambda = 2\pi/k$，为工作波长。

可见当工作波长 λ 小于某个模的截止波长 λ_c 时，$\beta^2 > 0$，此模可在波导中传输，故称为传导模；当工作波长 λ 大于某个模的截止波长 λ_c 时，$\beta^2 < 0$，即此模在波导中不能传输，称为截止模。一个模能否在波导中传输取决于波导结构和工作频率（或波长）。对相同的 m 和 n，TE_{mn} 和 TM_{mn} 模具有相同的截止波长，故又称为简并模，虽然它们的场分布不同，但具有相同的传输特性。图 2-3 给出了标准波导 BJ-32 各模式截止波长分布图。

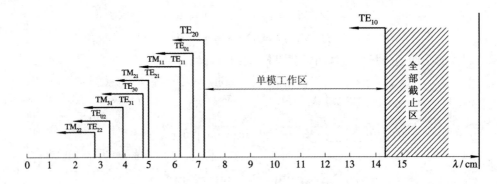

图 2-3　波导 BJ-32 各模式截止波长分布图

[例 2-1]　设某矩形波导的尺寸为 $a = 8$ cm，$b = 4$ cm，试求工作频率在 3 GHz 时该波导能传输的模式。

解：由 $f = 3$ GHz，得

$$\lambda = \frac{c}{f} = 0.1 \text{ m}$$
$$\lambda_{cTE_{10}} = 2a = 0.16 \text{ m} > \lambda$$
$$\lambda_{cTE_{01}} = 2b = 0.08 \text{ m} < \lambda$$
$$\lambda_{cTM_{11}} = \frac{2ab}{\sqrt{a^2 + b^2}} = 0.0715 \text{ m} < \lambda$$

可见，该波导在工作频率为 3 GHz 时只能传输 TE_{10} 模。

2) 主模 TE_{10} 的场分布及其工作特性

在导行波中截止波长 λ_c 最长的导行模称为该导波系统的主模（Principle Mode），因而能进行单模传输。矩形波导的主模为 TE_{10} 模，因为该模式具有场结构简单、稳定、频带宽和损耗小等特点，所以在工程上矩形波导几乎毫无例外地工作在 TE_{10} 模式。下面着重介绍 TE_{10} 模式的场分布及其工作特性。

（1）TE$_{10}$ 模的场分布。

将 $m=1$，$n=0$，$k_c=\pi/a$ 代入式(2-2-10)，并考虑时间因子 $e^{j\omega t}$，可得 TE$_{10}$ 模各场分量表达式

$$\left.\begin{array}{l} E_y = \dfrac{\omega\mu a}{\pi}H_{10}\sin\left(\dfrac{\pi}{a}x\right)\cos\left(\omega t-\beta z-\dfrac{\pi}{2}\right) \\[3mm] H_x = \dfrac{\beta a}{\pi}H_{10}\sin\left(\dfrac{\pi}{a}x\right)\cos\left(\omega t-\beta z+\dfrac{\pi}{2}\right) \\[3mm] H_z = H_{10}\cos\left(\dfrac{\pi}{a}x\right)\cos(\omega t-\beta z) \\[3mm] E_x = E_z = H_y = 0 \end{array}\right\} \quad (2-2-18)$$

由此可见，场强与 y 无关，即各分量沿 y 轴均匀分布，而沿 x 方向的变化规律为

波导中横向场分布

$$\left.\begin{array}{l} E_y \propto \sin\left(\dfrac{\pi}{a}x\right) \\[3mm] H_x \propto \sin\left(\dfrac{\pi}{a}x\right) \\[3mm] H_z \propto \cos\left(\dfrac{\pi}{a}x\right) \end{array}\right\} \quad (2-2-19)$$

其分布曲线如图 2-4(a)所示，而沿 z 方向的变化规律为

波导中纵向场分布

$$\left.\begin{array}{l} E_y \propto \cos\left(\omega t-\beta z-\dfrac{\pi}{2}\right) \\[3mm] H_x \propto \cos\left(\omega t-\beta z+\dfrac{\pi}{2}\right) \\[3mm] H_z \propto \cos(\omega t-\beta z) \end{array}\right\} \quad (2-2-20)$$

其分布曲线如图 2-4(b)所示。波导横截面和纵剖面上的场分布分别如图 2-4(c)和(d)所示。由图可见，H_x 和 E_y 最大值在同截面上出现，电磁波沿 z 方向按行波状态变化；E_y、H_x 和 H_z 相位差为 90°，电磁波沿横向为驻波分布。

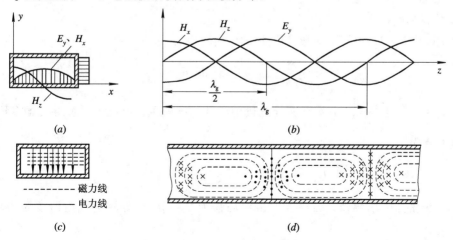

图 2-4 矩形波导 TE$_{10}$ 模的场分布图

（a）沿 x 方向场分量分布曲线；（b）沿 z 方向场分量分布曲线；

（c）波导横截面上场分布图；（d）波导纵剖面上场分布图

（2）TE_{10} 模的传输特性。

① 截止波长与相移常数：

将 $m=1$，$n=0$ 代入式（2-2-15），得 TE_{10} 模的截止波数为

$$k_c = \frac{\pi}{a} \qquad (2-2-21)$$

于是截止波长为

$$\lambda_{cTE_{10}} = \frac{2\pi}{k_c} = 2a \qquad (2-2-22)$$

而相移常数为

$$\beta = \frac{2\pi}{\lambda}\sqrt{1-\left(\frac{\lambda}{2a}\right)^2} \qquad (2-2-23)$$

② 波导波长与波阻抗：

TE_{10} 模的波导波长为

$$\lambda_g = \frac{2\pi}{\beta} = \frac{\lambda}{\sqrt{1-(\lambda/2a)^2}} \qquad (2-2-24)$$

TE_{10} 模的波阻抗为

$$Z_{TE_{10}} = \frac{120\pi}{\sqrt{1-(\lambda/2a)^2}} \qquad (2-2-25)$$

③ 相速与群速：

由式（2-1-15）及式（2-1-16）可得 TE_{10} 模的相速 v_p 和群速 v_g 分别为

$$v_p = \frac{\omega}{\beta} = \frac{c}{\sqrt{1-(\lambda/2a)^2}} \qquad (2-2-26)$$

$$v_g = \frac{d\omega}{d\beta} = c\sqrt{1-(\lambda/2a)^2} \qquad (2-2-27)$$

式中，c 为自由空间光速。

④ 传输功率：

由式（2-1-21）得矩形波导 TE_{10} 模的传输功率为

$$P = \frac{1}{2Z_{TE_{10}}}\iint |E_y|^2\,dx\,dy = \frac{abE_{10}^2}{4Z_{TE_{10}}} \qquad (2-2-28)$$

式中，$E_{10}=\frac{\omega\mu a}{\pi}H_{10}$ 是 E_y 分量在波导宽边中心处的振幅值。由此可得波导传输 TE_{10} 模时的功率容量为

$$P_{br} = \frac{abE_{10}^2}{4Z_{TE_{10}}} = \frac{abE_{br}^2}{480\pi}\sqrt{1-\left(\frac{\lambda}{2a}\right)^2} \qquad (2-2-29)$$

式中，E_{br} 为击穿电场幅值。因空气的击穿场强为 30 kV/cm，故空气矩形波导的功率容量为

$$P_{br0} = 0.6ab\sqrt{1-\left(\frac{\lambda}{2a}\right)^2}\ \text{MW} \qquad (2-2-30)$$

可见：波导尺寸越大，频率越高，则功率容量越大。而当负载不匹配时，由于形成驻

波，电场振幅变大，因此功率容量会变小，则不匹配时的功率容量 $P_{br}^{'}$ 和匹配时的功率容量 P_{br} 的关系为

$$P_{br}^{'} = \frac{P_{br}}{\rho} \qquad (2-2-31)$$

式中，ρ 为驻波系数，这一点在工程上必须注意。

⑤ 衰减特性：

当电磁波沿传输方向传播时，波导金属壁的热损耗和波导内填充介质的损耗必然会引起能量或功率的递减。对于空气波导，由于空气介质损耗很小，可以忽略不计，而导体损耗是不可忽略的。

设导行波沿 z 方向传输时的衰减常数(Attenuation Constant)为 α，则沿线电场、磁场按 $e^{-\alpha z}$ 规律变化，即

$$\left. \begin{array}{l} E(z) = E_0 e^{-\alpha z} \\ H(z) = H_0 e^{-\alpha z} \end{array} \right\} \qquad (2-2-32)$$

所以传输功率按以下规律变化：

$$P = P_0 e^{-2\alpha z} \qquad (2-2-33)$$

上式两边对 z 求导得

$$\frac{\mathrm{d}P}{\mathrm{d}z} = -2\alpha P_0 e^{-2\alpha z} = -2\alpha P \qquad (2-2-34)$$

因沿线功率减少率等于传输系统单位长度上的损耗功率 P_1，即

$$P_1 = -\frac{\mathrm{d}P}{\mathrm{d}z} \quad \mathrm{W/m} \qquad (2-2-35)$$

比较式(2-2-34)和式(2-2-35)可得

$$\alpha = \frac{P_1}{2P} \quad \mathrm{Np/m} = \frac{8.686 P_1}{2P} \quad \mathrm{dB/m} \qquad (2-2-36)$$

由此可求得衰减常数 α。

在计算损耗功率时，因不同的导行模有不同的电流分布，损耗也不同，根据上述分析，可推得矩形波导 TE_{10} 模的衰减常数公式为

$$\alpha_c = \frac{8.686 R_s}{120\pi b \sqrt{1 - \left(\frac{\lambda}{2a}\right)^2}} \left[1 + 2\frac{b}{a}\left(\frac{\lambda}{2a}\right)^2 \right] \quad \mathrm{dB/m} \qquad (2-2-37)$$

式中，$R_s = \sqrt{\pi f \mu / \sigma}$ 为导体表面电阻，它取决于导体的磁导率 μ、电导率 σ 和工作频率 f。

由式(2-2-37)可以看出：

① 衰减与波导的材料有关，因此要选导电率高的非铁磁材料，使 R_s 尽量小。

② 增大波导高度 b 能使衰减变小，但当 $b > a/2$ 时单模工作频带变窄，故衰减与频带应综合考虑。

③ 衰减还与工作频率有关，给定矩形波导尺寸时，随着频率的提高先是减小，出现极小点，然后稳步上升。

我们用 MATLAB 编制了 TE_{10} 模衰减常数随频率变化关系的计算程序，计算结果如图 2-5 所示。

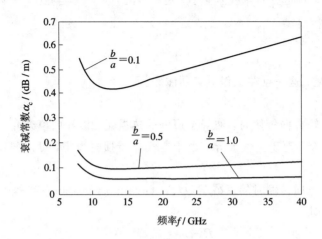

图 2 - 5 TE_{10} 模衰减常数随频率变化曲线

3. 矩形波导尺寸选择原则

选择矩形波导尺寸应考虑以下几个问题：

1）波导带宽问题

保证在给定频率范围内的电磁波在波导中都能以单一的 TE_{10} 模传播，其他高次模都应截止。为此应满足：

$$\left.\begin{array}{l}\lambda_{cTE_{20}} < \lambda < \lambda_{cTE_{10}} \\ \lambda_{cTE_{01}} < \lambda < \lambda_{cTE_{10}}\end{array}\right\} \qquad (2-2-38)$$

将 TE_{10} 模、TE_{20} 模和 TE_{01} 模的截止波长代入上式得

$$a < \lambda < 2a \qquad \qquad \lambda/2 < a < \lambda$$
$$\qquad\qquad 或写作 \qquad$$
$$2b < \lambda < 2a \qquad \qquad 0 < b < \lambda/2$$

即取 $b < a/2$。

2）波导功率容量问题

在传播所要求的功率时，波导不致于发生击穿。由式（2-2-29）可知，适当增加 b 可增加功率容量，故 b 应尽可能大一些。

3）波导的衰减问题

通过波导后的微波信号功率不要损失太大。由式（2-2-37）知，增大 b 也可使衰减变小，故 b 应尽可能大一些。

综合上述因素，矩形波导的尺寸一般选为

$$\left.\begin{array}{l}a = 0.7\lambda \\ b = (0.4 - 0.5)a\end{array}\right\} \qquad (2-2-39)$$

通常将 $b = a/2$ 的波导称为标准波导；为了提高功率容量，选 $b > a/2$ 的波导，这种波导称为高波导；为了减小体积，减轻重量，有时也选 $b < a/2$ 的波导，这种波导称为扁波导。

附录一给出了工程上常用的各种波导的参数表及与国外标准的对照表。

2.3 圆形波导

2.3 节 PPT

若将同轴线的内导体抽走，则在一定条件下，由外导体所包围的圆形空间也能传输电磁能量，这就是圆形波导，简称圆波导（Circular Waveguide），如图 2-6 所示。圆波导具有加工方便、双极化、低损耗等优点，广泛应用于远距离通信，可作为双极化馈线以及微波圆形谐振器等，是一种较为常用的规则金属波导。下面着重来讨论圆波导中场分布及基本传输特性。

1. 圆波导中的场

与矩形波导一样，圆波导也只能传输 TE 和 TM 波型。设圆波导外导体内径为 a，并建立如图 2-6 所示的圆柱坐标。

类似式（2-1-13），可以得到在圆柱坐标下横向分量 E_ρ、E_φ、H_ρ、H_φ 和纵向分量 E_z、H_z 的关系为

$$E_\rho = -\frac{\mathrm{j}}{k_c^2}\left(\frac{\omega\mu}{\rho}\frac{\partial H_z}{\partial \varphi} + \beta\frac{\partial E_z}{\partial \rho}\right)$$

$$E_\varphi = \frac{\mathrm{j}}{k_c^2}\left(\omega\mu\frac{\partial H_z}{\partial \rho} - \frac{\beta}{\rho}\frac{\partial E_z}{\partial \varphi}\right)$$

$$H_\rho = \frac{\mathrm{j}}{k_c^2}\left(-\beta\frac{\partial H_z}{\partial \rho} + \frac{\omega\varepsilon}{\rho}\frac{\partial E_z}{\partial \varphi}\right) \qquad (2-3-1)$$

$$H_\varphi = -\frac{\mathrm{j}}{k_c^2}\left(\frac{\beta}{\rho}\frac{\partial H_z}{\partial \varphi} + \omega\varepsilon\frac{\partial E_z}{\partial \rho}\right)$$

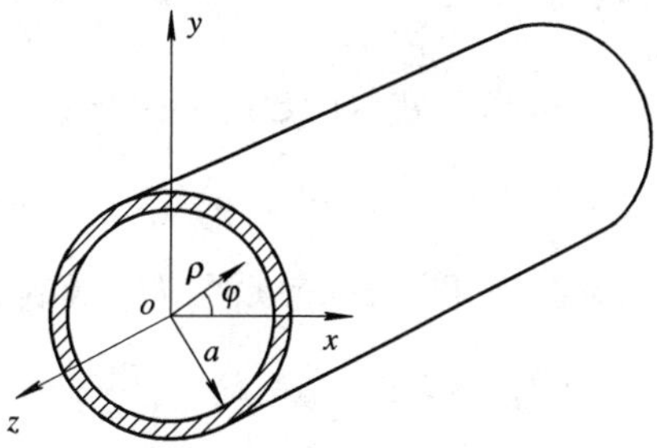

图 2-6 圆波导及其坐标系

与矩形波导一样，圆形波导可以存在 TE 和 TM 波，下面分别来讨论这两种情况。

1）TE 波

此时 $E_z = 0$，$H_z = H_{oz}(\rho, \varphi)\mathrm{e}^{-\mathrm{j}\beta z} \neq 0$，且满足

$$\nabla_t^2 H_{oz}(\rho, \varphi) + k_c^2 H_{oz}(\rho, \varphi) = 0 \qquad (2-3-2)$$

在圆柱坐标中，$\nabla_t^2 = \frac{\partial^2}{\partial \rho^2} + \frac{1}{\rho}\frac{\partial}{\partial \rho} + \frac{1}{\rho^2}\frac{\partial^2}{\partial \varphi^2}$，所以上式又写作

$$\left(\frac{\partial^2}{\partial \rho^2} + \frac{1}{\rho}\frac{\partial}{\partial \rho} + \frac{1}{\rho^2}\frac{\partial^2}{\partial \varphi^2}\right)H_{oz}(\rho, \varphi) + k_c^2 H_{oz}(\rho, \varphi) = 0 \qquad (2-3-3)$$

应用分离变量法，令

$$H_{oz}(\rho, \varphi) = R(\rho)\Phi(\varphi) \qquad (2-3-4)$$

代入式（2-3-3），并除以 $R(\rho)\Phi(\varphi)$，得

$$\frac{1}{R(\rho)}\left[\rho^2\frac{\mathrm{d}^2 R(\rho)}{\mathrm{d}\rho^2} + \rho\frac{\mathrm{d}R(\rho)}{\mathrm{d}\rho} + \rho^2 k_c^2 R(\rho)\right] = -\frac{1}{\Phi(\varphi)}\frac{\mathrm{d}^2\Phi(\varphi)}{\mathrm{d}\varphi^2} \qquad (2-3-5)$$

要使上式成立，上式等号两边必须均为常数，设该常数为 m^2，则得

$$\rho^2\frac{\mathrm{d}^2 R(\rho)}{\mathrm{d}\rho^2} + \rho\frac{\mathrm{d}R(\rho)}{\mathrm{d}\rho} + (\rho^2 k_c^2 - m^2)R(\rho) = 0 \qquad (2-3-5a)$$

$$\frac{\mathrm{d}^2\Phi(\varphi)}{\mathrm{d}\varphi^2} + m^2\Phi(\varphi) = 0 \qquad (2-3-5b)$$

式（2-3-5a）的通解为

$$R(\rho) = A_1 J_m(k_c\rho) + A_2 N_m(k_c\rho) \tag{2-3-6a}$$

式中，$J_m(x)$、$N_m(x)$ 分别为第一类和第二类 m 阶贝塞尔函数。

式 $(2-3-5b)$ 的通解为

$$\Phi(\varphi) = B_1 \cos m\varphi + B_2 \sin m\varphi = B\begin{pmatrix}\cos m\varphi \\ \sin m\varphi\end{pmatrix} \tag{2-3-6b}$$

式 $(2-3-6b)$ 中后一种表示形式是因为考虑到圆波导的轴对称性，因此场的极化方向具有不确定性，使导行波的场分布在 φ 方向存在 $\cos m\varphi$ 和 $\sin m\varphi$ 两种可能，它们独立存在，相互正交，截止波长相同，构成同一导行模的极化简并模(Degenerating Mode)。

另外，由于 $\rho \to 0$ 时 $N_m(k_c\rho) \to -\infty$，故式 $(2-3-6a)$ 中必然有 $A_2=0$。于是 $H_{oz}(\rho,\varphi)$ 的通解为

$$H_{oz}(\rho,\varphi) = A_1 B J_m(k_c\rho)\begin{pmatrix}\cos m\varphi \\ \sin m\varphi\end{pmatrix} \tag{2-3-7}$$

由边界条件 $\dfrac{\partial H_{oz}}{\partial \rho}\Big|_{\rho=a}=0$ 以及式 $(2-3-7)$ 得 $J_m'(k_c a)=0$

设 m 阶贝塞尔函数的一阶导数 $J_m'(x)$ 的第 n 个根为 μ_{mn}，则有

$$k_c a = \mu_{mn} \quad 或 \quad k_c = \frac{\mu_{mn}}{a} \quad n=1,2,\cdots \tag{2-3-8}$$

于是圆波导 TE 模纵向磁场 H_z 基本解为

$$H_z(\rho,\varphi,z) = A_1 B J_m\left(\frac{\mu_{mn}}{a}\rho\right)\begin{pmatrix}\cos m\varphi \\ \sin m\varphi\end{pmatrix}e^{-j\beta z} \quad m=0,1,2,\cdots;\ n=1,2,\cdots \tag{2-3-9}$$

令模式振幅 $H_{mn}=A_1 B$，则 $H_z(\rho,\varphi,z)$ 的通解为

$$H_z(\rho,\varphi,z) = \sum_{m=0}^{\infty}\sum_{n=1}^{\infty} H_{mn} J_m\left(\frac{\mu_{mn}}{a}\rho\right)\begin{pmatrix}\cos m\varphi \\ \sin m\varphi\end{pmatrix}e^{-j\beta z} \tag{2-3-10}$$

于是可求得其他场分量为

$$\left.\begin{aligned}
E_\rho &= \sum_{m=0}^{\infty}\sum_{n=1}^{\infty} \frac{j\omega\mu m a^2}{\mu_{mn}\rho} H_{mn} J_m\left(\frac{\mu_{mn}}{a}\rho\right)\begin{pmatrix}+\sin m\varphi \\ -\cos m\varphi\end{pmatrix}e^{-j\beta z}\\
E_\varphi &= \sum_{m=0}^{\infty}\sum_{n=1}^{\infty} \frac{j\omega\mu a}{\mu_{mn}} H_{mn} J_m'\left(\frac{\mu_{mn}}{a}\rho\right)\begin{pmatrix}+\cos m\varphi \\ -\sin m\varphi\end{pmatrix}e^{-j\beta z}\\
E_z &= 0\\
H_\rho &= \sum_{m=0}^{\infty}\sum_{n=1}^{\infty} \frac{-j\beta a}{\mu_{mn}} H_{mn} J_m'\left(\frac{\mu_{mn}}{a}\rho\right)\begin{pmatrix}\cos m\varphi \\ \sin m\varphi\end{pmatrix}e^{-j\beta z}\\
H_\varphi &= \sum_{m=0}^{\infty}\sum_{n=1}^{\infty} \frac{j\beta m a^2}{\mu_{mn}^2\rho} H_{mn} J_m\left(\frac{\mu_{mn}}{a}\rho\right)\begin{pmatrix}+\sin m\varphi \\ -\cos m\varphi\end{pmatrix}e^{-j\beta z}
\end{aligned}\right\} \tag{2-3-11}$$

可见，圆波导中同样存在着无穷多种 TE 模，不同的 m 和 n 代表不同的模式，记作 TE_{mn}，式中，m 表示场沿圆周分布的整波数；n 表示场沿半径分布的最大值个数。此时波阻抗为

$$Z_{\text{TE}_{mn}} = \frac{E_\rho}{H_\varphi} = \frac{\omega\mu}{\beta_{\text{TE}_{mn}}} \tag{2-3-12}$$

式中，$\beta_{\text{TE}_{mn}} = \sqrt{k^2 - \left(\dfrac{\mu_{mn}}{a}\right)^2}$。

2）TM 波

通过采用与 TE 波相同的分析，可求得 TM 波纵向电场 $E_z(\rho, \varphi, z)$ 的通解为

$$E_z(\rho, \varphi, z) = \sum_{m=0}^{\infty}\sum_{n=1}^{\infty} E_{mn} J_m\left(\frac{\upsilon_{mn}}{a}\rho\right)\begin{Bmatrix}\cos m\varphi\\\sin m\varphi\end{Bmatrix}\mathrm{e}^{-\mathrm{j}\beta z} \qquad (2-3-13)$$

其中，υ_{mn} 是 m 阶贝塞尔函数 $J_m(x)$ 的第 n 个根，且 $k_{\mathrm{cTM}_{mn}}=\upsilon_{mn}/a$，于是可求得其他场分量为

$$\left.\begin{aligned}
E_\rho &= \sum_{m=0}^{\infty}\sum_{n=1}^{\infty}\frac{-\mathrm{j}\beta a}{\upsilon_{mn}}E_{mn}J_m'\left(\frac{\upsilon_{mn}}{a}\rho\right)\begin{Bmatrix}\cos m\varphi\\\sin m\varphi\end{Bmatrix}\mathrm{e}^{-\mathrm{j}\beta z}\\
E_\varphi &= \sum_{m=0}^{\infty}\sum_{n=1}^{\infty}\frac{\mathrm{j}\beta ma^2}{\upsilon_{mn}^2\rho}E_{mn}J_m\left(\frac{\upsilon_{mn}}{a}\rho\right)\begin{Bmatrix}+\sin m\varphi\\-\cos m\varphi\end{Bmatrix}\mathrm{e}^{-\mathrm{j}\beta z}\\
H_\rho &= \sum_{m=0}^{\infty}\sum_{n=1}^{\infty}\frac{\mathrm{j}\omega\varepsilon ma^2}{\upsilon_{mn}^2\rho}E_{mn}J_m\left(\frac{\upsilon_{mn}}{a}\rho\right)\begin{Bmatrix}+\sin m\varphi\\-\cos m\varphi\end{Bmatrix}\mathrm{e}^{-\mathrm{j}\beta z}\\
H_\varphi &= \sum_{m=0}^{\infty}\sum_{n=1}^{\infty}\frac{-\mathrm{j}\omega\varepsilon a}{\upsilon_{mn}}E_{mn}J_m'\left(\frac{\upsilon_{mn}}{a}\rho\right)\begin{Bmatrix}\cos m\varphi\\\sin m\varphi\end{Bmatrix}\mathrm{e}^{-\mathrm{j}\beta z}\\
H_z &= 0
\end{aligned}\right\} \qquad (2-3-14)$$

可见，圆波导中存在着无穷多种 TM 模，波型指数 m 和 n 的意义与 TE 模相同。其中，$\cos m\varphi$ 项称为偶对称极化波，而 $\sin m\varphi$ 称为奇对称极化波。

此时波阻抗为

$$Z_{\mathrm{TM}_{mn}} = \frac{E_\rho}{H_\varphi} = \frac{\beta_{\mathrm{TM}_{mn}}}{\omega\varepsilon} \qquad (2-3-15)$$

式中，相移常数 $\beta_{\mathrm{TM}_{mn}} = \sqrt{k^2-\left(\dfrac{\upsilon_{mn}}{a}\right)^2}$。

2. 圆波导的传输特性

与矩形波导不同，圆波导的 TE 波和 TM 波的传输特性各不相同。

1）截止波长

由前面分析可知，圆波导 TE_{mn} 模、TM_{mn} 模的截止波数分别为

$$\left.\begin{aligned}
k_{\mathrm{cTE}_{mn}} &= \frac{\mu_{mn}}{a}\\
k_{\mathrm{cTM}_{mn}} &= \frac{\upsilon_{mn}}{a}
\end{aligned}\right\} \qquad (2-3-16)$$

式中，υ_{mn} 和 μ_{mn} 分别为 m 阶贝塞尔函数及其一阶导数的第 n 个根。于是，各模式的截止波长分别为

$$\left.\begin{aligned}
\lambda_{\mathrm{cTE}_{mn}} &= \frac{2\pi}{k_{\mathrm{cTE}_{mn}}} = \frac{2\pi a}{\mu_{mn}}\\
\lambda_{\mathrm{cTM}_{mn}} &= \frac{2\pi}{k_{\mathrm{cTM}_{mn}}} = \frac{2\pi a}{\upsilon_{mn}}
\end{aligned}\right\} \qquad (2-3-17)$$

在所有模式中，TE_{11} 模截止波长最长，其次为 TM_{01} 模，三种典型模式的截止波长分别为

$$\lambda_{\mathrm{cTE}_{11}} = 3.4126a, \quad \lambda_{\mathrm{cTM}_{01}} = 2.6127a, \quad \lambda_{\mathrm{cTE}_{01}} = 1.6398a$$

图 2-7 给出了圆波导中各模式截止波长的分布图。

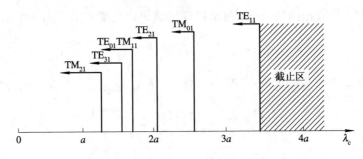

图 2-7 圆波导中各模式截止波长的分布图

2）简并模

在圆波导中有两种简并模，它们是 E-H 简并和极化简并。

（1）E-H 简并。

由于贝塞尔函数具有 $J_0'(x) = -J_1(x)$ 的性质，所以一阶贝塞尔函数的根和零阶贝塞尔函数导数的根相等，即 $\mu_{0n} = \upsilon_{1n}$，故有 $\lambda_{cTE_{0n}} = \lambda_{cTM_{1n}}$，从而形成了 TE_{0n} 模和 TM_{1n} 模的简并。这种简并称为 E-H 简并。

（2）极化简并。

由于圆波导具有轴对称性，对于 $m \neq 0$ 的任意非圆对称模式，横向电磁场可以有任意的极化方向而截止波数相同，任意极化方向的电磁波可以看成是偶对称极化波（$\cos m\varphi$ 项）和奇对称极化波（$\sin m\varphi$ 项）的线性组合。偶对称极化波和奇对称极化波具有相同的场分布，故称之为极化简并。正因为存在极化简并，所以波在传播过程中由于圆波导细微的不均匀而引起极化旋转，从而导致不能单模传输。同时，也正是因为有极化简并现象，工程上将圆波导用于构成极化分离器、极化衰减器等。

3）传输功率

由式（2-1-19）可以导出 TE_{mn} 模和 TM_{mn} 模的传输功率分别为

$$P_{TE_{mn}} = \frac{\pi a^2}{2\delta_m} \left(\frac{\beta}{k_c}\right)^2 Z_{TE} H_{mn}^2 \left(1 - \frac{m^2}{k_c^2 a^2}\right) J_m^2(k_c a) \qquad (2-3-18)$$

$$P_{TM_{mn}} = \frac{\pi a^2}{2\delta_m} \left(\frac{\beta}{k_c}\right)^2 \frac{E_{mn}^2}{Z_{TM}} J_m'^2(k_c a) \qquad (2-3-19)$$

式中，$\delta_m = \begin{cases} 2 & m \neq 0 \\ 1 & m = 0 \end{cases}$。

3. 几种常用模式

由各模式截止波长分布图（见图 2-7）可知，圆波导中 TE_{11} 模的截止波长最长，其次是 TM_{01} 模。另外 TE_{01} 模场分布的特殊性，使之具有低损耗的特点，为此我们主要介绍这三种模式的特点及用途。

1）主模 TE_{11} 模

TE_{11} 模的截止波长最长，是圆波导中的最低次模，也是主模。它的场结构分布图如图 2-8 所示。由图可见，圆波导中 TE_{11} 模的场分布与矩形波导的 TE_{10} 模的场分布很相似，因此工程上容易通过矩形波导的横截面逐渐过渡变为圆波导，如图 2-9 所示，从而构成方圆波导变换器。

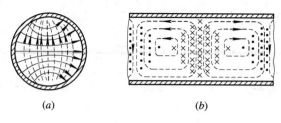

图 2-8 圆波导 TE_{11} 场结构分布图

（a）横截面上场分布图；（b）纵剖面上场分布图

圆波导的应用

图 2-9 方圆波导变换器

但由于圆波导中极化简并模的存在，很难实现单模传输，因此圆波导不太适合于远距离传输场合。

2）圆对称 TM_{01} 模

TM_{01} 模是圆波导的第一个高次模，其场分布如图 2-10 所示。由于它具有圆对称性，故不存在极化简并模，因此常作为雷达天线与馈线的旋转关节中的工作模式。另外，因其磁场只有 H_{φ} 分量，故波导内壁电流只有纵向分量，因此它可以有效地和轴向流动的电子流交换能量，由此将其应用于微波电子管中的谐振腔及直线电子加速器中的工作模式。

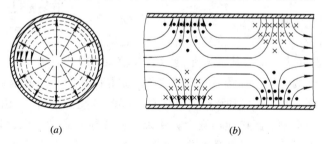

图 2-10 圆波导 TM_{01} 场结构分布图

（a）横截面上场分布图；（b）纵剖面上场分布图

3）低损耗的 TE_{01} 模

TE_{01} 模是圆波导的高次模式，比它低的模式有 TE_{11}、TM_{01}、TE_{21} 模，它与 TM_{11} 模是简并模。它也是圆对称模，故无极化简并，其电场分布如图 2-11 所示。由图可见，磁场只有径向和轴向分量，故波导管壁无纵向电流，只有周向电流。因此，当传输功率一定时，随着频率升高，管壁的热损耗将单调下降，故其损耗相对其他模式来说是低的，故工程上将工作在 TE_{01} 模的圆波导用于毫米波的远距离传输或制作高 Q 值的谐振腔。

为了更好地说明 TE_{01} 模的低损耗特性，图 2-12 给出了圆波导三种模式的导体衰减曲线。

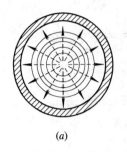 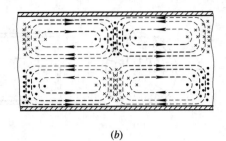

(a)   *(b)*

图 2-11 圆波导 TE_{01} 场结构分布图

(a) 横截面上场分布图；*(b)* 纵剖面上场分布图

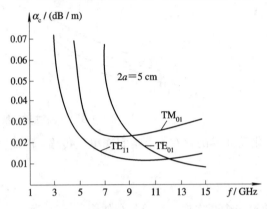

图 2-12 不同模式的导体衰减随频率变化曲线

2.4 波导的激励与耦合

2.4 节 PPT 波导的激励与耦合

前面分析了规则金属波导中可能存在的电磁场的各种模式。那么，如何在波导中产生这些导行模呢？这就涉及波导的激励。而另一方面，要从波导中提取微波信息，即波导的耦合。波导的激励与耦合就本质而言是电磁波的辐射和接收，即微波源向波导内有限空间的辐射或在波导的有限空间内接收微波信息。由于辐射和接收是互易的，因此激励与耦合具有相同的场结构，所以我们只介绍波导的激励。严格地用数学方法来分析波导的激励问题比较困难，这里仅定性地对这一问题作以说明。工程上激励波导的方法通常有三种：电激励、磁激励和孔缝激励，分述如下。

1. 电激励(Electrical Encouragement)

将同轴线内的导体延伸一小段，沿电场方向插入矩形波导内，构成探针激励，如图 2-13(*a*)所示。由于这种激励类似于电偶极子的辐射，故称电激励。在探针附近，由于电场强度会有 E_z 分量，电磁场分布与 TE_{10} 模有所不同，而必然有高次模被激发。但当波导尺寸只允许主模传输时，激发起的高次模随着探针位置的远离快速衰减，因此不会在波导内传播。为了提高功率耦合效率，在探针位置两边波导与同轴线的阻抗应匹配，为此往往在波导一端接上一个短路活塞，如图 2-13(*b*)所示。调节探针插入深度 d 和短路活塞位置 l，使同轴线耦合到波导中的功率达到最大。短路活塞用以提供一个可调电抗以抵消和高次模相对应的探针电抗。

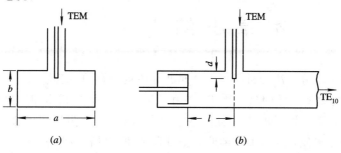

图 2 - 13　探针激励及其调配

（a）横截面结构；（b）纵剖面结构

2. 磁激励（Magnetic Encouragement）

　　将同轴线的内导体延伸一小段后弯成环形，将其端部焊在外导体上，然后插入波导中所需激励模式的磁场最强处，并使小环法线平行于磁力线，如图 2 - 14 所示。由于这种激励类似于磁偶极子辐射，故称其为磁激励。同样，也可连接一短路活塞以提高功率耦合效率。但由于耦合环不容易和波导紧耦合，而且匹配困难，频带较窄，最大耦合功率也比探针激励小，因此在实际中常用探针耦合。

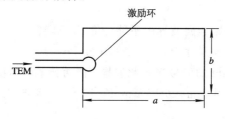

图 2 - 14　磁激励示意图

3. 孔缝激励（Current Encouragement）

　　除了上述两种激励之外，在波导之间的激励往往采用小孔耦合，即在两个波导的公共壁上开孔或缝，使一部分能量辐射到另一波导中去，以此建立所要的传输模式。由于波导开口处的辐射类似于孔缝的辐射，故称其为孔缝激励。小孔耦合最典型的应用是定向耦合器、合路器等。它在主波导和耦合波导的公共壁上开有小孔，以实现主波导向耦合波导传送能量，如图 2 - 15 所示。另外，小孔或缝的激励还可采用波导与谐振腔之间的耦合、两条微带之间的耦合以及平面天线的激励等。

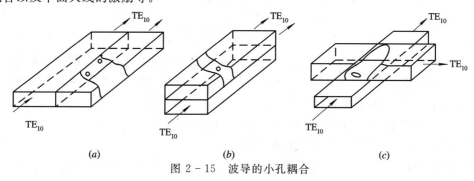

图 2 - 15　波导的小孔耦合

（a）平行波导侧孔耦合；（b）平行波导上下孔耦合；（c）正交波导上下孔耦合

本 章 小 结

本章小结

本章首先利用场分析法分析了规则金属波导中场分布的一般
规律，得到了均匀金属波导中只存在 TE 波和 TM 波，不存在 TEM 波的结论；给出了描述
传输特性的相移常数、截止波数、相速、波导波长、群速、波阻抗和传输功率等参数，接着
从波导中的场分布出发，给出了矩形波导中 TE 波和 TM 波的场表达，分析了模式传输条
件(工作波长小于对应模式的截止波长)，着重对矩形波导的主模 TE_{10} 模及传输特性(包括
截止波数及截止波长、波导波长、波阻抗、相速和群速及传输功率)等进行了讨论，并分析
了矩形波导的尺寸选择原则；然后，讨论了圆形金属波导的简并问题和三种常用模式；最
后介绍了波导的激励与耦合的三种基本方法——电激励、磁激励和孔缝激励，指出了激励
和耦合的互易性。

习 题

典型例题　　　思考与拓展

2.1　试说明为什么规则金属波导内不能传播 TEM 波。

2.2　矩形波导的横截面尺寸为 $a = 22.86$ mm，$b = 10.16$ mm，将自由空间波长分别
为 20 mm，30 mm 和 50 mm 的信号接入此波导，能否传输？若能，出现哪些模式？

2.3　矩形波导截面尺寸为 $a \times b = 23$ mm × 10 mm，波导内充满空气，信号源频率为
10 GHz，试求：

① 波导中可以传播的模式。

② 该模式的截止波长 λ_c，相移常数 β，波导波长 λ_g 及相速 v_p。

2.4　用 BJ-100 矩形波导以主模传输 10 GHz 的微波信号，则

① 求 λ_c、λ_g、β 和波阻抗 Z_w。

② 若波导宽边尺寸增大一倍，上述各量如何变化？

③ 若波导窄边尺寸增大一倍，上述各量如何变化？

④ 若尺寸不变，工作频率变为 15 GHz，上述各量如何变化？

2.5　试证明工作波长 λ，波导波长 λ_g 和截止波长 λ_c 满足以下关系：

$$\lambda = \frac{\lambda_g \lambda_c}{\sqrt{\lambda_g^2 + \lambda_c^2}}$$

2.6　设矩形波导 $a = 2b$，工作在 TE_{10} 模式，求此模式中衰减最小时的工作频率 f。

2.7　设矩形波导尺寸为 $a \times b = 60$ mm × 30 mm，内充空气，工作频率为 3 GHz，工作
在主模，求该波导能承受的最大功率。

2.8　已知圆波导的直径为 50 mm，填充空气介质。试求：

① TE_{11}、TE_{01}、TM_{01} 三种模式的截止波长。

② 当工作波长分别为 70 mm，60 mm，30 mm 时，波导中出现上述哪些模式？

③ 当工作波长为 $\lambda = 70$ mm 时，求最低次模的波导波长 λ_g。

2.9　已知工作波长为 8 mm，信号通过尺寸为 $a \times b = 7.112\ \text{mm} \times 3.556\ \text{mm}$ 的矩形波导，现转换到圆波导 TE_{01} 模传输，要求圆波导与上述矩形波导相速相等，试求圆波导的直径；若过渡到圆波导后要求传输 TE_{11} 模且相速一样，再求圆波导的直径。

2.10　已知矩形波导的尺寸为 $a \times b = 23\ \text{mm} \times 10\ \text{mm}$，试求：

① 传输模的单模工作频带。

② 在 a, b 不变情况下，如何才能获得更宽的频带？

2.11　已知工作波长 $\lambda = 5\ \text{mm}$，要求单模传输，试确定圆波导的半径，并指出是什么模式。

2.12　什么叫模式简并？矩形波导和圆形波导中模式简并有何异同？

2.13　圆波导中最低次模是什么模式？旋转对称模式中最低次模是什么模式？损耗最小的模式是什么模式？

2.14　为什么一般矩形（主模工作条件下）测量线探针开槽开在波导宽壁的中心线上？

2.15　在波导激励中常用哪三种激励方式？

第3章　　微波集成传输线

引言

　　上一章介绍了规则金属波导传输系统的传输原理及特性，这类传输系统具有损耗小、结构牢固、功率容量高及电磁波限定在导管内等优点，其缺点是比较笨重、高频下批量成本高、频带较窄等。航空、航天事业发展的需要，对微波设备提出了体积要小、重量要轻、可靠性要高、性能要优越、一致性要好、成本要低等要求，这就促成了微波技术与半导体器件及集成电路的结合，产生了微波集成电路(Microwave Integrated Circuit)。

　　对微波集成传输元件的基本要求之一就是它必须具有平面型结构，这样可以通过调整单一平面尺寸来控制其传输特性，从而实现微波电路的集成化。图3-1给出了各种集成微波传输系统，归纳起来可以分为四大类：

　　① 准TEM波传输线，主要包括微带传输线(图3-1(a))和共面波导(图3-1(b))等。

　　② 非TEM波传输线，主要包括基片集成波导、槽线(图3-1(c))、鳍线(图3-1(d))等。

　　③ 开放式介质波导传输线，主要包括介质波导(图3-1(e))、镜像波导(图3-1(f))等。

　　④ 半开放式介质波导，主要包括H形波导(图3-1(g))、G形波导(图3-1(h))等。

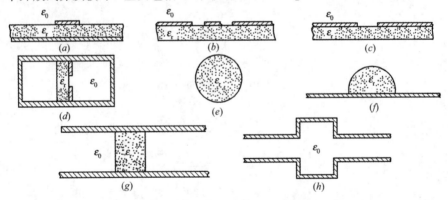

图3-1　各种微波集成传输线

　　本章首先讨论带状线、微带线、耦合微带线共面波导及基片集成波导的传输特性，然后介绍介质波导的工作原理，并对几种常用介质波导传输线进行介绍，最后对介质波导的特例——光纤波导进行分析。

3.1　平面型传输线

　　平面波导结构是将相对较薄的介质基板在其双面或单面金属化而得到的。利用光刻或蚀刻金属面的尺寸

3.1节PPT　平面型传输线的特点

来得到各种无源器件、传输线和匹配电路，而有源器件也能很方便地集成到平面波导结构中。这使复杂的微波、毫米波电路实现起来更紧凑、更便宜，在工程上得到了广泛应用。

平面型传输线主要包括带状线（Strip Line）、微带线（Microstrip Line）、耦合微带线（Coupling Microstrip Line）、共面波导（Coplanar Waveguider）、基片集成波导（Substrate Integrated Waveguider）、槽线（Finline）和共面带状线（Coplanar Strip Line）等，本节将讨论前面五种结构。

带状线是由同轴线演化而来的，即将同轴线的外导体对半分开后，再将两半外导体向左右展平，并将内导体制成扁平带线。图 3－2 给出了带状线的演化过程及结构，从其电场分布结构可见其演化特性。显然，带状线仍可理解为与同轴线一样的对称双导体传输线，主要传输的是 TEM 波。

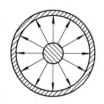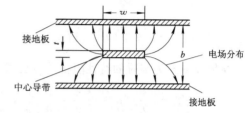

图 3－2　带状线的演化过程及结构

微带线是由沉积在介质基片上的金属导体带和接地板构成的一个特殊传输系统，它可以看成由双导体传输线演化而来，即将无限薄的导体板垂直插入双导体中间，因为导体板和所有电力线垂直，所以不影响原来的场分布，再将导体圆柱变换成导体带，并在导体带之间加入介质材料，从而构成了微带线。微带线的演化过程及结构如图 3－3 所示。

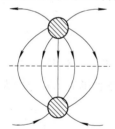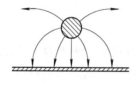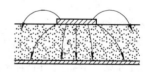

图 3－3　微带线的演化过程及结构

下面分别讨论带状线、微带线以及耦合微带线的传输特性。

1. 带状线

带状线又称三板线，它由两块相距为 b 的接地板与中间宽度为 w、厚度为 t 的矩形截面导体构成，接地板之间填充均匀介质或空气，如图 3－2 所示。

由前面的分析可知，由于带状线由同轴线演化而来，因此与同轴线具有相似的特性，这主要体现为其传输主模也为 TEM 模，也存在高次 TE 和 TM 模。带状线的传输特性参量主要有特性阻抗 Z_0、衰减常数 α、相速 v_p 和波导波长 λ_g。

1）特性阻抗 Z_0

由于带状线上的传输主模为 TEM 模，因此可以用准静态的分析方法求得单位长分布电容 C 和分布电感 L，从而有

$$Z_0 = \sqrt{\frac{L}{C}} = \frac{1}{v_p C} \qquad (3-1-1)$$

式中，相速 $v_p = 1/\sqrt{LC} = c/\sqrt{\varepsilon_r}$（$c$ 为自由空间中的光速）。

由式(3-1-1)可知，只要求出带状线的单位长分布电容 C，就可求得其特性阻抗。求解分布电容的方法很多，但常用的是等效电容法和保角变换法。由于计算结果中包含了椭圆函数，而且对有厚度的情形还需修正，故不便于工程应用。在这里给出了一组工程上常用的公式，这组公式分为导带厚度为零和导带厚度不为零两种情况。

① 导带厚度为零时的特性阻抗计算公式为

$$Z_0 = \frac{30\pi}{\sqrt{\varepsilon_r}} \frac{b}{w_e + 0.441b} \; \Omega \qquad (3-1-2)$$

式中，w_e 是中心导带的有效宽度，由下式给出：

$$\frac{w_e}{b} = \frac{w}{b} - \begin{cases} 0 & (w/b > 0.35) \\ \left(0.35 - \frac{w}{b}\right)^2 & (w/b < 0.35) \end{cases} \qquad (3-1-3)$$

② 导带厚度不为零时的特性阻抗计算公式为

$$Z_0 = \frac{30}{\sqrt{\varepsilon_r}} \ln\left\{ 1 + \frac{4}{\pi} \cdot \frac{1}{m}\left[\frac{8}{\pi} \cdot \frac{1}{m} + \sqrt{\left(\frac{8}{\pi} \cdot \frac{1}{m}\right)^2 + 6.27} \right] \right\} \qquad (3-1-4)$$

$$m = \frac{w}{b-t} + \frac{\Delta w}{b-t}$$

$$\frac{\Delta w}{b-t} = \frac{x}{\pi(1-x)}\left\{ 1 - 0.5\ln\left[\left(\frac{x}{2-x}\right)^2 + \left(\frac{0.0796x}{w/b + 1.1x}\right)^n \right] \right\}$$

而

$$n = \frac{2}{1 + \frac{2}{3} \cdot \frac{x}{1-x}}, \quad x = \frac{t}{b}$$

式中，t 为导带厚度。

对上述公式用 MATLAB 编制计算带状线特性阻抗的计算程序，计算结果如图 3-4 所示。由图可见，带状线特性阻抗随着 w/b 的增大而减小，而且也随着 t/b 的增大而减小。

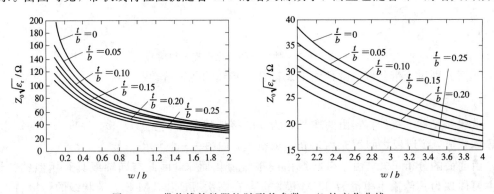

图 3-4 带状线特性阻抗随形状参数 w/b 的变化曲线

2) 带状线的衰减常数 α

带状线的损耗包括由中心导带和接地板导体引起的导体损耗、两接地板间填充的介质损耗及辐射损耗。由于带状线接地板通常比中心导带大得多，因此带状线的辐射损耗可忽略不计。所以带状线的衰减主要由导体损耗和介质损耗引起，即

$$\alpha = \alpha_c + \alpha_d$$

式中，α 为带状线总的衰减常数；α_c 为导体衰减常数；α_d 为介质衰减常数。

介质衰减常数由以下公式给出：

$$\alpha_d = \frac{1}{2}GZ_0 = \frac{27.3\sqrt{\varepsilon_r}}{\lambda_0}\tan\delta \quad \text{dB/m} \tag{3-1-5}$$

式中，G 为带状线单位长漏电导；$\tan\delta$ 为介质材料的损耗角正切。

导体衰减通常由以下公式给出（单位为 Np/m）：

$$\alpha_c = \begin{cases} \dfrac{2.7\times10^{-3}R_s\varepsilon_r Z_0}{30\pi(b-t)}A & (\sqrt{\varepsilon_r}Z_0 < 120\ \Omega) \\[3mm] \dfrac{0.16R_s}{Z_0 b}B & (\sqrt{\varepsilon_r}Z_0 > 120\ \Omega) \end{cases} \tag{3-1-6}$$

其中

$$A = 1 + \frac{2w}{b-t} + \frac{1}{\pi}\frac{b+t}{b-t}\ln\left(\frac{2b-t}{t}\right)$$

$$B = 1 + \frac{b}{0.5w+0.7t}\left(0.5 + \frac{0.414t}{w} + \frac{1}{2\pi}\ln\frac{4\pi w}{t}\right)$$

R_s 为导体的表面电阻。

3）相速和波导波长

由于带状线传输的主模为 TEM 模，故其相速为

$$v_p = \frac{c}{\sqrt{\varepsilon_r}} \tag{3-1-7}$$

而波导波长为

$$\lambda_g = \frac{\lambda_0}{\sqrt{\varepsilon_r}} \tag{3-1-8}$$

式中，λ_0 为自由空间波长；c 为自由空间光速。

4）带状线的尺寸选择

带状线传输的主模是 TEM 模，但若尺寸选择不合理也会引起高次模 TE 模和 TM 模。在 TE 模中最低次模是 TE_{10} 模，其截止波长为

$$\lambda_{c\text{TE}_{10}} \approx 2w\sqrt{\varepsilon_r} \tag{3-1-9}$$

在 TM 模中最低次模是 TM_{10} 模，其截止波长为

$$\lambda_{c\text{TM}_{10}} \approx 2b\sqrt{\varepsilon_r} \tag{3-1-10}$$

因此，为了抑制带状线中的高次模，带状线的最短工作波长应满足

$$\left.\begin{array}{l} \lambda_{0\min} > \lambda_{c\text{TE}_{10}} = 2w\sqrt{\varepsilon_r} \\[2mm] \lambda_{0\min} > \lambda_{c\text{TM}_{10}} = 2b\sqrt{\varepsilon_r} \end{array}\right\} \tag{3-1-11}$$

于是带状线的尺寸应满足

$$\left.\begin{array}{l} w < \dfrac{\lambda_{0\min}}{2\sqrt{\varepsilon_r}} \\[3mm] b < \dfrac{\lambda_{0\min}}{2\sqrt{\varepsilon_r}} \end{array}\right\} \tag{3-1-12}$$

2. 微带线

由前述可知，微带线可由双导体系统演化而来，但由于在中心导带和接地板之间加入了介质，因此在介质基底存在的微带线所传输的已经不是标准的 TEM 波，而是存在纵向电场分量 E_z 和纵向磁场分量 H_z 的波。下面我们首先从麦克斯韦方程出发证明纵向分量的存在。

为微带线建立如图 3 - 5 所示的坐标。介质边界两边电磁场均满足无源麦克斯韦方程组：

$$
\left.
\begin{array}{l}
\nabla \times \boldsymbol{H} = \mathrm{j}\omega\varepsilon\boldsymbol{E} \\
\nabla \times \boldsymbol{E} = -\,\mathrm{j}\omega\mu\boldsymbol{H}
\end{array}
\right\}
\tag{3-1-13}
$$

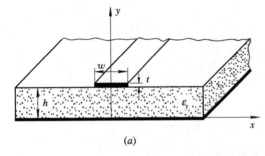 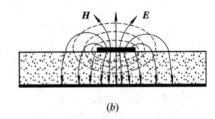

(a) (b)

图 3 - 5 微带线及其坐标

(a) 微带线结构图；(b) 微带线场分布图

由于理想介质表面既无传导电流，又无自由电荷，故由连续性原理可知，在介质和空气的交界面上，电场和磁场的切向分量均连续，即有

$$
\left.
\begin{array}{ll}
E_{x1} = E_{x2}, & E_{z1} = E_{z2} \\
H_{x1} = H_{x2}, & H_{z1} = H_{z2}
\end{array}
\right\}
\tag{3-1-14a}
$$

式中，下标"1""2"分别代表介质基片区域和空气区域。

在 $y = h$ 处，电磁场的法向分量应满足：

$$
\left.
\begin{array}{l}
E_{y2} = \varepsilon_{\mathrm{r}} E_{y1} \\
H_{y2} = H_{y1}
\end{array}
\right\}
\tag{3-1-14b}
$$

先考虑磁场，由式(3 - 1 - 13)中的第一式得

$$
\left.
\begin{array}{l}
\dfrac{\partial H_{z1}}{\partial y} - \dfrac{\partial H_{y1}}{\partial z} = \mathrm{j}\omega\varepsilon_0\varepsilon_{\mathrm{r}} E_{x1} \\[3mm]
\dfrac{\partial H_{z2}}{\partial y} - \dfrac{\partial H_{y2}}{\partial z} = \mathrm{j}\omega\varepsilon_0 E_{x2}
\end{array}
\right\}
\tag{3-1-15}
$$

由边界条件可得

$$
\frac{\partial H_{z1}}{\partial y} - \frac{\partial H_{y1}}{\partial z} = \varepsilon_{\mathrm{r}}\left(\frac{\partial H_{z2}}{\partial y} - \frac{\partial H_{y2}}{\partial z}\right)
\tag{3-1-16}
$$

设微带线中波的传播方向为 $+z$ 方向，则电磁场的相位因子为 $\mathrm{e}^{\mathrm{j}(\omega t - \beta z)}$，而 $\beta_1 = \beta_2 = \beta$，故有

$$
\left.
\begin{array}{l}
\dfrac{\partial H_{y2}}{\partial z} = -\,\mathrm{j}\beta H_{y2} \\[3mm]
\dfrac{\partial H_{y1}}{\partial z} = -\,\mathrm{j}\beta H_{y1}
\end{array}
\right\}
\tag{3-1-17}
$$

代入式(3 - 1 - 16)得

$$\frac{\partial H_{z1}}{\partial y} - \varepsilon_r \frac{\partial H_{z2}}{\partial y} = j\beta(\varepsilon_r - 1)H_{y2} \qquad (3 - 1 - 18)$$

同理可得

$$\frac{\partial E_{z1}}{\partial y} - \varepsilon_r \frac{\partial E_{z2}}{\partial y} = j\beta\left(1 - \frac{1}{\varepsilon_r}\right)E_{y2} \qquad (3 - 1 - 19)$$

可见，当 $\varepsilon_r \neq 1$ 时，必然存在纵向分量 E_z 和 H_z，亦即不存在纯 TEM 模。但是当频率不是很高时，由于微带线基片厚度 h 远小于微带波长，此时纵向分量很小，其场结构与 TEM 模相似，因此一般称之为准 TEM 模(Quasi TEM Mode)。

下面我们来分析微带线的主要传输特性。

1) 特性阻抗 Z_0 与相速

微带线同其他传输线一样，满足传输线方程。因此对准 TEM 模而言，如忽略损耗，则有

$$\left.\begin{aligned} Z_0 &= \sqrt{\frac{L}{C}} = \frac{1}{v_p C} \\ v_p &= \frac{1}{\sqrt{LC}} \end{aligned}\right\} \qquad (3 - 1 - 20)$$

式中，L 和 C 分别为微带线上的单位长分布电感和单位长分布电容。

然而，由于微带线周围不只填充一种介质，其中一部分为基片介质，另一部分为空气，这两部分对相速均产生影响，其影响程度由介电常数 ε 和边界条件共同决定。当不存在介质基片即空气填充时，传输的是纯 TEM 波，此时的相速与真空中光速几乎相等，即 $v_p \approx c = 3 \times 10^8$ m/s；而当微带线周围全部用介质填充时，传输的也是纯 TEM 波，其相速 $v_p = c/\sqrt{\varepsilon_r}$。由此可见，实际介质部分填充的微带线(简称介质微带)的相速 v_p 必然介于 c 和 $c/\sqrt{\varepsilon_r}$ 之间。为此我们引入有效介电常数 ε_e，令

$$\varepsilon_e = \left(\frac{c}{v_p}\right)^2 \qquad (3 - 1 - 21)$$

则介质微带线的相速为

$$v_p = \frac{c}{\sqrt{\varepsilon_e}} \qquad (3 - 1 - 22)$$

这样，有效介电常数 ε_e 的取值就在 1 与 ε_r 之间，具体数值由相对介电常数 ε_r 和边界条件决定。现设空气微带线的分布电容为 C_0，介质微带线的分布电容为 C_1，于是有

$$\left.\begin{aligned} c &= \frac{1}{\sqrt{LC_0}} \\ v_p &= \frac{1}{\sqrt{LC_1}} \end{aligned}\right\} \qquad (3 - 1 - 23)$$

由式(3 - 1 - 22)及式(3 - 1 - 23)得

$$C_1 = \varepsilon_e C_0 \quad \text{或} \quad \varepsilon_e = \frac{C_1}{C_0} \qquad (3 - 1 - 24)$$

可见，有效介电常数 ε_e 就是介质微带线的分布电容 C_1 和空气微带线的分布电容 C_0 之比。

于是，介质微带线的特性阻抗 Z_0 与空气微带线的特性阻抗 Z_0^a 有如下关系：

$$Z_0 = \frac{Z_0^a}{\sqrt{\varepsilon_e}} \qquad (3-1-25)$$

由此可见，只要求得空气微带线的特性阻抗 Z_0^a 及有效介电常数 ε_e，则介质微带线的特性阻抗就可由式(3-1-25)求得。可以通过保角变换及复变函数求得 Z_0^a 及 ε_e 的严格解，但结果仍为较复杂的超越函数，工程上一般采用近似公式。下面给出一组实用的计算公式。

微带线及其有效介电常数

(1) 导带厚度为零时的空气微带线的特性阻抗 Z_0^a 及有效介电常数 ε_e。

$$Z_0^a = \begin{cases} 59.952 \ln\left(\dfrac{8h}{w} + \dfrac{w}{4h}\right) & (w/h \leqslant 1) \\[4mm] \dfrac{119.904\pi}{\dfrac{w}{h} + 2.42 - \dfrac{0.44h}{w} + \left(1 - \dfrac{h}{w}\right)^6} & (w/h > 1) \end{cases} \qquad (3-1-26)$$

$$\varepsilon_e = 1 + q(\varepsilon_r - 1) \qquad (3-1-27)$$

其中

$$q = \begin{cases} \dfrac{1}{2} + \dfrac{1}{2}\left[\left(1 + \dfrac{12h}{w}\right)^{-\frac{1}{2}} + 0.041\left(1 - \dfrac{w}{h}\right)^2\right] & (w/h \leqslant 1) \\[4mm] \dfrac{1}{2} + \dfrac{1}{2}\left(1 + \dfrac{12h}{w}\right)^{-\frac{1}{2}} & (w/h > 1) \end{cases} \qquad (3-1-28)$$

式中，w/h 是微带线的形状比；w 是微带线的导带宽度；h 是介质基片厚度。q 为填充因子，它的大小反映了介质填充的程度。当 $q=0$ 时，$\varepsilon_e = 1$，对应于全空气填充；当 $q=1$ 时，$\varepsilon_e = \varepsilon_r$，对应于全介质填充。

工程上，很多时候是已知微带线的特性阻抗 Z_0 及介质的相对介电常数 ε_r，反过来求 w/h。此时分为两种情形。

① $Z_0 > 44 - 2\varepsilon_r \ \Omega$：

$$\frac{w}{h} = \left[\frac{\exp(A)}{8} - \frac{1}{4\exp(A)}\right]^{-1} \qquad (3-1-29)$$

其中

$$A = \frac{Z_0}{119.9}\sqrt{2(\varepsilon_r + 1)} + \frac{\varepsilon_r - 1}{2(\varepsilon_r + 1)}\left(\ln\frac{\pi}{2} + \frac{1}{\varepsilon_r}\ln\frac{4}{\pi}\right) \qquad (3-1-30)$$

此时的有效介电常数表达式为

$$\varepsilon_e = \frac{\varepsilon_r + 1}{2}\left[1 - \frac{\varepsilon_r - 1}{2A(\varepsilon_r + 1)}\left(\ln\frac{\pi}{2} + \frac{1}{\varepsilon_r}\ln\frac{4}{\pi}\right)\right]^{-2} \qquad (3-1-31)$$

其中，A 可由式(3-1-30)求出，也可作为 w/h 的函数由下式给出：

$$A = \ln\left[4\frac{h}{w} + \sqrt{16\left(\frac{h}{w}\right)^2 + 2}\right] \qquad (3-1-32)$$

② $Z_0 < 44 - 2\varepsilon_r \ \Omega$：

$$\frac{w}{h} = \frac{2}{\pi}\left[(B-1) - \ln(2B-1)\right] + \frac{\varepsilon_r - 1}{\pi\varepsilon_r}\left[\ln(B-1) + 0.293 - \frac{0.517}{\varepsilon_r}\right]$$

$$(3-1-33)$$

其中

$$B = \frac{59.95\pi^2}{Z_0 \sqrt{\varepsilon_r}} \qquad (3-1-34)$$

由此可算出有效介电常数

$$\varepsilon_e = \frac{\varepsilon_r + 1}{2} + \frac{\varepsilon_r - 1}{2}\left(1 + 10\frac{h}{w}\right)^{-0.555} \qquad (3-1-35)$$

若先知道 Z_0 也可由下式求得 ε_e，即

$$\varepsilon_e = \frac{\varepsilon_r}{0.96 + \varepsilon_r(0.109 - 0.004\varepsilon_r)[\lg(10 + Z_0) - 1]} \qquad (3-1-36)$$

上述相互转换公式在微带器件的设计中是十分有用的。

（2）导带厚度不为零时空气微带线的特性阻抗 Z_0^a。

当导带厚度不为零时，介质微带线的有效介电常数和空气微带线的特性阻抗 Z_0^a 必须修正。此时导体厚度 $t \neq 0$ 可等效为导体宽度加宽为 w_e，这是因为当 $t \neq 0$ 时，导带的边缘电容增大，相当于导带的等效宽度增加。当 $t < h$，$t < w/2$ 时相应的修正公式为

$$\frac{w_e}{h} = \begin{cases} \dfrac{w}{h} + \dfrac{t}{\pi h}\left(1 + \ln\dfrac{2h}{t}\right) & \left(\dfrac{w}{h} \geqslant \dfrac{1}{2\pi}\right) \\[4mm] \dfrac{w}{h} + \dfrac{t}{\pi h}\left(1 + \ln\dfrac{4\pi w}{t}\right) & \left(\dfrac{w}{h} \leqslant \dfrac{1}{2\pi}\right) \end{cases} \qquad (3-1-37)$$

在前述零厚度特性阻抗计算公式中，用 w_e/h 代替 w/h 即可得非零厚度时的特性阻抗。利用上述公式用 MATLAB 编制了计算微带线特性阻抗的计算程序，计算结果如图 3-6 所示。由图可见：介质微带线的特性阻抗随着 w/h 的增大而减小；相同尺寸条件下，ε_r 越大，特性阻抗越小。

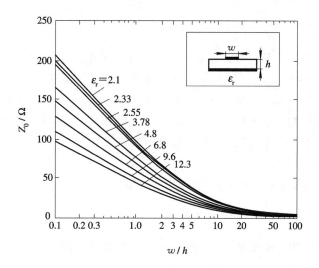

图 3-6　微带线特性阻抗随 w/h 的变化曲线

2）波导波长 λ_g

微带线的波导波长也称为带内波长，即

$$\lambda_g = \frac{\lambda_0}{\sqrt{\varepsilon_e}} \qquad\qquad (3-1-38)$$

显然，微带线的波导波长与有效介电常数 ε_e 有关，也就是与 w/h 有关，亦即与特性阻抗 Z_0 有关。对同一工作频率，不同特性阻抗的微带线有不同的波导波长。

3）微带线的衰减常数 α

由于微带线是半开放结构，因此除了有导体损耗和介质损耗之外，还有一定的辐射损耗。不过当基片厚度很小、相对介电常数 ε_r 较大时，绝大部分功率集中在导带附近的空间里，所以辐射损耗是很小的，和其他两种损耗相比可以忽略。因此，下面着重讨论导体损耗和介质损耗引起的衰减。

微带线的衰减分析

（1）导体衰减常数 α_c。

由于微带线的金属导体带和接地板上都存在高频表面电流，因此存在热损耗，但由于表面电流的精确分布难于求得，所以也就难于得出计算导体衰减的精确计算公式。工程上一般采用以下近似计算公式（以 dB 表示）：

$$\frac{\alpha_c Z_0 h}{R_s} = \begin{cases} \frac{8.68}{2\pi}\left[1-\left(\frac{w_e}{4h}\right)^2\right]\left\{1+\frac{h}{w_e}+\frac{h}{\pi w_e}\left[\ln\left(4\pi\frac{w/h}{t/h}+\frac{t/h}{w/h}\right)\right]\right\} & (w/h \leqslant 0.16) \\[3mm] \frac{8.68}{2\pi}\left[1-\left(\frac{w_e}{4h}\right)^2\right]\left[1+\frac{h}{w_e}+\frac{h}{\pi w_e}\left(\ln\frac{2h}{t}-\frac{t}{h}\right)\right] & (0.16 \leqslant w/h \leqslant 2) \\[3mm] \dfrac{8.68}{\dfrac{w_e}{h}+\dfrac{2}{\pi}\ln\left[2\pi e\left(\dfrac{w_e}{2h}+0.94\right)\right]}\left[\dfrac{w_e}{h}+\dfrac{\dfrac{w_e}{\pi h}}{\dfrac{w_e}{2h}+0.094}\right]\left[1+\frac{h}{w_e}+\frac{h}{\pi w_e}\left(\ln\frac{2h}{t}-\frac{t}{h}\right)\right] & \\ \qquad\qquad\qquad\qquad (w/h \geqslant 2) \end{cases}$$

$$(3-1-39)$$

式中，w_e 为 t 不为零时导带的等效宽度；R_s 为导体表面电阻。

为了降低导体的损耗，除了选择表面电阻率很小的导体材料（金、银、铜）之外，对微带线的加工工艺也有严格的要求。一方面应加大导体带厚度，这是因为趋肤效应的影响，即导体带越厚，则导体损耗越小，故一般取导体厚度为 5～8 倍的趋肤深度；另一方面，导体带表面的粗糙度要尽可能小，一般应在微米量级以下。

（2）介质衰减常数 α_d。

对于均匀介质传输线，其介质衰减常数由下式决定：

$$\alpha_d = \frac{1}{2}GZ_0 = \frac{27.3\sqrt{\varepsilon_r}}{\lambda_0}\tan\delta \qquad\qquad (3-1-40)$$

式中，$\tan\delta$ 为介质材料的损耗角正切。由于实际微带线只有部分介质填充，因此必须使用以下修正公式：

$$\alpha_d = \frac{27.3\sqrt{\varepsilon_r}}{\lambda_0}q_e\tan\delta \qquad\qquad (3-1-41)$$

式中，$q_e = \dfrac{\varepsilon_r(\varepsilon_e-1)}{\varepsilon_e(\varepsilon_r-1)}$ 为介质损耗角的填充系数。

一般情况下，微带线的导体衰减远大于介质衰减，因此一般可忽略介质衰减。但当用硅和砷化镓等半导体材料作为介质基片时,微带线的介质衰减相对较大,不可忽略。

4) 微带线的色散特性

前面对微带线的分析都是基于准 TEM 模条件下进行的。当频率较低时,这种假设是符合实际的。然而,实验证明,当工作频率高于 5 GHz 时,介质微带线的特性阻抗和相速的计算结果与实际相差较多。这表明,当频率较高时,微带线中由 TE 和 TM 模组成的高次模使特性阻抗和相速随着频率的变化而变化,也即具有色散特性。事实上,频率升高时,相速 v_p 要降低,则 ε_e 应增大,而相应的特性阻抗 Z_0 应减小。为此,一般用修正公式来计算介质微带线传输特性。下面给出的这组公式的适用范围:$2 \leqslant \varepsilon_r \leqslant 16$,$0.06 \leqslant w/h \leqslant 16$ 以及 $f \leqslant 100$ GHz。有效介电常数 $\varepsilon_e(f)$ 可用以下公式计算:

$$\varepsilon_e(f) = \left(\frac{\sqrt{\varepsilon_r} - \sqrt{\varepsilon_e}}{1 + 4F^{-1.5}} + \sqrt{\varepsilon_e} \right)^2 \qquad (3-1-42)$$

式中

$$F = \frac{4h \sqrt{\varepsilon_r - 1}}{\lambda_0} \left\{ 0.5 + \left[1 + 2 \ln \left(1 + \frac{w}{h} \right) \right]^2 \right\}$$

而特性阻抗计算公式为

$$Z_0(f) = Z_0 \frac{\varepsilon_e(f) - 1}{\varepsilon_e - 1} \sqrt{\frac{\varepsilon_e}{\varepsilon_e(f)}} \qquad (3-1-43)$$

5) 高次模与微带尺寸的选择

微带线的高次模有两种模式:波导模式和表面波模式。波导模式存在于导带与接地板之间,表面波模式则只要接地板上有介质基片即能存在。

波导模式可分为 TE 模和 TM 模,其中 TE 模的最低次模为 TE_{10} 模,其截止波长为

基模与高次模

$$\lambda_{cTE_{10}} = \begin{cases} 2w \sqrt{\varepsilon_r} & (t = 0) \\ 2\sqrt{\varepsilon_r}(w + 0.4h) & (t \neq 0) \end{cases} \qquad (3-1-44a)$$

TM 模的最低次模为 TM_{01} 模,其截止波长为

$$\lambda_{cTM_{01}} = 2h \sqrt{\varepsilon_r} \qquad (3-1-44b)$$

对于表面波模式,因为是导体表面的介质基片使电磁波束缚在导体表面附近而不扩散,并使电磁波沿导体表面传输,故称其为表面波,其中最低次模是 TM_0 模,其次是 TE_1 模。TM_0 模的截止波长为 ∞,即任何频率下 TM_0 模均存在。TE_1 模的截止波长为

$$\lambda_{cTE_1} = 4h \sqrt{\varepsilon_r - 1} \qquad (3-1-45)$$

根据以上分析,为抑制高次模的产生,微带线的尺寸应满足

$$w < \frac{(\lambda_0)_{min}}{2\sqrt{\varepsilon_r}} - 0.4h \qquad (3-1-46)$$

$$h < \min \left[\frac{(\lambda_0)_{min}}{2\sqrt{\varepsilon_r}}, \frac{(\lambda_0)_{min}}{4\sqrt{\varepsilon_r - 1}} \right] \qquad (3-1-47)$$

实际常用微带线采用的基片有纯度为 99.5% 的氧化铝陶瓷($\varepsilon_r = 9.5 \sim 10$,$\tan\delta = 0.0003$)、聚四氟乙烯($\varepsilon_r = 2.1$,$\tan\delta = 0.0004$)和聚四氟乙烯玻璃纤维板($\varepsilon_r = 2.55$,$\tan\delta = 0.008$),使用基片厚度一般在 $0.008 \sim 0.08$ mm 之间,而且一般都有金属屏蔽盒,使

之免受外界干扰。屏蔽盒的高度取 $H=(5\sim6)h$，接地板宽度取 $a=(5\sim6)w$。

3. 耦合微带线

耦合微带传输线简称耦合微带线，它由两根平行放置、彼此靠得很近的微带线构成。耦合微带线有不对称和对称两种结构。两根微带线的尺寸完全相同的就是对称耦合微带线，尺寸不相同的就是不对称耦合微带线。耦合微带线可用来设计各种定向耦合器、滤波器、平衡与不平衡变换器等。这里只介绍对称耦合微带线。对称耦合微带线的结构及其场分布如图 3-7 所示，其中 w 为导带宽度，s 为两导带间距离。

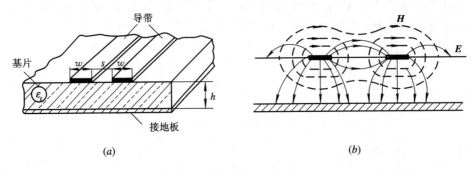

(a)   (b)

图 3-7 对称耦合微带线的结构及其场分布

(a) 耦合微带线结构；(b) 电磁场分布

1) 奇偶模分析方法

耦合微带线和微带线一样是部分填充介质的不均匀结构，因此其上传输的不是纯 TEM 模，而是具有色散特性的混合模，故分析较为复杂。一般采用准 TEM 模的奇偶模法进行分析。

耦合线与奇偶模

设两耦合线上的电压分布分别为 $U_1(z)$ 和 $U_2(z)$，线上电流分别为 $I_1(z)$ 和 $I_2(z)$，且传输线工作在无耗状态，此时两耦合线上任一微分段 $\mathrm{d}z$ 可等效为图 3-8 所示的等效电路。其中，C_a、C_b 为各自独立的分布电容，C_{ab} 为互分布电容，L_a、L_b 为各自独立的分布电感，L_{ab} 为互分布电感，对于对称耦合微带线有

$$C_a = C_b, \quad L_a = L_b, \quad L_{ab} = M$$

由电路理论可得

$$\left.\begin{aligned}
-\frac{\mathrm{d}U_1}{\mathrm{d}z} &= \mathrm{j}\omega L I_1 + \mathrm{j}\omega L_{ab} I_2 \\
-\frac{\mathrm{d}U_2}{\mathrm{d}z} &= \mathrm{j}\omega L_{ab} I_1 + \mathrm{j}\omega L I_2 \\
-\frac{\mathrm{d}I_1}{\mathrm{d}z} &= \mathrm{j}\omega C U_1 - \mathrm{j}\omega C_{ab} U_2 \\
-\frac{\mathrm{d}I_2}{\mathrm{d}z} &= -\mathrm{j}\omega C_{ab} U_1 + \mathrm{j}\omega C U_2
\end{aligned}\right\} \quad (3-1-48)$$

图 3-8 对称耦合微带线的等效电路

式中，$L=L_a$ 与 $C=C_a+C_{ab}$ 分别表示另一根耦合线存在时的单线分布电感和分布电容。式(3-1-48)即为耦合传输线方程。

对于对称耦合微带线，可以将激励分为奇模激励和偶模激励。设两线的激励电压分别为 U_1、U_2，则可表示为两个等幅同相电压 U_e 激励(即偶模激励)和两个等幅反相电压 U_o

激励(即奇模激励)。U_1 和 U_2 与 U_e 和 U_o 之间的关系为

$$\left.\begin{array}{l} U_e + U_o = U_1 \\ U_e - U_o = U_2 \end{array}\right\} \tag{3-1-49}$$

于是有

$$\left.\begin{array}{l} U_e = \dfrac{U_1 + U_2}{2} \\[3mm] U_o = \dfrac{U_1 - U_2}{2} \end{array}\right\} \tag{3-1-50}$$

(1) 偶模激励。

当对耦合微带线进行偶模激励时，对称面上磁场的切向分量为零，电力线平行于对称面，对称面可等效为"磁壁"，如图 3-9(a)所示。此时，在式(3-1-48)中，令 $U_1 = U_2 = U_e$，$I_1 = I_2 = I_e$，得

$$\left.\begin{array}{l} -\dfrac{\mathrm{d}U_e}{\mathrm{d}z} = \mathrm{j}\omega(L + L_{ab})I_e \\[3mm] -\dfrac{\mathrm{d}I_e}{\mathrm{d}z} = \mathrm{j}\omega(C - C_{ab})U_e \end{array}\right\} \tag{3-1-51}$$

于是可得偶模传输线方程为

$$\left.\begin{array}{l} \dfrac{\mathrm{d}^2 U_e}{\mathrm{d}z^2} + \omega^2 LC\left(1 + \dfrac{L_{ab}}{L}\right)\left(1 - \dfrac{C_{ab}}{C}\right)U_e = 0 \\[4mm] \dfrac{\mathrm{d}^2 I_e}{\mathrm{d}z^2} + \omega^2 LC\left(1 + \dfrac{L_{ab}}{L}\right)\left(1 - \dfrac{C_{ab}}{C}\right)I_e = 0 \end{array}\right\} \tag{3-1-52}$$

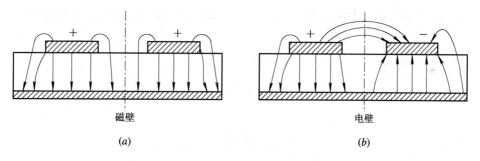

(a) 　　　　　　　　　　　　　　　*(b)*

图 3-9　偶模激励和奇模激励时的电力线分布
(a) 偶模；(b) 奇模

令 $K_L = L_{ab}/L$ 与 $K_C = C_{ab}/C$ 分别为电感耦合函数和电容耦合函数。由第 1 章均匀传输线理论可得偶模传输常数 β_e、相速 v_{pe} 及特性阻抗 Z_{0e} 分别为

$$\left.\begin{array}{l} \beta_e = \omega\sqrt{LC(1 + K_L)(1 - K_C)} \\[3mm] v_{pe} = \dfrac{\omega}{\beta_e} = \dfrac{1}{\sqrt{LC(1 + K_L)(1 - K_C)}} \\[4mm] Z_{0e} = \dfrac{1}{v_{pe}C_{0e}} = \sqrt{\dfrac{L(1 + K_L)}{C(1 - K_C)}} \end{array}\right\} \tag{3-1-53}$$

式中，$C_{0e} = C(1 - K_C) = C_a$，为偶模电容。

(2) 奇模激励。

当对耦合微带线进行奇模激励时，对称面上电场的切向分量为零，对称面可等效为

"电壁",如图 3 - 9(b)所示。此时,在式(3 - 1 - 48)中令 $U_1 = -U_2 = U_o$,$I_1 = -I_2 = I_o$,得

$$\left.\begin{array}{l} -\dfrac{\mathrm{d}U_o}{\mathrm{d}z} = \mathrm{j}\omega L(1-K_L)I_o \\[2mm] -\dfrac{\mathrm{d}I_o}{\mathrm{d}z} = \mathrm{j}\omega C(1+K_C)U_o \end{array}\right\} \qquad (3-1-54)$$

经同样分析可得奇模传输常数 β_o、相速 v_{po} 及特性阻抗 Z_{0o} 分别为

$$\left.\begin{array}{l} \beta_o = \omega\sqrt{LC(1-K_L)(1+K_C)} \\[3mm] v_{po} = \dfrac{\omega}{\beta_o} = \dfrac{1}{\sqrt{LC(1-K_L)(1+K_C)}} \\[4mm] Z_{0o} = \dfrac{1}{v_{po}C_{0o}} = \sqrt{\dfrac{L(1-K_L)}{C(1+K_C)}} \end{array}\right\} \qquad (3-1-55)$$

式中,$C_{0o} = C(1+K_C) = C_a + 2C_{ab}$,为奇模电容。

2) 奇偶模有效介电常数与耦合系数

设空气介质情况下奇、偶模电容分别为 $C_{0o}(1)$ 和 $C_{0e}(1)$,而实际介质情况下的奇、偶模电容分别为 $C_{0o}(\varepsilon_r)$ 和 $C_{0e}(\varepsilon_r)$,则耦合微带线的奇、偶模有效介电常数分别为

$$\left.\begin{array}{l} \varepsilon_{eo} = \dfrac{C_{0o}(\varepsilon_r)}{C_{0o}(1)} = 1 + q_o(\varepsilon_r-1) \\[3mm] \varepsilon_{ee} = \dfrac{C_{0e}(\varepsilon_r)}{C_{0e}(1)} = 1 + q_e(\varepsilon_r-1) \end{array}\right\} \qquad (3-1-56)$$

式中,q_o、q_e 分别为奇、偶模的填充因子。此时,奇偶模的相速和特性阻抗可分别表达为

$$\left.\begin{array}{l} v_{po} = \dfrac{c}{\sqrt{\varepsilon_{eo}}} \\[3mm] v_{pe} = \dfrac{c}{\sqrt{\varepsilon_{ee}}} \\[3mm] Z_{0o} = \dfrac{1}{v_{po}C_{0o}(\varepsilon_r)} = \dfrac{Z_{0o}^a}{\sqrt{\varepsilon_{eo}}} \\[3mm] Z_{0e} = \dfrac{1}{v_{pe}C_{0e}(\varepsilon_r)} = \dfrac{Z_{0e}^a}{\sqrt{\varepsilon_{ee}}} \end{array}\right\} \qquad (3-1-57)$$

式中,Z_{0o}^a 和 Z_{0e}^a 分别为空气耦合微带线的奇、偶模特性阻抗。可见,由于耦合微带线的 ε_{eo} 和 ε_{ee} 不相等,故奇、偶模的波导波长也不相等,它们分别为

$$\left.\begin{array}{l} \lambda_{go} = \dfrac{\lambda_0}{\sqrt{\varepsilon_{eo}}} \\[3mm] \lambda_{ge} = \dfrac{\lambda_0}{\sqrt{\varepsilon_{ee}}} \end{array}\right\} \qquad (3-1-58)$$

当介质为空气时,$\varepsilon_{eo} = \varepsilon_{ee} = 1$,奇、偶模相速均为光速,此时必有

$$K_L = K_C = K \qquad (3-1-59)$$

称 K 为耦合系数,由式(3 - 1 - 53)和式(3 - 1 - 55)得

$$Z_{0e}^a = \sqrt{\frac{L}{C}}\sqrt{\frac{1+K}{1-K}} \Bigg\}$$

$$Z_{0o}^a = \sqrt{\frac{L}{C}}\sqrt{\frac{1-K}{1+K}} \Bigg\} \tag{3-1-60}$$

设 $Z_{0C}^a = \sqrt{L/C}$。它是考虑到另一根耦合线存在条件下空气填充时单根微带线的特性阻抗，于是有

$$\sqrt{Z_{0e}^a Z_{0o}^a} = Z_{0C}^a \Bigg\}$$

$$Z_{0C}^a = Z_0^a\sqrt{1-K^2} \Bigg\} \tag{3-1-61}$$

式中，Z_0^a 是空气填充时孤立单线的特性阻抗。

根据以上分析，有以下结论：

① 对空气耦合微带线，奇偶模的特性阻抗虽然随耦合状况而变，但两者的乘积等于存在另一根耦合线时的单线特性阻抗的平方。

② 耦合越紧，Z_{0o}^a 和 Z_{0e}^a 差值越大；耦合越松，Z_{0o}^a 和 Z_{0e}^a 差值越小。当耦合很弱时 $K \to 0$，此时奇、偶特性阻抗相当接近且趋于孤立单线的特性阻抗。

4. 共面波导

共面波导传输线是在传统微带线的基础上变化而来的，它是将地与金属条带置于同一平面而构成的，如图 3-10 所示。共面波导有三种基本形式，即无限宽地共面波导、有限宽地共面波导和金属衬底共面波导，如图 3-11 所示。

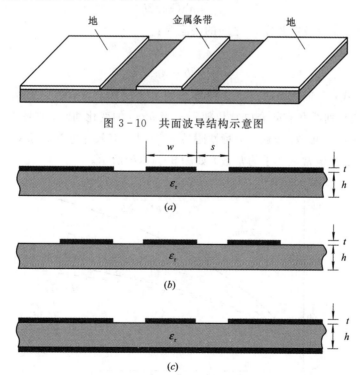

图 3-10　共面波导结构示意图

图 3-11　三种基本共面波导结构

(a) 无限宽地共面波导；(b) 有限宽地共面波导；(c) 金属衬底共面波导

共面波导由于其金属条带与地在同一平面而具备很多优点，具体包括：① 低色散宽频带特性；② 便于与其他元器件连接；③ 特性阻抗调整方便；④ 方便构成无源部件（如定向耦合器）及平面天线的馈电。正因为具有上述特点，所以共面波导在工程上得到了广泛的应用，并且有很多结构上的变化以满足不同的需求。本书将仅给出无限宽地共面波导的特性。

当金属条带（宽度为 w）与地之间的缝（缝宽为 s）比较小时，共面波导也工作在准 TEM 模，因此其传输特性也可以用特性阻抗和有效介电常数两个参数来表征。下面是参考文献[27]给出的计算公式：

$$\varepsilon_{re} = 1 + \frac{\varepsilon_r - 1}{2} \frac{K(k_2)}{K'(k_2)} \frac{K'(k_1)}{K(k_1)}$$

$$Z_0 = \frac{30\pi}{\sqrt{\varepsilon_{re}}} \frac{K'(k_1)}{K(k_1)}$$

$(3-1-62)$

其中

$$\frac{K(k)}{K'(k)} = \begin{cases} \dfrac{\pi}{\ln\left[2(1+\sqrt[4]{1-k^2})/(1-\sqrt[4]{1-k^2})\right]} & (0 \leqslant k \leqslant 0.707) \\ \dfrac{\ln\left[2(1+\sqrt{k})/(1-\sqrt{k})\right]}{\pi} & (0.707 \leqslant k \leqslant 1) \end{cases}$$

$(3-1-63)$

$$k_1 = \frac{a}{b}$$

$$k_2 = \frac{\sinh(\pi a/2h)}{\sinh(\pi b/2h)}$$

参数 a 和 b 与缝宽 s 及条带宽度 w 之间的关系是：

$$\left. \begin{array}{l} w = 2a \\ s = b - a \end{array} \right\}$$

$(3-1-64)$

根据上述公式，我们用 MATLAB 计算得到了 $\varepsilon_r = 10.2$，$w = 1.2$ mm 时特性阻抗随 s/w 及 h/w 的变化曲线和有效介电常数随 s/w 及 h/w 的变化曲线，如图 3-12 所示。

由图 3-12(a)可见，h/w 越大，特性阻抗 Z_0 越小，有效介电常数随 s/w 变化缓慢；当 $h/w > 10$ 时，有效介电常数几乎为常数，如图 3-12(b)所示。

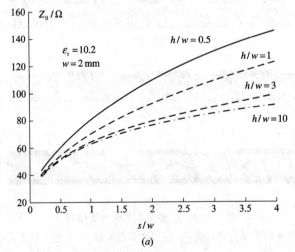

(a)

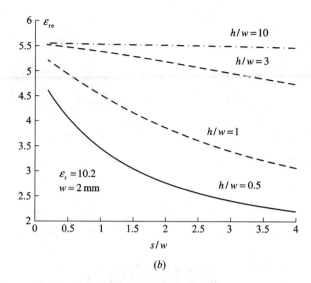

(b)

图 3-12　共面波导的特性阻抗和有效介电常数与结构参数的关系

(a) 共面波导特性阻抗与结构尺寸的关系；(b) 共面波导有效介电常数与结构参数的关系

参考文献[27]还给出了其他几种共面波导的特性，有兴趣的读者可以参考。

5. 基片集成波导(SIW)

基片集成波导(Substrate Integrated Waveguide)是在介质基片上通过金属过孔实现导行高频段微波信号的一种新型传输线。它既克服了微带线在高频段微波存在的结构容差小的问题，也克服了金属波导尺寸过大、不便集成的缺点。可以说，基片集成波导是一种介于微带线与介质填充波导之间的传输线。它兼顾传统波导和微带传输线的优点，可实现高性能微波毫米波平面电路及部件，所设计的部件十分适合与其他电路的集成，因此得到业界的广泛关注。

典型的基片集成波导如图 3-13 所示，它采用 PCB、LTCC 或者薄膜工艺实现两排金属过孔，电磁波被限制在两排金属孔和上下金属边界形成的矩形腔内。由于边上过孔的存在，SIW 不存在横磁波(TM)，与金属矩形波导一样，其主模为 TE_{10} 模。

基片集成波导的基本结构参数包括通孔直径 d、通孔间距 s、基片厚度 h 和波导横向间距 w。为便于加工和考虑衰减及能量泄漏等特性，其基本尺寸要求如下：

$$\frac{s}{d} < 2, \quad \frac{h}{w} < 0.1 \qquad (3-1-65)$$

基片集成波导的分析与设计过程可以借助仿真软件来实现，但实际上，由于存在众多通孔，计算的复杂度加大，一般可先将其等效为矩形波导，再进行分析与设计，此时等效矩形波导的宽边为 a，与基片集成波导的结构参数关系如式(3-1-66)，具体分析见文献[28]。

$$a = w - 1.08 \frac{d^2}{s} + 0.1 \frac{h^2}{w} \qquad (3-1-66)$$

基片集成波导可以与微带线直接相连，其典型连接方式如图 3-14 所示。其中渐变的微带过渡段在未来能够保证微带线与基片集成波导连接处的阻抗匹配。利用基片集成波导可以设计各类部件，图 3-15 是由基片集成波导组成的滤波器。关于基片集成波导的设计和应用可以参考文献[29]和文献[30]等。

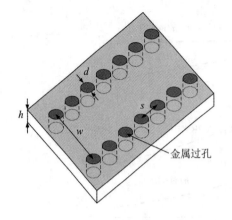 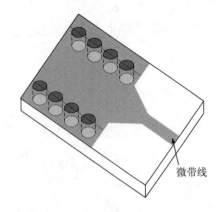

图 3-13 基片集成波导示意图　　　　图 3-14 基片集成波导与微带线的连接过渡

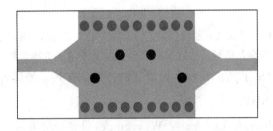

图 3-15 基于基片集成波导的滤波器

3.2节 PPT

3.2 介质波导

　　当工作频率处于毫米波波段时，普通的微带线将出现一系列新的问题，首先是高次模的出现使微带的设计和使用复杂化。人们自然又想到用波导来传输信号。频率越高，使用波导的尺寸越小，可是频率太高了，要制造出相应尺寸的金属波导会十分困难。于是人们积极研制适合于毫米波波段的传输器件，其中各种形式的介质波导在毫米波波段得到了广泛应用。介质波导可分为两大类：一类是开放式介质波导，主要包括圆形介质波导和介质镜像线等；另一类是半开放式介质波导，主要包括 H 形波导、G 形波导等。本节着重讨论圆形介质波导的传输特性，同时对介质镜像线和 H 形波导加以简单介绍。

1. 圆形介质波导(Circular Dielectric Waveguide)

　　圆形介质波导由半径为 a、相对介电常数为 $\varepsilon_r (\mu_r = 1)$ 的介质圆柱组成，如图 3-16 所示。分析表明，圆形介质波导不存在纯 TE_{mn} 和 TM_{mn} 模，但存在 TE_{0n} 和 TM_{0n} 模，一般情况下为混合 HE_{mn} 模和 EH_{mn} 模。其纵向场分量的横向分布函数 $E_z(T)$ 和 $H_z(T)$ 应满足以下标量亥姆霍兹方程：

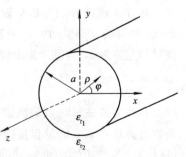

图 3-16 圆形介质波导的结构

$$\nabla_t^2 \begin{Bmatrix} E_z(T) \\ H_z(T) \end{Bmatrix} + k_{c_i}^2 \begin{Bmatrix} E_z(T) \\ H_z(T) \end{Bmatrix} = 0 \qquad (3-2-1)$$

式中，$k_{c_i}^2 = k_0^2 \varepsilon_{r_i} - \beta^2$。$\varepsilon_{r_i}(i=1,2)$为介质内外相对介电常数，1、2 分别代表介质波导内部和外部。一般有 $\varepsilon_{r_1} = \varepsilon_r$，$\varepsilon_{r_2} = 1$。

应用分离变量法，则有

$$\begin{Bmatrix} E_z(T) \\ H_z(T) \end{Bmatrix} = \begin{Bmatrix} A \\ B \end{Bmatrix} R(\rho)\Phi(\varphi) \qquad (3-2-2)$$

代入式(3-2-1)经分离变量后可得 $R(\rho)$、$\Phi(\varphi)$各自满足的方程及其解，利用边界条件可求得混合模式下内外场的纵向分量，再由麦克斯韦方程求得其他场分量。

下面是 HE_{mn} 模在介质波导内外的场分量。

在波导内($\rho \leqslant a$)(取 $\cos m\varphi$ 模)：

$$E_z = A \frac{k_{c_1}^2}{j\omega\varepsilon} J_m(k_{c_1}\rho)\sin m\varphi$$

$$H_z = -B \frac{k_{c_1}^2}{j\omega\mu_0} J_m(k_{c_1}\rho)\cos m\varphi$$

$$E_\rho = -\left[A\frac{k_{c_1}\beta}{\omega\varepsilon_0\varepsilon_r}J_m'(k_{c_1}\rho) + B\frac{m}{\rho}J_m(k_{c_1}\rho) \right]\sin m\varphi$$

$$E_\varphi = -\left[A\frac{m\beta}{\rho\omega\varepsilon_0\varepsilon_r}J_m(k_{c_1}\rho) + Bk_{c_1}J_m'(k_{c_1}\rho) \right]\cos m\varphi \qquad (3-2-3)$$

$$H_\rho = \left[A\frac{m}{\rho}J_m(k_{c_1}\rho) + B\frac{\beta k_{c_1}}{\omega\mu_0}J_m'(k_{c_1}\rho) \right]\cos m\varphi$$

$$H_\varphi = -\left[Ak_{c_1}J_m'(k_{c_1}\rho) + B\frac{m\beta}{\rho\omega\mu_0}J_m(k_{c_1}\rho) \right]\sin m\varphi$$

在波导外($\rho > a$)：

$$E_z = C \frac{k_{c_2}^2}{j\omega\varepsilon_0} H_m^{(2)}(k_{c_2}\rho)\sin m\varphi$$

$$H_z = -D \frac{k_{c_2}^2}{j\omega\mu_0} H_m^{(2)}(k_{c_2}\rho)\cos m\varphi$$

$$E_\rho = -\left[C\frac{k_{c_2}\beta}{\omega\varepsilon_0}H_m^{(2)'}(k_{c_2}\rho) + D\frac{m}{\rho}H_m^{(2)}(k_{c_2}\rho) \right]\sin m\varphi$$

$$E_\varphi = -\left[C\frac{m\beta}{\rho\omega\varepsilon_0}H_m^{(2)}(k_{c_2}\rho) + Dk_{c_2}H_m^{(2)'}(k_{c_2}\rho) \right]\cos m\varphi \qquad (3-2-4)$$

$$H_\rho = \left[C\frac{m}{\rho}H_m^{(2)}(k_{c_2}\rho) + D\frac{\beta k_{c_2}}{\omega\mu_0}H_m^{(2)'}(k_{c_2}\rho) \right]\cos m\varphi$$

$$H_\varphi = -\left[Ck_{c_2}H_m^{(2)'}(k_{c_2}\rho) + D\frac{m\beta}{\rho\omega\mu_0}H_m^{(2)}(k_{c_2}\rho) \right]\sin m\varphi$$

式中，$J_m(x)$是 m 阶第一类贝塞尔函数，$H_m^{(2)}(x)$是 m 阶第二类汉克尔函数，令

$$u = (\omega^2 \mu_0 \varepsilon_0 \varepsilon_r - \beta^2)^{\frac{1}{2}} a = k_{c_1}^2 a, \quad w = (\omega^2 \mu_0 \varepsilon_0 - \beta^2)^{\frac{1}{2}} a = k_{c_2}^2 a$$

利用 E_z、H_z 和 E_φ、H_φ 在 $r=a$ 处的连续条件，可得到以下本征方程：

$$\left. \begin{array}{c} \left[\dfrac{X}{u} - \dfrac{Y}{w} \right] \left[\dfrac{\varepsilon_r X}{u} - \dfrac{Y}{w} \right] = m^2 \left[\dfrac{1}{u^2} - \dfrac{1}{w^2} \right] \left[\dfrac{\varepsilon_r}{u^2} - \dfrac{1}{w^2} \right] \\ u^2 - w^2 = k_0^2 (\varepsilon_r - 1) a^2 \end{array} \right\} \qquad (3-2-5a)$$

其中

$$X = \frac{J_m'(u)}{J_m(u)}, \quad Y = \frac{H_m^{(2)'}(w)}{H_m^{(2)}(w)}$$

求解上述方程可得相应相移常数 β。对每一个 m，上述方程具有无数个根。用 n 来表示其第 n 个根，则相应的相移常数为 β_{mn}，对应的模式便为 HE_{mn} 模。

下面讨论几个常用模式。

1) $m=0$

此时式(3-2-5a)可简写为

$$\frac{1}{u} \frac{J_0'(u)}{J_0(u)} - \frac{1}{w} \frac{H_0^{(2)'}(w)}{H_0^{(2)}(w)} = 0 \qquad (3-2-5b)$$

或

$$\frac{\varepsilon_r}{u} \frac{J_0'(u)}{J_0(u)} - \frac{1}{w} \frac{H_0^{(2)'}(w)}{H_0^{(2)}(w)} = 0 \qquad (3-2-5c)$$

上述两式分别对应了 TE_{0n} 模和 TM_{0n} 模的特征方程。同金属波导一样，圆形介质波导中的 TE_{0n} 和 TM_{0n} 模也有截止现象。金属波导中以 $\gamma=0$ 作为截止的分界点，而圆形介质波导中以 $w=0$ 作为截止分界点，这是因为当 $w<0$ 时在介质波导外出现了辐射模。要使 $w=0$ 同时满足式(3-2-5a)和式(3-2-5b)，必须有 $J_0(u)=0$，可见圆形介质波导的 TE_{0n} 和 TM_{0n} 模在截止时是简并的，它们的截止频率均为

$$f_{c0n} = \frac{v_{0n} c}{2\pi a \sqrt{\varepsilon_r - 1}} \qquad (3-2-6)$$

式中，v_{0n} 是零阶贝塞尔函数 $J_0(x)$ 的第 n 个根。特别地，$n=1$ 时，有

$$v_{01} = 2.405, \quad f_{c01} = \frac{2.405 c}{2\pi a \sqrt{\varepsilon_r - 1}}$$

2) $m=1$

可以证明 $m=1$ 时的截止频率为

$$f_{c1n} = \frac{v_{1n} c}{2\pi a \sqrt{\varepsilon_r - 1}} \qquad (3-2-7)$$

其中，v_{1n} 是一阶贝塞尔函数 $J_1(x)$ 的第 n 个根，$v_{11}=0$，$v_{12}=3.83$，$v_{13}=7.01$，… 可见，$f_{c11}=0$，即 HE_{11} 模没有截止频率，该模式是圆形介质波导传输的主模，而第一个高次模为 TE_{01} 或 TM_{01} 模。因此，当工作频率 $f<f_{c01}$ 时，圆形介质波导内将实现单模传输。

HE_{11} 模有以下优点：

① 它不具有截止波长，而其他模只有当波导直径大于 0.626λ 时，才有可能传输。

② 在很宽的频带和较大的直径变化范围内，HE_{11} 模的损耗较小。

③ 它可以直接由矩形波导的主模 TE_{10} 激励，而不需要波型变换。

近年来使用的单模光纤大多也工作在 HE_{11} 模。图 3-17 给出了 HE_{11} 模的电磁场分布图（图（a）为横向截面，图（b）为纵向截面）。图 3-18 给出了 HE_{11} 模的色散曲线。由图 3-18 可见，介电常数越大，则色散越严重。

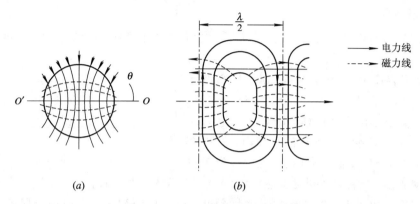

图 3-17　HE_{11} 模的电磁场分布图

（a）横向截面；（b）纵向截面

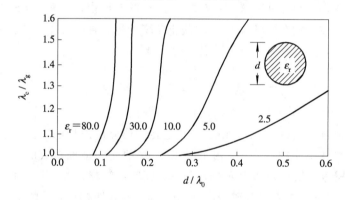

图 3-18　HE_{11} 模的色散曲线

2. 介质镜像线(Dielectric Image Line)

对主模 HE_{11} 来说，由于圆形介质波导的 OO' 平面两侧场分布具有对称性，因此可以在 OO' 平面放置一金属导电板而不致影响其电磁场分布，从而可以构成介质镜像线，如图 3-19(a) 所示。

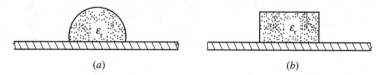

图 3-19　介质镜像线

（a）圆形介质镜像线；（b）矩形介质镜像线

圆形介质镜像线是由一根半圆形介质杆和一块接地的金属片组成的。由于金属片和 OO' 对称平面吻合，因此在金属片上半个空间内，电磁场分布和圆形介质波导中 OO' 平面的上半空间的情况完全一样。利用介质镜像线来传输电磁波能量，就可以解决介质波导的屏蔽和支架的问题。在毫米波波段内，由于这类传输线比较容易制造，并且具有较低的损耗，因此使用它远远比使用金属波导优越。

除了有圆形介质镜像线外，还有矩形介质镜像线，如图 3-19(b)所示。矩形介质镜像线在有源电路中应用较多。

3. H 形波导

H 形波导由两块平行的金属板中间插入一块介质条带组成，如图 3-20 所示。与传统的金属波导相比，H 形波导具有制作工艺简单、损耗小、功率容量大、激励方便等优点。H 形波导的传输模式通常是混合模式，可分为 LSM 和 LSE 两类，并且又分为奇模和偶模。LSE 模的电力线位于空气－介质交界面相平行的平面内，故称之为纵截面电模(LSE)，而 LSM 模的磁力线位于空

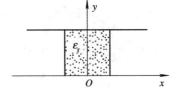

图 3-20 H 形波导的结构

气－介质交界面，故称之为纵截面磁模(LSM)。H 形波导中传输的模式取决于介质条带的宽度和金属平板的间距。合理地选择尺寸可使之工作于 LSM 模。此时两金属板上无纵向电流，与金属波导的 TE_{0n} 模有类似的特性，并且可以通过在与波传播方向相正交的方向开槽来抑制其他模式，而不会对该模式有影响。在 H 形波导中，主模为 LSE_{10e}，其场结构完全类似于矩形金属波导的 TE_{10} 模，但它的截止频率为零，通过选择两金属平板的间距可使边缘场衰减到最小，从而消除因辐射而引起的衰减。

3.3 光　纤

3.3 节 PPT

光纤又称为光导纤维(Optical Fiber)，它是在圆形介质波导的基础上发展起来的导光传输系统。光纤是由折射率为 n_1 的光学玻璃拉成的纤维作芯，表面覆盖一层折射率为 $n_2(n_2 < n_1)$ 的玻璃或塑料作为套层所构成的，也可以在低折射率 n_2 的玻璃细管内充以折射率为 $n_1(n_2 < n_1)$ 的介质构成，见图 3-21(a)。包层除了能使传输的光波免受外界干扰之外，还起着控制纤芯内传输模式的作用。

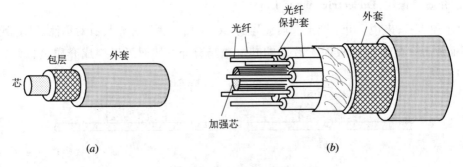

图 3-21　光纤和光缆的结构
(a) 光纤的结构；(b) 多芯光缆

光纤按组成材料可分为石英玻璃光纤、多组分玻璃光纤、塑料包层玻璃芯光纤和全塑料光纤。其中，石英玻璃光纤损耗最小，最适合长距离、大容量通信。光纤按折射率分布形状可分为阶跃型光纤和渐变型光纤，按传输模式可分为多模光纤和单模光纤。本节主要介

绍单模光纤和多模光纤的特点、基本参数和基本传输特性。

1. 单模光纤和多模光纤

只传输一种模式的光纤称为单模光纤。由于是单模传输，避免了模式分散，因而单模光纤的传输频带很宽，容量很大。单模光纤所传输的模式实际上就是圆形介质波导内的主模 HE_{11}，它没有截止频率。根据前面的分析，圆形介质波导中第一个高次模为 TM_{01} 模，其截止波长为

$$\lambda_{cTM_{01}} = \frac{1}{\upsilon_{01}}\pi D \sqrt{n_1^2 - n_2^2} \qquad (3-3-1)$$

式中，$\upsilon_{01} = 2.405$ 是零阶贝塞尔函数 $J_0(x)$ 的第一个根；n_1 和 n_2 分别为光纤内芯与包层的折射率；D 为光纤的直径。因此，为避免高次模的出现，单模光纤的直径 D 必须满足以下条件：

$$D < \frac{2.405\lambda}{\pi \sqrt{n_1^2 - n_2^2}} \qquad (3-3-2)$$

其中，λ 为工作波长。这就是说，单模光纤尺寸的上限和工作波长在同一量级。由于光纤工作波长在 1 μm 量级，这给工艺制造带来了困难。

为了降低工艺制造的困难，可以减少 $n_1^2 - n_2^2$ 的值。设 $\frac{n_1^2 - n_2^2}{2n_1^2} \approx \frac{n_1 - n_2}{n_1}$，令 $n_1 = 1.5$，$\frac{n_1 - n_2}{n_1} = 0.001$，$\lambda = 0.9$ μm，则 $D \leqslant 10$ μm。由此可见，当 n_1、n_2 相差不大时，光纤的直径可以比波长大一个量级。也就是说，适当选择包层折射率，可以简化光纤制造工艺，另外还能保证单模传输，这也是光纤包层抑制高次模的原理所在。

多模光纤的内芯直径可达几十微米，它的制造工艺相对简单一些，同时对光源的要求也比较低，有发光二极管就可以了。但是在这么粗的光纤中可以有大量的模式以不同的幅度、相位与偏振方向传播，出现较大的模式离散，从而使传播性能变差，容量变小。好在现阶段光纤的接收只考虑光功率和群速，而与相位及偏振关系不大，故相对传输性能比较好，因此，容量较大的渐变型多模光纤也可使用。

2. 光纤的基本参数

描述光纤的基本参数除了光纤的直径 D 外，还有光波波长 λ_g、光纤芯与包层的相对折射率差 Δ、折射率分布因子 g 以及数值孔径 NA。

1）光波波长 λ_g

同描述电磁波传播一样，光纤传播因子为 $e^{j(\omega t - \beta z)}$，其中 ω 是传导模的工作角频率，β 为光纤的相移常数。对于传导模，应满足

$$n_2 k < |\beta| < n_1 k \qquad (3-3-3)$$

其中，$k = 2\pi/\lambda$（λ 为工作波长）。对应的光波波长为

$$\lambda_g = \frac{2\pi}{\beta} \qquad (3-3-4)$$

2）相对折射率差 Δ

光纤芯与包层的相对折射率差 Δ 定义为

$$\Delta = \frac{n_1 - n_2}{n_1} \qquad\qquad (3-3-5)$$

它反映了包层与光纤芯折射率的接近程度。当 $\Delta \ll 1$ 时，称此光纤为弱传导光纤，此时 $\beta \approx n_2 k$，光纤近似工作在线极化状态。

3) 折射率分布因子 g

光纤的折射率分布因子 g 是描述光纤折射率分布的参数。一般情况下，光纤折射率随径向的变化如下：

$$n(r) = \begin{cases} n_1 \left[1 - 2\Delta \left(\dfrac{r}{a} \right)^g \right] & (r \leqslant a) \\ n_2 & (r > a) \end{cases} \qquad (3-3-6)$$

式中，a 为光纤芯半径。对阶跃型光纤而言，$g \to \infty$。对于渐变型光纤，g 为某一常数。当 $g=2$ 时为抛物型光纤。表 3-1 给出了三种常用光纤的结构、折射率变化轮廓及相应的传输信息的能力。其中，光程是指光线在光纤中传输的路径。

表 3-1 三种常用的光纤波导

4) 数值孔径 NA

光纤的数值孔径 NA 是描述光纤收集光能力的一个参数。从几何光学的关系看，并不是所有入射到光纤端面上的光都能进入光纤内部进行传播，都能从光纤入射端进去从出射端出来，而是只有小于某一个角度 θ 的光线，才能在光纤内部传播，如图 3-22 所示。我们将这一角度的正弦值定义为光纤的数值孔径，即

$$\text{NA} = \sin\theta \qquad\qquad (3-3-7)$$

光纤的数值孔径 NA 还可以用相对折射率差 Δ 来描述：

$$\text{NA} = n_1 (2\Delta)^{1/2} \qquad\qquad (3-3-8)$$

这说明为了取得较大的数值孔径，相对折射率差 Δ 应取大一些。

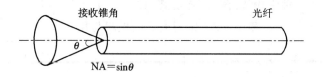

图 3 - 22　光纤波导的数值孔径 NA

3. 光纤的传输特性

描述光纤传输特性的参数主要有光纤的损耗和色散。

1) 光纤的损耗

引起光纤损耗的主要原因大致有光纤材料不纯、光纤几何结构不完善及光纤材料的本征损耗等。为此可将光纤损耗大致分为吸收损耗、散射损耗和其他损耗。

吸收损耗是指光在光纤中传播时，被光纤材料吸收变成热能的一种损耗，它主要包括本征吸收、杂质吸收和原子缺陷吸收。散射损耗是指由于光纤结构不均匀，光波在传播过程中变更传播方向，使本来沿内部传播的一部分光由于散射而跑到光纤外面去了，结果是使光波能量减少。散射损耗有瑞利散射损耗、非线性效应散射损耗和波导效应散射损耗等。其他损耗包括由于光纤的弯曲或连接等引起的信号损耗等。

图 3 - 23 给出了单模光纤波长与损耗的关系曲线。由图可见，在 1.3 μm 和 1.55 μm 波长附近损耗较低，且带宽较宽。

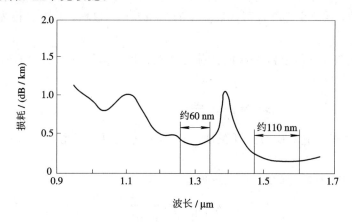

图 3 - 23　单模光纤波长与损耗的关系曲线

不管是哪种损耗，都可归纳为光在光纤传播过程中引起的功率衰减，一般用衰减常数 α 来表示：

$$\alpha = -\frac{10 \lg(P_1/P_0)}{L} \quad \text{dB/km} \qquad (3-3-9)$$

式中，P_0、P_1 分别是入端和出端功率；L 是光纤长度。当功率采用 dBm 表示时，衰减常数 α 可用下列公式来表示：

$$\alpha = \frac{P_0(\text{dB}_m) - P_1(\text{dB}_m)}{L} \quad \text{dB/km} \qquad (3-3-10)$$

表 3 - 2 给出了几种常用光纤的损耗及其用途。

表 3 - 2　常用光纤的损耗与用途

光　　纤		损耗/(dB/km)	用　　途
短波	0.8 μm	3.0	短距离，低速
长波	1.3 μm	0.5	中距离，高速
	1.55 μm	0.2	长距离，高速

2）光纤的色散特性

所谓光纤的色散，是指光纤传播的信号波形发生畸变的一种物理现象，表现为使光脉冲宽度展宽。光脉冲变宽后有可能使到达接收端的前后两个脉冲无法分辨，因此脉冲加宽就会限制传送数据的速率，从而限制通信容量。

光纤色散主要有材料色散、波导色散和模间色散三种色散效应。

材料色散是指由于制作光纤的材料随着工作频率 ω 的改变而变化，也即光纤材料的折射率不是常数，而是频率的函数（$n = n(\omega)$），从而引起色散。波导色散是指由波导的结构引起的色散，主要体现为相移常数 β 是频率的函数，即在传输过程中，含有一定频谱的调制信号的各个分量有不同的时延，必然使信号发生畸变。模间色散是由于光纤中不同模式有不同的群速度，从而在光纤中的传输时间不一样，同一波长的输入光脉冲因不同的模式而先后到达输出端，在输出端叠加形成展宽了的脉冲波形。显然，只有多模光纤才会存在模间色散。

通常用时延差来表示色散引起的光脉冲展宽程度。材料色散引起的时延差 $\Delta\tau_m$ 可表示为

$$\Delta\tau_m = \frac{L}{c} \cdot \frac{\Delta\lambda}{\lambda} \lambda^2 \frac{\mathrm{d}^2 n}{\mathrm{d}\lambda^2} = -L \frac{\Delta\lambda}{\lambda} D_n \qquad (3-3-11)$$

其中，c 为真空中的光速；L 为光纤长度；$\Delta\lambda/\lambda$ 为光源的相对谱线宽度；D_n 为材料色散系数。

由波导色散引起的时延差 $\Delta\tau_\beta$ 可表示为

$$\Delta\tau_\beta = -L \frac{\lambda}{\omega} \frac{\mathrm{d}\beta}{\mathrm{d}\lambda} \qquad (3-3-12)$$

其中，$\beta = \sqrt{n_1^2 k_0^2 - k_{c_1}^2}$（$k_0 = \omega\sqrt{\mu_0\varepsilon_0}$，$k_{c_1}$ 为截止波数）。

可见，材料色散与波导色散随波长的变化呈相反的变化趋势，所以总会存在着两种色散大小相等符号相反的波长区，也就是总色散为零或很小的区域。1.55 μm 零色散单模光纤就是根据这一原理制成的。

总之，光纤通信是以光纤为传输媒质来传递信息的，光纤的传输原理与圆形介质波导十分相似。描述光纤传输特性的主要有损耗和色散。光纤的损耗影响了传输距离，而光纤的色散影响了传输带宽和通信容量。

本 章 小 结

本章小结

　　本章首先介绍了各种微波集成传输线的结构；然后分别讨论了带状
线、微带线、耦合微带线和共面波导等四种常用的平面传输线，讨论了
它们各自的结构特点、传输特性与结构参数的关系，重点对微带线的准 TEM 特性、微带
线的有效介电常数以及微带线的设计原则进行了讨论，分析了耦合微带线中的奇偶模特
性、共面波导有效介电常数，并给出了其计算的表达式；接着分别对圆形介质波导、介质
镜像线和 H 型介质波导进行了分析，重点讨论了圆形介质波导的主要传播模式，并对其他
两种结构的传播原理进行了定性分析；最后讨论了光纤的结构、分类、基本参数以及主要
传输特性，重点讨论了光纤的传输原理、三种基本光纤结构（阶梯多模光纤、阶梯单模光
纤、渐变多模光纤）以及光纤的损耗、色散等。

习　　题

　　3.1　微带线工作在什么模式？其相速和光速、带内波长及空间波长分别有什么关系？

　　3.2　一根以聚四氟乙烯（$\varepsilon_r=2.1$）为填充介质的带状线，已知 $b=5$ mm，$t=0.25$ mm，
$w=2$ mm，求此带状线的特性阻抗及其不出现高次模式的最高工作频率。

　　3.3　已知某微带线的导带宽度为 $w=2$ mm，厚度 $t \to 0$，介质基片厚度 $h=1$ mm，相
对介电常数 $\varepsilon_r=9$，求此微带的有效填充因子 q 和有效介电常数 ε_e 及特性阻抗 Z_0（设空气
微带特性阻抗 $Z_0^a=88$ Ω）。

　　3.4　已知微带线的特性阻抗 $Z_0=50$ Ω，基片为相对介电常数 $\varepsilon_r=9.6$ 的氧化铝陶瓷，
设损耗角正切 $\tan\delta=0.2\times10^{-3}$，工作频率 $f=10$ GHz，求介质衰减常数 α_d。

　　3.5　在 $h=1$ mm 的陶瓷基片（$\varepsilon_r=9.6$）上制作 $\lambda_g/4$ 的 50 Ω、20 Ω、100 Ω 的微带线，
分别求它们的导带宽度和长度。设工作频率为 6 GHz，导带厚度 $t\approx0$。

　　3.6　何谓偶模激励和奇模激励？如何定义偶模和奇模特性阻抗？

　　3.7　证明耦合系数 K 与奇、偶模特性阻抗 Z_{0e}^a、Z_{0o}^a 存在以下关系：

$$K = \frac{Z_{0e}^a - Z_{0o}^a}{Z_{0e}^a + Z_{0o}^a}$$

　　3.8　已知某耦合微带线，介质为空气时奇、偶特性阻抗分别为 $Z_{0o}^a=40$ Ω 和 $Z_{0e}^a=100$ Ω，实际介质 $\varepsilon_r=10$ 时的奇、偶模填充因子为 $q_o=0.4$ 和 $q_e=0.6$，试求介质填充耦合
微带线的奇、偶模特性阻抗、相速和波导波长。

　　3.9　圆形介质波导的主模是什么？它有哪些特点？

　　3.10　介质镜像波导的工作原理是什么？

　　3.11　H 形波导属于哪一类介质波导？与传统的金属波导相比它有哪些特点？

　　3.12　介质波导导模的截止条件是什么？与金属波导传输模的截止条件有何不同？

　　3.13　已知光纤直径 $D=50$ μm，$n_1=1.84$，$\Delta=0.01$，求单模工作的频率范围。

3.14 已知 $n_1 = 1.487$、$n_2 = 1.480$ 的阶跃光纤，求 $\lambda = 820$ nm 的单模光纤直径，并求此光纤的 NA。

3.15 描述光纤传输特性的主要参数有哪几个？它们分别会影响什么？

3.16 零色散单模光纤的工作原理是什么？

典型例题

思考与拓展

第 4 章 微波网络基础

引言

前面介绍了多种规则传输系统，并通过场的分析法得到其传输特性，然而在实际微波应用系统中，除了有规则传输系统外，还包含具有独立功能的各种微波元件，如谐振元件、阻抗匹配元件、耦合元件等。这些元件的边界形状与规则传输线不同，从而在传输系统中引入了不均匀性。这些不均匀性在传输系统中除产生主模的反射与透射外，还会引起高次模，对其严格分析必须用场的分析法，但由于实际微波元件的边界条件一般都比较复杂，用场的分析法往往十分繁杂，有时甚至不太可能。此外，在实际分析中往往不需要了解元件的内部场结构，而只关心它对传输系统工作状态的影响。微波网络正是在分析场分布的基础上，用"路"的分析方法将微波元件等效为电抗或电阻元件，将实际的导波传输系统等效为传输线，从而将实际的微波系统简化为微波网络的。尽管用"路"的分析法只能得到元件的外部特性，但它却可给出系统的一般传输特性，如功率传递、阻抗匹配等，而且这些结果可以通过实际测量的方法来验证。另外还可以根据微波元件的工作特性综合出要求的微波网络，从而用一定的微波结构实现它，这就是微波网络的综合。微波网络的分析与综合是分析和设计微波系统的有力工具，而微波网络分析又是综合的基础。

本章着重介绍微波网络分析的基础知识，首先从导波传输系统的等效电压、等效电流出发引入等效传输线，进而导出线性网络的各种矩阵参量，然后对二端口网络的工作特性参量进行分析，最后介绍多端口网络的散射矩阵特性，为进一步分析微波系统打下基础。

4.1 等 效 传 输 线

4.1 节 PPT

在第 1 章中，均匀传输理论是建立在 TEM 传输线的基础上的，因此电压和电流有明确的物理意义，而且电压和电流只与纵向坐标 z 有关，与横截面无关，而实际的非 TEM 传输线如金属波导等，其电磁场 E 与 H 不仅与 z 有关，还与 x、y 有关，这时电压和电流的意义十分不明确。例如在矩形波导中，电压值取决于横截面上两点的选择，而电流还可能有横向分量。因此有必要引入等效电压和电流的概念，从而将均匀传输线理论应用于任意导波系统，这就是等效传输线理论。

1. 等效电压和等效电流

为定义任意传输系统某一参考面上的电压和电流，作以下规定：

① 电压 $U(z)$ 和电流 $I(z)$ 分别与 E_t 和 H_t 成正比。

② 电压 $U(z)$ 和电流 $I(z)$ 共轭乘积的实部应等于平均传输功率。

③ 电压和电流之比应等于对应的等效特性阻抗值。

对任一导波系统，不管其横截面形状如何（双导线、矩形波导、圆形波导、微带线等），也不管传输哪种波形（TEM 波、TE 波、TM 波等），其横向电磁场总可以表示为

$$E_t(x, y, z) = \sum e_k(x, y)U_k(z) \left.\right\}$$
$$H_t(x, y, z) = \sum h_k(x, y)I_k(z) \left.\right\}$$
$$(4-1-1)$$

式中，$e_k(x, y)$、$h_k(x, y)$ 是二维实函数，代表了横向场的模式横向分布函数；$U_k(z)$、$I_k(z)$ 是一维标量函数，反映了横向电磁场各模式沿传播方向的变化规律，故称为模式等效电压和模式等效电流。值得指出的是，这里定义的等效电压、等效电流是形式上的，具有不确定性，只为讨论方便，下面给出在上面约束条件下模式分布函数应满足的条件。

由电磁场理论可知，各模式的传输功率可由下式给出：

$$P_k = \frac{1}{2}\text{Re}\int E_k(x, y, z) \times H_k^*(x, y, z) \cdot dS$$

$$= \frac{1}{2}\text{Re}[U_k(z)I_k^*(z)]\int e_k(x, y) \times h_k(x, y) \cdot dS \quad (4-1-2)$$

由规定②可知，e_k、h_k 应满足：

$$\int e_k(x, y) \times h_k(x, y) \cdot dS = 1 \quad (4-1-3)$$

由电磁场理论可知，各模式的波阻抗为

$$Z_w = \frac{E_t}{H_t} = \frac{e_k(x, y)U_k(z)}{h_k(x, y)I_k(z)} = \frac{e_k}{h_k}Z_{ek} \quad (4-1-4)$$

其中，Z_{ek} 为该模式等效特性阻抗。

综上所述，为唯一地确定等效电压和电流，在选定模式特性阻抗条件下，各模式横向分布函数还应满足

$$\int e_k \times h_k \cdot dS = 1 \left.\right\}$$
$$\frac{e_k}{h_k} = \frac{Z_w}{Z_{ek}} \left.\right\}$$
$$(4-1-5)$$

下面以例子来说明这一点。

[例 4-1] 求出矩形波导 TE_{10} 模的等效电压、等效电流和等效特性阻抗。

解：由第 2 章可知：

$$E_y = E_{10}\sin\frac{\pi x}{a}e^{-j\beta z} = e_{10}(x)U(z) \left.\right\}$$
$$H_x = -\frac{E_{10}}{Z_{TE_{10}}}\sin\frac{\pi x}{a}e^{-j\beta z} = h_{10}(x)I(z) \left.\right\}$$
$$(4-1-6)$$

其中，TE_{10} 的波阻抗为

$$Z_{TE_{10}} = \frac{\sqrt{\mu_0/\varepsilon_0}}{\sqrt{1-(\lambda/2a)^2}}$$

可见所求的模式等效电压、等效电流可表示为

$$U(z) = A_1 e^{-j\beta z} \left.\right\}$$
$$I(z) = \frac{A_1}{Z_e}e^{-j\beta z} \left.\right\}$$
$$(4-1-7)$$

式中，Z_e 为模式特性阻抗，现取 $Z_e = \frac{b}{a}Z_{TE_{10}}$，我们来确定 A_1。

由式(4 - 1 - 6)及式(4 - 1 - 7)可得

$$
\left.
\begin{aligned}
e_{10}(x) &= \frac{E_{10}}{A_1} \sin \frac{\pi x}{a} \\
h_{10}(x) &= -\frac{E_{10}}{A_1} \frac{Z_e}{Z_{TE_{10}}} \sin \frac{\pi x}{a}
\end{aligned}
\right\}
\qquad (4 - 1 - 8)
$$

由式(4 - 1 - 5)可推得

$$
\left.
\begin{aligned}
\frac{E_{10}^2}{A_1^2} \frac{Z_e}{Z_{TE_{10}}} \frac{ab}{2} &= 1 \\
A_1 &= \frac{b}{\sqrt{2}} E_{10}
\end{aligned}
\right\}
\qquad (4 - 1 - 9)
$$

于是唯一确定了矩形波导 TE_{10} 模的等效电压和等效电流，即

$$
\left.
\begin{aligned}
U(z) &= \frac{b}{\sqrt{2}} E_{10} e^{-j\beta z} \\
I(z) &= \frac{a}{\sqrt{2}} \frac{E_{10}}{Z_{TE_{10}}} e^{-j\beta z}
\end{aligned}
\right\}
\qquad (4 - 1 - 10)
$$

此时波导任意点处的传输功率为

$$
P = \frac{1}{2} \operatorname{Re}[U(z)I^*(z)] = \frac{ab}{4} \frac{E_{10}^2}{Z_{TE_{10}}}
\qquad (4 - 1 - 11)
$$

与式(2 - 2 - 28)相同，也说明此等效电压和等效电流满足第②条规定。

2. 模式等效传输线

由前面的分析可知，不均匀性的存在使传输系统中出现多模传输，由于每个模式的功率不受其他模式的影响，而且各模式的传播常数也各不相同，因此每一个模式可用一独立的等效传输线来表示。这样可把传输 N 个模式的导波系统等效为 N 个独立的模式等效传输线，每根传输线只传输一个模式，其特性阻抗及传播常数各不相同，如图 4 - 1 所示。

模式等效传输线

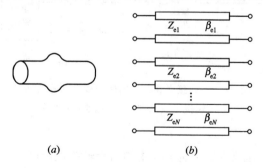

图 4 - 1　多模传输线的等效

(a) 导波系统；(b) N 个模式等效传输线

另一方面由不均匀性引起的高次模，通常不能在传输系统中传播，其振幅按指数规律衰减。因此高次模的场只存在于不均匀区域附近，它们是局部场。在离开不均匀处远一些的地方，高次模的场就会衰减到可以忽略的地步，因此在那里只有工作模式的入射波和反射波。通常把参考面选在这些地方，就可以将不均匀性问题化为等效网络来处理。如图

4-2 所示是导波系统中插入了一个不均匀体及其等效微波网络。

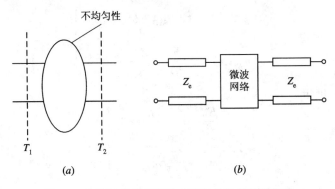

图 4-2　微波传输系统的不均匀性及其等效网络

（a）导波系统中的不均匀性；（b）等效微波网络

　　建立在等效电压、等效电流和等效特性阻抗基础上的传输线称为等效传输线
（Equivalence Transmission Line），而将传输系统中不均匀性引起的传输特性的变化归结
为等效微波网络（Equivalence Microwave Network），这样一来，均匀传输线中的许多分析
方法均可用于等效传输线的分析。

4.2　单口网络

4.2节PPT　　　单口网络参数

　　当一段规则传输线端接其他微波元件时，在连
接的端面将不连续，产生反射。若将参考面 T 选在
离不连续面较远的地方，则在参考面 T 左侧的传输线上只存在主模的入射波和反射波，可
用等效传输线来表示，而把参考面 T 右侧作为一个微波网络，把传输线作为该网络的输入
端面，这样就构成了单口网络（Single Port Network），如图 4-3 所示。

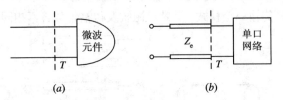

图 4-3　端接微波元件的传输线及其等效网络

（a）端接微波元件；（b）等效单口网络

1. 单口网络的传输特性

　　令参考面 T 处的电压反射系数为 Γ_1，由均匀传输线理论可知，等效传输线上任意点的
反射系数为

$$\Gamma(z) = |\Gamma_1| e^{j(\phi_1 - 2\beta z)} \tag{4-2-1}$$

而等效传输线上任意点的等效电压、电流分别为

$$\left. \begin{array}{l} U(z) = A_1[1 + \Gamma(z)] \\[2mm] I(z) = \dfrac{A_1}{Z_e}[1 - \Gamma(z)] \end{array} \right\} \tag{4-2-2}$$

式中，Z_e 为等效传输线的等效特性阻抗。传输线上任意一点的输入阻抗为

$$Z_{in}(z) = Z_e \frac{1 + \Gamma(z)}{1 - \Gamma(z)} \tag{4-2-3}$$

任意点的传输功率为

$$P(z) = \frac{1}{2} \operatorname{Re}[U(z)I^*(z)] = \frac{|A_1|^2}{2|Z_e|}[1 - |\Gamma(z)|^2] \tag{4-2-4}$$

2. 归一化电压和电流

由于微波网络比较复杂，因此在分析时通常采用归一化阻抗，即将电路中各个阻抗用特性阻抗归一，与此同时电压和电流也要归一。

一般定义

$$\left.\begin{array}{l} u = \dfrac{U}{\sqrt{Z_e}} \\[3mm] i = I\sqrt{Z_e} \end{array}\right\} \tag{4-2-5}$$

分别为归一化电压和电流，显然作归一化处理后，电压 u 和电流 i 仍满足

$$P_{in} = \frac{1}{2}\operatorname{Re}[ui^*] = \frac{1}{2}\operatorname{Re}[U(z)I^*(z)] \tag{4-2-6}$$

任意点的归一化输入阻抗为

$$\bar{z}_{in} = \frac{Z_{in}}{Z_e} = \frac{1 + \Gamma(z)}{1 - \Gamma(z)} \tag{4-2-7}$$

于是，单口网络可用传输线理论来分析。

4.3 双端口网络的阻抗与转移矩阵

由前面的分析可知，当导波系统中插入不均匀体(见图 4-2)时，会在该系统中产生反射和透射，

4.3 节 PPT　　双端口网络参数

从而改变原有的传输分布，并且可能激起高次模，但由于将参考面设置在离不均匀体较远的地方，高次模的影响可忽略，于是可将其等效为图 4-4 所示的双端口网络。在各种微波网络中，双端口网络是最基本的，任意具有两个端口的微波元件均可视为双端口网络。下面介绍线性无源双端口网络(Linear Passive 2-Ports Network)各端口上电压和电流之间的关系。

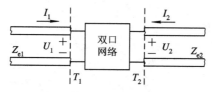

图 4-4　双端口网络

1. 阻抗矩阵与导纳矩阵

设参考面 T_1 处的电压和电流分别为 U_1 和 I_1，而参考面 T_2 处的电压和电流分别为 U_2、I_2，连接 T_1、T_2 端的广义传输线的特性阻抗分别为 Z_{e1} 和 Z_{e2}。

1) 阻抗矩阵(Impedance Matrix)

现取 I_1、I_2 为自变量，U_1、U_2 为因变量，对于线性网络有

$$\left.\begin{array}{l} U_1 = Z_{11}I_1 + Z_{12}I_2 \\ U_2 = Z_{21}I_1 + Z_{22}I_2 \end{array}\right\} \tag{4-3-1}$$

写成矩阵形式为

$$\begin{bmatrix} U_1 \\ U_2 \end{bmatrix} = \begin{bmatrix} Z_{11} & Z_{12} \\ Z_{21} & Z_{22} \end{bmatrix} \begin{bmatrix} I_1 \\ I_2 \end{bmatrix} \tag{4-3-2a}$$

或简写为

$$[U] = [Z][I] \tag{4-3-2b}$$

式中，$[U]$ 为电压矩阵；$[I]$ 为电流矩阵；$[Z]$ 为阻抗矩阵，其中 Z_{11}、Z_{22} 分别是端口"1"和"2"的自阻抗，Z_{12}、Z_{21} 分别是端口"1"和"2"的互阻抗。各阻抗参量的定义如下：

$Z_{11} = \dfrac{U_1}{I_1}\Big|_{I_2=0}$ 为 T_2 面开路时，端口"1"的输入阻抗。

$Z_{12} = \dfrac{U_1}{I_2}\Big|_{I_1=0}$ 为 T_1 面开路时，端口"2"至端口"1"的转移阻抗。

$Z_{21} = \dfrac{U_2}{I_1}\Big|_{I_2=0}$ 为 T_2 面开路时，端口"1"至端口"2"的转移阻抗。

$Z_{22} = \dfrac{U_2}{I_2}\Big|_{I_1=0}$ 为 T_1 面开路时，端口"2"的输入阻抗。

由上述定义可见，$[Z]$ 矩阵中的各个阻抗参数必须使用开路法测量，故也称这些参数为开路阻抗参数，而且由于参考面选择不同，相应的阻抗参数也不同。

对于互易网络有

$$Z_{12} = Z_{21} \tag{4-3-3}$$

对于对称网络则有

$$Z_{11} = Z_{22} \tag{4-3-4}$$

若将各端口的电压和电流分别对自身特性阻抗归一化，则有

$$\left.\begin{array}{ll} u_1 = \dfrac{U_1}{\sqrt{Z_{e1}}}, & i_1 = I_1\sqrt{Z_{e1}} \\ u_2 = \dfrac{U_2}{\sqrt{Z_{e2}}}, & i_2 = I_2\sqrt{Z_{e2}} \end{array}\right\} \tag{4-3-5}$$

代入式(4-3-2)后整理可得

$$[u] = [\bar{z}][i] \tag{4-3-6}$$

其中

$$[\bar{z}] = \begin{bmatrix} Z_{11}/Z_{e1} & Z_{12}/\sqrt{Z_{e1}Z_{e2}} \\ Z_{21}/\sqrt{Z_{e1}Z_{e2}} & Z_{22}/Z_{e2} \end{bmatrix} \tag{4-3-7}$$

2) 导纳矩阵(Admittance Matrix)

在上述双端口网络中，以 U_1、U_2 为自变量，I_1、I_2 为因变量，则可得另一组方程：

$$I_1 = Y_{11}U_1 + Y_{12}U_2 \atop I_2 = Y_{21}U_1 + Y_{22}U_2 \Biggr\}$$ (4 - 3 - 8)

写成矩阵形式为

$$\begin{bmatrix} I_1 \\ I_2 \end{bmatrix} = \begin{bmatrix} Y_{11} & Y_{12} \\ Y_{21} & Y_{22} \end{bmatrix} \begin{bmatrix} U_1 \\ U_2 \end{bmatrix}$$ (4 - 3 - 9a)

简写为

$$[I] = [Y][U]$$ (4 - 3 - 9b)

其中，$[Y]$ 是双端口网络的导纳矩阵，各参数的物理意义为

$$Y_{11} = \frac{I_1}{U_1}\bigg|_{U_2=0}$$ 表示 T_2 面短路时，端口"1"的输入导纳。

$$Y_{12} = \frac{I_1}{U_2}\bigg|_{U_1=0}$$ 表示 T_1 面短路时，端口"2"至端口"1"的转移导纳。

$$Y_{21} = \frac{I_2}{U_1}\bigg|_{U_2=0}$$ 表示 T_2 面短路时，端口"1"至端口"2"的转移导纳。

$$Y_{22} = \frac{I_2}{U_2}\bigg|_{U_1=0}$$ 表示 T_1 面短路时，端口"2"的输入导纳。

由上述定义可知，$[Y]$ 矩阵中的各参数必须用短路法测得，也称这些参数为短路导纳参数。其中，Y_{11}、Y_{22} 为端口 1 和端口 2 的自导纳，而 Y_{12}、Y_{21} 为端口"1"和端口"2"的互导纳。

对于互易网络有

$$Y_{12} = Y_{21}$$

对于对称网络有

$$Y_{11} = Y_{22}$$

用归一化表示则有

$$[i] = [\bar{y}][u]$$ (4 - 3 - 10)

其中

$$i_1 = \frac{I_1}{\sqrt{Y_{e1}}}, \quad i_2 = \frac{I_2}{\sqrt{Y_{e2}}}, \quad u_1 = U_1 \sqrt{Y_{e1}}, \quad u_2 = U_2 \sqrt{Y_{e2}}$$

而

$$[\bar{y}] = \begin{bmatrix} Y_{11}/Y_{e1} & Y_{12}/\sqrt{Y_{e1}Y_{e2}} \\ Y_{21}/\sqrt{Y_{e1}Y_{e2}} & Y_{22}/Y_{e2} \end{bmatrix}$$ (4 - 3 - 11)

对于同一双端口网络，其阻抗矩阵 $[Z]$ 和导纳矩阵 $[Y]$ 有以下关系：

$$[Z][Y] = [E] \atop [Y] = [Z]^{-1} \Biggr\}$$ (4 - 3 - 12)

式中，$[E]$ 为单位矩阵。

[例 4 - 2] 求如图 4 - 5 所示双端口网络的 $[Z]$ 矩阵和 $[Y]$ 矩阵。

解：由 $[Z]$ 矩阵的定义得

$$Z_{11} = \frac{U_1}{I_1}\bigg|_{I_2=0} = Z_A + Z_C$$

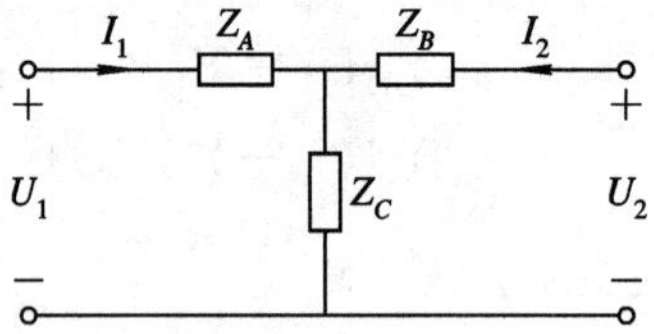

图 4 - 5 双端口网络

$$Z_{12} = \frac{U_1}{I_2}\bigg|_{I_1=0} = Z_C = Z_{21}$$

$$Z_{22} = \frac{U_2}{I_2}\bigg|_{I_1=0} = Z_B + Z_C$$

于是

$$[Z] = \begin{bmatrix} Z_A + Z_C & Z_C \\ Z_C & Z_B + Z_C \end{bmatrix}$$

而

$$[Y] = [Z]^{-1} = \frac{1}{Z_A Z_B + (Z_A + Z_B)Z_C} \begin{bmatrix} Z_B + Z_C & -Z_C \\ -Z_C & Z_A + Z_C \end{bmatrix}$$

2. 转移矩阵(Transfer Matrix)

转移矩阵也称为[A]矩阵,它在研究网络级联特性时特别方便。在图 4 - 4 所示的等效网络中,若用端口"2"的电压 U_2、电流 $-I_2$ 作为自变量,而将端口"1"的电压 U_1 和电流 I_1 作为因变量,则可得如下线性方程组:

$$\left.\begin{aligned} U_1 &= AU_2 + B(-I_2) \\ I_1 &= CU_2 + D(-I_2) \end{aligned}\right\} \tag{4-3-13}$$

由于电流 I_2 的正方向如图 4 - 4 所示,而网络转移矩阵规定的电流参考方向指向网络外部,因此在 I_2 前加负号。这样规定,在实用中更为方便。将式(4 - 3 - 13)写成矩阵形式,则有

$$\begin{bmatrix} U_1 \\ I_1 \end{bmatrix} = \begin{bmatrix} A & B \\ C & D \end{bmatrix} \begin{bmatrix} U_2 \\ -I_2 \end{bmatrix} \tag{4-3-14}$$

简写为

$$[\psi_1] = [A][\psi_2] \tag{4-3-15}$$

式中,$[A] = \begin{bmatrix} A & B \\ C & D \end{bmatrix}$ 称为网络的转移矩阵,简称[A]矩阵,该矩阵中各参量的物理意义如下:

$A = \dfrac{U_1}{U_2}\bigg|_{I_2=0}$ 表示 T_2 开路时电压的转移参数。

$B = \dfrac{U_1}{-I_2}\bigg|_{U_2=0}$ 表示 T_2 短路时的转移阻抗。

$C = \dfrac{I_1}{U_2}\bigg|_{I_2=0}$ 表示 T_2 开路时的转移导纳。

$D = \dfrac{I_1}{-I_2}\bigg|_{U_2=0}$ 表示 T_2 短路时电流的转移参数。

将网络各端口电压、电流用自身特性阻抗归一化后，得

$$\begin{bmatrix} u_1 \\ i_1 \end{bmatrix} = \begin{bmatrix} a & b \\ c & d \end{bmatrix} \begin{bmatrix} u_2 \\ -i_2 \end{bmatrix} \tag{4-3-16}$$

其中

$$a = A\sqrt{\frac{Z_{e2}}{Z_{e1}}}, \quad b = \frac{B}{\sqrt{Z_{e1}Z_{e2}}}, \quad c = C\sqrt{Z_{e1}Z_{e2}}, \quad d = D\sqrt{\frac{Z_{e1}}{Z_{e2}}}$$

对于互易网络，有

$$AD - BC = ad - bc = 1$$

对于对称网络，有

$$a = d$$

对于图 4-6 所示的两个网络的级联，有

$$[\psi_1] = [A_1][\psi_2] \tag{4-3-17a}$$

而

$$[\psi_2] = [A_2][\psi_3] \tag{4-3-17b}$$

故有

$$[\psi_1] = [A_1][A_2][\psi_3] \tag{4-3-18}$$

级联后总的[A]矩阵为

$$[A] = [A_1][A_2] \tag{4-3-19}$$

推而广之，对于 n 个双端口网络级联，则有

$$[A] = [A_1][A_2]\cdots[A_n] \tag{4-3-20}$$

显然，用[A]矩阵来研究级联网络特别方便。

当双端口网络输出端口参考面上接任意负载时，用转移参量求输入端口参考面上的输入阻抗和反射系数也较为方便，如图 4-7 所示。

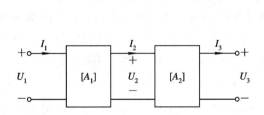

图 4-6 双端口网络的级联

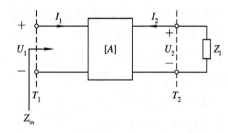

图 4-7 双端口网络终端接负载时的情形

参考面 T_2 处的电压 U_2 和电流 $-I_2$ 之间的关系为 $\dfrac{U_2}{-I_2} = Z_1$，而参考面 T_1 处的输入阻抗为

$$Z_{in} = \frac{U_1}{I_1} = \frac{AU_2 + B(-I_2)}{CU_2 + B(-I_2)} = \frac{AZ_1 + B}{CZ_1 + D} \tag{4-3-21}$$

而输入反射系数为

$$\Gamma_{in} = \frac{Z_{in} - Z_{e1}}{Z_{in} + Z_{e1}} = \frac{(A - CZ_{e1})Z_1 + (B - DZ_{e1})}{(A + CZ_{e1})Z_1 + (B + DZ_{e1})} \tag{4-3-22}$$

前述的三种网络矩阵各有用处，并且由于归一化阻抗、导纳及转移矩阵均用于描述网络各端口参考面上的归一化电压、电流之间的关系，因此存在着转换关系，具体转换公式如表 4 - 1 所示。

表 4 - 1 三种网络矩阵的相互转换公式

网络参量	以 y 参量表示	以 z 参量表示	以 a 参量表示
$\begin{bmatrix} y_{11} & y_{12} \\ y_{21} & y_{22} \end{bmatrix}$	$\begin{bmatrix} y_{11} & y_{12} \\ y_{21} & y_{22} \end{bmatrix}$	$\begin{bmatrix} \dfrac{z_{22}}{\|\bar{z}\|} & -\dfrac{z_{12}}{\|\bar{z}\|} \\ -\dfrac{z_{21}}{\|\bar{z}\|} & \dfrac{z_{11}}{\|\bar{z}\|} \end{bmatrix}$	$\begin{bmatrix} \dfrac{d}{b} & -\dfrac{ad-bc}{b} \\ -\dfrac{1}{b} & \dfrac{a}{b} \end{bmatrix}$
$\begin{bmatrix} z_{11} & z_{12} \\ z_{21} & z_{22} \end{bmatrix}$	$\begin{bmatrix} \dfrac{y_{22}}{\|\bar{y}\|} & -\dfrac{y_{12}}{\|\bar{y}\|} \\ -\dfrac{y_{21}}{\|\bar{y}\|} & \dfrac{y_{11}}{\|\bar{y}\|} \end{bmatrix}$	$\begin{bmatrix} z_{11} & z_{12} \\ z_{21} & z_{22} \end{bmatrix}$	$\begin{bmatrix} \dfrac{a}{c} & \dfrac{ad-bc}{c} \\ \dfrac{1}{c} & \dfrac{d}{c} \end{bmatrix}$
$\begin{bmatrix} a & b \\ c & d \end{bmatrix}$	$-\begin{bmatrix} \dfrac{y_{22}}{y_{21}} & \dfrac{1}{y_{21}} \\ \dfrac{\|\bar{y}\|}{y_{21}} & \dfrac{y_{11}}{y_{21}} \end{bmatrix}$	$\begin{bmatrix} \dfrac{z_{11}}{z_{21}} & \dfrac{\|\bar{z}\|}{z_{21}} \\ \dfrac{1}{z_{21}} & \dfrac{z_{22}}{z_{21}} \end{bmatrix}$	$\begin{bmatrix} a & b \\ c & d \end{bmatrix}$

表 4 - 1 中，$\|\bar{z}\| = z_{11}z_{22} - z_{12}z_{21}$，$\|\bar{y}\| = y_{11}y_{22} - y_{12}y_{21}$。

4.4 散射矩阵与传输矩阵

4.4 节 PPT

前面讨论的三种网络矩阵及其所描述的微波网络，都是建立在电压和电流概念基础上的，因为在微波系统中无法实现真正的恒压源和恒流源，所以电压和电流在微波频率下已失去明确的物理意义。另外，这三种网络参数的测量不是要求端口开路就是要求端口短路，这在微波频率下也是难以实现的。但在信源匹配的条件下总可以对驻波系数、反射系数及功率等进行测量，也就是说，在与网络相连的各分支传输系统的端口参考面上，入射波和反射波的相对大小和相对相位是可以测量的，而散射矩阵和传输矩阵就是建立在入射波、反射波的关系基础上的网络参数矩阵。

1. 散射矩阵(Scattering Matrix)

考虑如图 4 - 8 所示双端口网络。定义 a_i 为入射波电压的归一化值 u_i^+，其有效值的平方等于入射波功率；定义 b_i 为反射波电压的归一化值 u_i^-，其有效值的平方等于反射波功率，即

$$\begin{cases} a_i = u_i^+ \\ P_{in} = \dfrac{1}{2}\|u_i^+\|^2 = \dfrac{1}{2}\|a_i\|^2 \\ b_i = u_i^- \\ P_r = \dfrac{1}{2}\|u_i^-\|^2 = \dfrac{1}{2}\|b_i\|^2 \end{cases} \quad (i = 1, 2)$$

$(4 - 4 - 1)$ 图 4 - 8 双端口网络的入射波与反射波

这样端口"1"的归一化电压和归一化电流可表示为

$$\left.\begin{array}{l} u_1 = a_1 + b_1 \\ i_1 = a_1 - b_1 \end{array}\right\} \tag{4-4-2}$$

于是

$$\left.\begin{array}{l} a_1 = \dfrac{1}{2}(u_1 + i_1) = \dfrac{1}{2}\left(\dfrac{U_1}{\sqrt{Z_{e1}}} + I_1\sqrt{Z_{e1}}\right) = \dfrac{U_1 + I_1 Z_{e1}}{2\sqrt{Z_{e1}}} \\ b_1 = \dfrac{1}{2}(u_1 - i_1) = \dfrac{1}{2}\left(\dfrac{U_1}{\sqrt{Z_{e1}}} - I_1\sqrt{Z_{e1}}\right) = \dfrac{U_1 - I_1 Z_{e1}}{2\sqrt{Z_{e1}}} \end{array}\right\} \tag{4-4-3}$$

同理可得

$$\left.\begin{array}{l} a_2 = \dfrac{U_2 + I_2 Z_{e2}}{2\sqrt{Z_{e2}}} \\ b_2 = \dfrac{U_2 - I_2 Z_{e2}}{2\sqrt{Z_{e2}}} \end{array}\right\} \tag{4-4-4}$$

对于线性网络，归一化入射波和归一化反射波之间是线性关系，故有线性方程

$$\left.\begin{array}{l} b_1 = S_{11} a_1 + S_{12} a_2 \\ b_2 = S_{21} a_1 + S_{22} a_2 \end{array}\right\} \tag{4-4-5}$$

写成矩阵形式为

$$\begin{bmatrix} b_1 \\ b_2 \end{bmatrix} = \begin{bmatrix} S_{11} & S_{12} \\ S_{21} & S_{22} \end{bmatrix} \begin{bmatrix} a_1 \\ a_2 \end{bmatrix} \tag{4-4-6a}$$

或简写为

$$[b] = [S][a] \tag{4-4-6b}$$

式中，$[S] = \begin{bmatrix} S_{11} & S_{12} \\ S_{21} & S_{22} \end{bmatrix}$ 称为双端口网络的散射矩阵，简称为 $[S]$ 矩阵，它的各参数的意义

分别如下：

$S_{11} = \dfrac{b_1}{a_1}\bigg|_{a_2=0}$　表示端口"2"匹配时，端口"1"的反射系数。

$S_{22} = \dfrac{b_2}{a_2}\bigg|_{a_1=0}$　表示端口"1"匹配时，端口"2"的反射系数。

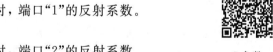

S 参数

$S_{12} = \dfrac{b_1}{a_2}\bigg|_{a_1=0}$　表示端口"1"匹配时，端口"2"到端口"1"的反向传输系数。

$S_{21} = \dfrac{b_2}{a_1}\bigg|_{a_2=0}$　表示端口"2"匹配时，端口"1"到端口"2"的正向传输系数。

可见，$[S]$ 矩阵的各参数是建立在端口接匹配负载基础上的反射系数或传输系数。如此可利用网络输入输出端口的参考面上接匹配负载来测得散射矩阵的各个参量。

对于互易网络，有

$$S_{12} = S_{21}$$

对于对称网络，有

$$S_{11} = S_{22}$$

对于无耗网络，有

$$[S]^+ [S] = [E]$$

其中，$[S]^+$ 是 $[S]$ 的转置共轭矩阵，$[E]$ 为单位矩阵。

另外，工程上经常用的回波损耗和插入损耗与 $[S]$ 参数的关系可表达为

$$L_r = -20 \lg \left| \frac{b_1}{a_1} \right| = -20 \lg |S_{11}|$$

$$L_i = -20 \lg \left| \frac{b_2}{a_1} \right| = -20 \lg |S_{21}| \tag{4-4-7}$$

2. 传输矩阵(Transmission Matrix)

当用 a_1、b_1 作为输入量，a_2、b_2 作为输出量时，有以下线性方程：

$$\left. \begin{array}{l} a_1 = T_{11}b_2 + T_{12}a_2 \\ b_1 = T_{21}b_2 + T_{22}a_2 \end{array} \right\} \tag{4-4-8}$$

写成矩阵形式为

$$\begin{bmatrix} a_1 \\ b_1 \end{bmatrix} = \begin{bmatrix} T_{11} & T_{12} \\ T_{21} & T_{22} \end{bmatrix} \begin{bmatrix} b_2 \\ a_2 \end{bmatrix} = [T] \begin{bmatrix} b_2 \\ a_2 \end{bmatrix} \tag{4-4-9}$$

式中，$[T]$ 为双端口网络的传输矩阵。其中，T_{11} 表示参考面 T_2 接匹配负载时，端口"1"至端口"2"的电压传输系数的倒数，其余三个参数没有明确的物理意义。该传输矩阵用于网络级联时比较方便。

如图 4-9 所示为两个双端口网络的级联。由传输矩阵定义可得

$$\left. \begin{array}{l} \begin{bmatrix} a_1 \\ b_1 \end{bmatrix} = [T_1] \begin{bmatrix} b_2 \\ a_2 \end{bmatrix} \\ \begin{bmatrix} a_2' \\ b_2' \end{bmatrix} = [T_2] \begin{bmatrix} b_3 \\ a_3 \end{bmatrix} \end{array} \right\} \tag{4-4-10}$$

由于 $a_2 = b_2'$，$b_2 = a_2'$，故有

$$\begin{bmatrix} a_1 \\ b_1 \end{bmatrix} = [T_1][T_2] \begin{bmatrix} b_3 \\ a_3 \end{bmatrix} = [T] \begin{bmatrix} b_3 \\ a_3 \end{bmatrix} \tag{4-4-11}$$

可见当网络级联时，总的 $[T]$ 矩阵等于各级联网络 $[T]$ 矩阵的乘积，这个结论可以推广到 n 个网络的级联，即

$$[T]_{总} = [T_1][T_2]\cdots[T_n] \tag{4-4-12}$$

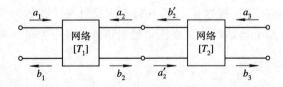

图 4-9 双端口网络的级联

多网络的级联

3. 散射参量与其他参量之间的相互转换

与其他四种参量一样，散射参量用以描述网络端口之间的输入输出关系，因此对同一双端口网络一定存在着相互转换的关系。由于 $[S]$ 矩阵是定义在归一化入射波电压和电流基础上的，因此它与其他参量的归一化值之间的转换比较容易，介绍如下。

1) $[S]$ 与 $[\bar{z}][\bar{y}]$ 的转换

由式 $(4-4-3)$ 得

$$\left.\begin{aligned}[a] &= \frac{1}{2}([u]+[i]) = \frac{1}{2}([\bar{z}][i]+[i]) = \frac{1}{2}([\bar{z}]+[I])[i] \\ [b] &= \frac{1}{2}([u]-[i]) = \frac{1}{2}([\bar{z}][i]-[i]) = \frac{1}{2}([\bar{z}]-[I])[i]\end{aligned}\right\} \qquad (4-4-13)$$

代入式 $(4-4-6)$ 得

$$[\bar{z}]-[I] = [S]([\bar{z}]+[I]) \qquad (4-4-14)$$

于是可得 $[S]$ 与 $[\bar{z}]$ 的相互转换公式为

$$\left.\begin{aligned}[S] &= ([\bar{z}]-[I])([\bar{z}]+[I])^{-1} \\ [\bar{z}] &= ([I]+[S])([I]-[S])^{-1}\end{aligned}\right\} \qquad (4-4-15)$$

类似可推得

$$\left.\begin{aligned}[S] &= ([I]-[\bar{y}])([I]+[\bar{y}])^{-1} \\ [\bar{y}] &= ([I]-[S])([I]+[S])^{-1}\end{aligned}\right\} \qquad (4-4-16)$$

2) $[S]$ 与 $[a]$ 的转换

在式 $(4-3-16)$ 中令

$$u_1 = a_1 + b_1, \quad i_1 = a_1 - b_1$$
$$u_2 = a_2 + b_2, \quad i_2 = a_2 - b_2$$

则有

$$\left.\begin{aligned}a_1 + b_1 &= a(a_2+b_2) - b(a_2-b_2) \\ a_1 - b_1 &= c(a_2+b_2) - d(a_2-b_2)\end{aligned}\right\} \qquad (4-4-17)$$

整理可得

$$\begin{bmatrix} 1 & -(a+b) \\ -1 & -(c+d) \end{bmatrix}\begin{bmatrix} b_1 \\ b_2 \end{bmatrix} = \begin{bmatrix} -1 & (a-b) \\ -1 & (c-d) \end{bmatrix}\begin{bmatrix} a_1 \\ a_2 \end{bmatrix} \qquad (4-4-18)$$

于是可得

$$\begin{aligned}[S] &= \begin{bmatrix} 1 & -(a+b) \\ -1 & -(c+d) \end{bmatrix}^{-1}\begin{bmatrix} -1 & a-b \\ -1 & c-d \end{bmatrix} \\ &= \frac{1}{a+b+c+d}\begin{bmatrix} a+b-c-d & 2(ad-bc) \\ 2 & b+d-a-c \end{bmatrix}\end{aligned} \qquad (4-4-19)$$

类似可以推得

$$[a] = \frac{1}{2}\begin{bmatrix} S_{12} + \dfrac{(1+S_{11})(1-S_{22})}{S_{21}} & -S_{12} + \dfrac{(1+S_{11})(1+S_{22})}{S_{21}} \\ -S_{12} + \dfrac{(1-S_{11})(1-S_{22})}{S_{21}} & S_{12} + \dfrac{(1-S_{11})(1+S_{22})}{S_{21}} \end{bmatrix} \qquad (4-4-20)$$

表 4 - 2 给出了几种常用双端口网络的参量表示。

表 4 - 2　几种常用双端口网络的参量表示

名称	电路图	[A]矩阵	[S]矩阵	[T]矩阵	备注
串联阻抗	Z_0　Z_0　Z	$\begin{bmatrix} 1 & Z \\ 0 & 1 \end{bmatrix}$	$\begin{bmatrix} \dfrac{\bar{z}}{2+\bar{z}} & \dfrac{2}{2+\bar{z}} \\ \dfrac{2}{2+\bar{z}} & \dfrac{\bar{z}}{2+\bar{z}} \end{bmatrix}$	$\begin{bmatrix} 1+\dfrac{\bar{z}}{2} & -\dfrac{\bar{z}}{2} \\ \dfrac{\bar{z}}{2} & 1-\dfrac{\bar{z}}{2} \end{bmatrix}$	$\bar{z}=\dfrac{Z}{Z_0}$
并联导纳	Y_0　Y　Y_0	$\begin{bmatrix} 1 & 0 \\ Y & 1 \end{bmatrix}$	$\begin{bmatrix} -\dfrac{\bar{y}}{2+\bar{y}} & \dfrac{2}{2+\bar{y}} \\ \dfrac{2}{2+\bar{y}} & -\dfrac{\bar{y}}{2+\bar{y}} \end{bmatrix}$	$\begin{bmatrix} 1+\dfrac{\bar{y}}{2} & \dfrac{\bar{y}}{2} \\ -\dfrac{\bar{y}}{2} & 1-\dfrac{\bar{y}}{2} \end{bmatrix}$	$\bar{y}=\dfrac{Y}{Y_0}$
理想变压器	$1:n$	$\begin{bmatrix} n & 0 \\ 0 & \dfrac{1}{n} \end{bmatrix}$	$\begin{bmatrix} \dfrac{n^2-1}{1+n^2} & \dfrac{2n}{1+n^2} \\ \dfrac{2n}{1+n^2} & \dfrac{1-n^2}{1+n^2} \end{bmatrix}$	$\begin{bmatrix} \dfrac{1+n^2}{2n} & -\dfrac{n^2-1}{2n} \\ -\dfrac{n^2-1}{2n} & \dfrac{1+n^2}{2n} \end{bmatrix}$	
短截线	l　Z_0	$\begin{bmatrix} \cos\theta & \mathrm{j}Z_0\sin\theta \\ \mathrm{j}\dfrac{\sin\theta}{Z_0} & \cos\theta \end{bmatrix}$	$\begin{bmatrix} 0 & \mathrm{e}^{-j\theta} \\ \mathrm{e}^{-j\theta} & 0 \end{bmatrix}$	$\begin{bmatrix} \mathrm{e}^{j\theta} & 0 \\ 0 & \mathrm{e}^{-j\theta} \end{bmatrix}$	$\theta=\dfrac{2\pi l}{\lambda_\mathrm{g}}$

4.5　多端口网络的散射矩阵

4.5节PPT

前面介绍的各种参数矩阵均以双端口网络为例，实际上推广到由任意 N 个输入输出口组成的微波网络均可用前述参量描述。本节着重介绍多端口网络的散射矩阵及其性质。

设由 N 个输入输出口组成的线性微波网络如图 4 - 10 所示，各端口的归一化入射波电压和反射波电压分别为 a_i，b_i $(i=1\sim N)$，则有

$$\begin{bmatrix} b_1 \\ b_2 \\ \vdots \\ b_N \end{bmatrix} = \begin{bmatrix} S_{11} & S_{12} & \cdots & S_{1N} \\ S_{21} & S_{22} & \cdots & S_{2N} \\ \vdots & \vdots & & \vdots \\ S_{N1} & S_{N2} & \cdots & S_{NN} \end{bmatrix} \begin{bmatrix} a_1 \\ a_2 \\ \vdots \\ a_N \end{bmatrix}$$

$$(4-5-1)$$

上式简写为

$$[b]=[S][a] \qquad (4-5-2)$$

其中

$$S_{ij} = \frac{b_i}{a_j}\bigg|_{a_1 = a_2 = \cdots = a_k = \cdots = 0} \qquad (i, j = 1, 2, \cdots, N; k \neq j)$$

它表示当 $i \neq j$，除端口 j 外，其余各端口参考面均接匹配负载时，第 j 个端口参考面处的反射系数。多端口网络 $[S]$ 矩阵具有以下性质。

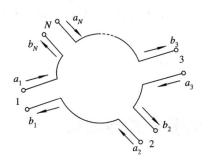

图 4 - 10　多端口网络

（1）互易性质。

若网络互易，则有

$$S_{ij} = S_{ji} \qquad (i, j = 1, 2, \cdots, N, i \neq j) \qquad (4 - 5 - 3a)$$

或写作

$$[S]^{\mathrm{T}} = [S] \qquad (4 - 5 - 3b)$$

（2）无耗性质。

若网络无耗，则有

$$[S]^{+}[S] = [E]$$

其中，$[S]^{+}$ 是 $[S]$ 的共轭转置矩阵。下面对此性质略作证明。

对于无耗网络，输入的总功率应等于输出的总功率，即有

$$\frac{1}{2}\sum_{i=1}^{N}|a_i|^2 = \frac{1}{2}\sum_{i=1}^{N}|b_i|^2 \qquad (4 - 5 - 4)$$

上式还可写作

$$[a]^{+}[a] = [b]^{+}[b] \qquad (4 - 5 - 5)$$

又由式（4 - 4 - 6）可得

$$[b]^{+} = [a]^{+}[S]^{+} \qquad (4 - 5 - 6)$$

代入式（4 - 5 - 5）得

$$[a]^{+}[a] = [a]^{+}[S]^{+}[S][a] \qquad (4 - 5 - 7)$$

要使上式成立，必有

$$[S]^{+}[S] = [E] \qquad (4 - 5 - 8)$$

这个性质也称为无耗网络的幺正性。换句话说：网络无耗，其 $[S]$ 参数一定满足式（4 - 5 - 8）；对于二端口网络，假设 $S_{11} = |S_{11}|e^{j\varphi_{11}}$，$S_{12} = |S_{12}|e^{j\varphi_{12}}$，$S_{21} = |S_{21}|e^{j\varphi_{21}}$，$S_{22} = |S_{22}|e^{j\varphi_{22}}$，代入式（4 - 5 - 8）可以得到

幺正性

$$\Phi = \varphi_{11} + \varphi_{22} - \varphi_{12} - \varphi_{21} = \pm\pi \qquad (4-5-9)$$

其中，Φ 称为二端口网络的特征相位。这意味着当网络无耗时，其特征相位为 $\pm\pi$。反之，当网络有耗时，其特征相位一定偏离 $\pm\pi$。因此，损耗与相位的关系问题值得关注。

（3）对称性质。

若网络的端口 i 和端口 j 具有面对称性，且网络互易，则有

$$\left. \begin{aligned} S_{ij} &= S_{ji} \\ S_{ii} &= S_{jj} \end{aligned} \right. \qquad (4-5-9)$$

这些性质在微波元件分析中十分有用。

4.6　网络参数的测量

1. $[S]$参数的传输线测量法

4.6节PPT

对于互易双端口网络，$S_{12} = S_{21}$，故只要测量求得 S_{11}、S_{22} 及 S_{12} 三个量就可以了。设被测网络接入如图 $4-11$ 所示的系统，终端接有负载阻抗 Z_1，令终端反射系数为 Γ_1，则有：$a_2 = \Gamma_1 b_2$，代入式（$4-4-5$）得

$$b_1 = S_{11} a_1 + S_{12}\Gamma_1 b_2, \qquad b_2 = S_{12} a_1 + S_{22}\Gamma_1 b_2 \qquad (4-6-1)$$

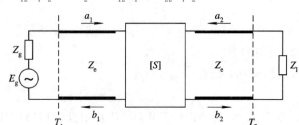

S 参数的测量

图 $4-11$　$[S]$参数的测量

于是输入端参考面 T_1 处的反射系数为

$$\Gamma_{\text{in}} = \frac{b_1}{a_1} = S_{11} + \frac{S_{12}^2 \Gamma_1}{1 - S_{22}\Gamma_1} \qquad (4-6-2)$$

设终端短路、开路和接匹配负载时，测得的输入端反射系数分别为 Γ_s，Γ_o 和 Γ_m，将其代入式（$4-6-2$）并解出

$$\left. \begin{aligned} S_{11} &= \Gamma_m \\ S_{12}^2 &= \frac{2(\Gamma_m - \Gamma_s)(\Gamma_o - \Gamma_m)}{\Gamma_o - \Gamma_s} \\ S_{22} &= \frac{\Gamma_o - 2\Gamma_m + \Gamma_s}{\Gamma_o - \Gamma_s} \end{aligned} \right\} \qquad (4-6-3)$$

由此可得$[S]$参数，这就是三点测量法。但实际测量时往往用多点测量法以保证测量精度。对无耗网络而言，在终端接上精密可移动短路活塞，在 $\lambda_g/2$ 范围内，每移动一次活塞位置，就可测得一个反射系数，理论上可以证明这组反射系数在复平面上是一个圆，但由于存在测量误差，测得的反射系数不一定在同一圆上，我们可以采用曲线拟合的方法，拟合

出 Γ_{in} 圆，从而求得散射参数，这部分内容详见附录二。

2. 网络分析仪测量

工程上常用网络分析仪来测量网络参数。网络分析仪分为标量网络分析仪(SNA，Scalar Network Analyzer)和矢量网络分析仪(VNA，Vector Network Analyzer)。标量网络分析仪是只能测量网络反射和损耗幅度信息的仪器；而矢量网络分析仪则可以测量网络参数的幅度信息和相位信息。矢量网络分析仪分为两端口网络分析仪和多端口(四端口、六端口)网络分析仪，多端口网络分析仪可以使各个端口的输入信号相位不同，从而实现不同幅相特性的测试。

图 4-12 是典型的双端口网络分析仪的测试连接示意图。测试前，首先要用标准件在需要测量的频段上对每个端口进行校准(包括短路、开路和标准负载)，然后再用直通标准件将两个端口连起来进行直通校准，最后将待测器件(DUT)连接到网络分析仪上。

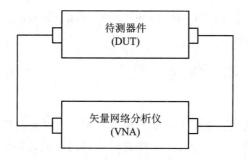

图 4-12　网络分析仪与待测件的连接示意图

网络分析仪的显示可以是[S]参数的幅度与相位，也可以是 Smith 圆图。图 4-13 是某微波低通滤波器的[S]参数测量结果，而图 4-14 是某天线的测量结果。

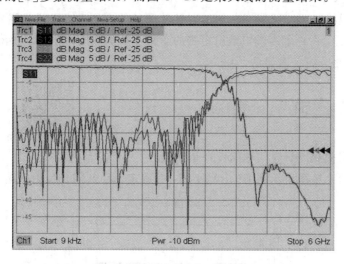

图 4-13　某微波滤波器的[S]参数测量结果

大部分网络分析仪具有标准的与计算机连接的接口(GPIB、RS232、USB 或 LAN)，用户可以通过编程实现半自动测量或自动测量。另外，当网络的端口数目比网络分析仪的端口数目多时，可以通过微波开关电路切换端口来实现多端口的测量。

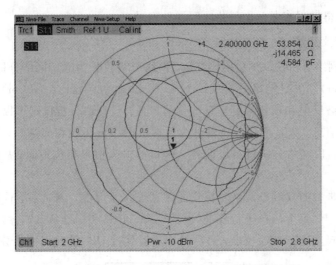

图 4-14   某天线输入阻抗随频率变化曲线测量结果

本 章 小 结

本章小结

本章从等效传输线出发，引出了模式传输线理论，为微波网络
分析和传输线分析法的统一奠定了基础；接着对单口网络的传输特性参数——反射系数和
输入阻抗进行了讨论，并与传输线理论关联；然后，重点介绍了双口网络的阻抗矩阵、导
纳矩阵以及转移矩阵的定义、计算方法和相互关系，给出了终端接负载时网络输入阻抗与
转移矩阵参数的关系；接着，着重阐述了散射参数矩阵和传输矩阵，给出了各参数的定义，
分别讨论了在互易、对称、无耗条件下散射参数满足的方程，给出了各种参数间相互转换
的一般关系；随后，讨论了多端口散射矩阵的意义及基本性质；最后，介绍了[S]参数的传
输线测量法和网络分析仪测量法。

习 题

典型例题   思考与拓展

4.1   用网络的观点研究问题的优点是什么？

4.2   试求题 4.2 图所示网络的[A]矩阵，并确定不引起附加反射的条件。

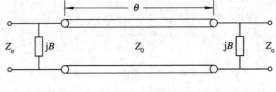

题 4.2 图

4.3   试推导双端口网络的[T]矩阵与[A]矩阵之间的变换关系。

4.4   试求题 4.4 图所示终端接匹配负载时的输入阻抗，并求出输入端匹配的条件。

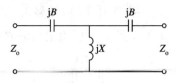

题 4.4 图

4.5　设某系统如题 4.5 图所示,双端口网络为无耗互易对称网络,在终端参考面 T_2 处接匹配负载,测得距参考面 T_1 距离 $l_1 = 0.125 \lambda_g$ 处为电压波节点,驻波系数为 1.5,试求该双端口网络的散射矩阵。

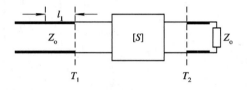

题 4.5 图

4.6　试求如题 4.6 图所示并联网络的 $[S]$ 矩阵。

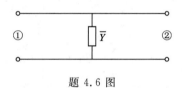

题 4.6 图

4.7　求如题 4.7 图所示网络的 $[S]$ 矩阵。

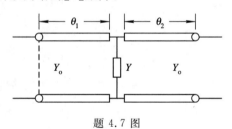

题 4.7 图

4.8　设双端口网络 $[S]$ 已知,终端接有负载 Z_1,如题 4.8 图所示,求输入端反射系数。

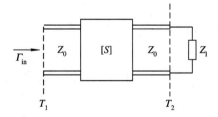

题 4.8 图

4.9　已知三端口网络在参考面 T_1、T_2、T_3 所确定的散射矩阵 $[S]$ 为

$$[S] = \begin{bmatrix} S_{11} & S_{12} & S_{13} \\ S_{21} & S_{22} & S_{23} \\ S_{31} & S_{32} & S_{33} \end{bmatrix}$$

现将参考面 T_1 向内移 $\lambda_{g1}/2$ 至 T_1'，参考面 T_2 向外移 $\lambda_{g2}/2$ 至 T_2'，参考面 T_3 不变(设为 T_3')，如题 4.9 图所示。求参考面 T_1'，T_2'，T_3' 所确定网络的散射矩阵$[S']$。

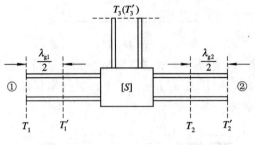

题 4.9 图

第 5 章　微波电路基础

　　任何频段工作的电子设备，都需要各种功能的元器件，既有电容、电感、电阻、滤波器、分配器、谐振回路等无源元器件(以构成实现信号匹配、分配、滤波等功能的微波无源电路)，又有晶体管等有源元器件(以构成实现信号产生(振荡)、放大、调制(混频)等功能的微波有源电路)。微波元器件按其变换性质可分为线性互易元器件、线性非互易元器件以及非线性元器件三大类。线性互易元器件只对微波信号进行线性变换而不改变其频率特性，并满足互易定理，它主要包括各种微波连接匹配元件、功率分配元器件、微波滤波器件及 微波谐振器件等；线性非互易元器件主要是指铁氧体器件，它的散射矩阵不对称，但仍工作在线性区域，主要包括隔离器、环行器等；非线性器件能引起频率的改变，从而实现信号的放大、调制、变频等，主要包括微波电子管、微波晶体管、微波固态谐振器、微波场效应管及微波电真空器件等，由它们可制成微波放大器、振荡器、混频器等微波有源电路。

　　受篇幅所限，本章从工程应用的角度出发，重点介绍具有代表性的几组微波无源元器件，主要包括连接匹配元件、功率分配元器件、微波谐振元件、微波铁氧体器件以及 LTCC 器件；同时还讨论了微波二极管、三极管和场效应管的原理，并介绍了微波放大器、振荡器和混频器的工作原理和设计思路，为后续学习奠定基础。

5.1　连接匹配元件

　　微波连接匹配元件包括终端负载元件、微波连接元件以及阻抗匹配元器件三大类。终端负载元件

5.1 节 PPT

微波连接元件

是连接在传输系统终端，实现终端短路、匹配或标准失配等功能的元件；微波连接元件用以将作用不同的两个微波系统按一定的要求连接起来，主要包括波导接头、衰减器、相移器及转换接头等；阻抗匹配元器件是用于调整传输系统与终端之间阻抗匹配的器件，主要包括螺钉调配器、多阶梯阻抗变换器及渐变型变换器等。下面分别介绍这些元器件。

1. 终端负载元件(Terminal Load Devices)

终端负载元件是典型的一端口互易元件，主要包括短路负载、匹配负载和失配负载。

1) 短路负载(Short Circuit Load)

短路负载是实现微波系统短路的器件。对于金属波导来说，最方便的短路负载是在波导终端接上一块金属片。但在实际微波系统中往往需要改变终端短路面的位置，即需要一种可移动的短路面，这就是短路活塞。短路活塞可分为接触式短路活塞和扼流式短路活塞。前者已不太常用，下面介绍一下扼流式短路活塞。应用于同轴线和波导的扼流式短路活塞如图 5 - 1(a)、(b)所示，它们的有效短路面不在活塞和系统内壁直接接触处，而向波

源方向移动 $\lambda_g/2$ 的距离。这种结构是由两段具有不同等效特性阻抗的 $\lambda_g/4$ 变换段构成的，其工作原理可用如图 5-1(c) 所示的等效电路来表示，其中 cd 段相当于 $\lambda_g/4$ 终端短路的传输线，bc 段相当于 $\lambda_g/4$ 终端开路的传输线，两段传输线之间串有电阻 R_k，它是接触电阻。由等效电路不难证明 ab 面上的输入阻抗为：$Z_{ab}=0$，即 ab 面上等效为短路，于是当活塞移动时实现了短路面的移动。扼流短路活塞的优点是损耗小，而且驻波比可以大于 100，但这种活塞频带较窄，一般只有 10%～15% 的带宽。如图 5-1(d) 所示的是同轴 S 形扼流短路活塞，它具有宽带特性。

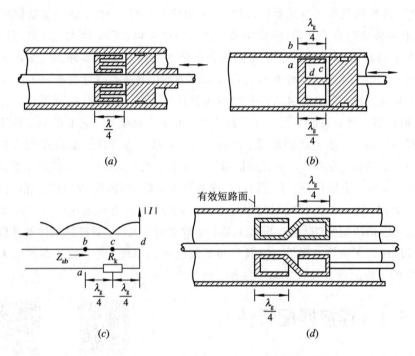

图 5-1 扼流短路活塞及其等效电路
(a) 同轴线扼流短路活塞；(b) 波导扼流短路活塞；
(c) 等效电路；(d) 同轴线 S 形扼流短路活塞

2) 匹配负载(Matched Load)

匹配负载是一种几乎能全部吸收输入功率的单端口元件。对波导来说，一般在一段终端短路的波导内放置一块或几块劈形吸收片，用以实现小功率匹配负载，如图 5-2(a) 所示。吸收片通常由介质片(如陶瓷、胶木片等)涂以金属碎末或炭木制成。当吸收片平行地放置在波导中电场最强处，在电场作用下吸收片强烈吸收微波能量，使其反射变小。劈尖的长度越长，吸收效果越好，匹配性能越好。劈尖长度一般取 $\lambda_g/2$ 的整数倍。当功率较大时，可以在短路波导内放置锲形吸收体，或在波导外侧加装散热片以利于散热，如图 5-2(b)、(c) 所示；当功率很大时，还可采用水负载，如图 5-2(d) 所示，由流动的水将热量带走。

同轴线匹配负载是由在同轴线内外导体间放置的圆锥形或阶梯形吸收体构成的，如图 5-2(e)、(f) 所示。微带线匹配负载一般用半圆形的电阻作为吸收体，如图 5-2(g) 所示，这种负载不仅频带宽，而且功率容量大。

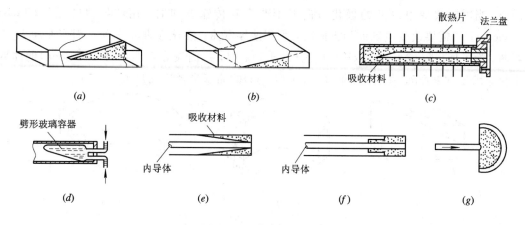

图 5 - 2　各种匹配负载

（a）波导劈尖匹配负载；（b）波导锲形匹配负载；（c）散热型匹配负载；（d）水负载型匹配负载；
（e）同轴线圆锥形匹配负载；（f）同轴线阶梯形匹配负载；（g）微带线半圆形匹配负载

3）失配负载

失配负载既吸收一部分微波功率又反射一部分微波功率，而且一般制成一定大小驻波的标准失配负载，主要用于微波测量。失配负载和匹配负载的制作相似，只是尺寸略微改变了一下，使之和原传输系统失配。比如波导失配负载，就是将匹配负载的波导窄边 b 制作成与标准波导窄边 b_0 不一样，使之有一定的反射。设驻波比为 ρ，则有

$$\rho = \frac{b_0}{b} \quad \left(或 \frac{b}{b_0}\right) \tag{5 - 1 - 1}$$

例如，3 cm 的波段标准波导 BJ - 100 的窄边为 10.16 mm，若要求驻波比为 1.1 和 1.2，则失配负载的窄边分别为 9.236 mm 和 8.407 mm。

2. 微波连接元件

微波连接元件是二端口互易元件，主要包括波导接头、衰减器、相移器、转换接头。

1）波导接头（Waveguide Connector）

波导管一般采用法兰盘连接，可分为平法兰接头和扼流法兰接头，分别如图 5 - 3(a)、(b) 所示。平法兰接头的特点是：加工方便，体积小，频带宽，其驻波比可以做到 1.002 以下，但要求接触表面光洁度较高。扼流法兰接头由一个刻有扼流槽的法兰和一个平法兰对接而成。扼流法兰接头的特点是：功率容量大，接触表面光洁度要求不高，但工作频带较窄，驻波比的典型值是 1.02。因此，平法兰接头

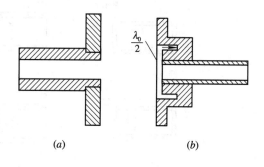

图 5 - 3　波导法兰接头
（a）平法兰接头；（b）扼流法兰接头

常用于低功率、宽频带场合，而扼流法兰接头一般用于高功率、窄频场合。

波导连接头除了法兰接头之外，还有各种扭转和弯曲元件（见图 5 - 4），以满足不同的

需要。当需要改变电磁波的极化方向而不改变其传输方向时，用波导扭转元件（Twist Devices）；当需要改变电磁波的方向时，可用波导弯曲。波导弯曲可分为 E 面弯曲和 H 面弯曲。为了使反射最小，扭转长度应为 $(2n+1)\lambda_g/4$，E 面波导弯曲（E-plane Bend）的曲率半径应满足 $R \geqslant 1.5b$，H 面弯曲（H-plane Bend）的曲率半径应满足 $R \geqslant 1.5a$。

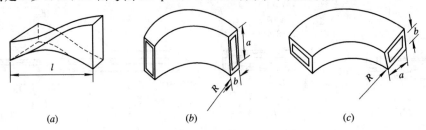

(a) $\qquad\qquad\qquad$ (b) $\qquad\qquad\qquad$ (c)

图 5 - 4 波导扭转与弯曲元件

(a) 波导扭转；(b) 波导 E 面弯曲；(c) 波导 H 面弯曲

2) 衰减器和相移器（Attenuators and Phase Shifters）

衰减器和相移器用来改变导行系统中电磁波的幅度和相位。对于理想的衰减器，其散射矩阵应为

$$[S_a] = \begin{bmatrix} 0 & \mathrm{e}^{-al} \\ \mathrm{e}^{-al} & 0 \end{bmatrix} \qquad (5-1-2)$$

而理想相移器的散射矩阵应为

$$[S_\theta] = \begin{bmatrix} 0 & \mathrm{e}^{-\mathrm{j}\theta} \\ \mathrm{e}^{-\mathrm{j}\theta} & 0 \end{bmatrix} \qquad (5-1-3)$$

衰减器的种类很多，最常用的是吸收式衰减器，它是在一段矩形波导中平行于电场方向放置吸收片而构成的，有固定式和可变式两种，分别如图 5 - 5(a)、(b)所示。吸收片一般由胶木板表面涂覆石墨或在玻璃片上蒸发一层厚的电阻膜组成，两端为尖劈形，以减小反射。由矩形波导 TE_{10} 模的电场分布可知，波导宽边中心位置的电场最强，向两边逐渐减小到零，因此，当吸收片沿波导横向移动时，就可改变其衰减量。

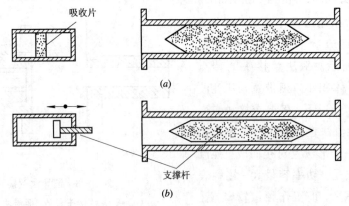

吸收片

(a)

支撑杆

(b)

图 5 - 5 吸收式衰减器

(a) 固定式衰减器；(b) 可变式衰减器

将衰减器的吸收片换成介电常数 $\varepsilon_r > 1$ 的无耗介质片时，就构成了相移器，这是因为

电磁波通过一段长波为 l 的无耗传输系统后相位变化为

$$\varphi = \frac{2\pi l}{\lambda_g} \qquad\qquad (5-1-4)$$

其中，λ_g 为波导波长。在波导中改变介质片位置，会改变波导波长，从而实现相位的改变。

3) 转换接头(器)

微波从一种传输系统过渡到另一种传输系统时，需要用到转换器。第 2 章讨论的同轴波导激励器和方圆波导转换器等传输系统中都有转换器。在这一类转换器的设计中，一方面要保证形状转换时阻抗的匹配，以保证信号有效传送；另一方面要保证工作模式的转换。另一类转换器是极化转换器。由于在雷达通信和电子干扰中经常用到圆极化波，而微波传输系统往往是线极化的，为此需要进行极化转换，这就需要极化转换器。由电磁场理论可知，一个圆极化波可以分解为在空间互相垂直、相位相差 90° 而幅度相等的两个线极化波；另一方面，一个线极化波也可以分解为在空间互相垂直、大小相等、相位相同的两个线极化波，只要设法将其中一个分量产生附加 90° 相移，再合成起来便是一个圆极化波了。

常用的线－圆极化转换器有两种：多螺钉极化转换器和介质极化转换器(见图 5-6)。这两种结构都是慢波结构，其相速要比空心圆波导小。如果变换器输入端输入的是线极化波，其 TE$_{11}$ 模的电场与慢波结构所在平面成 45° 角，这个线极化分量将分解为垂直和平行于慢波结构所在平面的两个分量 E_u 和 E_v，它们在空间互相垂直，且都是主模 TE$_{11}$，只要螺钉数足够多或介质板足够长，就可以使平行分量产生附加 90° 的相位滞后。于是，在极化转换器的输出端，两个分量合成的结果便是一个圆极化波。至于是左极化还是右极化，要根据极化转换器输入端的线极化方向与慢波平面之间的夹角来确定。

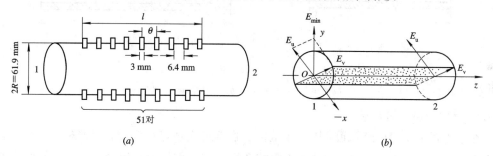

图 5-6　极化转换器
(a) 多螺钉极化转换器；(b) 介质极化转换器

当转换器的输入是圆极化波，那么在输出端将变换为线极化波，这一点留给读者自己分析。

3. 阻抗匹配元器件(Impedance Matching Devices)

阻抗匹配元器件种类很多，它们的作用是消除反射，提高传输效率，改善系统稳定性。这里主要介绍螺钉调配器、多阶梯阻抗变换器和渐变型阻抗变换器。

1) 螺钉调配器

螺钉调配器是低功率微波装置中普遍采用的调谐和匹配元件，它在波导宽边中央插入可调螺钉作为调配元件，如图 5-7 所示。不同深度的螺钉等效为不同的电抗元件，使用时为了避免波导短路击穿，螺钉都设计成容性，即螺钉旋入波导中的深度应小于 $3b/4$（b 为波导窄边尺寸）。由第 1 章的支节调配原理可知：多个相距一定距离的螺钉可构成螺钉阻抗调配器，不同的是这里的支节用容性螺钉来代替。

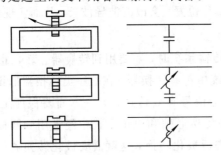

微波匹配元件

图 5 - 7　波导中的螺钉及其等效电路

螺钉调配器可分为单螺钉、双螺钉、三螺钉和四螺钉四种调配器。单螺钉调配器通过调整螺钉的纵向位置和深度来实现匹配，如图 5 - 8(a) 所示；双螺钉调配器是由矩形波导中相距 $\lambda_g/8$、$\lambda_g/4$ 或 $3\lambda_g/8$ 等距离的两个螺钉构成的，如图 5 - 8(b) 所示。双螺钉调配器有匹配盲区，故有时采用三螺钉调配器。其工作原理在此不再赘述。由于螺钉调配器的螺钉间距与工作波长直接相关，因此螺钉调配器是窄频带的。

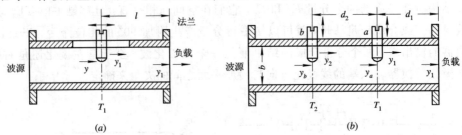

图 5 - 8　螺钉调配器

(a) 单螺钉调配器；(b) 双螺钉调配器

2) 多阶梯阻抗变换器

在第 1 章中我们已经知道，用 $\lambda/4$ 阻抗变换器可实现阻抗匹配；但严格来说，只有在特定频率上才会满足匹配条件，即 $\lambda/4$ 阻抗变换器的工作频带是很窄的。若要使变换器在较宽的工作频带内仍可实现匹配，必须采用多阶梯阻抗变换器。图 5 - 9(a)、(b)、(c) 分别为波导、同轴线、微带线的多阶梯阻抗变换器，它们都可等效为图 5 - 10 所示的电路。

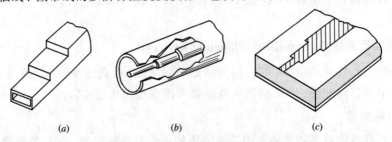

图 5 - 9　各种多阶梯阻抗变换器

(a) 波导多阶梯阻抗变换器；(b) 同轴线多阶梯阻抗变换器；(c) 微带线多阶梯阻抗变换器

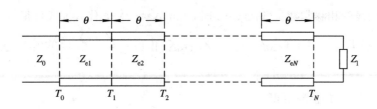

图 5 - 10　多阶梯阻抗变换器的等效电路

设变换器共有 N 节，参考面分别为 T_0，T_1，T_2，$\cdots$，T_N，共 $N+1$ 个，如果参考面上局部电压反射系数对称选取，即取

$$\left.\begin{array}{r}
\Gamma_0 = \Gamma_N \\
\Gamma_1 = \Gamma_{N-1} \\
\Gamma_2 = \Gamma_{N-2} \\
\vdots
\end{array}\right\} \qquad (5-1-5)$$

则输入参考面 T_0 上总电压反射系数 Γ 为

$$\begin{aligned}
\Gamma &= \Gamma_0 + \Gamma_1 e^{-j2\theta} + \Gamma_2 e^{-j4\theta} + \cdots + \Gamma_{N-1} e^{-j2(N-1)\theta} + \Gamma_N e^{-j2N\theta} \\
&= (\Gamma_0 + \Gamma_N e^{-j2N\theta}) + (\Gamma_1 e^{-j2\theta} + \Gamma_{N-1} e^{-j2(N-1)\theta}) + \cdots \\
&= e^{-jN\theta} [\Gamma_0 (e^{jN\theta} + e^{-jN\theta}) + \Gamma_1 (e^{-j(N-2)\theta} + e^{j(N-2)\theta}) + \cdots] \\
&= 2e^{-jN\theta} [\Gamma_0 \cos N\theta + \Gamma_1 \cos(N-2)\theta + \cdots] \qquad (5-1-6)
\end{aligned}$$

于是反射系数模值为

$$|\Gamma| = |\Gamma_0 \cos N\theta + \Gamma_1 \cos(N-2)\theta + \cdots| \qquad (5-1-7)$$

当给定 Γ_0，Γ_1，$\cdots$ 等值时，上式右端为余弦函数 $\cos\theta$ 的多项式，满足 $|\Gamma|=0$ 的 $\cos\theta$ 有很多解，亦即有许多 λ_g 使 $|\Gamma|=0$。这就是说，在许多工作频率上都能实现阻抗匹配，从而拓宽了频带。显然，阶梯级数越多，频带越宽。

3）渐变型阻抗变换器

由前面的分析可知，只要增加阶梯的级数就可以增加工作带宽，但增加了阶梯级数，变换器的总长度也要增加，尺寸会过大，结构设计就更加困难，因此采用了渐变线代替多阶梯。设渐变线总长度为 L，特性阻抗为 $Z(z)$，并建立如图 5 - 11 所示的坐标。渐变线上任意微分段 $z \rightarrow z+\Delta z$，对应的输入阻抗为 $Z_{in}(z) \rightarrow Z_{in}(z) + \Delta Z_{in}(z)$，由传输线理论得

$$Z_{in}(z) = Z(z) \frac{[Z_{in}(z) + \Delta Z_{in}(z)] + jZ(z)\tan(\beta\Delta z)}{Z(z) + j[Z_{in}(z) + \Delta Z_{in}(z)]\tan(\beta\Delta z)} \qquad (5-1-8a)$$

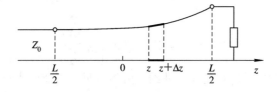

图 5 - 11　渐变型阻抗变换器

式中，β 为渐变线的相移常数。当 $\beta\Delta z \rightarrow 0$ 时，$\tan\beta\Delta z \approx \beta\Delta z$，代入上式可得

$$Z_{\text{in}}(z) = \left[Z_{\text{in}}(z) + \Delta Z_{\text{in}}(z) + \text{j}Z(z)\beta\Delta z\right]\left[1 - \text{j}\frac{Z_{\text{in}}(z) + \Delta Z_{\text{in}}(z)}{Z(z)}\beta\Delta z\right]$$

$$(5-1-8b)$$

忽略高阶无穷小量，并整理可得

$$\frac{\text{d}Z_{\text{in}}(z)}{\text{d}z} = \text{j}\beta\left[\frac{Z_{\text{in}}^2(z)}{Z(z)} - Z(z)\right] \qquad (5-1-9)$$

若令电压反射系数为 $\Gamma(z)$，则

$$\Gamma(z) = \frac{Z_{\text{in}}(z) - Z(z)}{Z_{\text{in}}(z) + Z(z)} \qquad (5-1-10)$$

代入式(5-1-9)并经整理可得关于 $\Gamma(z)$ 的非线性方程为

$$\frac{\text{d}\Gamma(z)}{\text{d}z} - \text{j}2\beta\Gamma(z) + \frac{1}{2}\left[1 - \Gamma^2(z)\right]\frac{\text{d}\ln Z(z)}{\text{d}z} = 0 \qquad (5-1-11)$$

当渐变线变化较缓时，近似认为 $1 - \Gamma^2(z) \approx 1$，则可得关于 $\Gamma(z)$ 的线性方程

$$\frac{\text{d}\Gamma(z)}{\text{d}z} - 2\text{j}\beta\Gamma(z) + \frac{\text{d}\ln Z(z)}{2\text{d}z} = 0 \qquad (5-1-12)$$

其通解为

$$\Gamma(z) = \text{e}^{\text{j}2\beta z}\frac{1}{2}\int\frac{\text{d}\ln Z(z)}{\text{d}z}\text{e}^{-\text{j}2\beta z}\,\text{d}z \qquad (5-1-13)$$

故渐变线输入端反射系数为

$$\Gamma_{\text{in}}\text{e}^{\text{j}\beta L} = \frac{1}{2}\int_{-\frac{L}{2}}^{\frac{L}{2}}\frac{\text{d}\ln Z(z)}{\text{d}z}\text{e}^{-\text{j}2\beta z}\,\text{d}z \qquad (5-1-14)$$

这样，当渐变线特性阻抗 $Z(z)$ 给定后，由式(5-1-14)就可求得渐变线输入端电压反射系数。通常渐变线特性阻抗随距离变化的规律有指数型、三角函数型及切比雪夫型。下面介绍指数型渐变线的特性，其特性阻抗满足

$$\dot{Z}(z) = Z_0\exp\left[\left(\frac{z}{L} + \frac{1}{2}\right)\ln\frac{Z_1}{Z_0}\right] \qquad (5-1-15)$$

可见，当 $z = -\dfrac{L}{2}$ 时，$Z(z) = Z_0$，而当 $z = \dfrac{L}{2}$ 时，$Z(z) = Z_1$，于是有

$$\frac{\text{d}\ln Z(z)}{\text{d}z} = \frac{1}{L}\ln\frac{Z_1}{Z_0} \qquad (5-1-16)$$

输入端反射系数为

$$\Gamma_{\text{in}}\text{e}^{\text{j}\beta L} = \frac{1}{2L}\ln\frac{Z_1}{Z_0}\int_{-\frac{L}{2}}^{\frac{L}{2}}\text{e}^{-\text{j}2\beta z}\,\text{d}z = \frac{1}{2}\frac{\sin\beta L}{\beta L}\ln\frac{Z_1}{Z_0} \qquad (5-1-17)$$

两边取模得

$$|\Gamma_{\text{in}}| = \frac{1}{2}\left|\frac{\sin\beta L}{\beta L}\right|\ln\frac{Z_1}{Z_0} \qquad (5-1-18)$$

图 5-12 给出了 $|\Gamma_{\text{in}}|$ 与 βL 的关系曲线。由图可见，当渐变线长度一定时，$|\Gamma_{\text{in}}|$ 随频率的变化而变。λ 越小，βL 越大，$|\Gamma_{\text{in}}|$ 越小；极限情况下 $\lambda \rightarrow 0$，则 $|\Gamma_{\text{in}}| \rightarrow 0$，这说明指数渐变线阻抗变换器的工作频带无上限，而频带下限取决于 $|\Gamma_{\text{in}}|$ 的容许值。

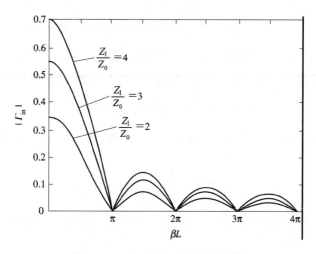

图 5 - 12　$|\Gamma_{in}|$ 随 βL 的变化曲线

5.2　功率分配与合成器件

5.2 节 PPT

在射频与微波无线系统中，往往需将一路微波功率在一定频段内按比例分成几路，这就是功率分配问题。将功率分成几路的器件称为功率分配元器件，主要包括定向耦合器、功率分配器以及各种微波分支器件。还有将几个不同窄频段的信号合成一路宽频信号或将几路窄频信号合成一路宽频信号的器件称为合路器或多工器。这些元器件一般都是线性多端口互易网络，因此可用微波网络理论进行分析。下面就分别讨论定向耦合器、功率分配器、波导分支器和多工器这四类元器件。

1. 定向耦合器(Directional Coupler)

定向耦合器是一种具有定向传输特性的四端口元件，它是由耦合装置联系在一起的两条传输系统构成的，如图 5 - 13 所示。图中"①、②"是一条传输系统，称为主线；"③、④"为另一条传输系统，称为副线。耦合装置的耦合方式有许多种，一般有孔、分支线、耦合线等，形成不同的定向耦合器。

图 5 - 13　定向耦合器的原理图

本节首先介绍定向耦合器的性能指标，然后介绍波导双孔定向耦合器、双分支定向耦合器和平行耦合微带定向耦合器。

1) 定向耦合器的性能指标

定向耦合器是四端口网络，如图 5 - 13 所示，端口"①"为输入端，端口"②"为直通输出端，端口"③"为耦合输出端，端口"④"为隔离端，并设其散射矩阵为$[S]$。

描述定向耦合器的性能指标有耦合度、隔离度、定向度、输入驻波比和工作带宽。下面分别加以介绍。

(1) 耦合度。输入端"①"的输入功率 P_1 与耦合端"③"的输出功率 P_3 之比定义为耦合度，记作 C，即

$$C = 10 \lg \frac{P_1}{P_3} = 20 \lg \frac{1}{|S_{31}|} \quad \text{dB} \tag{5-2-1}$$

(2) 隔离度。输入端"①"的输入功率 P_1 和隔离端"④"的输出功率 P_4 之比定义为隔离度，记作 I，即

$$I = 10 \lg \frac{P_1}{P_4} = 20 \lg \frac{1}{|S_{41}|} \quad \text{dB} \tag{5-2-2}$$

(3) 定向度。耦合端"③"的输出功率 P_3 与隔离端"④"的输出功率 P_4 之比定义为定向度，记作 D，即

$$D = 10 \lg \frac{P_3}{P_4} = 20 \lg \left| \frac{S_{31}}{S_{41}} \right| = I - C \quad \text{dB} \tag{5-2-3}$$

(4) 输入驻波比。端口"②、③、④"都接匹配负载时的输入端口"①"的驻波比定义为输入驻波比，记作 ρ，即

$$\rho = \frac{1 + |S_{11}|}{1 - |S_{11}|} \tag{5-2-4}$$

(5) 工作带宽。工作带宽是指定向耦合器的上述 C、I、D、ρ 等参数均满足要求时的工作频率范围。

2) 波导双孔定向耦合器

波导双孔定向耦合器是最简单的波导定向耦合器，主、副波导通过其公共窄壁上两个相距 $d = (2n+1)\lambda_{g0}/4$ 的小孔实现耦合。其中，λ_{g0} 是中心频率所对应的波导波长，n 为正整数，一般取 $n=0$。耦合孔一般是圆形，也可以是其他形状。波导双孔定向耦合器的结构如图 5 - 14(a)所示，下面简单介绍其工作原理。

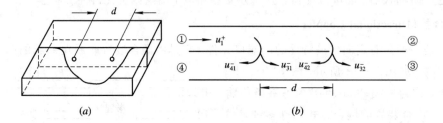

微波耦合元件

图 5 - 14　波导双孔定向耦合器

(a) 波导双孔定向耦合器；(b) 等效电路

根据耦合器的耦合机理，画出如图 5 - 14(b)所示的原理图。设端口"①"入射 TE_{10} 波（$u_1^+ = 1$），第一个小孔耦合到副波导中的归一化出射波为 $u_{41}^- = q$ 和 $u_{31}^- = q$，q 为小孔耦合系数。假设小孔很小，到达第二个小孔的电磁波能量不变，只是引起相位差（βd），第二个小孔处耦合到副波导处的归一化出射波分别为 $u_{42}^- = q\text{e}^{-\text{j}\beta d}$ 和 $u_{32}^- = q\text{e}^{-\text{j}\beta d}$，在副波导输出端口"③"合成的归一化出射波为

$$u_3^- = u_{31}^- \text{e}^{-\text{j}\beta d} + u_{32}^- = 2q\text{e}^{-\text{j}\beta d} \tag{5-2-5}$$

副波导输出端口"④"合成的归一化出射波为

$$u_4^- = u_{41}^- + u_{42}^- \text{e}^{-\text{j}\beta d} = q(1 + \text{e}^{-\text{j}2\beta d}) = 2q\cos\beta d \; \text{e}^{-\text{j}\beta d} \tag{5-2-6}$$

由此可得波导双孔定向耦合器的耦合度为

$$C = 20 \lg \left| \frac{u_1^+}{u_3} \right| = -20 \lg | u_3^- | = -20 \lg | 2q | \quad \text{dB} \qquad (5-2-7)$$

小圆孔耦合的耦合系数为

$$q = \frac{1}{ab\beta} \left(\frac{\pi}{a} \right)^2 \frac{4}{3} r^3 \qquad (5-2-8)$$

式中，a、b 分别为矩形波导的宽边和窄边；r 为小孔的半径；β 是 TE_{10} 模的相移常数。而波导双孔定向耦合器的定向度为

$$D = 20 \lg \left| \frac{u_3^-}{u_4^-} \right| = 20 \lg \frac{2|q|}{2|q\cos\beta d|} = 20 \lg | \sec\beta d | \qquad (5-2-9)$$

当工作在中心频率时，$\beta d = \pi/2$，此时 $D \to \infty$；当偏离中心频率时，$\sec\beta d$ 具有一定的数值，此时 D 不再为无穷大。实际上双孔耦合器即使在中心频率上，其定向度也不是无穷大，而只能是 30 dB 左右。由式(5-2-9)可见，这种定向耦合器是窄带的。

总之，波导双孔定向耦合器是依靠波的相互干涉来实现主波导定向输出的，在耦合口上同相叠加，在隔离口上反相抵消。为了增加定向耦合器的耦合度，拓宽工作频带，可采用多孔定向耦合器，关于这方面的知识，读者可参阅有关文献。

3) 双分支定向耦合器

双分支定向耦合器由主线、副线和两条分支线组成，其中分支线的长度和间距均为中心波长的 1/4，如图 5-15 所示。设主线入口线"①"的特性阻抗为 $Z_1 = Z_0$，主线出口线"②"的特性阻抗为 $Z_2 = Z_0 k$（k 为阻抗变换比），副线隔离端"④"的特性阻抗为 $Z_4 = Z_0$，副线耦合端"③"的特性阻抗为 $Z_3 = Z_0 k$，平行连接线的特性阻抗为 Z_{0p}，两条分支线的特性阻抗分别为 Z_{t1} 和 Z_{t2}。下面来讨论双分支定向耦合器的工作原理。

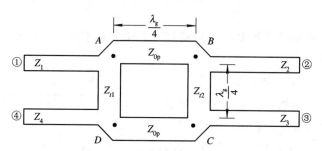

图 5-15　双分支定向耦合器

假设输入电压信号从端口"①"经 A 点输入，则到达 D 点的信号有两路，一路由分支线直达，其波行程为 $\lambda_g/4$，另一路为 $A \to B \to C \to D$，波行程为 $3\lambda_g/4$，故两条路径到达的波行程差为 $\lambda_g/2$，相应的相位差为 π，即相位相反。因此若选择合适的特性阻抗，使到达的两路信号的振幅相等，则端口"④"处的两路信号相互抵消，从而实现隔离。

同样由 $A \to C$ 的两路信号为同相信号，故在端口"③"有耦合输出信号，即端口"③"为耦合端。耦合端输出信号的大小同样取决于各线的特性阻抗。

下面给出微带双分支定向耦合器的设计公式。设耦合端"③"的反射波电压为 $|U_{3r}|$，则该耦合器的耦合度为

$$C = 10 \ \lg \frac{k}{\mid U_{3r} \mid^2} \quad \text{dB} \tag{5-2-10}$$

各线的特性阻抗与 $\mid U_{3r} \mid$ 的关系式为

$$\left. \begin{array}{l} Z_{0p} = Z_0 \sqrt{k - \mid U_{3r} \mid^2} \\[2mm] Z_{t1} = \dfrac{Z_{0p}}{\mid U_{3r} \mid} \\[2mm] Z_{t2} = \dfrac{Z_{0p} k}{\mid U_{3r} \mid} \end{array} \right\} \tag{5-2-11}$$

可见，只要给出要求的耦合度 C 及阻抗变换比 k，即可由式(5-2-10)算得 $\mid U_{3r} \mid$，再由式(5-2-11)算得各线特性阻抗，从而可设计出相应的定向耦合器。将耦合度为3 dB、阻抗变换比 $k=1$ 的特殊定向耦合器，称为3 dB 定向耦合器，它通常用在平衡混频电路中。此时

$$\left. \begin{array}{l} Z_{0p} = \dfrac{Z_0}{\sqrt{2}} \\[2mm] Z_{t1} = Z_{t2} = Z_0 \\[2mm] \mid U_{3r} \mid = \dfrac{1}{\sqrt{2}} \end{array} \right\} \tag{5-2-12}$$

此时散射矩阵为

$$[S] = -\frac{1}{\sqrt{2}} \begin{bmatrix} 0 & j & 1 & 0 \\ j & 0 & 0 & 1 \\ 1 & 0 & 0 & j \\ 0 & 1 & j & 0 \end{bmatrix} \tag{5-2-13}$$

分支线定向耦合器的带宽受 $\lambda_g/4$ 的限制，一般可做到 $10\% \sim 20\%$，若要求频带更宽，可采用多节分支耦合器。

4) 平行耦合微带定向耦合器

平行耦合微带定向耦合器是一种反向定向耦合器，其耦合输出端与主输入端在同一侧面，如图 5-16 所示。其中，端口"①"为输入口，端口"②"为直通口，端口"③"为耦合口，端口"④"为隔离口。

下面简单分析一下平行耦合微带定向耦合器的工作原理。设平行耦合微带线的奇、偶模特性阻抗分别为 Z_{0o} 和 Z_{0e}，令

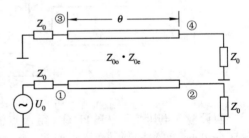

图 5-16 平行耦合微带定向耦合器

$$\left. \begin{array}{l} Z_0 = \sqrt{Z_{0o} Z_{0e}} \\[2mm] K = \dfrac{Z_{0e} - Z_{0o}}{Z_{0e} + Z_{0o}} \end{array} \right\} \tag{5-2-14}$$

其中，Z_0 为匹配负载阻抗；K 为电压耦合系数。设各端口均接阻抗为 Z_0 的负载，如图 5-16 所示，根据奇、偶模分析，其等效电路见图 5-17。端口"①"处输入阻抗为

$$Z_{in} = \frac{U_1}{I_1} = \frac{U_{1e} + U_{1o}}{I_{1e} + I_{1o}} \qquad (5-2-15)$$

下面来证明端口"①"是匹配的。

由图 5-17 知，端口"①"处的奇、偶模输入阻抗分别为

$$Z_{in}^o = Z_{0o} \frac{Z_0 + jZ_{0o} \tan\theta}{Z_{0o} + jZ_0 \tan\theta}, \quad Z_{in}^e = Z_{0e} \frac{Z_0 + jZ_{0e} \tan\theta}{Z_{0e} + jZ_0 \tan\theta} \qquad (5-2-16)$$

将式(5-2-14)代入上式(5-2-16)得

$$Z_{in}^o = Z_0 \frac{\sqrt{Z_{0e}} + j \sqrt{Z_{0o}} \tan\theta}{\sqrt{Z_{0o}} + j \sqrt{Z_{0e}} \tan\theta}, \quad Z_{in}^e = Z_{0e} \frac{\sqrt{Z_{0o}} + j \sqrt{Z_{0e}} \tan\theta}{\sqrt{Z_{0e}} + j \sqrt{Z_{0o}} \tan\theta} \qquad (5-2-17)$$

可见，$Z_{in}^o Z_{in}^e = Z_{0e} Z_{0o} = Z_0^2$。

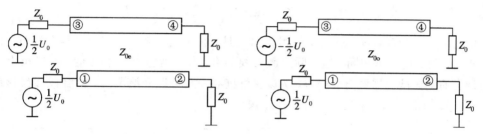

图 5-17　平行耦合微带定向耦合器奇、偶模等效电路

由奇、偶模等效电路得端口"①"的奇、偶模电压和电流分别为

$$U_{1o} = \frac{Z_{in}^o}{Z_{in}^o + Z_0} \frac{1}{2} U_0, \quad U_{1e} = \frac{Z_{in}^e}{Z_{in}^e + Z_0} \frac{1}{2} U_0 \qquad \left.\right\} \qquad (5-2-18)$$

$$I_{1o} = \frac{1}{Z_{in}^o + Z_0} \frac{1}{2} U_0, \quad I_{1e} = \frac{1}{Z_{in}^e + Z_0} \frac{1}{2} U_0 \qquad (5-2-19)$$

代入式(5-2-15)，并利用式(5-2-17)则有

$$Z_{in} = \frac{Z_{in}^e(Z_{in}^o + Z_0) + Z_{in}^o(Z_{in}^e + Z_0)}{Z_{in}^o + Z_{in}^e + 2Z_0} = Z_0 \qquad (5-2-20)$$

可见端口"①"是匹配的，所以加上的电压 U_0 即为入射波电压，由对称性可知其余端口也是匹配的。

由分压公式可得端口"③"的合成电压为

$$U_3 = U_{3e} + U_{3o} = U_{1e} - U_{1o} = \frac{2j(Z_{0e} - Z_{0o}) \tan\theta}{2Z_0 + j(Z_{0e} + Z_{0o}) \tan\theta} \cdot \frac{1}{2} U_0 \qquad (5-2-21)$$

将式(5-2-14)代入，于是有耦合端口"③"的输出电压与端口"①"的输入电压之比为

$$\frac{U_3}{U_0} = \frac{jK \tan\theta}{\sqrt{1-K^2} + j \tan\theta} \qquad (5-2-22)$$

而端口"④"和端口"②"处的合成电压分别为

$$U_4 = U_{4e} + U_{4o} = U_{2e} - U_{2o} = 0$$

$$U_2 = U_{2e} + U_{2o} = \frac{\sqrt{1-K^2}}{\sqrt{1-K^2} \cos\theta + j \sin\theta} U_0 \qquad (5-2-23)$$

可见，端口"③"有耦合输出而端口"④"为隔离端，当工作在中心频率上，即 $\theta = \pi/2$ 时，有

$$U_3 = K \cdot U_0 \left.\vphantom{\begin{matrix}1\\1\end{matrix}}\right\}$$
$$U_2 = -\mathrm{j}\sqrt{1 - K^2} \cdot U_0 \qquad\qquad (5-2-24)$$

可见端口"②""③"电压相差 90°，相应的耦合度为

$$C = 20\,\lg\left|\frac{U_3}{U_0}\right| = 20\,\lg K \quad \mathrm{dB} \qquad (5-2-25)$$

于是给定耦合度 C 及引出线的特性阻抗 Z_0 后，由式(5-2-25)求得耦合系数 K，从而可确定 $Z_{0\mathrm{o}}$ 和 $Z_{0\mathrm{e}}$：

$$Z_{0\mathrm{o}} = Z_0\sqrt{\frac{1-K}{1+K}} \left.\vphantom{\begin{matrix}1\\1\\1\end{matrix}}\right\}$$
$$Z_{0\mathrm{e}} = Z_0\sqrt{\frac{1+K}{1-K}} \qquad\qquad (5-2-26)$$

然后由此确定平行耦合线的尺寸。值得指出的是：在上述分析中，假定了耦合线奇、偶模相速相同，因而电长度相同，但实际上微带线的奇、偶模相速是不相等的，所以按上述方法设计出的定向耦合器性能会变差。为改善性能，一般可取介质覆盖、耦合段加齿形或其他补偿措施。图 5-18 给出了两种补偿结构。

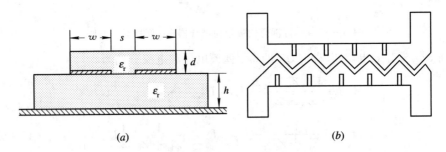

图 5-18 平行耦合微带定向耦合器的补偿结构

（a）介质覆盖；（b）耦合段加齿

2. 功率分配器（Power Divider）

将一路微波功率按一定比例分成 n 路输出的功率元件称为功率分配器。按输出功率比例不同，可将功率分配器分为等功率分配器和不等功率分配器。在结构上，大功率往往采用同轴线而中小功率常采用微带线。下面介绍两路微带功率分配器以及微带环形电桥的工作原理。

1）两路微带功率分配器

两路微带功率分配器的平面结构如图 5-19 所示，其中输入端口特性阻抗为 Z_0，分成的两段微带线电长度为 $\lambda_\mathrm{g}/4$，特性阻抗分别是 Z_{02} 和 Z_{03}，终端分别接有电阻 R_2 和 R_3。

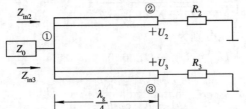

微波功分器

图 5-19 两路微带功率分配器的平面结构

功率分配器的基本要求如下：

① 端口"①"无反射。

② 端口"②""③"输出电压相等且同相。

③ 端口"②""③"输出功率比值为任意指定值，设为 $\dfrac{1}{k^2}$。

根据以上三条有

$$\left.\begin{aligned}
&\frac{1}{Z_{\text{in2}}} + \frac{1}{Z_{\text{in3}}} = \frac{1}{Z_0} \\
&\left(\frac{1}{2}\frac{U_2^2}{R_2}\right)\bigg/\left(\frac{1}{2}\frac{U_3^2}{R_3}\right) = \frac{1}{k^2} \\
&U_2 = U_3
\end{aligned}\right\} \tag{5-2-27}$$

由传输线理论有

$$\left.\begin{aligned}
Z_{\text{in2}} = \frac{Z_{02}^2}{R_2} \\
Z_{\text{in3}} = \frac{Z_{03}^2}{R_3}
\end{aligned}\right\} \tag{5-2-28}$$

这样共有 R_2、R_3、Z_{02}、Z_{03} 四个参数而只有三个约束条件，故可任意指定其中的一个参数，现设 $R_2 = kZ_0$，于是由上两式可得其他参数为

$$\left.\begin{aligned}
Z_{02} &= Z_0\sqrt{k(1+k^2)} \\
Z_{03} &= Z_0\sqrt{(1+k^2)/k^3} \\
R_3 &= \frac{Z_0}{k}
\end{aligned}\right\} \tag{5-2-29}$$

实际的功率分配器终端负载往往是特性阻抗为 Z_0 的传输线，而不是纯电阻，此时可用 $\lambda_g/4$ 阻抗变换器将其变为所需电阻，另一方面 U_2、U_3 等幅同相，在"②""③"端跨接电阻 R_j，既不影响功率分配器性能，又可增加隔离度。于是实际功率分配器的平面结构如图 5-20 所示，其中 Z_{04}、Z_{05} 及 R_j 由以下公式确定：

$$\left.\begin{aligned}
Z_{04} &= \sqrt{R_2 Z_0} = Z_0\sqrt{k} \\
Z_{05} &= \sqrt{R_3 Z_0} = \frac{Z_0}{\sqrt{k}} \\
R_j &= Z_0\frac{1+k^2}{k}
\end{aligned}\right\} \tag{5-2-30}$$

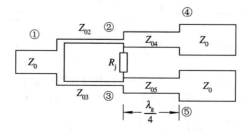

图 5-20 实际功率分配器的平面结构图

2）微带环形电桥（Microstrip Hybrid Coupler）

微带环形电桥是在波导环形电桥基础上发展起来的一种功率分配元件，其结构如图 5 - 21 所示。它由全长为 $3\lambda_g/2$ 的环及与它相连的四个分支组成，分支与环并联。其中端口"①"为输入端，该端口无反射，端口"②""④"等幅同相输出，而端口"③"为隔离端，无输出。其工作原理可用类似定向耦合器的波程叠加方法进行分析。在这里不作详细分析，只给出其特性参数应满足的条件。

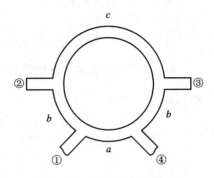

图 5 - 21 微带环形电桥结构

设环路各段归一化特性导纳分别为 a、b、c，而四个分支的归一化特性导纳为 1。则满足在上述端口输入输出的条件下，各环路段的归一化特性导纳为

$$a = b = c = \frac{1}{\sqrt{2}} \tag{5 - 2 - 31}$$

对应的散射矩阵为

$$[S] = \frac{1}{\sqrt{2}} \begin{bmatrix} 0 & -j & 0 & -j \\ -j & 0 & j & 0 \\ 0 & j & 0 & -j \\ -j & 0 & -j & 0 \end{bmatrix} \tag{5 - 2 - 32}$$

3. 波导分支器（Waveguide Brancher）

将微波能量从主波导中分路接出的元件称为波导分支器，它是一种微波功率分配器件。常用的波导分支器有 E 面 T 型分支、H 面 T 型分支和匹配双 T。

1）E - T 分支

E 面 T 型分支器是在主波导宽边面上的分支，其轴线平行于主波导的 TE_{10} 模的电场方向，简称 E - T 分支。其结构及其等效电路如图 5 - 22 所示。由等效电路可见，E - T 分支相当于分支波导与主波导串联。

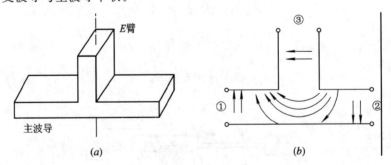

图 5 - 22 E - T 分支结构及其等效电路
(a) 波导 E - T 分支结构；(b) 等效电路

当微波信号从端口"③"输入时，信号平均地分给端口"①"和"②"，但两端口是等幅反相的；当信号从端口"①""②"反相激励时，在端口"③"合成输出最大；而当同相激励端口

"①""②"时，端口"③"将无输出。由此可得 $E\text{-}T$ 分支的[S]参数为

$$[S] = \begin{bmatrix} \dfrac{1}{2} & \dfrac{1}{2} & \dfrac{1}{\sqrt{2}} \\[2mm] \dfrac{1}{2} & \dfrac{1}{2} & -\dfrac{1}{\sqrt{2}} \\[2mm] \dfrac{1}{\sqrt{2}} & -\dfrac{1}{\sqrt{2}} & 0 \end{bmatrix} \qquad (5-2-33)$$

2）$H\text{-}T$ 分支

$H\text{-}T$ 分支是在主波导窄边面上的分支，其轴线平行于主波导 TE_{10} 模的磁场方向，其结构及其等效电路如图 5-23 所示。由图可见，$H\text{-}T$ 分支相当于并联于主波导的分支线。

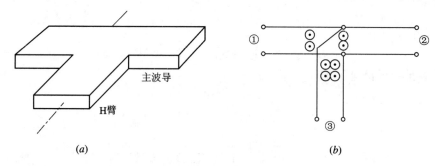

图 5-23　$H\text{-}T$ 分支结构及其等效电路

（a）波导 $H\text{-}T$ 分支结构；（b）等效电路

当微波信号从端口"③"输入时，信号平均地分给端口"①"和"②"，这两端口得到的是等幅同相的 TE_{10} 波；当在端口"①""②"同相激励时，端口"③"合成输出最大，而当反相激励时端口"③"将无输出。$H\text{-}T$ 分支的散射矩阵为

$$[S] = \begin{bmatrix} \dfrac{1}{2} & \dfrac{1}{2} & \dfrac{1}{\sqrt{2}} \\[2mm] \dfrac{1}{2} & \dfrac{1}{2} & \dfrac{1}{\sqrt{2}} \\[2mm] \dfrac{1}{\sqrt{2}} & \dfrac{1}{\sqrt{2}} & 0 \end{bmatrix} \qquad (5-2-34)$$

3）匹配双 T（Magic-T Circuit）

将 $E\text{-}T$ 分支和 $H\text{-}T$ 分支合并，并在接头内加匹配以消除各路的反射，则构成匹配双 T，也称为魔 T，如图 5-24 所示。它有以下特征：

① 四个端口完全匹配。

② 端口"①""②"对称，即有 $S_{11}=S_{22}$。

③ 当端口"③"输入时，端口"①""②"有等幅同相波输出，端口"④"隔离。

④ 当端口"④"输入时，端口"①""②"有等幅反相波输出，端口"③"隔离。

⑤ 当端口"①"或"②"输入时，端口"③""④"

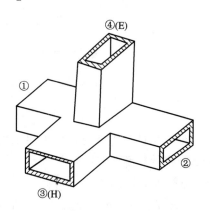

图 5-24　魔 T 的结构

等分输出，而对应端口"②"或"①"隔离。

⑥ 当端口"①""②"同时加入信号时，端口"③"输出两信号相量和的 $1/\sqrt{2}$ 倍，端口"④"输出两信号差的 $1/\sqrt{2}$ 倍。

端口"③"称为魔 T 的 H 臂或和臂，而端口"④"称为魔 T 的 E 臂或差臂。

根据以上分析，魔 T 各散射参数有以下关系：

$$\begin{cases} S_{11} = S_{22} \\ S_{13} = S_{23} \\ S_{14} = -S_{24} \\ S_{33} = S_{44} = 0 \\ S_{34} = 0 \end{cases} \tag{5-2-35}$$

网络是无耗的，则有

$$[S]^{+}[S] = [E] \tag{5-2-36}$$

以上两式经推导可得魔 T 的 $[S]$ 矩阵为

$$[S] = \frac{1}{\sqrt{2}} \begin{bmatrix} 0 & 0 & 1 & 1 \\ 0 & 0 & 1 & -1 \\ 1 & 1 & 0 & 0 \\ 1 & -1 & 0 & 0 \end{bmatrix} \tag{5-2-37}$$

总之，魔 T 具有对口隔离、邻口 3 dB 耦合及完全匹配的关系，因此它在微波领域获得了广泛应用，尤其用在雷达收发开关、混频器及移相器等场合。

4. 多工器(Multiplexer)

多工器是无线系统中将一路宽带信号分成几路窄带信号或将几路窄带信号合成一路信号的部件，有时也叫合路器。它是用于射频前端的重要微波部件。图 5-25 所示是卫星转发器的组成框图，其中需要两个多工器，分别用于信号的分路及合路。

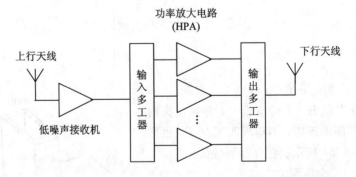

图 5-25 卫星通信中的多工器

两通道的多工器通常称为双工器(Diplexer/Duplexer)，它一方面将从功率放大电路(HPA)来的功率微波信号送到天线上去发射，另一方面将天线上感应到的高频信号送到低噪声放大电路(LNA)，如图 5-26 所示。

实际上，我们不能只设计两个滤波器，因为还涉及端口的阻抗特性，因此在工程中，常用两个 90°桥结(Hybrid)(也称为定向耦合器)将发射端与接收端隔离，如图 5-27 所示。

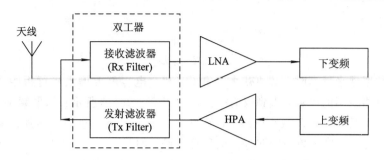

图 5-26　双工器在射频前端的位置与作用

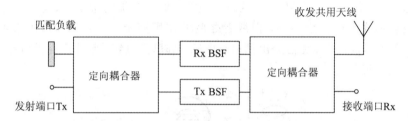

图 5-27　一款常见的双工器组成框图

可见，双工器的设计可以归结为滤波器带阻(BSF)的设计和桥结的设计。

5.3　微波谐振器件

在低频电路中，谐振回路是一种基本元件，它是由电感和电容串联或并联而成的。在振荡器中，谐振回路作为振荡回路，用以控制振荡器的频率；在放大器中，它用作谐振回路；在带通或带阻滤波器中，它作为选频元件等。

5.3节 PPT　　微波谐振器件

在微波频率上，也存在具有上述功能的器件，这就是微波谐振器件，它的结构是根据微波频率的特点从 LC 回路演变而成的。微波谐振器一般有传输线谐振器和非传输线谐振器两大类。传输线谐振器是一段由两端短路或开路的微波导行系统构成的，如金属空腔谐振器、同轴线谐振器和微带谐振器等，如图 5-28 所示。在实际应用中大部分采用此类谐振器，因此本节只介绍这类谐振器。

本节首先介绍微波谐振器的演化过程及其基本参量，然后分析矩形空腔谐振器和微带谐振器的工作原理，最后讨论谐振器的激励和耦合方法。

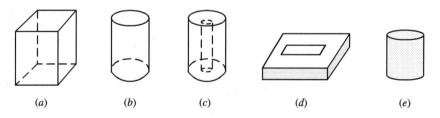

(a)　　　　(b)　　　　(c)　　　　(d)　　　　(e)

图 5-28　各种微波谐振器

(a) 矩形谐振腔；(b) 圆柱谐振腔；(c) 同轴谐振腔；(d) 微带谐振腔；(e) 介质谐振腔

1. 微波谐振器的演化过程及其基本参量

低频电路中的 LC 回路是由平行板电容 C 和电感 L 并联构成的，如图 5-29(a)所示。

它的谐振频率为

$$f_0 = \frac{1}{2\pi \sqrt{LC}}$$ (5 - 3 - 1)

当要求谐振频率越来越高时，必须减小 L 和 C。减小电容就要增大平行板距离，而减小电感就要减少电感线圈的匝数，直到仅有一匝，如图 5 - 29(b) 所示；如果频率进一步提高，可以将多个单匝线圈并联以减小电感 L，如图 5 - 29(c) 所示；进一步增加线圈数目，以致相连成片，形成一个封闭的中间凹进去的导体空腔，如图 5 - 29(d) 所示，这就成了重入式空腔谐振器；继续把构成电容的两极拉开，则谐振频率进一步提高，这样就形成了一个圆盒子和方盒子，如图 5 - 29(e) 所示，这也是微波空腔谐振器的常用形式。虽然它们与最初的谐振电路在形式上已完全不同，但两者之间的作用完全一样，只是适用于不同频率而已。对于谐振腔而言，已经无法分出哪里是电感、哪里是电容，腔体内充满电磁场，因此只能用场的方法进行分析。

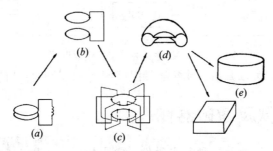

图 5 - 29　微波谐振器的演化过程

　　集总参数谐振回路的基本参量是电感 L、电容 C 和电阻 R，由此可导出谐振频率品质因数和谐振阻抗或导纳。但是在微波谐振器中，集总参数 L、R、C 已失去具体的意义，所以通常将谐振器频率 f_0、品质因数 Q_0 和等效电导 G_0 作为微波谐振器的三个基本参量。

　　1) 谐振频率(Resonant Freguency)

　　谐振频率 f_0 是微波谐振器最主要的参数。金属空腔谐振器可以看作一段金属波导两端短路，因此腔中的波不仅在横向呈驻波分布，而且沿纵向也呈驻波分布，所以为了满足金属波导两端短路的边界条件，腔体的长度 l 和波导波长 λ_g 应满足

$$l = p \frac{\lambda_g}{2} \qquad (p = 1, 2, \cdots)$$ (5 - 3 - 2)

于是有

$$\beta = \frac{p\pi}{l}$$ (5 - 3 - 3)

由规则波导理论得

$$\omega^2 \mu\varepsilon = \left(\frac{2\pi}{\lambda_g}\right)^2 + \left(\frac{2\pi}{\lambda_c}\right)^2$$ (5 - 3 - 4)

故谐振频率为

$$f_0 = \frac{v}{2\pi}\left[\left(\frac{p\pi}{l}\right)^2 + \left(\frac{2\pi}{\lambda_c}\right)^2\right]^{1/2}$$ (5 - 3 - 5)

式中，v 为媒质中波速；λ_c 为对应模式的截止波长。

　　可见谐振频率由振荡模式、腔体尺寸以及腔中填充介质(μ，ε)所确定，而且在谐振器

尺寸一定的情况下，与振荡模式相对应有无穷多个谐振频率。

2）品质因数（Quality Factor）

品质因数 Q_0 是表征微波谐振器频率选择性的重要参量，它的定义为

$$Q_0 = 2\pi \frac{W}{W_T} = \omega_0 \frac{W}{P_1} \tag{5-3-6}$$

式中，W 为谐振器中的储能，W_T 为一个周期内谐振器损耗的能量，P_1 为谐振器的损耗功率。而谐振器的储能包含电能 W_e 和磁能 W_m，即

$$W = W_e + W_m = \frac{1}{2} \int_V \mu \mid \boldsymbol{H} \mid^2 \mathrm{d}V + \frac{1}{2} \int_V \varepsilon \mid \boldsymbol{E} \mid^2 \mathrm{d}V \tag{5-3-7}$$

谐振器的平均损耗主要由导体损耗引起，设导体表面电阻为 R_S，则有

$$P_1 = \frac{1}{2} \oint_S \mid \boldsymbol{J}_S \mid^2 R_S \, \mathrm{d}S = \frac{1}{2} R_S \int_S \mid \boldsymbol{H}_t \mid^2 \mathrm{d}S \tag{5-3-8}$$

式中，$\boldsymbol{H}_t$ 为导体内壁切向磁场，而 $\boldsymbol{J}_S = \boldsymbol{n} \times \boldsymbol{H}_t$，$\boldsymbol{n}$ 为法向矢量。于是有

$$Q_0 = \frac{\omega_0 \mu}{R_S} \frac{\int_V \mid \boldsymbol{H} \mid^2 \mathrm{d}V}{\int_S \mid \boldsymbol{H}_t \mid^2 \mathrm{d}S} = \frac{2}{\delta} \frac{\int_V \mid \boldsymbol{H} \mid^2 \mathrm{d}V}{\int_S \mid \boldsymbol{H}_t \mid^2 \mathrm{d}S} \tag{5-3-9}$$

式中，δ 为导体内壁趋肤深度。因此只要求得谐振器内场分布，即可求得品质因数 Q_0。

为粗略估计谐振器内的 Q_0 值，近似认为 $\mid \boldsymbol{H} \mid = \mid \boldsymbol{H}_t \mid$，这样式（5-3-9）可近似为

$$Q \approx \frac{2}{\delta} \frac{V}{S} \tag{5-3-10}$$

式中，S、V 分别表示谐振器的内表面积和体积。

可见：

① $Q_0 \propto \dfrac{V}{S}$，应选择谐振器形状使其 $\dfrac{V}{S}$ 大。

② 因谐振器线尺寸与工作波长成正比，即 $V \propto \lambda_0^3$，$S \propto \lambda_0^2$，故有 $Q_0 \propto \dfrac{\lambda_0}{\delta}$，由于 δ 仅为几微米，因此对于厘米波段的谐振器，其 Q_0 值将在 $10^4 \sim 10^5$ 量级。

上述讨论的品质因数 Q_0 是未考虑外接激励与耦合的情况，因此称之为无载品质因数或固有品质因数。

3）等效电导 G_0

等效电导 G_0 是表征谐振器功率损耗特性的参量，若在谐振器上某等效参考面的边界上取两点 a，b，并已知谐振器内场分布，则等效电导 G_0 可表示为

$$G_0 = R_S \frac{\oint_S \mid \boldsymbol{H}_t \mid^2 \mathrm{d}S}{\left(\int_a^b \boldsymbol{E} \cdot \mathrm{d}l \right)^2} \tag{5-3-11}$$

可见等效电导 G_0 具有多值性，与所选择的点 a 和 b 有关。

以上讨论的三个基本参量的计算公式都是针对一定的振荡模式而言的，振荡模式不同，所得参量的数值也不同。因此，上述公式只适用于少数规则形状的谐振器。对于复杂的谐振器，只能用等效电路的概念，通过测量来确定 f_0、Q_0 和 G_0。

2. 矩形空腔谐振器(Rectangle Cavity Resonantors)

矩形空腔谐振器是由一段长为 l、两端短路的矩形波导组成的,如图 5-30 所示。与矩形波导类似,它也存在两类振荡模式,即 TE 和 TM 模式。其中主模为 TE_{101} 模,其场分量表达式为

$$
\left.
\begin{aligned}
E_y &= E_0 \sin\frac{\pi x}{a} \sin\frac{\pi z}{l} \\
H_x &= -\frac{jE_0}{Z_{TE}} \sin\frac{\pi x}{a} \cos\frac{\pi z}{l} \\
H_z &= \frac{j\pi E_0}{k\eta a} \cos\frac{\pi x}{a} \sin\frac{\pi z}{l} \\
H_y &= E_x = E_z = 0
\end{aligned}
\right\}
\qquad (5-3-12)
$$

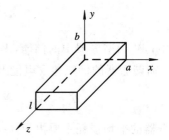

图 5-30 矩形谐振器及其坐标

式中,$\eta = \sqrt{\mu/\varepsilon}$ 由式(5-3-12)可见,电场只有 E_y 分量,磁场只有 H_x 和 H_z 分量,沿 x,z 方向均为驻波分布。下面讨论在主模条件下矩形空腔谐振器的主要参量。

1)谐振频率 f_0

对 TE_{101} 模,$\lambda_c = 2a$,由式(5-3-5)得

$$
f_0 = \frac{c\sqrt{a^2+l^2}}{2al}
\qquad (5-3-13)
$$

式中,c 为自由空间光速,对应谐振波长为

$$
\lambda_0 = \frac{2al}{\sqrt{a^2+l^2}}
\qquad (5-3-14)
$$

2)品质因数 Q_0

由 TE_{101} 模的场表达式可得

$$
W = \frac{\mu}{2}\int_V |\boldsymbol{H}|^2 \, dV = \frac{\mu abl}{8}E_0^2\left(\frac{1}{Z_{TE}^2} + \frac{\pi^2}{k^2\eta^2a^2}\right)
\qquad (5-3-15)
$$

而 $Z_{TE} = \dfrac{k\eta}{\beta}$,$\beta = \beta_{10} = \sqrt{k^2 - (\pi/a)^2}$,代入上式整理得

$$
W = \frac{\varepsilon abl}{8}E_0^2
\qquad (5-3-16)
$$

导体损耗功率为

$$
P_1 = \frac{R_S}{2}\int_S |\boldsymbol{H}_t|^2 \, dS = \frac{R_S\lambda^2E_0^2}{8\eta}\left(\frac{ab}{l^2} + \frac{bl}{a^2} + \frac{a}{2l} + \frac{l}{2a}\right)
\qquad (5-3-17)
$$

于是品质因数 Q_0 为

$$
Q_0 = \omega_0\frac{W}{P_1} = \frac{(kal)^3 b\eta}{2\pi^2 R_S}\frac{1}{2a^3b + 2bl^3 + a^3l + al^3}
\qquad (5-3-18)
$$

通过类似的分析可得到圆形空腔谐振器的基本参数,具体内容读者可阅读有关参考书。

3. 微带谐振器(Microstrip Resonantors)

微带谐振器的结构形式很多,主要有传输线型谐振器(如微带线节谐振器)和非传输线

型谐振器(如圆形、环行、椭圆形谐振器)，这几种微带谐振器分别如图 5 - 31(a)、(b)、(c)、(d)所示。

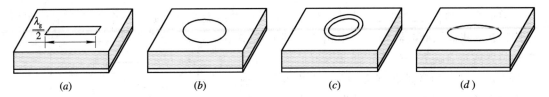

图 5 - 31　各种微带谐振器

(a) 微带线节谐振器；(b) 圆形谐振器；(c) 环形谐振器；(d) 椭圆形谐振器

下面对线节型谐振器加以简单分析。设微带线工作在准 TEM 模式，对于终端开路的一段长为 l 的微带线，由传输线理论可知，其输入阻抗为

$$Z_{in} = -jZ_0 \cot\beta l \qquad (5 - 3 - 19)$$

式中，$\beta = \dfrac{2\pi}{\lambda_g}$，$\lambda_g$ 为微带线的带内波长。

根据并联谐振条件 $Y_{in} = 0$，有

$$l = \frac{p\lambda_{g0}}{2} \quad 或 \quad \lambda_{g0} = \frac{2l}{p} \quad (p = 1, 2, \cdots) \qquad (5 - 3 - 20)$$

式中，λ_{g0} 为带内谐振波长。

根据串联谐振条件 $Z_{in} = 0$，有

$$l = \frac{(2p - 1)\lambda_{g0}}{4} \quad 或 \quad \lambda_{g0} = \frac{4l}{2p - 1} \qquad (5 - 3 - 21)$$

由此可见，长度为 $\lambda_{g0}/2$ 整数倍的两端开路微带线构成了 $\lambda_{g0}/2$ 微带谐振器；长度为 $\lambda_{g0}/4$ 奇数倍的一端开路一端短路的微带线构成了 $\lambda_{g0}/4$ 微带谐振器。由于实际上微带谐振器短路比开路难实现，所以一般采用终端开路型微带谐振器。但终端导带断开处的微带线不是理想的开路，因而计算的谐振长度比实际的长度要长，一般有

$$l_1 + 2\Delta l = p \frac{\lambda_{g0}}{2} \qquad (5 - 3 - 22)$$

式中，l_1 为实际导带长度；Δl 为缩短长度。

微带谐振器的损耗主要有导体损耗、介质损耗和辐射损耗，其总的品质因数 Q_0 为

$$Q_0 = \left(\frac{1}{Q_c} + \frac{1}{Q_d} + \frac{1}{Q_r} \right)^{-1}$$

式中，Q_c，Q_d，Q_r 分别是导体损耗、介质损耗和辐射损耗引起的品质因数，Q_c 和 Q_d 可按下式计算：

$$\left. \begin{aligned} Q_c &= \frac{27.3}{\alpha_c \lambda_g} \\ Q_d &= \frac{\varepsilon_e}{\varepsilon_r} \frac{1}{q\tan\delta} \end{aligned} \right\} \qquad (5 - 3 - 23)$$

式中，α_c 为微带线的导体衰减常数(dB/m)；ε_e，q 分别为微带线的有效介电常数和填充因

子。通常 $Q_r \gg Q_d \gg Q_c$，因此，微带谐振器的品质因数主要取决于导体损耗。

4. 谐振器的耦合和激励

前面介绍的都是孤立谐振器的特性，实际的微波谐振器总是通过一个或几个端口和外

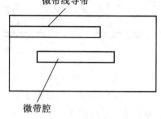

电路连接，我们把谐振器和外电路相连的部分称作
激励装置或耦合装置。对波导型谐振器的激励方法
与第 2 章中波导的激励和耦合相似，有电激励、磁
激励和电流激励三种，而微带谐振器通常用平行耦
合微带线来实现激励和耦合，如图 5 - 32 所示。不
管是哪种激励和耦合，对谐振器来说，外接部分要
吸收部分功率，因此品质因数有所下降，此时称之
为有载品质因数，记作 Q_l，由品质因数的定义得

图 5 - 32 微带谐振器的耦合

$$Q_l = \frac{\omega_0 W}{P_l'} = \frac{\omega_0 W}{P_l + P_e} = \left(\frac{1}{Q_0} + \frac{1}{Q_e} \right)^{-1} \qquad (5 - 3 - 24)$$

式中，$P_l' = P_l + P_e$，P_e 为外部电路损耗的功率，Q_e 称为有载品质因数。一般用耦合系数 τ
来表征外接电路和谐振器相互影响的程度，即

$$\tau = \frac{Q_0}{Q_e} \qquad (5 - 3 - 25)$$

于是

$$Q_l = \frac{Q_0}{1 + \tau} \qquad (5 - 3 - 26)$$

这说明 τ 越大，耦合越紧，有载品质因数越小；反之，τ 越小，耦合越松，有载品质因数 Q_l
越接近无载品质因数 Q_0。

5.4 微波铁氧体器件

以上所介绍的各种微波元件，都是线性、互易的，
但在许多情况下，我们却需要具有非互易性的器件。

5.4节 PPT 微波铁氧体器件

例如，在微波系统中，负载的变化对微波信号源的频率和功率输出会产生不良的影响，使
振荡器性能不稳定。为了解决这样的问题，最好
在负载和信号源之间接入一个具有不可逆传输
特性的器件，如图 5 - 33 所示，即微波从信号源
到负载是通行的，反过来从负载到信号源是禁

图 5 - 33 单向器的连接

止通行的。这样当负载不匹配时，从负载反射回来的信号不能到达信号源，从而保证了信号
源的稳定。这种器件具有单向通行、反向隔离的功能，因此称为单向器或隔离器。另一类非互
易器件是环行器，它具有单向循环流通功能。

在非互易器件中，非互易材料是必不可少的，微波技术中应用很广泛的非互易材料是
铁氧体(Ferrit)。铁氧体是一种黑褐色的陶瓷，最初由于其中含有铁的氧化物而得名。实际
上随着材料研究的进步，后来发展的某些铁氧体并不一定含有铁元素。目前常用的有镍 - 锌、
镍 - 镁、锰 - 镁铁氧体和钇铁石榴石(YIG)等。

微波铁氧体的电阻率很高，比铁的电阻率大 $10^{12} \sim 10^{16}$ 倍，当微波频率的电磁波通过铁氧体时，导电损耗是很小的。铁氧体的相对介电常数为 $10 \sim 20$，更重要的是，它是一种非线性各向异性磁性物质，它的磁导率随外加磁场而变化，即具有非线性；在其上加上恒定磁场以后，它在各方向上对微波磁场的磁导率是不同的，就是说其具有各向异性。由于具有这种各向异性，当电磁波从不同的方向通过磁化铁氧体时，便呈现一种非互易性。利用这种效应，可以做成各种非互易性微波铁氧体元件，最常用的有隔离器和环行器。

1. 隔离器（Isolator）

如前所述，隔离器也叫反向器，电磁波正向通过它时几乎无衰减，反向通过时衰减很大。常用的隔离器有谐振式和场移式两种。

1）谐振式隔离器

由于铁氧体具有各向异性，因此在恒定磁场 H_i 作用下，与 H_i 方向成左、右螺旋关系的左、右圆极化旋转磁场具有不同的磁导率（分别设为 μ_- 和 μ_+）。设在含铁氧体材料的微波传输线上的某一点，沿 $+z$ 方向传输左旋磁场，沿 $-z$ 方向传输右旋磁场，两者传输相同的距离，但对应的磁导率不同，故左右旋磁场相速不同，所产生的相移也就不同，这就是铁氧体相移的不可逆性。另一方面，铁氧体具有铁磁谐振效应和圆极化磁场的谐振吸收效应。所谓铁氧体的铁磁谐振效应，是指当磁场的工作频率 ω 等于铁氧体的谐振角频率 ω_0 时，铁氧体对微波能量的吸收达到最大值。而对圆极化磁场来说，左、右旋极化磁场具有不同的磁导率，从而两者也有不同的吸收特性。对反向传输的右旋极化磁场，磁导率为 μ_+，它具有铁磁谐振效应，而对正向传输的左旋极化磁场，磁导率为 μ_-，它不存在铁磁谐振特性，这就是圆极化磁场的谐振效应。铁氧体谐振式隔离器正是利用了铁氧体的这一特性制成的。

铁氧体谐振式隔离器就是在波导的某个恰当位置上放置铁氧体片而制成的，在这个位置上，一个方向上传输的是右旋磁场，另一方向上传输的是左旋磁场。图 5-34 所示的矩形波导在 $x = x_1$ 处放置了铁氧体，下面来确定铁氧体片放置的位置。

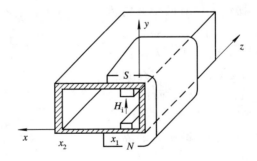

图 5-34　谐振式隔离器的铁氧体位置

对于矩形波导 TE_{10} 模而言，其磁场只有 x 分量和 z 分量，它们的表达式为

$$\left. \begin{array}{l} H_x = \dfrac{\mathrm{j}\beta a}{\pi} H_0 \sin \dfrac{\pi}{a} x \ \mathrm{e}^{-\mathrm{j}\beta z} \\[3mm] H_z = H_0 \cos \dfrac{\pi}{a} x \ \mathrm{e}^{-\mathrm{j}\beta z} \end{array} \right\} \qquad (5-4-1)$$

可见两者存在 $\pi/2$ 的相差。在矩形波导宽边中心处，磁场只有 H_x 分量，即磁场矢量是线极化的，且幅度随时间周期性变化，但其方向总是 x 方向；在其他位置上，若

$|H_x| \neq |H_z|$，则合成磁场矢量是椭圆极化的，并以宽边中心为对称轴，波导两边为极化性质相反的两个磁场；当在某个位置 x_1 上有 $|H_x| = |H_z|$ 时，合成磁场是圆极化的，即

$$\frac{\beta a}{\pi} \sin \frac{\pi}{a} x_1 = \cos \frac{\pi}{a} x_1 \qquad (5 - 4 - 2)$$

于是有

$$\tan \frac{\pi x_1}{a} = \frac{\pi}{\beta a} = \frac{\lambda_g}{2a} \qquad (5 - 4 - 3)$$

解得

$$x_1 = \frac{a}{\pi} \arctan \frac{\lambda_g}{2a} \qquad (5 - 4 - 4)$$

进一步分析表明，对于 TE_{10} 模来说，在 $x = x_1$ 处沿 $+z$ 方向传输的圆极化磁场不与恒定磁场方向成右手螺旋关系，即为左旋磁场，而沿 $-z$ 方向传输的圆极化磁场则是右旋磁场。可见，应在波导 $x = x_1$ 处放置铁氧体片，并加上如图 5 - 31 所示的恒定磁场，使 H_i 与传输波的工作频率 ω 满足

$$\omega = \omega_0 = \gamma H_i \qquad (5 - 4 - 5)$$

式中，ω_0 为铁氧体片的铁磁谐振频率；$\gamma = 2.8 \times 10^3/(4\pi)(Hz \cdot m/A)$，为电子旋磁比。这时，沿 $+z$ 方向传输的波几乎无衰减通过，而沿 $-z$ 方向传输的波因满足圆极化谐振条件而被强烈吸收，从而构成了谐振式隔离器。

应该指出的是，若在波导的对称位置 $x = x_2 = a - x_1$ 处放置铁氧体，则沿 $+z$ 方向传输的波因满足圆极化谐振条件而被强烈吸收，沿 $-z$ 方向传输的波则几乎无衰减地通过。也就是说，单向传输的方向与前述情形正好相反。另外，由于波导部分填充铁氧体，主模 TE_{10} 的场会有所变化，因此实际铁氧体的位置与计算的略有差异。

2）场移式隔离器

场移式隔离器是根据铁氧体对两个方向传输的波型产生的场移作用不同而制成的。它在铁氧体片侧面加上衰减片，由于两个方向传输所产生场的偏离不同，因此沿正向（$-z$ 方向）传输波的电场偏向无衰减片的一侧，而沿反向（$+z$ 方向）传输波的电场偏向衰减片的一侧，从而实现了正向衰减很小而反向衰减很大的隔离功能，如图 5 - 35 所示。

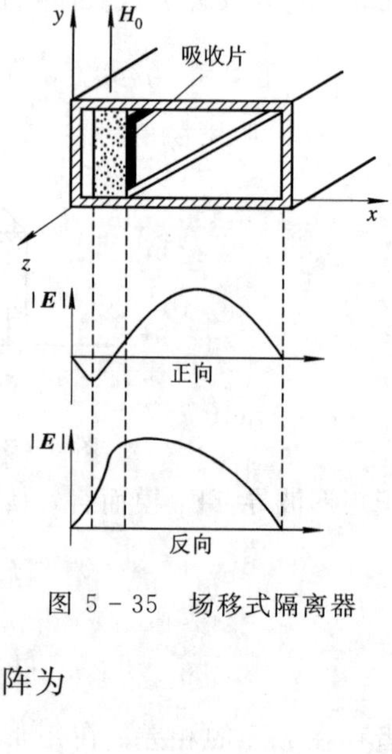

由于场移式隔离器具有体积小、重量轻、结构简单且有较宽的工作频带等特点，因此在小功率场合得到了较为广泛的应用。

图 5 - 35　场移式隔离器

3）隔离器的性能指标

隔离器是双端口网络，理想铁氧体隔离器的散射矩阵为

$$[S] = \begin{bmatrix} 0 & 0 \\ 1 & 0 \end{bmatrix}$$

可见[S]矩阵不满足幺正性，即隔离器是个有耗元件，又由于隔离器是一种非互易元件，故[S]不具有互易性。

实际隔离器一般用以下性能参量来描述：

（1）正向衰减量 α_+。

$$\alpha_+ = 10 \lg \frac{P_{01}}{P_1} = 10 \lg \frac{1}{|S_{21}|^2} \quad \text{dB} \tag{5-4-6}$$

式中，P_{01} 为正向传输输入功率；P_1 为正向传输输出功率，理想情况下 $|S_{21}|=1$，$\alpha_+=0$；一般希望 α_+ 越小越好。

（2）反向衰减量 α_-。

$$\alpha_- = 10 \lg \frac{P_{02}}{P_2} = 10 \lg \frac{1}{|S_{12}|^2} \quad \text{dB} \tag{5-4-7}$$

式中，P_{02} 为反向传输输入功率；P_2 为反向传输输出功率；理想情况下，$\alpha_- \to \infty$。

（3）隔离比 R。

将反向衰减量与正向衰减量之比定义为隔离器的隔离比，即

$$R = \frac{\alpha_-}{\alpha_+} \tag{5-4-8}$$

（4）输入驻波比 ρ。

在各端口都匹配的情况下，我们将输入端口的驻波系数称为输入驻波比，记作 ρ，此时

$$\rho = \frac{1+|S_{11}|}{1-|S_{11}|} \tag{5-4-9}$$

对于具体的隔离器，希望 ρ 值接近于 1。

2. 环行器（Circulator）

环行器是一种具有非互易特性的分支传输系统，常用的铁氧体环行器是 Y 形结环行器，如图 5-36(a)所示，它是由三个互成 120°的角对称分布的分支线构成的。当外加磁场为零时，铁氧体没有被磁化，因此各个方向上的磁性是相同的。当信号从分支线"①"输入时，就会在铁氧体结上激发如图 5-36(b)所示的磁场，由于分支"②""③"条件相同，所以信号是等分输出的。当外加合适的磁场时，铁氧体磁化，由于各向异性的作用，在铁氧体结上激发如图 5-36(c)所示的电磁场，这比不加磁场时旋转了一个角度 θ。当设计成

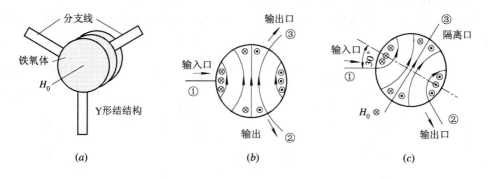

图 5-36 环行器及其场分布

(a) Y 形结环行器；(b) 信号从端口①输入时的场分布；(c) 外加磁场 H_0 时的场分布

$\theta=30°$时，分支"②"处有信号输出而分支"③"处电场为零，没有信号输出。同样，由分支"②"输入时，分支"③"有输出而分支"①"无输出；由分支"③"输入时，分支"①"有输出而分支"②"无输出。可见，它构成了"①"→"②"→"③"→"①"的单向环行流通，而反向是不通的，故称为环行器。

Y 形结环行器是对称非互易三端口网络，其散射矩阵为

$$[S] = \begin{bmatrix} S_{11} & S_{12} & S_{13} \\ S_{21} & S_{22} & S_{23} \\ S_{31} & S_{32} & S_{33} \end{bmatrix} \quad (5-4-10)$$

一个理想的环行器必须具备以下条件：

① 输入端口完全匹配，无反射。

② 输入端口到输出端口全通，无损耗。

③ 输入端口与隔离器间无传输。

于是环行器的散射参数应满足：

$$\left. \begin{array}{l} S_{11} = S_{22} = S_{33} = 0 \\ |S_{21}| = |S_{32}| = |S_{13}| = 1 \\ S_{31} = S_{12} = S_{23} = 0 \end{array} \right\} \quad (5-4-11)$$

写成矩阵形式为

$$[S] = \begin{bmatrix} 0 & 0 & e^{j\theta} \\ e^{j\theta} & 0 & 0 \\ 0 & e^{j\theta} & 0 \end{bmatrix} \quad (5-4-12)$$

式中，θ 为附加相移。

利用环行器可以制成前面讨论的单向器，只要在 Y 形结环行器的端口"③"接上匹配吸收负载，端口"①"作为输入，端口"②"作为输出，如图 5-37(a)所示。这样，信号从端口"①"输入时，端口"②"有输出，而从端口反射的信号经环行器到达端口"③"被吸收，这样"①"→"②"是导通的，而"②"→"①"是不通的，它实现了正向传输导通、反向传输隔离的单向器的功能。

利用两个 Y 形结环行器还可以构成四端口的双 Y 形结环行器，如图 5-37(b)所示，其单向环行规律是"①"→"②"→"③"→"④"。

如同隔离器一样，描述环行器的性能指标有正向衰减量、反向衰减量、对臂隔离度和工作频带等。

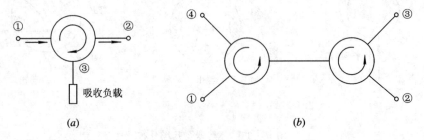

(a)　　　　　　　　　　(b)

图 5-37 环行器的应用

5.5 低温共烧陶瓷(LTCC)器件

5.5节PPT   LTCC 器件

低温共烧陶瓷(LTCC，Low Temperature Co-fired Ceramic)技术是近年发展起来的令人瞩目的整合组件技术，它在低温烧结陶瓷粉制成的厚度精确而且致密的生瓷带上利用激光打孔、微孔注浆、精密导体浆料印刷等工艺制出所需要的电路图形，并将多个无源元件(如低容值电容、电阻、滤波器、阻抗转换器、耦合器等)埋入多层陶瓷基板中，使用银、铜、金等金属作为内外电极将电路连接起来，然后叠压在一起，在950℃以下烧结，制成三维空间互不干扰的高密度器件(如 LTCC 滤波器等)，也可再在已共烧的内置无源元件三维电路基板表面贴装IC 和有源器件，制成无源/有源集成的功能模块或组件(如 LTCC 射频/微波模组等)。

由于 LTCC 器件或模块具有内置无源元件、非连续生产、体积小、高精度和高可靠性等特点，因此在射频与微波领域中得到了大量应用。图 5-38 所示就是利用 LTCC 工艺实现的某微波滤波器的分层布置示意图和实物照片。由图可见，LTCC 将电感、电容、耦合线等无源元件内埋在各层之间形成了三维电路。随着工艺的日益成熟，LTCC 必将有更广阔的应用前景。

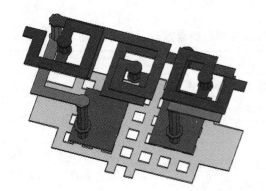 

LTCC滤波器

图 5-38 LTCC 微波滤波器结构图及实物照片

5.6 微波有源电路基础

5.6节PPT

正如前面所说，微波电路可以分为无源电路和有源电路。有源电路主要实现微波信号的产生、放大、频率变换以及信号控制等功能，包括微波小信号放大器、功率放大器、微波振荡器、微波混频器以及微波信号控制电路等。它们都离不开微波半导体器件，包括微波二极管和微波晶体管。本节首先简单介绍各种微波二极管和微波晶体管的基本工作原理及特点，然后分别对微波放大电路进行分析，最后介绍微波振荡电路及混频电路的基本原理，为后续进一步学习奠定基础。

5.6.1 微波半导体器件

微波半导体器件就是能够工作在微波波段的固态有源器件，它主要分为微波二极管和微波晶体管两大类。微波二极管的种类很多，大致可以分为四类，即利用隧道效应制成的器件（如隧道二极管）、利用电子转移时间制成的器件（如耿氏（Gunn）二极管）、利用雪崩效应制成的器件（如碰撞电离雪崩渡越时间二极管 IMPATT）、利用结效应制成的器件（如变容二极管、PIN 管、肖特基势垒二极管等）。而微波晶体管可分为结型晶体管和场效应晶体管两大类。结型晶体管可以分为双极结型晶体管（BJT）和双极异质结型晶体管（HBT）；场效应管的种类繁多，大致可以分为四类，即结型场效应管（JFET）、金属绝缘栅型场效应管（MISFET）、金属半导体场效应管（MESFET）和异质结场效应管（HFET）。下面分别就典型的微波二极管和微波晶体管作一简单介绍。

1. 典型微波二极管

微波二极管是由基片材料为锗、硅或者砷化镓等半导体材料掺杂及与金属组合形成的具有特有电特性的器件，它具有成本低、体积小和可靠性高等优点，广泛应用于微波振荡、放大、变频、开关、移相和调制等微波电路中。随着半导体工艺的发展，微波二极管的工作频率也不断提高，目前最高频率已超过 10 THz。如前所述，微波二极管就其机理可以分为四类，但就其功能而言，可以分为混频二极管、检波二极管、限幅二极管、开关二极管以及噪声二极管等；就其实现形式，又可以分为肖特基二极管、变容二极管、PIN 二极管、隧道二极管、噪声二极管、耿氏二极管及雪崩渡越二极管等。表 5-1 给出了典型微波二极管的实现机理、特点以及应用场景。

表 5-1　典型微波二极管的实现机理、特点以及应用场景

序号	二极管名称	实现机理	特　点	用　途
1	肖特基二极管	结效应（势垒）	噪声低，成本低	混频、检波
2	变容二极管	超突变掺杂分布结型二极管	结电容随电压非线性变化；噪声低	变频、参量放大、移相
3	PIN 二极管	本征层阻抗随偏置方式的变化	正偏阻抗小、负偏阻抗大，控制速度快，工作稳定	微波开关电路、移相电路、电调衰减器、限幅器、天线重构
4	阶跃二极管	窄 I 层结构的 PIN 二极管	反向电流会出现阶跃变化，实现快恢复	倍频器、高速取样器等
5	Gunn 二极管	电子迁移类体效应二极管	可以出现负阻效应；小功率器件	振荡器
6	IMPATT	雪崩效应	高电压，相位噪声大	振荡器
7	噪声二极管	雪崩击穿效应	噪声温度高，功耗低	噪声源

下面重点就典型微波二极管的电特性以及等效模型作一简单介绍。

1）肖特基二极管

肖特基二极管是肖特基势垒二极管的简称，它由金属底面、N^+ 衬底层、N 型半导体层、金属化膜组成，其结构示意图如图 5-39(a)所示。在 N 型半导体上刻蚀一层金属化膜，由于金属和半导体之间会产生一个耗尽层，从而形成金属半导体结，称为肖特基势垒结。肖特基势垒二极管的典型等效电路如图 5-39(b) 所示，它由结电容 C_j、结电阻 R_j、串联电阻 R_s、引线电感 L_s 和封装电容 C_p 组成，其中结电容和结电阻与所加的结电压有关。在反偏及弱正偏时，小信号电容可表示为

$$C_j = C_{j0} \left(1 - \frac{U_j}{\varphi_0} \right)^{-\frac{1}{2}} \tag{5-6-1}$$

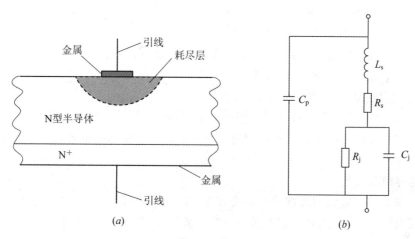

图 5-39　结型二极管的结构示意图及等效电路

(a) 结构示意图；(b) 等效电路图

其中，C_{j0} 为零偏置时的结电容，U_j 为结电压，φ_0 为二极管的内建电压(或称接触势垒，对于硅大约为 1 V)。强正偏时其结电容大约为 C_{j0} 的 2～3 倍。而在正偏时结电阻可以表示为

$$R_j = \frac{nU_T}{I_{\text{BIAS}}} \tag{5-6-2}$$

其中，$U_T = \dfrac{kT}{q}$ 为二极管的热电压，k 为波尔兹曼常数，T 为绝对温度，q 为电子电量，n 为理想因子(对于大多数现代肖特基二极管来说，理想因子在 1.05～1.1 之间)，I_{BIAS} 为流经二极管的偏置电流。在射频频率下，反偏时的结电阻相对电容的电抗大很多，可以看成无限大。

该类二极管的电流和电压之间的关系为

$$i_d(t) = I_s \exp\left(\frac{u_d(t)}{nU_T} \right) \tag{5-6-3}$$

其中，I_s 为随温度变化的电流。

由于肖特基二极管具有非线性电阻和非线性电容效应，因此被广泛应用于混频、检波等电路中。具体应用后续再谈。

2）变容二极管

变容二极管也是一类结型半导体器件，它利用二极管的结电容随偏置电压的变化而变化的特性，用于压控振荡(VCO)、参量放大等微波电路中。其典型结构及等效电路与图 5-39 相同，其结电容与结电压的关系为

$$C_j = C_{j0} \left(1 - \frac{U_j}{\varphi_0} \right)^{-m} \tag{5-6-4}$$

其中，m 是取决于半导体掺杂分布的一个常数，称为掺杂指数。对于线性缓变掺杂，m 为 $1/3$；对于突变掺杂，m 为 $1/2$；对于超突变掺杂，m 可以大于 1（有的还大于 2）。对于线性缓变掺杂二极管，其结电容随结电压的变化不那么剧烈，但对于超突变掺杂二极管，其结电容值可在一个数量级的范围内发生变化。图 5-40 给出了普通结型二极管和变容二极管的结电容随结电压的变化曲线。变容二极管的结电容随结电压非线性变化，使其在微波倍频、压控振荡、参量放大等电路中大量应用。

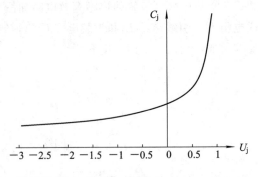

图 5-40　结电容与结电压关系曲线图

描述变容二极管的参数除了有内建电压 φ_0、掺杂指数 m 和结电容 C_j 外，还有以下重要参数：

(1) 电容调制系数 γ。

变容二极管的电容调制系数是反映变容管能量转换强弱的一个参数，它与二极管的固有特性、直流偏置、信号电压幅值有关，一般定义为

$$\gamma = \frac{C_{\max} - C_{\min}}{2(C_{\max} + C_{\min})} \tag{5-6-5}$$

其中，$C_{\max}$、$C_{\min}$ 分别为工作时的最大结电容和最小结电容。

(2) 反向击穿电压 U_B。

二极管随着反偏电压的增加会产生雪崩效应直至击穿，反向击穿电压是变容二极管能承受的最大反偏电压，此时的结电容最小，记作 $C_{j\min}$。

(3) 静态品质因数 $Q(U_0)$。

静态品质因数是指二极管在一定的偏置电压 U_0 下的品质因数，其定义为

$$Q(U_0) = \frac{1}{\omega C(U_0) R_s} \tag{5-6-6}$$

可见，在一定的偏置电压下，频率越高，品质因数越低。

(4) 截止频率 $f_c(U_0)$ 和额定截止频率 f_{cr}。

静态品质因数等于 1 时对应的频率，称为二极管的截止频率，即

$$f_c(U_0) = \frac{1}{2\pi C(U_0) R_s} \tag{5-6-7}$$

将工作在反向击穿电压时的截止频率称为额定截止频率，即

$$f_{cr} = \frac{1}{2\pi C(U_B) R_s} = \frac{1}{2\pi C_{j\min} R_s} \tag{5-6-8}$$

所以一般要选择截止频率比较高的二极管才能使其得到较高的品质因数。

[例 5-1]　设某变容二极管的内建电压 $\varphi_0 = 1$ V，掺杂指数 $m = 2$，零偏置结电容为 C_{j0}，串联电阻为 R_s。设变容二极管两端所加电压为 $u(t) = -U_0 - U_p \cos\omega_p t$，不考虑结电阻和封装参数情况下，求：

① 该二极管结电容的一阶近似表达式；

② 其电容调制系数；

③ 截止频率。

解：① 由结电容表示式(5-6-4)得静态工作点处的结电容为 C_{ju0} 即

$$C_{ju0} = C_{j0}(1+U_0)^{-2}$$

则任意电压下的结电容为

$$C_j = C_{j0}(1-u)^{-2} = C_{j0}(1+U_0+U_p\cos\omega_p t)^{-2}$$
$$= C_{j0}(1+U_0)^{-2}(1+\zeta\cos\omega_p t)^{-2} = C_{ju0}(1+\zeta\cos\omega_p t)^{-2}$$

其中，$\zeta = \dfrac{U_p}{1+U_0}$。将上式进行级数展开，并只考虑一阶近似，则有

$$C_j = C_{ju0}(1-2\zeta\cos\omega_p t)$$

可见结电容会随着时间做周期性变化。

② 在此工作条件下，最大电容和最小电容分别为

$$C_{max} = C_{ju0}(1+2\zeta), \quad C_{min} = C_{ju0}(1-2\zeta)$$

则

$$\gamma = \frac{C_{max}-C_{min}}{2(C_{max}+C_{min})} = \zeta$$

可见，此时的电容调制系数等于微波信号幅度与直流电压(内建电压与直流偏置电压之和)之比。

③ 截止频率：

$$f_c(U_0) = \frac{1}{2\pi C_{ju0}R_s}$$

综上，变容二极管的参数与管子内在特性、偏置电压以及所加信号有密切的关系，不能用一般的线性非时变器件来考量，这也正是其能用于变频、压控振荡、参量放大的原因。

3) PIN 二极管

PIN 二极管是由重掺杂的 P 型半导体、电阻率很高的本征层 I 和重掺杂的 N 型半导体组合而成的，因而称为 PIN 管，其结构示意图如图 5-41(a)所示。当二极管反向直流偏置时，外加电场与内建电场方向一致，使中间层的载流子减少，从而加大了二极管的反向电阻，使其显现高阻抗特性；当该二极管正向偏置时，更多的载流子进入本征层，此时二极管可以等效为一个小的电阻，并且阻值随偏置电压的加大而变小，即成为一个可变电阻器。当然实际上，其特性还受封装电容 C_p、结电容 C_j、引线电感 L_s 等其他参数的影响，其正、反

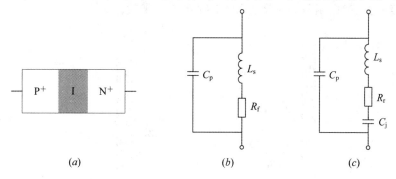

(a) $\qquad$ (b) $\qquad$ (c)

图 5-41　PIN 二极管的结构及等效电路

(a) 结构示意图；(b) 正向偏置等效电路；(c) 反向偏置等效电路

向偏置下的等效电路分别如图 $5-41(b)$、(c) 所示。其中，R_f、R_r 分别为正、反向电阻。

当微波信号和偏置信号同时加载到 PIN 二极管上时，可以将其看作一个开关电路，从而实现微波信号的通断控制。PIN 二极管在微波开关电路、移相电路、电调衰减器、限幅器、天线重构等方面得到了广泛的应用。

[例 5-2] 如图 $5-42(a)$ 所示，某 PIN 二极管并联在特性阻抗为 Z_0 的微带传输线上，其等效电路可表示为图 $5-42(b)$。设二极管的导纳 $Y=G_D+jB_D$。要求：

① 写出其 $[S]$ 矩阵；

② 求出其插入损耗的表达式，并画出其随频率变化的示意图。

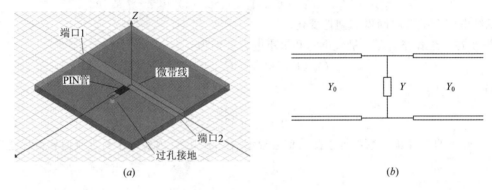

(a) (b)

图 $5-42$ 微带线上的并联 PIN 管

(a) 结构图；(b) 等效电路图

解：① 由第 4 章内容可知，其 $[S]$ 矩阵可表达为

$$[S] = \begin{bmatrix} \dfrac{\overline{Y}}{2+\overline{Y}} & \dfrac{2}{2+\overline{Y}} \\ \dfrac{2}{2+\overline{Y}} & \dfrac{-\overline{Y}}{2+\overline{Y}} \end{bmatrix}$$

其中，$\overline{Y}=Z_0 Y$。

② 并联型开关的插入损耗为

$$L_i = 20\lg\left|1+\frac{\overline{Y}}{2}\right| = 10\lg[(1+0.5G_D Z_0)^2+0.25B_D^2 Z_0^2] \quad \text{(dB)}$$

图 $5-43$ 为并联型 PIN 开关管的插入损耗随频率的变化示意图。由图可见，由于 PIN 管的等效导纳是频率的函数，因此插入损耗是频率的函数。

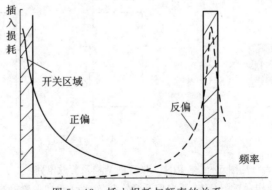

图 $5-43$ 插入损耗与频率的关系

事实上，串联引线、封装电容的影响会使反向阻抗减小，从而使开关本身的损耗加大，为了改善其性能，通常在二极管两端并联一个集总参数电感(见图 5-44(a))右侧虚线框或一截短截线(见图 5-44(b))，使其与寄生参数形成并联谐振，从而减小二极管的插入损耗，提高开关电路性能。

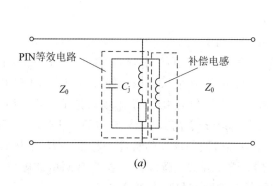
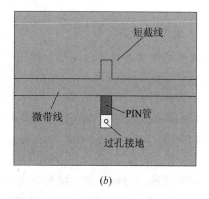

(a)　　　　　　　　　　　(b)

图 5-44　PIN 管的电抗补偿

(a) 集总电感补偿；(b) 短截线电抗补偿

4) 负阻类二极管

通常一个电阻 R 两端的电压 U 和电流 I 服从微分欧姆定律，即

$$R = \frac{\mathrm{d}U}{\mathrm{d}I} \tag{5-6-9}$$

该式表明，一个电阻的阻值等于该电阻伏安特性曲线的斜率。对于耗散性电阻，其值为正，此时其消耗的功率为

$$P = I^2 R = \frac{U^2}{R} = IU \tag{5-6-10}$$

这个功率也是正的，反映该电阻属于功率消耗器件。有些二极管(如隧道二极管、耿氏二极管、IMPATT 等)，在一定的电压偏置下，其伏安特性的斜率为负(如图 5-45 所示)，此时，有

$$R = \frac{\mathrm{d}U}{\mathrm{d}I} < 0 \tag{5-6-11}$$

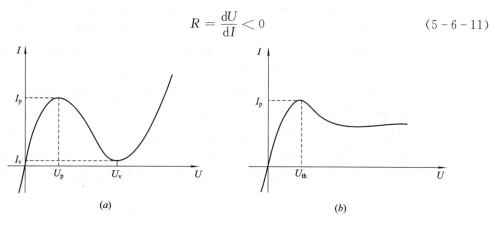

(a)　　　　　　　　　　　(b)

图 5-45　各类负阻类二极管的伏安特性

(a) 隧道二极管的伏安特性；(b) 耿氏二极管的伏安特性

反映其等效电阻在一定区域表现为负值，因此，此类二极管可以归类为具有负阻特性的二极管。负阻器件是一个提供能量的器件，因此可以用于振荡器。

当然，上述二极管虽然都具有负阻特性，但在实现机理、功率容量、噪声电平等方面还存在差异，因此也有不同的应用。读者若想了解更多内容，可参考文献[28]，此处不再赘述。

2. 典型微波晶体管

微波晶体管可以分为结型晶体管和场效应管两类。结型晶体管可以分为双极结型晶体管（BJT，Bipolar Junction Transistor）和异质结双极型晶体管（HBT，Heterojunction Bipolar Transistor）；场效应管的种类繁多，常用的有金属半导体场效应管（MESFET，Metal Semiconductor Field Effect Transistor）、金属氧化物半导体场效应管（MOSFET，Metal Oxide Semiconductor Field Effect Transistor）、高迁移率晶体管（HEMT，High Electron Mobility Transistor)等。表5-2是各类微波晶体管的特性一览表。微波晶体管广泛应用于微波信号放大器、微波功率放大器、微波开关、微波振荡器等有源微波电路中。下面主要介绍BJT和MESFET两种晶体管的结构特点和基本等效电路。

表 5-2　各类晶体管的特性

晶体管名称	材料	工作频率/GHz	承受功率/W	成本	应用场景
BJT	Si	<3	30	低	放大、振荡
HBT	GaAs,AlGaAs	2~20	1	较高	振荡、功放
MESFET	GaAs	2~20	10	较高	放大、功放
MOSFET	Si	<1	300	低	功放
HEMT	GaAs,AlGaAs	2~40	1	较高	低噪声放大

1）双极结型晶体管（BJT）

自1948年肖特基等人发明结型晶体管以来，双极结型晶体管的封装结构和工艺不断改进，工作频率的上限不断提高，噪声系数控制良好，并且价格低廉、可集成度好，因此，该类晶体管的应用一直占有主导地位。

从基本原理来看，微波晶体管和普通的晶体管是相同的，但就结构而言，为了降低分布效应，其电极结构往往会比较复杂。图5-46就是一个典型的采用平面交指结构的微波双结晶体管结构图。其中，图5-46(a)是其三维剖视图，图5-46(b)是电极分布平面图。由图可知，该NPN型晶体管以轻掺杂N型外延层作集电极，采用扩散法在基极区反掺杂P型半导体，再用扩散法或离子注入法浅重掺杂N型半导体构成发射极。发射极和基极通常采用平面交指结构，基极指的数量总比发射极的多1个。

图5-47是微波双结晶体管共基极和共射极两种结构的管芯等效电路模型，该基本模型是由两个背靠背的二极管及受控电流源组成的。其中，r_c，r_b，r_e分别为各个极电阻，C_c，C_b，C_e分别为分布极电容，i_c，i_b，i_e分别为集电极、基极和发射极电流，α_0，β_0分别为共基极电流增益和共射极电流增益。

微波晶体管的主要特性包括伏安特性、静态电流增益、特征频率以及最大振荡频率。其中，伏安特性及静态电流增益的表述与一般晶体管相同，在此不再赘述。下面讨论特征频率和最大振荡频率。

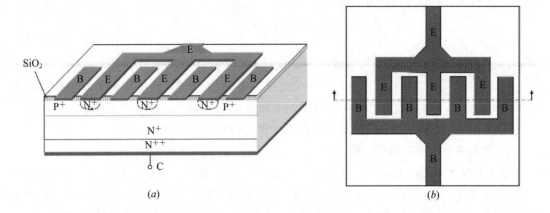

图 5 - 46　微波晶体管结构示意图

(a) 微波晶体管三维剖视图；(b) 电极分布平面图（顶视图）

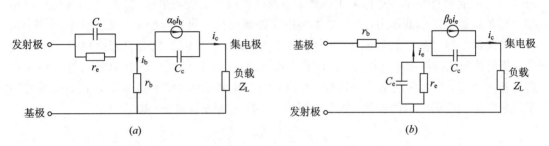

图 5 - 47　微波双基晶体管管芯等效电路

(a) 共基极等效电路；(b) 共射极等效电路

（1）特征频率 f_T。

当交流信号加到晶体管上后，晶体管的载流子从发射极渡越到集电极是需要时间的，这个时间称为延迟时间，记作 τ，它一般包含四个部分，分别是载流子在基区的渡越时间 τ_b、载流子在集电极耗尽层的渡越时间 τ_d、发射极电容的充电时间 τ_e 和集电极电容的充电时间 τ_c。即有

$$\tau = \tau_b + \tau_d + \tau_e + \tau_c \tag{5-6-12}$$

当延迟时间比信号的周期长时，输出电流和输入电流将出现相位差，当工作频率进一步提高，载流子在基区运动尚未到达集电极，即未构成集电极电流时，输入信号的大小与方向就改变了，因而造成载流子运动的混乱，导致电流放大系数下降。工作频率越高，电流放大系数下降越严重。可见，电流放大系数与工作频率有很大的关系。

晶体管的这个特性通常用特征频率 f_T 来表征。它的定义为：在共射极电路中，电流放大系数等于 1 时对应的频率，它与延迟时间的关系为

$$f_T = \frac{1}{2\pi\tau} \tag{5-6-13}$$

一般情况下，工作频率应远小于晶体管的特征频率，即 $f \ll f_T$。

（2）最大振荡频率。

由于电流放大系数不具有本征特性，因此特征频率不能很好地衡量器件的根本性质，为此通常用最大振荡频率 $f_{\max}$ 来表征，它是指当晶体管的功率放大倍数下降到 1（或者外推

到 1)时的频率。它的表达式可写为

$$f_{\max} = \frac{1}{2} \sqrt{\frac{f_T}{r_b C_c}} \qquad (5-6-14)$$

其中，r_b 为基区体电阻，C_c 为集电极分布电容。

一般情况下，$f_{\max} > f_T$。最大振荡频率是表征晶体管固有特性的一个重要参数。值得指出的是，有时用测量的方法很难得到放大倍数等于 1 的结果，因此采用外推，即将增益（或称放大倍数）与频率的曲线外延才能得出该管子的最大振荡频率。

2) 金属半导体场效应管（MESFET）

金属半导体场效应晶体管（MESFET）的结构示意图如图 5-48(a)所示，它将半绝缘（或称高电阻率）的 GaAs 基片作为衬底，在其上生长一层 N 型外延层（N-GaAs），也称为沟道。在沟道的上方通过重掺杂材料与源极、栅极和漏极相连，而沟道与衬底之间会形成一层缓冲层，将沟道与衬底隔离开。金属半导体场效应管就是利用栅极金属和 N 型半导体材料之间形成的肖特基势垒层来工作的。当源栅极间加上反向电压时，由于衬底层的电导率比外延层的电导率低得多，电流基本集中在外延层内，使外延层中产生一个耗尽层，这样衬底和耗尽层之间自然形成了一个"沟道"。而栅源电压的变化会引起耗尽层宽度的变化，从而使沟道的电阻随之而变，此时若在漏源之间加上正偏电压，外延层的电子会穿过沟道流向源极，当漏源间电压一定时，源漏间的电流大小完全取决于沟道电阻，从而实现了栅极电压对源漏电流的控制。这个控制能力一般用跨导来表征，即

$$g_m = \frac{\partial I_D}{\partial U_{GS}} \bigg|_{U_{DS}=\text{const}} \qquad (5-6-15)$$

当栅源电压足够大时，会使耗尽层扩展，直至沟道厚度为零，沟道被耗尽层阻断，此时的栅源电压称为阻断电压。

图 5-48(b)是场效应管的电路符号，图 5-48(c)是 MESFET 的小信号等效电路。

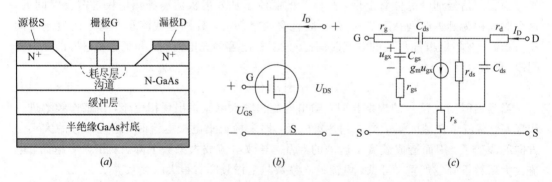

图 5-48　MESFET 场效应管的结构示意图、电路符号以及等效电路
(a) MESFET 结构示意图；(b) 电路符号；(c) 等效电路

描述场效应管的主要参数有漏源电压与漏极电流关系曲线、截止频率、最高频率以及噪声系数等，详见文献[29]。

随着集成电路设计和工艺的不断发展，各种新的微波器件不断涌现。但最常用的两类微波器件——微波晶体管和场效应管，是构成微波放大器、混频器、振荡器等微波有源电路的核心器件。下面重点介绍这些微波有源电路。

5.6.2　微波放大电路

微波放大器

微波放大电路是射频系统一个重要的有源部件，就其实现所用器件，可以分为微波晶体管放大电路和场效应管放大电路；而就其应用场景来说，可以分为低噪声放大器、小信号高增益放大器和功率放大器。其中，低噪声放大器和小信号高增益放大器都工作在小信号状态，因此可以使用小信号参数模型分析，而功率放大器则需用大信号模型和参量分析。放大器的一般特性包括增益要求、带宽要求、输入输出驻波比以及稳定性要求等，而低噪声放大器需按最小噪声目标设置管子的工作状态，高增益放大器则需以最大增益为目标进行设计，功率放大器要求负载得到较大的功率。本小节将重点讨论小信号放大电路、功率放大电路的基本原理以及设计实例。

1. 微波小信号放大电路

1）微波放大器的主要参数

微波放大器是一个典型的双口网络，其各端口参数如图 5-49 所示。反映微波放大器特征的主要参数有增益、噪声系数、稳定系数等，其中增益又可以分为工作功率增益、转换功率增益、资用功率增益。下面分别来讨论。

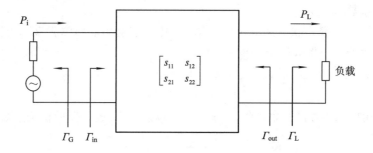

图 5-49　微波放大电路各端口参数示意图

（1）工作功率增益 G_W。

放大器的工作功率增益是负载吸收的功率 P_L 和放大器的输入端口功率 P_i 之比，即

$$G_W = \frac{P_L}{P_i} = \frac{|s_{21}|^2 (1 - |\Gamma_L|^2)}{|1 - s_{22}\Gamma_L|^2 - |(s_{12}s_{21} - s_{11}s_{22})\Gamma_L + s_{11}|^2} \qquad (5-6-16)$$

而

$$g_W = \frac{G_W}{|s_{21}|^2}$$

称为归一化工作增益。

可见，放大器的工作功率增益与放大器的[S]参数以及终端反射系数有关，并且可以证明归一化增益在 Γ_L 平面上的轨迹是一个圆，称为等功率增益圆。

（2）转换功率增益 G_t。

放大器的转换功率增益是负载吸收的功率 P_L 和信号源输出的最大功率（即资用功率）P_{im} 之比，即

$$G_t = \frac{P_L}{P_{im}} = \frac{|s_{21}|^2 (1 - |\Gamma_G|^2)(1 - |\Gamma_L|^2)}{|(1 - s_{11}\Gamma_G)(1 - s_{22}\Gamma_L) - s_{12}s_{21}\Gamma_L\Gamma_G|^2} \qquad (5-6-17)$$

它表示的是负载在有放大器时得到的功率与没有放大器时得到的最大功率的比值。

（3）资用功率增益 G_a。

放大器的资用功率增益是负载吸收的资用功率 P_{Lm}（负载达到最大输出功率）和信号源输出的最大功率（即资用功率）P_{im} 之比，此时 $\Gamma_L = \Gamma_2^*$，因此资用功率增益可表示为

$$G_a = \frac{P_{Lm}}{P_{im}} = \frac{|s_{21}|^2(1-|\Gamma_G|^2)(1-|\Gamma_2^*|^2)}{|(1-s_{11}\Gamma_G)(1-s_{22}\Gamma_2^*)-s_{12}s_{21}\Gamma_2^*\Gamma_G|^2} \qquad (5-6-18)$$

（4）噪声系数。

放大器的噪声系数定义为输入信噪比和输出信噪比的比值，即

$$F = \frac{P_{si}/P_{ni}}{P_{so}/P_{no}} \qquad (5-6-19)$$

其中，P_{si}、P_{ni} 分别为输入信号功率和噪声功率，P_{so}、P_{no} 分别为输出信号功率和噪声功率。若放大器的工作功率增益为 G_w，则噪声系数可表示为

$$F = \frac{P_{no}}{G_w P_{ni}} \qquad (5-6-20)$$

所以噪声系数也是总的输出噪声功率和经放大后的输入噪声功率之比。一般来说：总的输出噪声包括输入端噪声放大后的输出和管子本身输出的噪声功率。对于射频接收前端，一般要采用低噪声放大器（LNA，Low Noise Amplifier），就是为了提高输出信噪比。

（5）稳定系数。

放大器必须处于稳定状态才能正常工作，否则可能会引起自激振荡，严重时甚至会烧毁，因此放大器的稳定性分析十分重要。

放大器两端的输入反射系数一定要满足以下条件：

$$|\Gamma_1|<1, \quad |\Gamma_2|<1 \qquad (5-6-21)$$

设放大器的[S]参数已知，并令 $\Delta = s_{11}s_{22}-s_{12}s_{21}$，定义放大器的稳定系数为

$$K = \frac{1-|s_{11}|^2-|s_{22}|^2+|\Delta|^2}{2|s_{12}s_{21}|} \qquad (5-6-22)$$

根据稳定性分析可知，放大器的绝对稳定条件为

$$\left.\begin{array}{l} 1-|s_{11}|^2>|s_{12}s_{21}| \\ 1-|s_{22}|^2>|s_{12}s_{21}| \\ K>1 \end{array}\right\} \qquad (5-6-23)$$

这为放大器的稳定性设计奠定了基础。

2）微波小信号放大电路设计过程

微波小信号放大电路的设计主要涉及直流偏置电路设计和微波电路设计。直流偏置电路部分与一般高频电路基本相同，在此不作讨论。从微波放大电路的设计目标看，主要有最大增益设计和最小噪声设计。所谓最大增益设计，就是将放大器设计成两个端口同时满足共轭匹配，从而获得最大功率输出；所谓最小噪声设计，就是适当选择 Γ_G，从而使放大器的噪声系数最小，当然这是牺牲了增益指标而换来的。

放大器设计的基本要求主要是确保放大电路工作在稳定区域并且输入与输出匹配良好。其设计流程包括：根据放大电路参数进行稳定性判断，再进行输入匹配网络设计、输出匹配网络设计，最后用微波元件实现匹配网络。

2. 微波功率放大电路

功率放大电路与小信号放大电路不同，放大器应有大的输出功率和高的效率，还要满足带宽、增益和稳定性要求，甚至还要关注非线性失真、散热等问题。而从系统性能看，功率放大电路除了要关注输入输出反射系数、增益等指标外，还需要关注幅度失真、交调失真等。为此本小节将重点对功率放大器组成、非线性失真及其表征以及功率放大器设计案例作一简单介绍。

1) 功率放大器组成

在发射机末级用于提供高的功率输出的放大电路称为功率放大器(PA, Power Amplifier)；而在接收机前端的放大器需要有低噪声特性，因此称为低噪声放大器(LNA, Low-Noise Amplifier)。放大器通常由有源固态器件和前后匹配电路组成。图 5-50 所示是典型的晶体管放大电路组成示意图。

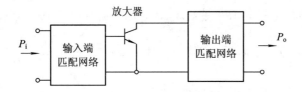

图 5-50　晶体管放大电路组成示意图

对于功率放大器来说，功率增益和效率是十分重要的两个指标。输出功率与输入功率比值的分贝值称为功率增益，即

$$G = 10\lg \frac{P_L}{P_i} \qquad (5-6-24)$$

假设 P_{DC} 是所消耗的直流功率，通常定义

$$PAE = \frac{P_L - P_i}{P_{DC}} \times 100\% \qquad (5-6-25)$$

为附加功率效率(PAE, Power-Added Efficiency)，它反映了一个功率放大器的功率转换能力，这对于大功率放大器来说十分重要。效率低会带来更多的热，反过来还会影响放大器的工作状态。除此之外，功率放大器的非线性效应也不容忽视。

2) 非线性失真及其表征

微波功率放大器工作在大信号状态，在放大过程中会出现非线性失真。设放大器的输入信号为 u_i，输出信号为 u_o。不考虑延迟，则输出信号可用输入信号的幂级数表示为

$$u_o = k_1 u_i + k_2 u_i^2 + k_3 u_i^3 + \cdots \qquad (5-6-26)$$

对于线性系统，除 k_1 外其他系数均为零，对于弱非线性系统，可以三阶幂级数近似表示，即

$$u_o = k_1 u_i + k_2 u_i^2 + k_3 u_i^3 \qquad (5-6-27)$$

当输入信号 $u_i = A\cos\omega_1 t$ 时，代入式(5-6-27)并经整理可得

$$u_o = \frac{1}{2} k_2 A^2 + \left(k_1 A + \frac{3}{4} k_3 A^3\right)\cos\omega_1 t + \frac{1}{2} k_2 A^2 \cos2\omega_1 t + \cdots \qquad (5-6-28)$$

为此通常用 1 dB 压缩点、线性动态范围、交调失真以及无杂散动态范围等参数来表征其非线性特征。

一般来说，放大器的输出功率与输入功率有如图 5-51 所示的曲线关系，当输入信号强度大于某一值时，非线性效应就显现了，此时尽管输入功率在增大，但输出功率的增加速度减小，甚至趋于饱和，这称为非线性压缩。为了表征该非线性效应，通常用 1 dB 压缩点来表示，该点是放大器增益与线性增益相比下降 1 dB 时的输入功率（如图中的 $IP_{1\,dB}$）。而将 1 dB 压缩点处的输出功率 $OP_{1\,dB}$ 与背景噪声的电平差称为放大器的线性动态范围（LDR，Linear Dynamic Range）。当两个频率或更多频率信号同时输入放大器时，由于放大器的非线性效应，还会产生互调信号。现假设有同幅度的双频信号

$$u_i = A(\cos\omega_1 t + \cos\omega_2 t) \tag{5-6-29}$$

输入到放大器，代入式（5-6-27），则输出信号为

$$
\begin{aligned}
u_o =\ & k_1 A(\cos\omega_1 t + \cos\omega_2 t) + k_2 A^2 (\cos\omega_1 t + \cos\omega_2 t)^2 + k_3 A^3 (\cos\omega_1 t + \cos\omega_2 t)^3 + \cdots \\
=\ & k_2 A^2 + k_2 A^2 \cos(\omega_1 - \omega_2)t + \left(k_1 A + \frac{9}{4}k_3 A^3\right)\cos\omega_1 t + \left(k_1 A + \frac{9}{4}k_3 A^3\right)\cos\omega_2 t \\
& + \frac{4}{3}k_3 A^3 \cos(2\omega_1 - \omega_2)t + \frac{4}{3}k_3 A^3 \cos(2\omega_2 - \omega_1)t + k_2 A^2 \cos(\omega_1 + \omega_2)t \\
& + \frac{1}{2}k_2 A^2 \cos 2\omega_1 t + \frac{1}{2}k_2 A^2 \cos 2\omega_2 t + \frac{3}{4}k_3 A^3 \cos(2\omega_1 + \omega_2)t + \frac{3}{4}k_3 A^3 \cos(2\omega_2 + \omega_1)t \\
& + \frac{1}{4}k_3 A^3 \cos 3\omega_1 t + \frac{1}{4}k_3 A^3 \cos 3\omega_2 t + \cdots
\end{aligned} \tag{5-6-30}
$$

在这些输出信号中，除了有 ω_1、ω_2 两个基带频率成分外，还有多个组合频率，称之为互调信号。其中最值得关注的是 $2\omega_1 - \omega_2$ 及 $2\omega_2 - \omega_1$ 这两个频率分量，因为它们很可能落入 ω_1 或 ω_2 基带信号的边频中，从而引起干扰。由于这两个频率分量是三阶信号产生的，因此称之为三阶互调（IM3，the third-order InterModulation）。三阶互调的输入与输出曲线（以分贝表示）的线性延长线与放大器功率输入与输出曲线的线性延长线之交点称为三阶互调点（IP_3，the third-order Intercept Point），对应的输入功率称为三阶交调输入功率（IIP_3），对应的输出功率称为三阶交调输出功率（OIP_3）。三阶互调点越高，说明抑制三阶交调的能力越强。

同时，将三阶交调与背景噪声交点处到线性输出功率点之间的输出功率范围称为无杂散输出动态范围（SFDR，Spurious-Free Dynamic Range），如图 5-51 所示。

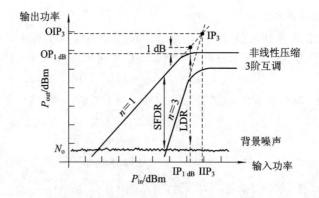

图 5-51　放大器的输入与输出功率关系曲线

总之，对于一个功率放大器来说，所需的系统参数主要有高的功率输出、高的 1 dB 压

缩点、高的三阶交调点、大的动态范围、低的交调、好的线性度以及高的附加功率效率等。详细的分析参见文献[30]。

　　3）功率放大器设计案例

　　图 5-52 是一款典型的微波放大电路的原理图，它包含了输入匹配电路、输出匹配电路、直流偏置电路以及晶体管或集成放大器。通过电路仿真、PCB 版图设计与制作、器件焊接、实物调试与实测，最后得到如图 5-53 所示的结果。具体设计内容请扫描二维码。

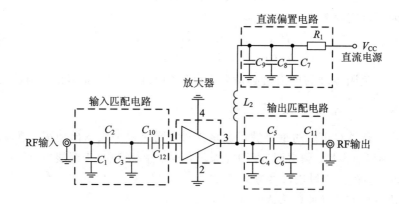

图 5-52　典型微波放大电路原理图

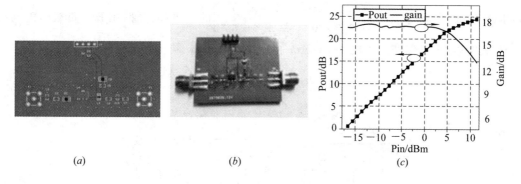

(a)　　　　　　　　　　　(b)　　　　　　　　　　　(c)

图 5-53　某放大器版图、实物图及性能测试图

(a) PCB 版图；(b) 实物图；(c) 测试结果图

5.6.3　微波振荡器与混频器

1. 微波振荡器

　　微波振荡器(Oscillator)是将直流能量转化为微波信号能的有源电路，它是发射机中的微波信号源以及上下变频电路中产生本地振荡的基本电路。它通常由一个无源谐振电路（始端网络）、有源器件（或称振荡管）以及负载匹配网络组成，如图 5-54 所示。其中，无源谐振电路可以是谐振微带线、腔体谐振器、介质谐振器及可调谐变容管等，振荡管可以是双极晶体管(BJT)、GaAs 场效应管(FET)以及异质结晶体管(HBT)等，都是利用它们在合适的偏置状态下呈现的负阻特性来实现能量转换的。

　　假设负载匹配网络的输入阻抗为 $Z_C(f)=R_C+\mathrm{j}X_C$，而振荡管的输入阻抗为 $Z_D(f)=R_D+\mathrm{j}X_D$。通常有源器件的阻抗与频率、偏置电流、射频电流以及温度有关，当上述电路满

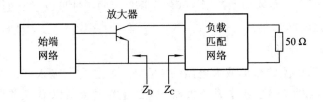

图 5 - 54 微波振荡器结构示意图

足以下条件时可以实现振荡，即

$$R_C(f) \leqslant |R_D(f,I_0,I_{RF},T)| \tag{5-6-31}$$

$$X_C(f) + X_D(f,I_0,I_{RF},T) = 0 \tag{5-6-32}$$

由此可见，负阻器件的电阻值必须大于电路的消耗电阻，而谐振时电路的电抗应为零。通常选 $R_C = -\dfrac{1}{3}R_D$ 以保证可靠振荡。

设计一个振荡器最重要的是要满足振荡条件，同时须关注输出功率、直流/射频转换效率、噪声、频率稳定性、频率调节范围、杂散信号、频率牵引（带载能力）以及频率波动等系统参数，各参数的详细讨论可参考文献[23]。

下面讨论一个实际微波振荡器的例子。

该振荡器的电路如图 5 - 55 所示，它由靠近终端开路的微带线附近的介质谐振器 (DRO) 和 $[S]$ 参数为 $[S] = \begin{bmatrix} 1.8\angle130° & 0.4\angle45° \\ 3.8\angle36° & 0.7\angle-63° \end{bmatrix}$ 的双极晶体管（BJT）、负载匹配网络三部分组成。该振荡器工作在 2.4 GHz。由网络参数可得

$$\Gamma_{out} = S_{22} + \frac{S_{12}S_{21}\Gamma_s}{1 - S_{11}\Gamma_s} \tag{5-6-33}$$

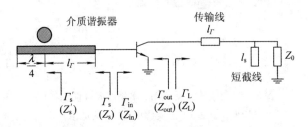

图 5 - 55 典型的介质谐振器振荡电路

为了使振荡器稳定工作，要使 $|\Gamma_{out}|$ 足够大，因此可选择反射系数 Γ_s，使 $1 - S_{11}\Gamma_s = 0$。于是可以确定 $\Gamma_s = 0.6\angle-130°$，再根据式（5 - 6 - 33）得到：$\Gamma_{out} = 10.7\angle132°$。假设微带线的特性阻抗 $Z_0 = 50\ \Omega$，可得到管子端的输出阻抗为

$$Z_{out} = Z_0\frac{1+\Gamma_{out}}{1-\Gamma_{out}} = -43.7 + \text{j}6.1\Omega \tag{5-6-34}$$

于是应使负载端输入阻抗满足

$$Z_L = -\frac{1}{3}R_{out} - \text{j}X_{out} = 5.5 - \text{j}6.1\Omega \tag{5-6-35}$$

通过调节传输线长度 l_t 和短截线 l_s 的长度，可以很容易使 Z_L 满足式（5 - 6 - 35）；而通过调节传输线的长度 l_Γ 以及谐振器的位置（即耦合系数），可使 $\Gamma_s = 0.6\angle-130°$。这样就完

成了该振荡器的初步设计。更详细的设计可参考文献[11]。

微波混频器

2. 微波混频器

微波混频器(Mixer)是一类典型的三端口有源电路,它利用器件的非线性或时变特性实现频率变换,是微波上下变频器、倍频器和分频器等频率变换电路的核心部件。理想的混频器通过输入两个不同频率的信号进行相乘,就可以得到两个频率相加或相减的新的频率信号。但实际上通过非线性器件的两个信号会产生许多不同的谐波信号,因此通常需要在后端加相应的滤波器以实现频率的选择。图 5-56 是通信系统中常用的利用混频器实现的上下频率变换。

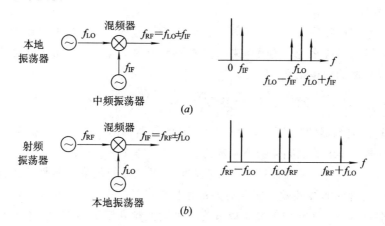

图 5-56　利用混频器的上下频率变换器

(a) 上变频;(b) 下变频

下面以上变频为例来说明混频器的工作原理。图 5-56(a)有相对高的频率 f_{LO} 的本地振荡信号输入到混频器的一个端口。本地振荡信号可以表示为

$$u_{\mathrm{LO}}(t) = \cos 2\pi f_{\mathrm{LO}} t \qquad (5-6-36)$$

另一个相对低的频率 f_{IF}(基带或中频)信号输入到混频器的另外一个端口,这个信号通常包含了待传输的信息或数据,可以表示为

$$u_{\mathrm{IF}}(t) = \cos 2\pi f_{\mathrm{IF}} t \qquad (5-6-37)$$

理想的混频器的输出就是这两个信号的乘积,即

$$u_{\mathrm{RF}}(t) = K u_{\mathrm{LO}}(t) u_{\mathrm{IF}}(t) = K \cos 2\pi f_{\mathrm{LO}} t \cdot \cos 2\pi f_{\mathrm{IF}} t$$

$$= \frac{K}{2} \big[\cos 2\pi (f_{\mathrm{LO}} + f_{\mathrm{IF}}) t + \cos 2\pi (f_{\mathrm{LO}} - f_{\mathrm{IF}}) t \big] \qquad (5-6-38)$$

其中,K 是考虑混频器电压变换损失的一个常数。混频器的输出包含了两个输入信号频率的和及差,即

$$f_{\mathrm{RF}} = f_{\mathrm{LO}} \pm f_{\mathrm{IF}} \qquad (5-6-39)$$

输入、输出信号谱的变换如图 5-56 右侧所示。可见,混频器将 IF 信号调制到本振信号(即载波信号)上,而两者的和频及差频成为载波信号的上下边带。同理也可以分析下变频的原理。

描述混频器的主要参数包括变频损耗、噪声系数、中频阻抗、击穿功率、输入输出驻

波比等。下面重点讨论变频损耗和噪声系数这两个重要的参数。

1) 变频损耗

变频损耗反映的是频率变换过程中所引起的损耗。对于下变频使用的混频器，变频损耗是指输入到混频器的微波资用功率和输出中频资用功率之比，通常用分贝表示，即

$$L_c = 10 \lg \frac{P_{\text{RF}}}{P_{\text{IF}}} \qquad (5-6-40)$$

由于实现混频的方法不一样，各混频器的变频损耗也不同。利用二极管变阻特性实现的混频器，其变频损耗通常在 4~7 dB(1~10 GHz)；而采用三极管混频，其变频损耗比较小，甚至还可能有几个 dB 的转换增益。

2) 噪声系数

一个接收系统接收信号的质量好坏不仅取决于信号的大小，还取决于噪声的强弱。对于一般微波频段的系统来说，其噪声来源主要是系统内部噪声，通常定义输入、输出信噪比的比值为混频器的噪声系数，即

$$F = \frac{S_{\text{in}}/N_{\text{in}}}{S_{\text{out}}/N_{\text{out}}} = L_c \frac{N_{\text{out}}}{N_{\text{in}}} \qquad (5-6-41)$$

其中，N_{in} 是输入混频器的噪声资用功率，N_{out} 是混频器输出端的总噪声资用功率，L_c 是混频器的变频损耗。详细的混频器噪声系数的分析可参考文献[28]。

正如前面所说，就混频器使用的器件看，可以用二极管的变阻特性实现混频，也可用晶体管或场效应管的非线性效应实现混频；就电路实现形式看，混频器可以分为单端混频结构和平衡混频结构，平衡混频又可以分为单平衡混频和双平衡混频。下面给出一个典型的混频电路——分支线电桥平衡混频电路，其结构原理图如图 5-57 所示。

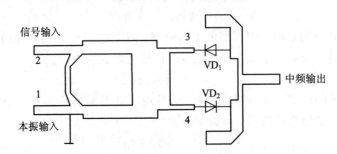

图 5-57　分支线电桥平衡混频电路

该混频电路的工作原理如下：

本振信号由 1 端口输入，分别加到混频二极管 VD_1 和 VD_2 上，其电压可表示为

$$\left. \begin{array}{l} v_{\text{LO}_1} = u_0 \cos\left(2\pi f_{\text{LO}} t - \dfrac{\pi}{2}\right) \\[2mm] v_{\text{LO}_2} = u_0 \cos 2\pi f_{\text{LO}} t \end{array} \right\} \qquad (5-6-42)$$

已调信号由 2 端口输入，分别加到混频二极管 VD_1 和 VD_2 上，其电压可表示为

$$\left. \begin{array}{l} v_{\text{m}_1} = u_{\text{m}} \cos 2\pi f_{\text{m}} t \\[2mm] v_{\text{m}_2} = u_{\text{m}} \cos\left(2\pi f_{\text{m}} t - \dfrac{\pi}{2}\right) \end{array} \right\} \qquad (5-6-43)$$

假设两个二极管性能相同，在本振电压的作用下，它们的时变电导分别为

$$g_{\mathrm{VD}_1}(t) = g_0 + 2\sum_{n=1}^{\infty} g_n \cos n\left(2\pi f_{\mathrm{LO}} - \frac{\pi}{2}\right)t \left.\vphantom{\sum_{n=1}^{\infty}}\right\}$$
$$g_{\mathrm{VD}_2}(t) = g_0 + 2\sum_{n=1}^{\infty} g_n \cos 2\pi n f_{\mathrm{LO}} t \qquad (5-6-44)$$

在已调信号的扰动下，两个二极管上流过的电流分别为

$$i_{\mathrm{VD}_1}(t) = u_{\mathrm{m}}\cos 2\pi f_{\mathrm{m}} t\left[g_0 + 2\sum_{n=1}^{\infty} g_n \cos n\left(2\pi f_{\mathrm{LO}} - \frac{\pi}{2}\right)t\right] \left.\vphantom{\sum}\right\}$$
$$i_{\mathrm{VD}_2}(t) = u_{\mathrm{m}}\cos\left(2\pi f_{\mathrm{m}} t - \frac{\pi}{2}\right)\left[g_0 + 2\sum_{n=1}^{\infty} g_n \cos 2\pi n f_{\mathrm{LO}} t\right] \qquad (5-6-45)$$

将式(5-6-45)展开并取出中频电流得

$$i_{\mathrm{IF1}}(t) = u_{\mathrm{m}} g_1 \cos\left[2\pi(f_{\mathrm{m}} - f_{\mathrm{LO}})t + \frac{\pi}{2}\right] = u_{\mathrm{m}} g_1 \cos\left(2\pi f_{\mathrm{IF}} t + \frac{\pi}{2}\right) \left.\vphantom{\frac{\pi}{2}}\right\}$$
$$i_{\mathrm{IF2}}(t) = u_{\mathrm{m}} g_1 \cos\left[2\pi(f_{\mathrm{m}} - f_{\mathrm{LO}})t - \frac{\pi}{2}\right] = -u_{\mathrm{m}} g_1 \cos\left(2\pi f_{\mathrm{IF}} t + \frac{\pi}{2}\right) \left.\vphantom{\frac{\pi}{2}}\right\}$$
$$(5-6-46)$$

由于两个二极管反向连接，所以在中频输出端得到的总电流应为

$$i_{\mathrm{IF}}(t) = 2u_{\mathrm{m}} g_1 \cos\left(2\pi f_{\mathrm{IF}} t + \frac{\pi}{2}\right) \qquad (5-6-47)$$

由于采用了平衡式结构，该混频电路可以有效抵消本振的二次谐波电流，提高信噪比。更多的关于混频器的分析与实现可以参考文献[28]和[30]。

本 章 小 结

本章小结

本章首先介绍了微波连接匹配元件(包括终端负载元件、微波连接元件以及阻抗匹配元器件三大类)，其中，终端负载元件主要介绍了短路负载、匹配负载以及失配负载等，微波连接元件主要介绍了波导接头、衰减器、相移器及转换接头等，阻抗匹配元器件主要介绍了螺钉调配器、多阶梯阻抗变换器及渐变型阻抗变换器等，并给出上述各种元件的实现原理和基本结构；接着着重讨论了功率分配和合成器件，主要包括定向耦合器(波导双孔定向耦合器、双分支定向耦合器、平行耦合微带定向耦合器)、功率分配与合成器件(功分器、环形电桥、波导分支器、多工器)；随后在介绍微波谐振器件演化过程和谐振器参数的基础上，重点讨论了矩形空腔谐振器和微带谐振器的工作原理及特点；然后讨论了非互易微波铁氧体器件，包括谐振式隔离器、场移式隔离器和 Y 形结环行器，主要讨论了实现原理、相关性能参数及某些典型应用，同时介绍了低温陶瓷共烧(LTCC)器件的实现过程及特点；最后给出了微波有源电路的基础知识，主要包括各种微波二极管和微波晶体管的基本工作原理及特点的介绍、微波放大电路的原理分析、微波振荡电路及混频电路基本原理介绍，为后续进一步学习奠定基础。

习　题

典型例题

思考与拓展

5.1　有一矩形波导终端接匹配负载，在负载处插入一可调螺钉后，如题 5.1 图所示。测得驻波比为 1.94，第一个电场波节点离负载距离为 $0.1\lambda_g$，求此时负载处的反射系数及螺钉的归一化电纳值。

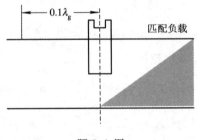

题 5.1 图

5.2　有一驻波比为 1.75 的标准失配负载，标准波导尺寸为 $a\times b_0=2\times1\ \mathrm{cm}^2$，当不考虑阶梯不连续性电容时，求失配波导的窄边尺寸 b_1。

5.3　设矩形波导宽边 $a=2.5\ \mathrm{cm}$，工作频率 $f=10\ \mathrm{GHz}$，用 $\lambda_g/4$ 阻抗变换器匹配一段空气波导和一段 $\varepsilon_r=2.56$ 的波导，如题 5.3 图所示，求匹配介质的相对介电常数 ε_r' 及变换器长度。

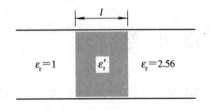

题 5.3 图

5.4　当圆极化波输入到线圆极化转换器时，输出端将变换成线极化波，试分析其工作原理。

5.5　已知渐变线的特性阻抗的变化规律为

$$\bar{z}(z)=\frac{Z(z)}{Z_0}=\exp\left[\frac{z}{l}\ln\bar{Z}_1\right]$$

式中，l 为线长，$\bar{Z}_1$ 是归一化负载阻抗，试求输入端电压反射系数的频率特性。

5.6　设某定向耦合器的耦合度为 33 dB，定向度为 24 dB，端口 1 的入射功率为 25 W，计算直通端口"②"和耦合端口"③"的输出功率。

5.7　画出双分支定向耦合器的结构示意图，并写出其 $[S]$ 矩阵。

5.8　已知某平行耦合微带定向耦合器的耦合系数 K 为 15 dB，外接微带的特性阻抗为 50 Ω，求耦合微带线的奇偶模特性阻抗。

5.9　试证明如题 5.9 图所示微带环形电桥的各端口均接匹配负载 Z_0 时，各段的归一

化特性导纳为 $a=b=c=\dfrac{1}{\sqrt{2}}$。

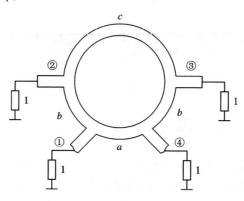

题 5.9 图

5.10　试写出魔 T 的散射矩阵并简要分析其特性。

5.11　写出下列各种理想双端口元件的 $[S]$ 矩阵：

① 理想衰减器。

② 理想相移器。

③ 理想隔离器。

5.12　试证明线性对称的无耗三端口网络如果反向完全隔离，则一定是理想 Y 形结环行器。

5.13　设矩形谐振腔的尺寸为 $a=5\ \mathrm{cm}$，$b=3\ \mathrm{cm}$，$l=6\ \mathrm{cm}$，试求 $\mathrm{TE_{101}}$ 模式的谐振波长和无载品质因数 Q_0 的值。

5.14　如题 5.14 图所示为一铁氧体场移式隔离器，试确定其中 $\mathrm{TE_{10}}$ 模的传输方向是入纸面还是出纸面。

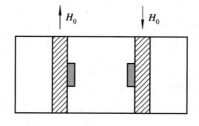

题 5.14 图

5.15　试说明如题 5.15 图所示双 Y 形结环行器的工作原理。

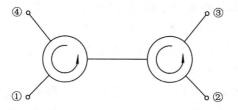

题 5.15 图

第 6 章　天线辐射与接收的基本理论

6.1　概　　论

6.1节PPT

通信的目的是传递信息，根据传递信息的途径不同，可将通信系统大致分为两大类：一类是在相互联系的网络中用各种传输线来传递信息，即所谓的有线通信，如电话、计算机局域网等有线通信系统；另一类是依靠电磁辐射，通过无线电波来传递信息，即所谓的无线通信，如电视、广播、雷达、导航、卫星等无线通信系统。在如图 6-1 所示的无线通信系统中，需要将来自发射机的导波能量转变为无线电波，或者将无线电波转换为导波能量。用来辐射和接收无线电波的装置称为天线。发射机所产生的已调制的高频电流能量(或导波能量)经馈线传输到发射天线，通过天线将其转换为某种极化的电磁波能量，并向所需方向辐射出去。到达接收点后，接收天线将来自空间特定方向的某种极化的电磁波能量又转换为已调制的高频电流能量，经馈线输送至接收机输入端。天线作为无线通信系统中一个必不可少的重要设备，它的选择与设计是否合理，对整个无线通信系统的性能有很大的影响，若天线设计不当，就可能导致整个系统不能正常工作。

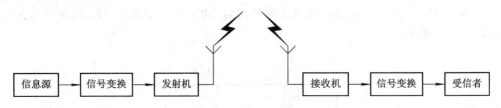

图 6-1　无线通信系统框图

综上所述，天线应有以下功能：

① 天线应能将导波能量尽可能多地转变为电磁波能量。这首先要求天线是一个良好的电磁开放系统，其次要求天线与发射机或接收机匹配。

天线的作用

② 天线应使电磁波尽可能集中于确定的方向上，或对确定方向的来波最大限度地接收，即天线具有方向性。

③ 天线应能发射或接收规定极化的电磁波，即天线有适当的极化。

④ 天线应有足够的工作频带。

以上四点是天线最基本的功能，据此可定义若干参数作为设计和评价天线的依据。

通信的飞速发展对天线提出了许多新的要求，天线的功能也不断有新的突破。除了完成高频能量的转换外，还要求天线系统对传递的信息进行一定的加工和处理，如信号处理天线、单脉冲天线、自适应天线和智能天线等。特别是 1997 年以来，第三代移动通信技术逐渐成为国内外移动通信领域的研究热点，而智能天线正是实现第三代移动通信系统的关键技术之一。

天线的种类很多，按用途可将天线分为通信天线、广播电视天线、雷达天线等；按工作波长，可将天线分为长波天线、中波天线、短波大线、超短波天线和微波天线等；按辐射元的类型可将天线分为两大类：线天线和面天线。线天线是由半径远小于波长的金属导线构成的，主要用于长波、中波和短波波段；面天线是由尺寸大于波长的金属或介质面构成的，主要用于微波波段，超短波波段则两者兼用。

把天线和发射机或接收机连接起来的系统称为馈线系统。馈线的形式随频率的不同而分为双导线传输线、同轴线传输线、波导或微带线等。由于馈线系统和天线的联系十分紧密，有时也把天线和馈线系统看成是一个部件，统称为天线馈线系统，简称天馈系统。

研究天线问题，实质上是研究天线在空间所产生的电磁场分布。空间任一点的电磁场都满足麦克斯韦方程和边界条件，因此，求解天线问题实质上是求解电磁场方程并满足边界条件，但这往往十分繁杂，有时甚至是十分困难的。在实际问题中，往往将条件理想化，进行一些近似处理，从而得到近似结果，这是天线工程中最常用的方法；在某些情况下，如果需要较精确的解，可借助电磁场理论的数值计算方法来进行。

由于本书的读者对象是非微波专业学生，因此尽可能地绕过繁杂的推导、计算，主要介绍天线的基本概念、基本理论及与现代通信紧密相关的新技术及其应用。

本章从基本振子的辐射场出发，首先介绍天线的近、远区场的特性，以得到电基本振子和磁基本振子的方向函数，然后引出天线的电参数，最后介绍接收天线的有关理论。

6.2　基本振子的辐射

6.2 节 PPT

1. 电基本振子

电基本振子(Electric Short Dipole)是一段长度 l 远小于波长，电流 I 振幅均匀分布、相位相同的直线电流元。它是线天线的基本组成部分，任意线天线均可看成是由一系列电基本振子构成的。下面首先介绍电基本振子的辐射特性。

在电磁场理论中，已给出了在球坐标原点 O 沿 z 轴放置的电基本振子(见图 6-2)在周围空间产生的场为

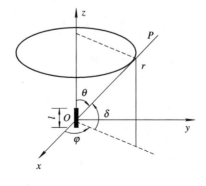

图 6-2　电基本振子的辐射场

$$E_r = \frac{Il}{4\pi} \cdot \frac{2}{\omega\varepsilon_0} \cos\theta \left(\frac{-\mathrm{j}}{r^3} + \frac{k}{r^2} \right) \mathrm{e}^{-\mathrm{j}kr}$$

$$E_\theta = \frac{Il}{4\pi} \cdot \frac{1}{\omega\varepsilon_0} \sin\theta \left(\frac{-\mathrm{j}}{r^3} + \frac{k}{r^2} + \frac{\mathrm{j}k^2}{r} \right) \mathrm{e}^{-\mathrm{j}kr}$$

$$E_\varphi = 0$$

$$H_r = 0 \qquad\qquad\qquad\qquad\qquad\qquad (6-2-1)$$

$$H_\theta = 0$$

$$H_\varphi = \frac{Il}{4\pi} \sin\theta \left(\frac{1}{r^2} + \frac{\mathrm{j}k}{r} \right) \mathrm{e}^{-\mathrm{j}kr}$$

式中，$k = \omega \sqrt{\mu\varepsilon}$，是媒质中电磁波的波数。

下面介绍电基本振子的电磁场特性。

1) 近区场

在靠近电基本振子的区域（$kr \ll 1$ 即 $r \ll \lambda/2\pi$），由于 r 很小，故只需保留式(6-2-1)中的 $1/r$ 的高次项，并注意 $\mathrm{e}^{-\mathrm{j}kr} \approx 1$，考虑上述因素后，电基本振子的近区场表达式变为

$$E_r = -\mathrm{j}\frac{Il}{4\pi r^3} \cdot \frac{2}{\omega\varepsilon_0} \cos\theta$$

$$E_\theta = -\mathrm{j}\frac{Il}{4\pi r^3} \cdot \frac{1}{\omega\varepsilon_0} \sin\theta \qquad (6-2-2)$$

$$H_\varphi = \frac{Il}{4\pi r^2} \sin\theta$$

辐射区域的划分

对式(6-2-2)进行分析可知：

(1) 在近区，电场 E_θ 和 E_r 与静电场问题中的电偶极子的电场相似，磁场 H_φ 和恒定电流场问题中的电流元的磁场相似，所以近区场称为准静态场。

(2) 由于场强与 $1/r$ 的高次方成正比，所以近区场随距离的增大而迅速减小，即离天线较远时，可认为近区场近似为零。

(3) 电场与磁场相位相差 $90°$，说明坡印廷矢量为虚数，也就是说，电磁能量在场源和场之间来回振荡，没有能量向外辐射，所以近区场又称为感应场。

2) 远区场

实际上，收发两端之间的距离一般是相当远的（$kr \gg 1$，即 $r \gg \lambda/2\pi$），在这种情况下，式(6-2-1)中的 $1/r^2$ 和 $1/r^3$ 项比起 $1/r$ 项而言，可忽略不计，于是电基本振子的电磁场表示式简化为

$$E_\theta = \mathrm{j}\frac{k^2 Il}{4\pi\omega\varepsilon_0 r} \sin\theta \mathrm{e}^{-\mathrm{j}kr}$$

$$H_\varphi = \mathrm{j}\frac{kIl}{4\pi r} \sin\theta \mathrm{e}^{-\mathrm{j}kr} \qquad\qquad (6-2-3)$$

式中

$$k^2 = \omega^2 \varepsilon_0 \mu_0, \qquad \omega = 2\pi f = 2\pi c/\lambda$$

$$\varepsilon_0 = \frac{1}{36\pi} \times 10^{-9} \quad \text{F/m}$$

$$\mu_0 = 4\pi \times 10^{-7} \quad \text{H/m} \qquad\qquad (6-2-4)$$

$$\eta = \sqrt{\frac{\mu_0}{\varepsilon_0}} = 120\pi$$

将上式代入式(6 - 2 - 3)得电基本振子的远区场为

$$
\left.
\begin{aligned}
E_\theta &= \mathrm{j}\,\frac{60\pi Il}{r\lambda}\,\sin\theta\mathrm{e}^{-\mathrm{j}kr} \\
H_\varphi &= \mathrm{j}\,\frac{Il}{2r\lambda}\,\sin\theta\mathrm{e}^{-\mathrm{j}kr}
\end{aligned}
\right\}
\qquad (6 - 2 - 5)
$$

对式(6 - 2 - 5)进行分析可知:

(1) 在远区,电基本振子的场只有 E_θ 和 H_φ 两个分量,它们在空间上相互垂直,在时间上同相位,所以其坡印廷矢量 $S = \frac{1}{2}E \times H^*$ 是实数,且指向 r 方向。这说明电基本振子的远区场是一个沿着径向向外传播的横电磁波,故远区场又称为辐射场。

(2) $E_\theta / H_\varphi = \eta = \sqrt{\mu_0/\varepsilon_0} = 120\pi\,(\Omega)$ 是一常数,即等于媒质的本征阻抗,因而远区场具有与平面波相同的特性。

(3) 辐射场的强度与距离成反比,随着距离的增大,辐射场减小。这是因为辐射场是以球面波的形式向外扩散的,当距离增大时,辐射能量分布到更大的球面面积上。

(4) 在不同的方向上,辐射强度是不相等的。这说明电基本振子的辐射是有方向性的。

2. 磁基本振子的场

在讨论了电基本振子的辐射情况后,现在再来讨论一下磁基本振子(Magnetic Short Dipole)的辐射。

我们知道,在稳态电磁场中,静止的电荷产生电场,恒定的电流产生磁场。那么,是否有静止的磁荷产生磁场,恒定的磁流产生电场呢?迄今为止还不能肯定在自然界中是否有孤立的磁荷和磁流存在,但是,如果引入这种假想的磁荷和磁流的概念,将一部分原来由电荷和电流产生的电磁场用能够产生同样电磁场的磁荷和磁流来取代,即将"电源"换成等效"磁源",可以大大简化计算工作。稳态场有这种特性,时变场也有这种特性。小电流环的辐射场与磁偶极子的辐射场相同。

磁基本振子是一个半径为 b 的细线小环,且小环的周长满足条件:$2\pi b \ll \lambda$,如图 6 - 3 所示。假设其上有电流 $i(t) = I\cos\omega t$,由电磁场理论知,其磁偶极矩矢量为

$$
\boldsymbol{p}_\mathrm{m} = \boldsymbol{a}_z I\pi b^2 = \boldsymbol{a}_z p_\mathrm{m} \quad \mathrm{A \cdot m^2} \qquad (6 - 2 - 6)
$$

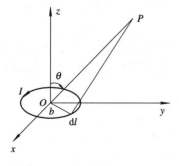

磁偶极子的辐射对偶性

图 6 - 3 磁基本振子的辐射

根据电与磁的对偶性原理,只要将电基本振子场的表达式(6 - 2 - 1)中的 $\boldsymbol{E}$ 换为 $\eta^2\boldsymbol{H}$,$\boldsymbol{H}$ 换为 $-\boldsymbol{E}$,并将电偶极矩 $p = Il/(\mathrm{j}\omega)$ 换为磁偶极矩 p_m,就可以得到沿 z 轴放置的磁基本振子的场,即

$$\left.\begin{aligned}
E_r &= E_\theta = H_\varphi = 0 \\
E_\varphi &= -\mathrm{j}\,\frac{\omega\mu_0 p_\mathrm{m}}{4\pi}\,\sin\theta\left(\frac{\mathrm{j}k}{r} + \frac{1}{r^2}\right)\mathrm{e}^{-\mathrm{j}kr} \\
H_r &= \mathrm{j}\,\frac{p_\mathrm{m}}{2\pi}\,\cos\theta\left(\frac{k}{r^2} - \mathrm{j}\,\frac{1}{r^3}\right)\mathrm{e}^{-\mathrm{j}kr} \\
H_\theta &= \mathrm{j}\,\frac{p_\mathrm{m}}{2\pi}\,\sin\theta\left(\mathrm{j}\,\frac{k^2}{r} + \frac{k}{r^2} - \mathrm{j}\,\frac{1}{r^3}\right)\mathrm{e}^{-\mathrm{j}kr}
\end{aligned}\right\} \quad (6-2-7)$$

与电基本振子做相同的近似得磁基本振子的远区场为

$$\left.\begin{aligned}
E_\varphi &= \frac{\omega\mu_0 p_\mathrm{m}}{2r\lambda}\,\sin\theta\mathrm{e}^{-\mathrm{j}kr} \\
H_\theta &= -\frac{1}{\eta}\,\frac{\omega\mu_0 p_\mathrm{m}}{2r\lambda}\,\sin\theta\mathrm{e}^{-\mathrm{j}kr}
\end{aligned}\right\} \quad (6-2-8)$$

比较电基本振子的远区场 E_θ 与磁基本振子的远区场 E_φ，可以发现它们具有相同的方向函数 $|\sin\theta|$，而且在空间相互正交，相位相差 $90°$。所以将电基本振子与磁基本振子组合后，可构成一个椭圆(或圆)极化波天线，具体内容将在第 8 章中介绍。

从前面的分析可知，不管是电偶极子还是磁偶极子，它们产生的场随离开辐射源的距离远近而呈现不同的特点，这个现象对任意天线均存在，为此通常将天线的辐射区域划分成感应近区、辐射近区和辐射远区，具体介绍可参考二维码中的拓展文档。

6.3　天线的电参数

6.3节 PPT　天线的核心参数

前面已讲过，天线的基本功能是能量转换和定向辐射，天线的电参数就是能定量表征其能量转换和定向辐射能力的量。天线的电参数主要有方向图、主瓣宽度、旁瓣电平、方向系数、天线效率、增益系数、极化特性、频带宽度、输入阻抗和有效长度等。下面对它们作详细介绍。

1. 天线方向图及其有关参数

所谓天线方向图(Field Pattern)，是指在离天线一定距离处，辐射场的相对场强(归一化模值)随方向变化的曲线图，通常采用通过天线最大辐射方向上的两个相互垂直的平面方向图来表示。

在地面上架设的线天线一般采用两个相互垂直的平面来表示其方向图，即：

(1) 水平面。当仰角 δ 及距离 r 为常数时，电场强度随方位角 φ 的变化曲线参见图 6-4。

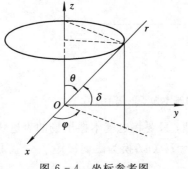

图 6-4　坐标参考图

（2）铅垂平面。当 φ 及 r 为常数时，电场强度随仰角 δ 的变化曲线参见图 6 - 4。

超高频天线通常采用与场矢量相平行的两个平面来表示，即

（1）E 平面。所谓 E 平面，就是电场矢量所在的平面。对于沿 z 轴放置的电基本振子而言，子午平面是 E 平面。

（2）H 平面。所谓 H 平面，就是磁场矢量所在的平面。对于沿 z 轴放置的电基本振子，赤道平面是 H 面。

［例 6 - 1］ 画出沿 z 轴放置的电基本振子的 E 平面和 H 平面方向图。

解： ① E 平面方向图：在给定 r 处，E_θ 与 φ 无关，E_θ 的归一化场强值为

$$|E_\theta| = |\sin\theta|$$

这是电基本振子的 E 平面方向图函数，其 E 平面方向图如图 6 - 5(a) 所示。

② H 平面方向图：在给定 r 处，对于 $\theta = \pi/2$，E_θ 的归一化场强值为 $|\sin\theta| = 1$，也与 φ 无关。因而 H 平面方向图为一个圆，其圆心位于沿 z 方向的振子轴上，且半径为 1，如图 6 - 5(b) 所示。该天线的立体方向图如图 6 - 5(c) 所示。

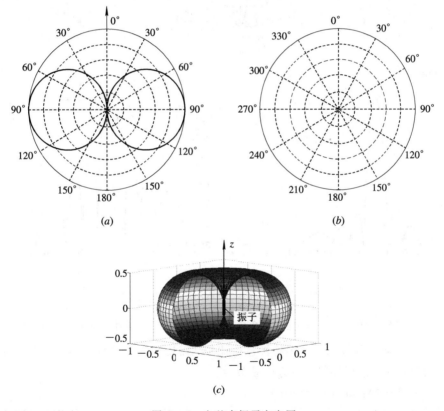

图 6 - 5　电基本振子方向图

（a）电基本振子 E 平面方向图；（b）电基本振子 H 平面方向图；（c）电基本振子立体方向图

实际天线的方向图一般要比图 6 - 5 复杂。典型的 E 平面方向图如图 6 - 6(a) 所示，这是在极坐标中 E_θ 的归一化模值随 φ 变化的曲线，通常有一个主要的最大值和若干个次要的最大值。头两个零值之间的最大辐射区域是主瓣（或称主波束），其他次要的最大值区域都是旁瓣（或称边瓣、副瓣）。

为了分析方便，将图 6 - 6(a) 的极坐标图画成直角坐标图，如图 6 - 6(b) 所示。因为主瓣方向的场强往往比旁瓣方向的大许多个量级，所以天线方向图又常常以对数刻度来标绘，图 6 - 6(c) 就是图 6 - 6(b) 的分贝表示。

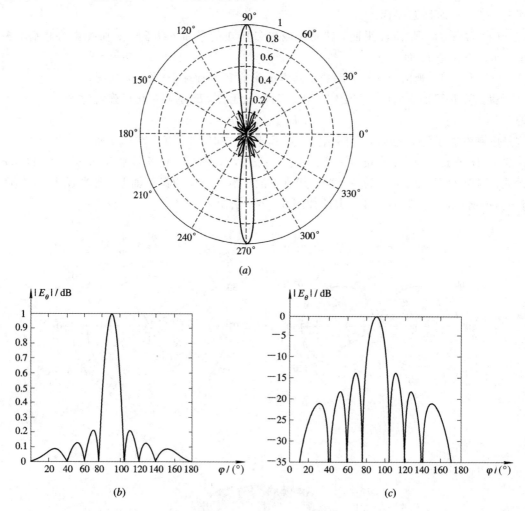

图 6 - 6 方向图的几种表示

(a) 极坐标归一化方向图；(b) 直角坐标归一化方向图；(c) 直角坐标分贝方向图

为了方便对各种天线的方向图特性进行比较，需要规定一些特性参数。这些参数有主瓣宽度、旁瓣电平、前后辐射比及方向系数等。

(1) 主瓣宽度 (Main Beamwidth)。

主瓣宽度是衡量天线最大辐射区域尖锐程度的物理量。通常它取方向图主瓣两个半功率点 (即 -3 dB) 之间的宽度，在场强方向图中等于最大场强的 $1/\sqrt{2}$ 的两点之间的宽度，所以也称为半功率波瓣宽度 (Half Power Beam Width，HPBW) 或 3 dB 波束宽度；有时也将头两个零点之间的角宽作为主瓣宽度，称为零功率波瓣宽度。

(2) 旁瓣电平 (Sidelobe Level，SLL)。

旁瓣电平是指离主瓣最近且电平最高的第一旁瓣电平，一般以分贝表示。方向图的旁瓣区是指不需要辐射的区域，所以其电平应尽可能的低，且天线方向图一般都有这样一条规律：离主瓣愈远的旁瓣的电平愈低。第一旁瓣电平的高低，在某种意义上反映了天线方向性的好坏。另外，在天线的实际应用中，旁瓣的位置也很重要。

（3）前后辐射比（Forward-back Radition Ratio）。

在一些工程场景中还关注天线主辐射方向和后向的辐射大小的关系，称之为前后辐射比，它是指最大辐射方向（前向）电平与其相反方向（后向）电平之比，通常以分贝数表示。

上述方向图参数虽能在一定程度上反映天线的定向辐射状态，但由于这些参数未能反映辐射在全空间的总效果，因此都不能单独体现天线集束能量的能力。例如，旁瓣电平较低的天线并不表明集束能力强，而旁瓣电平小也并不意味着天线方向性必然好。为了更精确地比较不同天线的方向性，需要再定义一个表示天线集束能量的电参数，这就是方向系数。

（4）方向系数（Directivity Coefficient）。

方向系数定义为：在离天线某一距离处，天线在最大辐射方向上的辐射功率流密度 S_{max} 与相同辐射功率的理想无方向性天线在同一距离处的辐射功率流密度 S_0 之比，记为 D，即

$$D = \frac{S_{max}}{S_0} = \frac{|E_{max}|^2}{|E_0|^2} \qquad (6-3-1)$$

下面由这个定义出发，导出方向系数的一般计算公式。

设实际天线的辐射功率为 P_Σ，它在最大辐射方向上 r 处产生的辐射功率流密度和场强分别为 S_{max} 和 E_{max}。又设有一个理想的无方向性天线，其辐射功率也为 P_Σ，它在相同的距离上产生的辐射功率流密度和场强分别为 S_0 和 E_0，其表达式分别为

$$S_0 = \frac{P_\Sigma}{4\pi r^2} = \frac{|E_0|^2}{240\pi} \qquad (6-3-2)$$

$$|E_0|^2 = \frac{60P_\Sigma}{r^2} \qquad (6-3-3)$$

由方向系数的定义得

$$D = \frac{r^2|E_{max}|^2}{60P_\Sigma} \qquad (6-3-4)$$

下面来求天线的辐射功率 P_Σ。设天线归一化方向函数为 $F(\theta, \varphi)$，则它在任意方向的场强与功率流密度分别为

$$\left. \begin{array}{l} |E(\theta, \varphi)| = |E_{max}| \cdot |F(\theta, \varphi)| \\ S(\theta, \varphi) = \frac{1}{2}\mathrm{Re}(E_\theta H_\varphi^*) = \frac{|E(\theta, \varphi)|^2}{240\pi} \end{array} \right\} \qquad (6-3-5)$$

由上式可以得到功率流密度的表达式为

$$S(\theta, \varphi) = \frac{|E_{max}|^2}{240\pi}|F(\theta, \varphi)|^2 \qquad (6-3-6)$$

在半径为 r 的球面上对功率流密度进行面积分，就得到辐射功率为

$$P_\Sigma = \oiint_S S(\theta, \varphi)\,dS = \frac{r^2|E_{max}|^2}{240\pi}\int_0^{2\pi}\int_0^\pi |F(\theta, \varphi)|^2\sin\theta d\theta d\varphi \qquad (6-3-7)$$

将上式代入式（6-3-4），即得天线方向系数的一般表达式为

$$D = \frac{4\pi}{\int_0^{2\pi} \int_0^{\pi} |F(\theta, \varphi)|^2 \sin\theta \mathrm{d}\theta \mathrm{d}\varphi} \qquad (6-3-8)$$

由式(6-3-8)可以看出，要使天线的方向系数大，不仅要求主瓣窄，而且要求全空间的旁瓣电平小。

工程上，方向系数常用分贝来表示，这需要选择一个参考源，常用的参考源是各向同性辐射源(Isotropic，其方向系数为1)和半波偶极子(Dipole，其方向系数为1.64)。若以各向同性辐射源为参考，分贝表示为 dBi，即

$$D(\mathrm{dBi}) = 10 \lg D \qquad (6-3-9)$$

若以半波偶极子为参考，分贝表示为 dBd，即

$$D(\mathrm{dBd}) = 10 \lg D - 2.15 \qquad (6-3-10)$$

通常情况下，如果不特别说明，dB 指的是 dBi。

[例 6 - 2] 确定沿 z 轴放置的电基本振子的方向系数。

解：由上述分析知电基本振子的归一化方向函数为

$$|F(\theta, \varphi)| = |\sin\theta|$$

将其代入方向系数的表达式得

$$D = \frac{4\pi}{\int_0^{2\pi} \int_0^{\pi} \sin^2\theta \sin\theta \mathrm{d}\theta \mathrm{d}\varphi} = 1.5$$

因此，电基本振子的方向系数若以 dBi 表示，则 $D = 10 \lg 1.5 = 1.76$ dBi。若以 dBd 表示，则为 -0.39 dBd。可见，电基本振子的方向系数是很低的。

2. 天线效率(Efficiency)

天线效率定义为天线辐射功率与输入功率之比，记为 η_A，即

$$\eta_A = \frac{P_\Sigma}{P_i} = \frac{P_\Sigma}{P_\Sigma + P_l} \qquad (6-3-11)$$

式中，P_i 为输入功率；P_l 为欧姆损耗。

常用天线的辐射电阻 R_Σ 来度量天线辐射功率的能力。天线的辐射电阻是一个虚拟的量，定义如下：设有一电阻 R_Σ，当通过它的电流等于天线上的最大电流时，其损耗的功率就等于其辐射功率。显然，辐射电阻的高低是衡量天线辐射能力的一个重要指标，即辐射电阻越大，天线的辐射能力越强。

由上述定义得辐射电阻与辐射功率的关系为

$$P_\Sigma = \frac{1}{2} I_m^2 R_\Sigma \qquad (6-3-12)$$

即辐射电阻为

$$R_\Sigma = \frac{2P_\Sigma}{I_m^2} \qquad (6-3-13)$$

仿照引入辐射电阻的办法，损耗电阻 R_l 为

$$R_l = \frac{2P_l}{I_m^2} \qquad (6-3-14)$$

将上述两式代入式(6-3-11)，得天线效率为

$$\eta_A = \frac{R_\Sigma}{R_\Sigma + R_l} = \frac{1}{1 + R_l/R_\Sigma} \qquad (6-3-15)$$

可见，要提高天线效率，应尽可能提高 R_Σ，降低 R_l。

[**例 6 - 3**] 确定电基本振子的辐射电阻。

解： 若不考虑欧姆损耗，则根据式(6-2-4)知电基本振子的远区场为

$$E_\theta = j\frac{60\pi Il}{r\lambda}\sin\theta e^{-jkr}$$

将其代入式(6-3-7)，得辐射功率为

$$P_\Sigma = \frac{r^2}{240\pi}\left(\frac{60\pi Il}{r\lambda}\right)^2\int_0^{2\pi}\int_0^\pi \sin^2\theta\,\sin\theta\,d\theta\,d\varphi = \frac{1}{2}I^2 R_\Sigma$$

所以辐射电阻为

$$R_\Sigma = 80\pi^2\left(\frac{l}{\lambda}\right)^2$$

3. 增益系数(Gain)

增益系数是综合衡量天线能量转换和方向特性的参数，它是方向系数与天线效率的乘积，记为 G，即

$$G = D \cdot \eta_A \qquad (6-3-16)$$

由上式可见：天线方向系数和效率愈高，则增益系数愈高。现在我们来研究增益系数的物理意义。

将方向系数公式(6-3-4)和效率公式(6-3-11)代入上式得

$$G = \frac{r^2 \mid E_{max}\mid^2}{60 P_i} \qquad (6-3-17)$$

由上式可得一个实际天线在最大辐射方向上的场强为

$$\mid E_{max}\mid = \frac{\sqrt{60 G P_i}}{r} = \frac{\sqrt{60 D \eta_A P_i}}{r} \qquad (6-3-18)$$

假设天线为理想的无方向性天线，即 $D=1$, $\eta_A=1$, $G=1$，则它在空间各方向上的场强为

$$\mid E_{max}\mid = \frac{\sqrt{60 P_i}}{r} \qquad (6-3-19)$$

可见，天线的增益系数描述了天线与理想的无方向性天线相比在最大辐射方向上将输入功率放大的倍数。

4. 极化和交叉极化电平(Polarization and Cross-polarization Level)

虽然辐射电阻和增益可以反映天线的辐射能力，但对于实际的天线，这两个量在工程上很难定量测试，为此工程上通常采用有源测量(OTA)的方式来评价天线特性。对于发射天线，通常在测

天线的极化与交叉极化

试等效全向辐射功率(EIRP, Equivalent Isotropically Radiated Power)的基础上，通过计算总辐射功率(TRP, Total Radiation Power)来表征其辐射能力，它是通过对整个辐射球面的发射功率进行面积分并取平均得到的，即

$$TRP = \frac{1}{4\pi}\int_0^{2\pi}\int_0^\pi\left[EIRP_\theta(\theta,\phi) + EIRP_\varphi(\theta,\phi)\right]\sin\theta d\theta d\phi \qquad (6-3-20)$$

其中，$EIRP(\theta, \phi)=P \cdot G(\theta, \phi)$是通过将辐射功率信号加到天线上，在一定距离处测得的功率值。总辐射功率反映了该辐射系统总的辐射特性，也是手机行业必须测试的指标之一。

对于接收天线，通常用天线的总全向灵敏度（TIS, Total Isotropic Sensitivity）来表征其有源性能，它是指立体全方向接收机的接收灵敏度平均值，即

$$TIS = \frac{4\pi}{\int_0^{2\pi}\int_0^{\pi}\left[EIS_\theta(\theta, \phi) + EIS_\varphi(\theta, \phi)\right]\sin\theta d\theta d\phi} \qquad (6-3-21)$$

其中，$EIS(\theta, \phi)$为某方向上的接收灵敏度。这也是手机行业必须测试的另外一个重要指标。

极化特性是指天线在最大辐射方向上电场矢量的方向随时间变化的规律，具体来说就是在空间某一固定位置上，电场矢量的末端随时间变化所描绘的图形，如果图形是直线，就称为线极化（Linearly Polarized），如果图形是圆，就称为圆极化（Circularly Polarized），如果图形是椭圆，就称为椭圆极化（Elliptically Polarized）。如此按天线所辐射的电场的极化形式可将天线分为线极化天线、圆极化天线和椭圆极化天线。线极化又可分为水平极化（Horizontal Polarized）和垂直极化（Vertical Polarized）；圆极化和椭圆极化都可分为左旋和右旋。当圆极化波入射到一个对称目标上时，反射波是反旋向的。在电视信号的传播中，利用这一性质可以克服由反射所引起的重影。

| 波的极化（三维） | 同相线极化 | 右旋圆极化（二维） | 左旋圆极化（二维） |
| 右旋椭圆极化（二维） | 左旋椭圆极化（二维） | 右旋圆极化（三维） | 左旋圆极化（三维） |

理想情况下，线极化意味着只有一个方向，但实际场合通常是不可能绝对线极化的，因此引入交叉极化电平来表征线极化的纯度。例如一个垂直极化天线，其水平方向出现的电场分量大小就是交叉极化电平（Cross-polarization Level）。

一般来说，圆极化天线难以实现纯圆极化波，其实际辐射的是椭圆极化波。工程上将辐射场的椭圆长轴、短轴的电平之比称为圆极化的轴比（AR, Axial Ratio）。一般要求在工作带宽内轴比不大于 3 dB。

在通信和雷达中，通常采用线极化天线；但如果通信的一方是剧烈摆动或高速运动着的，为了提高通信的可靠性，发射和接收都应采用圆极化天线，比如卫星导航定位系统（我国的北斗 Beidou、美国的 GPS、俄罗斯的 GLONASS 等）均采用圆极化天线；如果雷达是为了干扰和侦察对方目标或者在射频识别（RFID）系统中检测标签，也要使用圆极化天线。另外，在人造卫星、宇宙飞船和弹道导弹等空间遥测技术中，由于信号通过电离层后会产

生法拉第旋转效应，因此其发射和接收也采用圆极化天线。

5. 频带宽度

天线的电参数都与频率有关，也就是说，上述电参数都是针对某工作频率设计的。当工作频率偏离设计频率时，往往会引起天线各个参数的变化，例如主瓣宽度增大、旁瓣电平增高、增益系数降低、输入阻抗（或驻波比）和极化特性变坏等。实际上，天线也并非工作在点频上，而是有一定的频率范围。当工作频率变化时，天线的有关电参数不超出规定范围的频率范围称为频带宽度，简称天线的带宽。如天线阻抗匹配特性通常用 -10 dB 带宽来表征，圆极化的轴比通常用 3 dB 带宽来表征。

6. 输入阻抗与驻波比(Input Impedance and Standing Wave Ratio)

要使天线辐射效率高，就必须使天线与馈线良好地匹配，也就是天线的输入阻抗等于传输线的特性阻抗，才能使天线获得最大功率，如图 6-7 所示。

设天线输入端的反射系数为 Γ（或散射参数为 S_{11}），则天线的电压驻波比为

$$\text{VSWR} = \frac{1+|\Gamma|}{1-|\Gamma|} \qquad (6-3-22)$$

回波损耗为

$$L_r = -20 \lg |\Gamma| \qquad (6-3-23)$$

输入阻抗为

$$Z_{in} = Z_0 \frac{1+\Gamma}{1-\Gamma} \qquad (6-3-24)$$

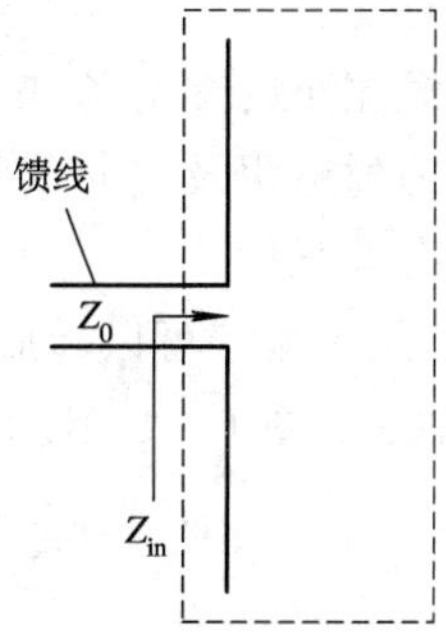

图 6-7　天线与馈线的匹配

当反射系数 $\Gamma = 0$ 时，VSWR$=1$，此时 $Z_{in} = Z_0$，天线与馈线匹配，这意味着输入端功率均被送到天线上，即天线得到最大功率。

天线的输入阻抗对频率的变化往往十分敏感，当天线工作频率偏离设计频率时，天线与馈线的匹配变坏，致使馈线上的反射系数和电压驻波比增大，天线辐射效率降低。比如天线的输入功率为 P_{in}，若其反射系数为 Γ，则天线的反射功率为 $|\Gamma|^2 P_{in}$，天线上得到的功率为 $(1-|\Gamma|^2)P_{in}$，即反射越大，天线所得到的功率越少。因此在实际应用中，要求电压驻波比不能大于某规定值。

图 6-8 是某天线的回波损耗与频率的关系曲线，一般将 VSWR$\leqslant 2$（或 $|\Gamma| \leqslant 1/3$）的带宽称为输入阻抗带宽。当 $|\Gamma| = 1/3$ 时，反射功率为输入功率的 11%。

7. 有效长度(Effective Length)

有效长度是衡量天线辐射能力的又一个重要指标。

天线的有效长度定义如下：在保持实际天线最大辐射方向上的场强值不变的条件下，假设天线上电流分布为均匀分布时天线的等效长度。它是把天线在最大辐射方向上的场强和电流联系起来的一个参数，通常将归于输入点电流 I_0 的有效长度记为 h_{ein}，把归于波腹点电流 I_m 的有效长度记为 h_{em}。显然，有效长度愈长，表明天线的辐射能力愈强。

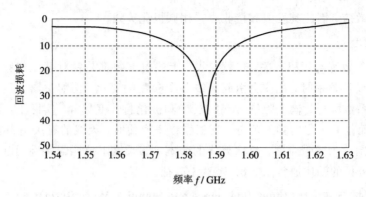

图 6-8　某天线的回波损耗与频率的关系曲线

［例 6-4］　一长度为 $2h$（$h \ll \lambda$）的中心馈电的短振子，其电流分布为：$I(z) = I_0\left(1 - \dfrac{|z|}{h}\right)$，其中 I_0 为输入电流，也等于波腹电流 I_m。试求：

① 短振子的辐射场（电场、磁场）。

② 辐射电阻及方向系数。

③ 有效长度。

解：此短振子可以看成是由一系列电基本振子沿 z 轴排列组成的，如图 6-9 所示。z 轴上电基本振子的辐射场为

$$\mathrm{d}E_\theta = \mathrm{j}\frac{60\pi}{\lambda r'}\sin\theta\,\mathrm{e}^{-\mathrm{j}kr'}\,I(z)\,\mathrm{d}z$$

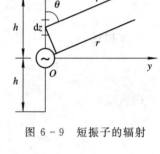

图 6-9　短振子的辐射

整个短振子的辐射场为

$$E_\theta = \mathrm{j}\frac{60\pi}{\lambda}\sin\theta\int_{-h}^{h} I(z)\,\frac{\mathrm{e}^{\mathrm{j}kr'}}{r'}\,\mathrm{d}z$$

由于辐射场为远区，即 $r \gg h$，因而在 yOz 面内作下列近似：

$$r' \approx r - z\cos\theta$$

$$\frac{1}{r'} \approx \frac{1}{r}$$

$$k = \frac{2\pi}{\lambda}$$

所以　　　　　　　　$$E_\theta = \mathrm{j}30k\,\sin\theta\,\frac{\mathrm{e}^{-\mathrm{j}kr}}{r}\int_{-h}^{h} I_0\left(1 - \frac{|z|}{h}\right)\mathrm{e}^{\mathrm{j}kz\cos\theta}\,\mathrm{d}z$$

令积分

$$F_1 = \int_{-h}^{h}\mathrm{e}^{\mathrm{j}kz\cos\theta}\,\mathrm{d}z = \frac{2\sin(kh\cos\theta)}{k\cos\theta}$$

$$F_2 = \int_{-h}^{h}\frac{|z|}{h}\,\mathrm{e}^{\mathrm{j}kz\cos\theta}\mathrm{d}z = -\frac{2\sin(kh\cos\theta)}{k\cos\theta} + \frac{4\sin^2\left(\dfrac{kh\cos\theta}{2}\right)}{hk^2\cos^2\theta}$$

则

$$F_1 + F_2 = \frac{1}{h}\left(\frac{2\sin\left(\dfrac{kh\cos\theta}{2}\right)}{k\cos\theta}\right)^2$$

因为 $h \ll \lambda$，所以

$$F_1 + F_2 \approx h$$

因而有

$$E_\theta = \mathrm{j}30I_0 \frac{\mathrm{e}^{-jkr}}{r}(kh\sin\theta)$$

$$H_\varphi = \frac{E_\theta}{\eta} = \mathrm{j}\frac{khI_0}{4\pi r}\sin\theta\mathrm{e}^{-\mathrm{j}kr}$$

辐射功率为

$$P_\Sigma = \frac{1}{2}\int_0^{2\pi}\int_0^\pi E_\theta H_\varphi^* \sin\theta\mathrm{d}\theta\mathrm{d}\varphi$$

将 E_θ 和 H_φ 代入上式，同时考虑到

$$P_\Sigma = \frac{1}{2}I_0^2 R_\Sigma$$

短振子的辐射电阻为

$$R_\Sigma = 80\,\pi^2\left(\frac{h}{\lambda}\right)^2$$

方向系数为

$$D = \frac{4\pi}{\displaystyle\int_0^{2\pi}\int_0^\pi \mid F(\theta,\,\varphi)\mid^2\sin\theta\mathrm{d}\theta\mathrm{d}\varphi} = 1.5$$

由此可见，当短振子的臂长 $h \ll \lambda$ 时，电流三角分布时的辐射电阻和方向系数与电流均匀分布的辐射电阻和方向系数相同，也就是说，电流分布的微小差别不影响辐射特性。因此，在分析天线的辐射特性时，当天线上精确的电流分布难以求得时，可假设为正弦电流分布，这正是后面对称振子天线的分析基础。现在我们来讨论其有效长度。

根据有效长度的定义，归于输入点电流的有效长度为

$$h_{\mathrm{ein}} = \frac{I_0}{I_0}\int_{-h}^h\left(1 - \frac{\mid z\mid}{h}\right)\mathrm{d}z = h$$

这就是说，长度为 $2h$、电流不均匀分布的短振子在最大辐射方向上的场强与长度为 h 而电流为均匀分布的振子在最大辐射方向上的场强相等，如图 6 - 10 所示。由于输入点电流等于波腹点电流，所以归于输入点电流的有效长度等于归于波腹点电流的有效长度，但一般情况下是不相等的。

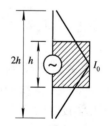

图 6 - 10 天线的有效长度

6.4 接收天线理论

1. 天线接收的物理过程及收发互易性

6.4 节 PPT　　　收发互易

图 6 - 11 所示为一线极化接收天线，它处于外来无线电波 E_i 的场中，发射天线与接收天线相距甚远，因此，到达接收天线上各点的波是均匀平面波。设入射电场可分为两个分量：一个是垂直于射线与天线轴所构成平面的分量 E_1，另一个是在上述平面内的分量 E_2。只有沿天线导体表面的电场切线分量 $E_z = E_2\sin\theta$ 才能在天线上激起电流，在这个切向分量的作用下，天线元段 $\mathrm{d}z$ 上将产生感应电动势 $\mathcal{E} = -E_z\,\mathrm{d}z$。

设在入射场的作用下，接收天线上的电流分布为 $I(z)$，并假设电流初相为零，则接收天线从入射场中吸收的功率为 $dP=-\mathscr{E}I(z)$。

由上述分析得整个天线吸收的功率为

$$P=-\int_{-l}^{l}\mathscr{E}I(z)\mathrm{e}^{\mathrm{j}kz\,\cos\theta}=\int_{-l}^{l}E_zI(z)\mathrm{e}^{\mathrm{j}kz\,\cos\theta}\,\mathrm{d}z$$

$$(6-4-1)$$

式中，因子 $\mathrm{e}^{\mathrm{j}kz\,\cos\theta}$ 是入射场到达天线上各元段的波程差。

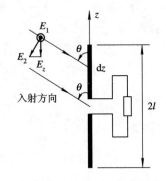

图 6 - 11　线极化天线接收原理

根据电磁场的边值理论，天线在接收状态下的电流分布应和发射时相同。因此假设接收天线的电流分布为

$$I(z)=I_{\mathrm{m}}\sin k(l-|z|)\qquad(6-4-2)$$

则根据式(6 - 4 - 1)得接收功率为

$$P=\int_{-l}^{l}E_2I_{\mathrm{m}}\sin\theta\sin k(l-|z|)\mathrm{e}^{\mathrm{j}kz\,\cos\theta}\,\mathrm{d}z$$

$$=2\int_0^lE_2I_{\mathrm{m}}\sin\theta\sin k(l-z)\cos(kz\,\cos\theta)\,\mathrm{d}z$$

$$(6-4-3)$$

因此接收天线输入电动势为

$$\mathscr{E}=\frac{P}{I_{\mathrm{in}}}=\frac{2E_2}{\sin kl}\sin\theta\int_0^l\sin k(l-z)\cos(kz\,\cos\theta)\,\mathrm{d}z\qquad(6-4-4)$$

根据上节有效长度的定义，有

$$h_{\mathrm{ein}}=\frac{1}{\sin kl}\int_{-l}^{l}\sin k(l-|z|)\mathrm{d}z=\frac{2(1-\cos kl)}{k\,\sin kl}\qquad(6-4-5)$$

将式(6 - 4 - 5)代入式(6 - 4 - 4)得接收天线的电动势表达式为

$$\mathscr{E}=E_2h_{\mathrm{ein}}F(\theta)=E_{\mathrm{i}}\cos\psi h_{\mathrm{ein}}F(\theta)\qquad(6-4-6)$$

式中，ψ 是入射场 E_{i} 与 θ 的夹角；h_{ein} 是接收天线归于输入点电流的有效长度。

$F(\theta)$ 是接收天线的归一化方向函数，它等于天线用作发射时的方向函数。

可见，接收电动势 $\mathscr{E}$ 和天线发射状态下的有效长度成正比，且具有与发射天线相同的方向性。如果假设发射天线的归一化方向函数为 $F(\theta_{\mathrm{i}})$，最大入射场强为 $|E_{\mathrm{i}}|_{\max}$，则接收天线的接收电动势为

$$\mathscr{E}=|E_{\mathrm{i}}|_{\max}\cdot F(\theta_{\mathrm{i}})\cos\psi\cdot h_{\mathrm{ein}}F(\theta_{\mathrm{i}})\qquad(6-4-7)$$

当两天线极化正交时，$\psi=90°$，$\mathscr{E}=0$，天线收不到信号。

总之，接收天线工作的物理过程，就是天线在空间电场的作用下产生感应电动势，而在接收天线表面激起电流。因此，接收天线将空间电磁波能量转换成高频电流能量，其工作过程就是发射天线的逆过程，即同一天线作为发射与接收时的电参数是相同的，这一特性称为收发互易性。

天线接收的功率可分为三部分，即

$$P=P_{\Sigma}+P_{\mathrm{L}}+P_{\mathrm{l}}\qquad(6-4-8)$$

其中，P_{Σ} 为接收天线的再辐射功率；P_{L} 为负载吸收的功率；P_{l} 为导线和媒质的损耗功率。

接收天线的等效电路如图 6 - 12 所示。图中 Z_0 为包括辐射阻抗 $Z_{\Sigma 0}$ 和损耗电阻 R_{l0} 在内的接收天线输入阻抗，Z_L 是负载阻抗。可见在接收状态下，天线输入阻抗相当于接收电动势 $\mathscr{E}$ 的内阻抗。

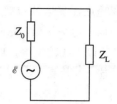

图 6 - 12　接收天线的等效电路

2. 有效接收面积(Effective Area)

有效接收面积是衡量一个天线接收无线电波能力的重要指标。它的定义为：当天线以最大接收方向对准来波方向进行接收时，接收天线传送到匹配负载的平均功率为 $P_{L\max}$，并假定此功率是由一块与来波方向相垂直的面积所截获的，则这个面积就称为接收天线的有效接收面积(Effective Aperture)，记为 A_e，即有

$$A_e = \frac{P_{L\max}}{S_{av}} \qquad (6 - 4 - 9)$$

式中，S_{av} 为入射到天线上电磁波的时间平均功率流密度，其值为

$$S_{av} = \frac{1}{2} \cdot \frac{E_i^2}{\eta} \qquad (6 - 4 - 10)$$

根据图 6 - 12 所示的接收天线等效电路，传送到匹配负载的平均功率(忽略天线本身的损耗)为

$$P_{L\max} = \frac{\mathscr{E}^2}{8R_{\Sigma 0}} \qquad (6 - 4 - 11)$$

当天线以最大方向对准来波方向时，接收电动势为

$$\mathscr{E} = E_i \cdot l \qquad (6 - 4 - 12)$$

将上述各式代入式(6 - 4 - 9)有

$$A_e = \frac{30\pi l^2}{R_{\Sigma 0}} \qquad (6 - 4 - 13)$$

又因为

$$R_{\Sigma 0} = \frac{30\pi l^2}{\lambda^2} \int_0^{2\pi} \int_0^{\pi} |F(\theta, \varphi)|^2 \sin\theta \, d\theta \, d\varphi \qquad (6 - 4 - 14)$$

所以有

$$A_e = \frac{\lambda^2}{\int_0^{2\pi} \int_0^{\pi} |F(\theta, \varphi)|^2 \sin\theta \, d\theta \, d\varphi} \qquad (6 - 4 - 15)$$

将天线的方向系数公式代入上式，得天线的有效接收面积为

$$A_e = \frac{D\lambda^2}{4\pi} \qquad (6 - 4 - 16)$$

可见，如果已知天线的方向系数，就可知道天线的有效接收面积。

例如，电基本振子的方向系数为 $D = 1.5$，$A_e = 0.12\lambda^2$。如果考虑天线的效率，则有效接收面积为

$$A_e = \frac{G\lambda^2}{4\pi} \qquad (6 - 4 - 17)$$

3. 等效噪声温度(Equivalent Noise Temperature)

接收天线的等效噪声温度是反映天线接收微弱信号性能的重要电参数。在卫星通信、射

电天文和超远程雷达及微波遥感等设备中，由于作用距离甚远，所以接收的信号电平很低，此时用方向系数已不能判别天线性能的优劣，而必须以天线输送给接收机的信号功率与噪声功率之比来衡量天线的性能。等效噪声温度即是表征天线向接收机输送噪声功率的参数。

Friis 公式

接收天线把从周围空间接收到的噪声功率送到接收机的过程类似于噪声电阻把噪声功率输送给与其相连的电阻网络的过程。因此接收天线等效为一个温度为 T_a 的电阻，天线向与其匹配的接收机输送的噪声功率 P_n 就等于该电阻所输送的最大噪声功率，即

$$T_a = \frac{P_n}{K_b \Delta f} \tag{6-4-18}$$

式中，$K_b = 1.38 \times 10^{-23}$ (J/K) 为波耳兹曼常数；Δf 为与天线相连的接收机的带宽。

噪声源分布在天线周围的空间，天线的等效噪声温度为

$$T_a = \frac{D}{4\pi} \int_0^{2\pi} \int_0^{\pi} T(\theta, \varphi) \mid F(\theta, \varphi) \mid^2 \sin\theta \, d\theta \, d\varphi \tag{6-4-19}$$

式中，$T(\theta, \varphi)$ 为噪声源的空间分布函数；$F(\theta, \varphi)$ 为天线的归一化方向函数。

显然，T_a 愈高，天线送至接收机的噪声功率愈大，反之愈小。T_a 的大小取决于天线周围空间的噪声源的强度和分布，也与天线的方向性有关。为了减小通过天线送入接收机的噪声，天线的最大辐射方向不能对准强噪声源，并应尽量降低旁瓣和后瓣电平。

4. 接收天线的方向性

从以上分析可以看出，收、发天线互易。也就是说，对发射天线的分析，同样适用于接收天线。但从接收的角度讲，要保证正常接收，必须使信号功率与噪声功率的比值达到一定的数值。为此，对接收天线的方向性有以下要求：

（1）主瓣宽度尽可能窄，以抑制干扰。但如果信号与干扰来自同一方向，即使主瓣很窄，也不能抑制干扰；另一方面，当来波方向易于变化时，主瓣太窄则难以保证稳定的接收。因此，如何选择主瓣宽度，应根据具体情况而定。

（2）旁瓣电平尽可能低。如果干扰方向恰与旁瓣最大方向相同，则接收噪声功率就会较高，即干扰较大；对雷达天线而言，如果旁瓣较大，则由主瓣所看到的目标与旁瓣所看到的目标会在显示器上相混淆，造成目标的失落。因此，在任何情况下，都希望旁瓣电平尽可能低。

（3）天线方向图中最好能有一个或多个可控制的零点，以便将零点对准干扰方向，而且当干扰方向变化时，零点方向也随之改变，这也称为零点自动形成技术。

本 章 小 结

本章首先介绍了天线的基本功能、种类以及分析天线的一般方法；接着从基本振子的辐射场出发，讨论了天线的近、远区场的特性，得到了电基本振子和磁基本振子的方向函数；然后引出了天线的电参数，主要包括方向图、主瓣宽度、旁瓣电平、方向系数、天线效率、增益系数、极化特性、频带宽度、输入阻抗和有效长度等，详细讨论了各参数的定义以及计算方法；最后介绍了接收天线理论，并讨论了有效接收面积和等效噪声温度两个接收天线参数。

本章小结

习　题

典型例题　　　思考与拓展

6.1　简述天线的功能。

6.2　天线的电参数有哪些？

6.3　按极化方式划分，天线有哪几种？

6.4　从接收角度讲，对天线的方向性有哪些要求？

6.5　设某天线电场的归一化方向图如题 6.5 图所示，试求主瓣零功率波瓣宽度、半功率波瓣宽度、第一旁瓣电平。

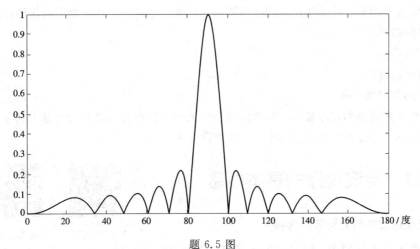

题 6.5 图

6.6　长度为 $2h(h \ll \lambda)$ 的沿 z 轴放置的短振子，中心馈电，其电流分布为 $I(z) = I_{\mathrm{m}} \cdot \sin k(h - |z|)$，式中 $k = 2\pi/\lambda$，试求短振子的以下电参数：

① 辐射电阻。

② 方向系数。

③ 有效长度(归于输入电流)。

6.7　有一个位于 xOy 平面的很细的矩形小环，环的中心与坐标原点重合，环的两边尺寸分别为 a 和 b，并与 x 轴和 y 轴平行，环上电流为 $i(t) = I_0 \cos \omega t$，假设 $a \ll \lambda$、$b \ll \lambda$，试求小环的辐射场及两主平面方向图。

6.8　有一长度为 $\mathrm{d}l$ 的电基本振子，载有振幅为 I_0、沿 $+y$ 方向的时谐电流，试求其方向函数，并画出在 xOy 面、xOz 面、yOz 面的方向图。

第7章　电波传播概论

电磁波由天线辐射到空间的一个区域后，以某种方式传播到接收天线处。从发射点到接收点，它所遇到的传输媒质主要就是大地及外围空间的大气层、电离层和大气中的水凝物（如雨滴、雪、冰等），这些媒质的电特性对不同频段的电磁波的传播有着不同的影响。根据媒质及不同媒质分界面对电波传播产生的主要影响，可将电波传播方式分为下列几种：

① 视距传播。

② 天波传播。

③ 地面波传播。

④ 不均匀媒质传播。

为建立电波传播的基本概念，本章首先介绍无线电波在自由空间的传播及传输媒质对电波传播的影响，然后再介绍上述几种具体的传输方式。

7.1　电波传播的基本概念

1. 无线电波在自由空间的传播

7.1 节 PPT　　无线信道特点

天线置于自由空间中，假设发射天线是一理想的无方向性天线，若它的辐射功率为 P_Σ 瓦，则离开天线 r 处的球面上的功率流密度为

$$S_0 = \frac{P_\Sigma}{4\pi r^2} \quad \text{W/m}^2 \qquad (7-1-1)$$

功率流密度又可以表示为

$$S_0 = \frac{1}{2} \operatorname{Re}(E \times H^*) = \frac{|E_0|^2}{240\pi} \qquad (7-1-2)$$

由此，离天线 r 处的电场强度 E_0 值为

$$|E_0| = \frac{\sqrt{60P_\Sigma}}{r} \qquad (7-1-3)$$

又假设发射天线是一实际天线，其辐射功率仍为 P_Σ，设它的输入功率为 P_i，若以 G_i 表示实际天线的增益系数，则在离实际天线 r 处的最大辐射方向上的场强为

$$|E_0| = \frac{\sqrt{60P_iG_i}}{r} \qquad (7-1-4)$$

如果接收天线的增益系数为 G_R，有效接收面积为 A_e，则在距离发射天线 r 处的接收天线所接收的功率为

$$P_R = S_0 \cdot A_e = \frac{P_iG_i}{4\pi r^2} \cdot \frac{\lambda^2 G_R}{4\pi} \qquad (7-1-5)$$

将输入功率与接收功率之比定义为自由空间的基本传输损耗，即

$$L_{bf} = \frac{P_i}{P_R} = \left(\frac{4\pi r}{\lambda}\right)^2 \cdot \frac{1}{G_i G_R} \qquad (7-1-6)$$

用分贝表示为

$$L_{bf} = 10 \lg \frac{P_i}{P_R}$$

$$= 32.45 + 20 \lg f(\text{MHz}) + 20 \lg r(\text{km}) - G_i(\text{dB}) - G_R(\text{dB}) \qquad (7-1-7)$$

式(7-1-7)称为 Friss 传输公式，它表征的是离开一定距离（应处于天线的远区）处自由空间的基本损耗。若不考虑天线的因素，则自由空间中的传输损耗是球面波在传播的过程中随着距离的增大，能量自然扩散而引起的，它反映了球面波的扩散损耗。

2. 传输媒质对电波传播的影响

1）传输损耗（信道损耗）

电波在实际的媒质（信道）中传播时有损耗。这种能量损耗可能是由于大气对电波的吸收或散射引起的，也可能是由于电波绕过球形地面或障碍物的绕射而引起的。在传播距离、工作频率、发射天线、输入功率和接收天线都相同的情况下，设接收点的实际场强为 E，功率为 P_R'，而自由空间的场强为 E_0，功率为 P_R，则信道的衰减因子 A 为

$$A(\text{dB}) = 20 \lg \frac{|E|}{|E_0|} = 10 \lg \frac{P_R'}{P_R} \qquad (7-1-8)$$

则传输损耗 L_b 为

$$L_b = 10 \lg \frac{P_i}{P_R'} = 10 \lg \frac{P_i}{P_R} - 10 \lg \frac{P_R'}{P_R} = L_{bf} - A \quad \text{dB} \qquad (7-1-9)$$

若不考虑天线的影响，即令 $G_i = G_R = 1$，则实际的传输损耗为

$$L_b = 32.45 + 20 \lg f(\text{MHz}) + 20 \lg r(\text{km}) - A \quad \text{dB} \qquad (7-1-10)$$

式中，前三项为自由空间损耗 L_{bf}；A 为实际媒质的损耗。传播方式不同，传播媒质不同，信道的传输损耗就不同。

2）衰落现象

所谓衰落（Fading），一般是指信号电平随时间的随机起伏。根据引起衰落的原因分类，大致可分为吸收型衰落和干涉型衰落。

吸收型衰落主要是由于传输媒质电参数的变化，导致信号在媒质中的衰减发生相应的变化而引起的。如大气中的氧、水汽以及由后者凝聚而成的云、雾、雨、雪等都对电波有吸收作用。由于气象的随机性，这种吸收的强弱也有起伏，形成信号的衰落。由这种原因引起的信号电平的变化较慢，所以称为慢衰落，如图 7-1(a)所示。慢衰落通常是指信号电平的中值（五分钟中值、小时中值、月中值等）在较长时间间隔内起伏变化。

干涉型衰落主要是由随机多径干涉现象引起的。在某些传输方式中，由于收、发两点间存在若干条传播路径，典型的如天波传播、不均匀媒质传播等，在这些传播方式中，传输路径具有随机性，因此到达接收点的各路径的时延随机变化，致使合成信号的幅度和相位都发生随机起伏。这种起伏的周期很短，信号电平变化很快，故称为快衰落，如图 7-1(b)所示。这种衰落在移动通信信道中表现得更为明显。

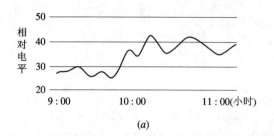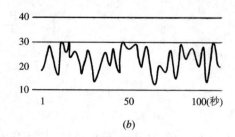

图 7 - 1　衰落现象

(a) 慢衰落；(b) 快衰落

快衰落叠加在慢衰落之上。在较短的时间内观察时，前者表现明显，后者不易被察觉。信号的衰落现象严重地影响电波传播的稳定性和系统的可靠性，如移动通信系统中采用的时间、频率、空间等分集接收技术就是克服快衰落的有效技术，而功率储备是解决慢衰落的主要方法。

3) 传输失真(Distortion)

无线电波通过媒质时除产生传输损耗外，还会使信号产生失真——振幅失真和相位失真。产生失真的原因有两个：一是媒质的色散效应，二是随机多径传输效应。

色散效应是由于不同频率的无线电波在媒质中的传播速度有差别而引起的信号失真。载有信号的无线电波都占据一定的频带，当电波通过媒质传播到达接收点时，由于各频率成分的传播速度不同，因而不能保持原来信号中的相位关系，从而引起波形失真。至于色散效应引起信号畸变的程度，则要结合具体信道的传输情况而定。

多径传输也会引起信号畸变。这是因为无线电波在传播时通过两个以上不同长度的路径到达接收点，接收天线收到的信号是几个不同路径传来的电场强度之和。

设接收点的场是两条路径传来的相位差为 $\varphi = \omega\tau$ 的两个电场的矢量和。最大的传输时延与最小的传输时延的差值定义为多径时延 τ。对于所传输信号中的每个频率成分，相同的 τ 值引起不同的相差。例如，对于 f_1，若 $\varphi_1 = \omega_1\tau = \pi$，则因两个矢量反相抵消，此分量的合成场强呈现最小值；而对于 f_2，若 $\varphi_2 = \omega_2\tau = 2\pi$，则因两个矢量同相相加，此分量的合成场强呈现最大值，如图 7 - 2(b)所示。其余各成分依次类推。显然，若信号带宽过大，就会引起较明显的失真。所以，一般情况下，信号带宽不能超过 $1/\tau$。因此，引入相关带宽的概念，定义相关带宽为

$$\Delta f = \frac{1}{\tau} \qquad (7 - 1 - 11)$$

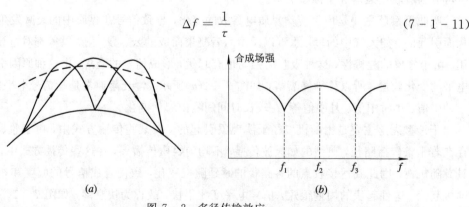

(a)　　　　　　　　　　　(b)

图 7 - 2　多径传输效应

4）电波传播方向的变化

当电波在无限大的均匀、线性媒质内传播时，射线是沿直线传播的。然而电波传播实际所经历的空间场所是复杂多样的：不同媒质的分界处将使电波折射、反射；媒质中的不均匀体（如对流层中的湍流团）将使电波产生散射；球形地面和障碍物将使电波产生绕射；特别是某些传输媒质的时变性使射线轨迹随机变化，使得到达接收天线处的射线入射角随机起伏，接收信号产生严重的衰落。因此，在研究实际传输媒质对电波传播的影响问题时，电波传播方向的变化也是重要内容之一。

7.2 视距传播

所谓视距（Horizon）传播，是指发射天线和接收天线处于相互能看见的视线距离内的传播方式。地面通信、卫星通信以及雷达等都可以采用这种传播方式。它主要用于超短波和微波波段的电波传播。

7.2 节 PPT　视距传播与多径效应

1. 视线距离

设发射天线高度为 h_1、接收天线高度为 h_2（见图 7-3），由于地球曲率的影响，当两天线 A、B 间的距离 $r < r_v$ 时，两天线互相"看得见"，当 $r > r_v$ 时，两天线互相"看不见"，距离 r_v 为收、发天线高度分别为 h_2 和 h_1 时的视线极限距离，简称视距。图 7-3 中，AB 与地球表面相切，a 为地球半径，由图可得到以下关系式：

$$r_v = \sqrt{2a}\left(\sqrt{h_1} + \sqrt{h_2}\right) \qquad (7-2-1)$$

将地球半径 $a = 6.370 \times 10^6$ m 代入上式，即有

$$r_v = 3.57\left(\sqrt{h_1} + \sqrt{h_2}\right) \times 10^3 \qquad (7-2-2)$$

式中，h_1 和 h_2 的单位为米。

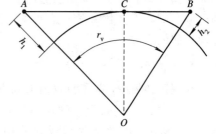

图 7-3　视线距离

视距传播时，电波是在地球周围的大气中传播的，大气对电波产生折射与衰减。由于大气层是非均匀媒质，其压力、温度与湿度都随高度而变化，大气层的介电常数是高度的函数。在标准大气压下，大气层的介电常数 ε_r 随高度增加而减小，并逐渐趋近于 1，因此大气层的折射率 $n = \sqrt{\varepsilon_r}$ 随高度的增加而减小。若将大气层分成许多薄层，每一薄层是均匀的，各薄层的折射率 n 随高度的增加而减小。这样当电波在大气层中依次通过每个薄层界面时，射线都将产生偏折，因而电波射线形成一条向下弯曲的弧线，如图 7-4 所示。

当考虑大气的不均匀性对电波传播轨迹的影响时，用有效半径 $a_e = 8.487 \times 10^6$ m 代替式（7-2-1）中的 a，则视距公式应修正为

$$r_v = \sqrt{2a_e}\left(\sqrt{h_1} + \sqrt{h_2}\right) = 4.12\left(\sqrt{h_1} + \sqrt{h_2}\right) \times 10^3 \quad \text{m} \qquad (7-2-3)$$

在光学上，$r < r_v$ 的区域称为照明区，$r > r_v$ 的区域称为阴影区。由于电波频率远低于光学频率，故不能完全按上述几何光学的观点划分区域。通常把 $r < 0.8r_v$ 的区域称为照明区，将 $r > 1.2r_v$ 的区域称为阴影区，而把 $0.8r_v < r < 1.2r_v$ 的区域称为半照明半阴影区。

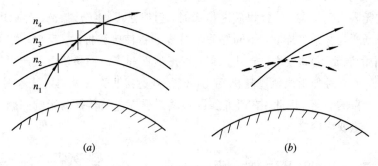

图 7 - 4　大气层对电波的折射

2. 大气对电波的衰减

大气对电波的衰减主要来自两个方面。一方面是云、雾、雨等小水滴对电波的热吸收及水分子、氧分子对电波的谐振吸收。热吸收与小水滴的浓度有关，谐振吸收与工作波长有关。另一方面是云、雾、雨等小水滴对电波的散射，散射衰减与小水滴半径的六次方成正比，与波长的四次方成反比。当工作波长短于 5 cm 时，就应该考虑大气层对电波的衰减，尤其当工作波长短于 3 cm 时，大气层对电波的衰减将趋于严重。就云、雾、雨、雪对微波传播的影响来说，降雨引起的衰减最为严重。对于 10^4 MHz 以上的频率，由降雨引起的电波衰减在大多数情况下是可观的。因此，在地面和卫星通信线路的设计中都要考虑由降雨引起的衰减。

3. 场分析

在视距传播中，除了自发射天线直接到达接收天线的直射波外，还存在从发射天线经由地面反射到达接收天线的反射波，如图 7 - 5 所示。因此接收天线处的场是直射波与反射波的叠加。

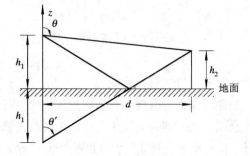

设 h_1 为发射天线的高度，h_2 为接收天线的高度，d 为收、发天线间距离，E 为接收点场强，$E_{\theta 1}$ 为直射波，$E_{\theta 2}$ 为反射波。根据上面的分析，接收点的场强为

$$E = E_{\theta 1} + E_{\theta 2} \qquad (7 - 2 - 4)$$

其中

图 7 - 5　直射波与反射波

$$\left.\begin{array}{l} E_{\theta 1} = E_0 f(\theta)\dfrac{e^{-jkr}}{r} \\[3mm] E_{\theta 2} = RE_0 f(\theta')\dfrac{e^{-jkr'}}{r'} \end{array}\right\} \qquad (7 - 2 - 5)$$

式中，R 为反射点处的反射系数，$R = |R|e^{j\varphi}$，$f(\theta)$ 为天线方向函数。

如果两天线间距离 $d \gg h_1$，h_2，则有

$$\left.\begin{array}{l} \theta = \theta' \\[3mm] E = a_\theta E_0 f(\theta)\dfrac{e^{-jkr}}{r}F \end{array}\right\} \qquad (7 - 2 - 6)$$

式中

$$F = 1 + \mid R \mid e^{-j[k(r'-r)-\varphi]} \qquad (7-2-7)$$

而

$$r' - r \approx \frac{(h_1 + h_2)^2}{2d} - \frac{(h_2 - h_1)^2}{2d} = \frac{2h_1 h_2}{d} \qquad (7-2-8)$$

将其代入式(7 – 2 – 7)得

$$F = 1 + \mid R \mid e^{-j(k2h_1 h_2/d - \varphi)} \qquad (7-2-9)$$

当地面电导率为有限值时，若射线仰角很小，则有

$$R_H \approx R_V \approx -1 \qquad (7-2-10)$$

式中，R_H 为水平极化波的反射系数；R_V 为垂直极化波的反射系数。

对于视距通信电路来说，电波的射线仰角是很小的(通常小于 1°)，所以有

$$\mid F \mid = \mid 1 - e^{-jk2h_1 h_2/d} \mid = 2 \left| \sin\left(\frac{2\pi h_1 h_2}{d\lambda}\right) \right| \qquad (7-2-11)$$

由上式可得到下列结论：

① 当工作波长和收、发天线间距不变时，接收点场强随天线高度 h_1 和 h_2 的变化而在零值与最大值之间波动，如图 7 – 6 所示。

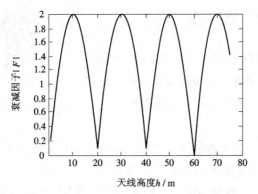

图 7 – 6　接收点场强随天线高度的变化曲线

② 当工作波长 λ 和两天线高度 h_1 和 h_2 都不变时，接收点场强随两天线间距离的增大而呈波动变化，若距离减小，则波动范围减小，如图 7 – 7 所示。

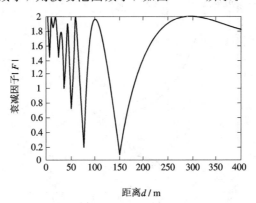

图 7 – 7　接收点场强随间距 d 的变化曲线

③ 当两天线高度 h_1 和 h_2 和距离 d 不变时，接收点场强随工作波长 λ 呈波动变化，如图 7 - 8 所示。

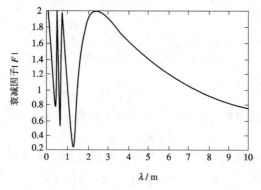

图 7 - 8 接收点场强随工作波长 λ 的变化曲线

总之，在微波视距通信设计中，为使接收点场强稳定，希望反射波的成分愈小愈好。所以在通信信道路径的设计和选择时，要尽可能地利用起伏不平的地形或地物，使反射波场强削弱或改变反射波的传播方向，使其不能到达接收点，以保证接收点场强稳定。

7.3 天 波 传 播

天波传播通常是指自发射天线发出的电波在高空被电离层反射后到达接收点的传播方式，有时也称为电离层电波传播，主要用于中波和短波波段。

7.3节 PPT   电离层与天波

1. 电离层概况

电离层(Ionosphere)是地球高空大气层的一部分，从离地面 60 km 的高度一直延伸到 1000 km 的高空。由于电离层电子密度不是均匀分布的，因此，按电子密度随高度的变化相应地分为 D, E, F_1, F_2 四层，每一层的电子浓度都有一个最大值，如图 7 - 9 所示。电离层主要是太阳的紫外辐射形成的，因此其电子密度与日照密切相关——白天大，晚间小，而且晚间 D 层消失。电离层电子密度又随四季不同而发生变化。除此之外，太阳的扰

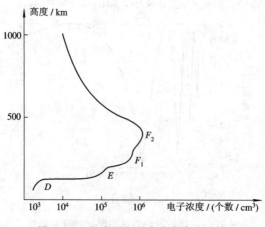

图 7 - 9 电离层电子密度的高度分布

动与黑子活动也会对电离层电子密度产生很大的影响。

2. 无线电波在电离层中的传播

仿照电波在视距传播中的介绍方法，可将电离层分成许多薄层，每一薄层的电子密度是均匀的，但彼此是不等的。根据经典电动力学可求得自由电子密度为 N_e 的各向同性均匀媒质的相对介电常数为

$$\varepsilon_r = 1 - \frac{80.8 N_e}{f^2} \tag{7-3-1}$$

其折射率为

$$n = \sqrt{1 - \frac{80.8 N_e}{f^2}} < 1 \tag{7-3-2}$$

式中，f 为电波的频率。

当电波入射到空气—电离层界面时，由于电离层折射率小于空气折射率，折射角大于入射角，射线要向下偏折。当电波进入电离层后，由于电子密度随高度的增加而逐渐减小，因此各薄层的折射率依次变小，电波将连续下折，直至到达某一高度处电波开始折回地面。可见，电离层对电波的反射实质上是电波在电离层中连续折射的结果。

如图 7-10 所示，在各薄层间的界面上连续应用折射定律可得

$$n_0 \sin\theta_0 = n_1 \sin\theta_1 = \cdots = n_i \sin\theta_i \tag{7-3-3}$$

式中，n_0 为空气折射率，$n_0 = 1$；θ_0 为电波进入电离层时的入射角。

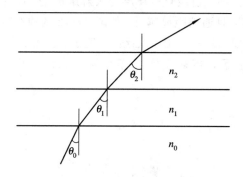

图 7-10 电离层对电波的连续折射

设电波在第 i 层处到达最高点，然后即开始折回地面，则将 $\theta_i = 90°$ 代入上式得

$$\sin\theta_0 = n_i = \sqrt{1 - \frac{80.8 N_i}{f^2}} \tag{7-3-4}$$

或

$$f = \sqrt{80.8 N_i} \sec\theta_0 \tag{7-3-5}$$

上式揭示了天波传播时，电波频率 f(Hz)与入射角 θ_0 和电波折回处的电子密度 N_i(电子数/m³)三者之间的关系。由此引入下列几个概念。

1) 最高可用频率(MUF)

由式(7-3-5)可求得当电波以 θ_0 角度入射时，电离层能把电波"反射"回来的最高可用频率(Maximum Usable Frequency)为

$$f_{max} = \sqrt{80.8 N_{max}} \sec\theta_0 \tag{7-3-6}$$

式中，N_{max} 为电离层的最大电子密度。

也就是说，当电波入射角 θ_0 一定时，电波频率越高，电波反射后所到达的距离就越远。当电波工作频率高于 f_{max} 时，由于电离层不存在比 N_{max} 更大的电子密度，因此电波不能被电离层"反射"回来而穿出电离层，如图 7-11 所示，这正是超短波和微波不能以天波传播的原因。

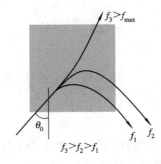

图 7-11 θ_0 一定而频率不同时的射线

2）天波静区

由式(7-3-4)可得电离层能把频率为 $f(\mathrm{Hz})$ 的电波"反射"回来的最小入射角 $\theta_{0\ min}$ 为

$$\theta_{0\ min} = \arcsin \sqrt{1 - \frac{80.8N_{max}}{f^2}} \qquad (7-3-7)$$

这就是说，当电波频率一定时，射线对电离层的入射角 θ_0 越小，电波需要到达电子浓度越高的地方才能被反射回来，且通信距离越近，如图 7-12 的曲线"1""2"所示；但当 θ_0 继续减小时，通信距离变远，如图 7-12 中的曲线"3"所示；当入射角 $\theta_0 < \theta_{0\ min}$ 时，电波能被电离层"反射"回来所需的电子密度超出实际存在的 N_{max} 值，于是电波穿出电离层，如图 7-12 中的曲线"4"所示。

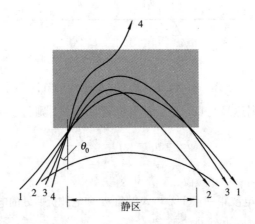

图 7-12 频率一定时通信距离与入射角的关系

由于入射角 $\theta_0 < \theta_{0min}$ 的电波不能被电离层"反射"回来，因此在以发射天线为中心的、一定半径的区域内就不可能有天波到达，从而形成了天波静区。

3）多径效应

由于天线射向电离层的是一束电波射线，各根射线的入射角稍有不同，它们将在不同的高度上被"反射"回来，因而有多条路径到达接收点（见图 7 - 13），这种现象称为多径传输。

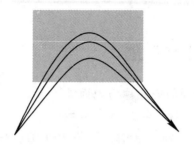

图 7 - 13　多径传输

电离层的电子密度随气候变化不时地发生起伏，引起各射线路径也不时变化，这样，各射线间的波程差也不断变化，从而使接收点的合成场的大小发生波动，这种由多径传输引起的接收点场强的起伏变化称为多径效应。正如本章前面所述，多径效应造成了信号的衰落。

4）最佳工作频率 f_{opt}

电离层中自由电子的运动将耗散电波的能量，使电波发生衰减，但电离层对电波的吸收主要是 D 层和 E 层。因此，为了减小电离层对电波的吸收，天波传播应尽可能采用较高的工作频率。然而当工作频率过高时，电波需到达电子密度很大的地方才能被"反射"回来，这就大大增长了电波在电离层中的传播距离，随之也增大了电离层对电波的衰减。为此，通常取最佳工作频率 f_{opt} 为

$$f_{\text{opt}} = 0.85 f_{\text{max}} \qquad (7-3-8)$$

还需要注意的是，电离层的 D 层对电波的吸收是很严重的。当夜晚 D 层消失时，天波信号增强，这正是晚上能接收到更多短波电台的原因。

总之，天波通信具有以下特点：

① 频率的选择很重要，频率太高，电波穿透电离层射向太空；频率太低，电离层对电波的吸收过多，以致不能保证必要的信噪比。因此，通信频率必须选择在最佳频率附近。而这个频率的确定，不仅与年、月、日、时有关，还与通信距离有关。同样的电离层状况，通信距离近的，最高可用频率低；通信距离远的，最高可用频率高。显然，为了通信可靠，必须在不同时刻使用不同的频率。但为了避免换频的次数太多，通常一日之内使用两个（日频和夜频）或三个频率。

② 天波传播的随机多径效应严重，多径时延较大，信道带宽较窄。因此，对传输信号的带宽有很大的限制，特别是对于数字通信来说，为了保证通信质量，在接收时必须采用相应的抗多径措施。

③ 天波传播不太稳定，衰落严重，在设计电路时必须考虑衰落影响，使电路设计留有足够的电平余量。

④ 电离层所能反射的频率范围是有限的，一般是短波范围。由于波段范围较窄，因此短波电台特别拥挤，电台间的干扰很大，尤其是夜间；由于电离层吸收减小，电波传播条件有所改善，台间干扰更大。

⑤ 由于天波传播依靠的是高空电离层的反射，因而受地面的吸收及障碍物的影响较小，也就是说这种传播方式的传输损耗较小，因此能以较小的功率进行远距离通信。

⑥ 天波通信，特别是短波通信，建立迅速，机动性好，设备简单，这是短波天波传播的优点之一。

7.4 地面波传播

7.4节PPT   地面波

无线电波沿地球表面传播的方式称为地面波传播，若天线低架于地面，且最大辐射方向沿地面，这时主要是地面波(Ground Wave)传播。在长、中波波段和短波的低频段($10^3 \sim 10^6$ Hz)均可用这种传播方式。

设有一直立天线架设于地面之上，辐射的垂直极化波沿地面传播时，若大地是理想导体，则接收天线接收到的仍是垂直极化波(见图 7-14)。实际上，大地是非理想导电媒质，垂直极化波的电场沿地面传播时，就在地面感应出与其一起移动的正电荷，进而形成电流，从而产生欧姆损耗，造成大地对电波的吸收；并沿地表面形成较小的电场水平分量，致使波前倾斜，并变为椭圆极化波，如图 7-15 所示。显然，波前的倾斜程度反映了大地对电波的吸收程度。

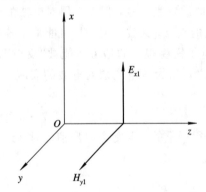

图 7-14 理想导电地面的场结构

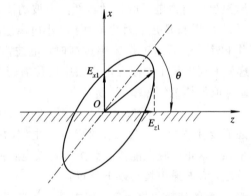

图 7-15 非理想导电地面的场结构

从以上知识可以得到如下结论：

① 垂直极化波沿非理想导电地面传播时，由于大地对电波能量的吸收作用，产生了沿传播方向的电场纵向分量 E_{z1}，因此可以用 E_{z1} 的大小来说明传播损耗的情况。若地面的电导率越小或电波频率越高，E_{z1} 越大，说明传播损耗越大。因此，地面波传播主要用于长、中波传播，短波和米波小型电台采用这种传播方式工作时，只能进行几千米或十几千米的近距离通信。海水的电导率比陆地的高，因此在海面上要比陆地上传得远得多。

② 地面波的波前倾斜现象在接收地面上的无线电波时具有实用意义。由于 $E_{x1} \gg E_{z1}$，故在地面上采用直立天线接收较为适宜。但在某些场合，由于受到条件的限制，也可以采用低架水平天线接收。

③ 由于地表面的电性能及地貌、地物等并不随时间很快地变化，并且基本上不受气候条件的影响，因此地面波信号稳定，这是地面波传播的突出优点。

应该指出的是，地面波的传播情况与电波的极化形式有很大关系。大多数地质情况下，大地的磁导率 $\mu \approx \mu_0$，很难存在横电波模式，因此关于地面波的讨论都是针对横磁波模式的。根据横磁波存在的各场分量 E_{x1}，E_{z1}，H_{y1}，其电场分量在入射平面内，故称为垂直极化波。换句话说，只有垂直极化波才能进行地面波传播。

7.5　不均匀媒质的散射传播

7.5 节 PPT

除了上述三种基本传输方式外，还有散射波传播。电波在低空对流层或高空电离层下缘遇到不均匀的"介质团"时就会发生散射，散射波的一部分到达接收天线处（见图 7-16），这种传播方式称为不均匀媒质的散射传播。电离层散射主要用于 30～100 MHz 频段，对流层散射主要用于 100 MHz 以上频段。就其传播机理而言，电离层散射传播与对流层散射传播有一定的相似性；就其应用广度来说，电离层散射传播不如对流层散射传播方式应用广泛。现以对流层散射为例简单介绍不均匀媒质的散射传播的原理。

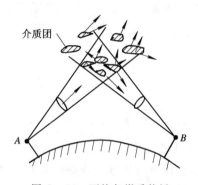

图 7-16　不均匀媒质传播

对流层（Troposphere）是大气的最低层，通常是指从地面算起至高达 (13 ± 5) km 的区域。在太阳的辐射下，受热的地面通过大气的垂直对流作用使对流层升温。一般情况下，对流层的温度、压强、湿度不断变化，在涡旋气团内部及其周围的介电常数有随机的小尺度起伏，形成了不均匀的介质团。当超短波、短波投射到这些不均匀体上时，就在其中产生感应电流，成为一个二次辐射源，将入射的电磁能量向四面八方再辐射，于是电波就到达不均匀介质团所能"看见"但电波发射点却不能"看见"的超视距范围。电磁波的这种无规则、无方向的辐射，即为散射，相应的介质团称为散射体，如图 7-16 所示。对于任一固定的接收点来说，其接收场强就是收、发双方都能"看见"的那部分空间——收、发天线波束相交的公共体积中的所有散射体的总和。通过上述分析，可以看出对流层散射传播具有下列特点：

① 由于散射波相当微弱，即传输损耗很大（包括自由空间传输损耗、散射损耗、大气吸收损耗及来自天线方面的损耗，一般超过 200 dB），因此对流层散射通信要采用大功率发射机、高灵敏度接收机和高增益天线。

散射通信

② 由于湍流运动的特点，散射体是随机变化的，它们之间在电性能上是相互独立的，因而它们对接收点的场强影响是随机的。这种随机多径传播现象，使

信号产生严重的快衰落。这种快衰落一般通过采用分集接收技术来克服。

③ 这种传播方式的优点是：容量大，可靠性高，保密性好，单跳跨距达 $300 \sim 800 \text{ km}$，一般用于无法建立微波中继站的地区，如用于海岛之间或跨越湖泊、沙漠、雪山等地区。

7.6　室内电波传播

7.6 节 PPT

随着无线通信的迅速发展，室内无线应用不断增加，电波在室内传播会引起较多的附加损耗，主要是反射、散射和折射三种基本方式，如图 7-17 所示。

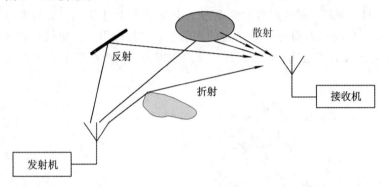

限定空间的
电波传播

图 7-17　电波的三种基本传播模式

电波的室内传播受到许多因素的影响，诸如建筑物形状、建筑材料、家具摆设、隔断（包括门的开关状态）以及天线的位置与摆置方式等。由于室内传播路径变化多端，电波的传播损耗也非常复杂。研究表明，其传播公式为

$$P_r(d) = \frac{P_t G_t G_r \lambda^2}{(4\pi)^2 L_d} \frac{1}{d^2} \qquad (7-6-1)$$

其中，d 为收发天线间的距离，L_d 称为室内传播损耗（对于自由空间 $L_d = 1$）。

上述公式中 $d = 0$ 是不成立的，因此工程上通常在满足远区条件下靠近发射天线的某一点 d_0 处（称为参考距离）测得接收功率为 $P_r(d_0)$，则距离 d 处的接收功率可写成

$$P_r(d) = P_r(d_0) \left(\frac{d_0}{d} \right)^n \qquad (7-6-2)$$

其中，n 称为路径损耗指数因子，通常取 $n = 3 \sim 4$。

本 章 小 结

本章小结

本章首先介绍无线电波在自由空间的传播及传输媒质对电波传播的影响，讨论了传输损耗、衰落、传输失真和电波传播方向的变化，给出了传输损耗的一般计算公式；接着分别讨论视距传播、天波传播、地面波传播、不均匀媒质散射传播以及室内电波传播等五种典型的传播方式，对每一种方式的传播特点及其对通信的影响等都进行了讨论。

习 题

思考与拓展

7.1 什么是衰落？简述引起衰落的原因。

7.2 什么是传输失真？简述引起失真的原因。

7.3 什么是视距传播？简述视距传播的特点。

7.4 什么是天波传播？简述天波传播的特点。

7.5 何谓天波传播的静区？

7.6 试分析夜晚听到的电台数目多且杂音大的原因。

7.7 什么是地面波传播？简述地面波的波前倾斜现象。

7.8 不均匀媒质传播方式主要有哪些？简述对流层散射传播的原理。

第8章 线天线

横向尺寸远小于纵向尺寸并小于波长的细长结构的天线称为线天线(Linear Antenna)，它们广泛地应用于通信、雷达等无线电系统中。本章首先从等效传输线理论出发，介绍对称振子天线的特性，接着介绍天线阵的方向性理论，然后对工程中常用的鞭天线、水平振子天线、电视天线、移动通信基站天线、行波天线、宽频带天线、微带及平面天线等逐一进行介绍，最后对新一代移动通信的关键技术——MIMO智能天线技术进行简要介绍。

8.1 对称振子天线

8.1节PPT

由第6章可知，短偶极子天线的辐射电阻低，不是良好的电磁功率辐射器。下面来介绍中心馈电、长度可与波长相比拟的对称振子天线的辐射特性。

对称振子天线是由两根粗细和长度都相同的导线构成的，中间为两个馈电端，如图8-1所示。这是一种应用广泛且结构简单的基本线天线。假如天线上的电流分布是已知的，则由电基本振子的辐射场沿整个导线积分，便得到对称振子天线的辐射场。然而，即使振子是由理想导体构成的，要精确求解这种几何结构简单、直径为有限值的天线上的电流分布也是很困难的。实际上，细振子天线可看成是开路传输线逐渐张开而成，如图8-2所示。当导线无限细($l/a \to \infty$，a 为导线半径)时，张开导线如图8-2(c)所示，其电流分布与无耗开路传输线上的完全一致，即按正弦驻波分布。

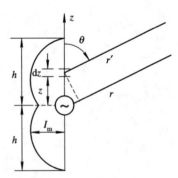

图 8-1 细振子的辐射

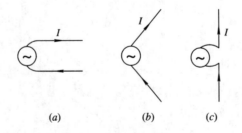

图 8-2 开路传输线与对称振子
(a) 开路传输线；(b) 开路传输线终端张开；(c) 对称振子天线

令振子沿 z 轴放置(见图8-1)，其上的电流分布为

$$I(z) = I_m \sin\beta(h - |z|) \qquad (8 - 1 - 1)$$

式中，β 为相移常数，$\beta = k = \dfrac{2\pi}{\lambda_0} = \dfrac{\omega}{c}$。

在距中心点为 z 处取电流元段 dz，则它对远区场的贡献为

$$dE_\theta = j\frac{60\pi}{\lambda}\sin\theta\, I_m\,\sin\beta(h - |z|)\frac{e^{-j\beta r'}}{r'}\,dz \qquad (8 - 1 - 2)$$

选取振子的中心与球坐标系的原点重合，上式中的 r' 与从原点算起的 r 稍有不同。

在远区，由于 $r \gg h$，参照图 8 - 1，则 r' 与 r 的关系为

$$r' = (r^2 + z^2 - 2rz\cos\theta)^{1/2} \approx r - z\cos\theta \qquad (8 - 1 - 3)$$

将式(8 - 1 - 3)代入式(8 - 1 - 2)，同时令 $\dfrac{1}{r} \approx \dfrac{1}{r'}$，则细振子天线的辐射场为

$$\begin{aligned}
E_\theta &= j\frac{I_m 60\pi}{\lambda}\frac{e^{-j\beta r}}{r}\sin\theta\int_{-h}^{h}\sin\beta(h - |z|)e^{j\beta z\cos\theta}\,dz \\
&= j\frac{I_m 60\pi}{\lambda}\frac{e^{-j\beta r}}{r}2\sin\theta\int_{0}^{h}\sin\beta(h - z)\cos(\beta z\cos\theta)\,dz \\
&= j\frac{60I_m}{r}e^{-j\beta r}F(\theta)
\end{aligned} \qquad (8 - 1 - 4)$$

式中

$$F(\theta) = \frac{\cos(\beta h\cos\theta) - \cos\beta h}{\sin\theta} \qquad (8 - 1 - 5)$$

$|F(\theta)|$ 是对称振子的 E 面方向函数，它描述了归一化远区场 $|E_\theta|$ 随 θ 角的变化情况。图 8 - 3 分别画出了四种不同电长度(相对于工作波长的长度)：$\dfrac{2h}{\lambda} = \dfrac{1}{2}$，1，$\dfrac{3}{2}$ 和 2 的对称振子天线的归一化 E 面方向图，其中 $\dfrac{2h}{\lambda} = \dfrac{1}{2}$ 和 $\dfrac{2h}{\lambda} = 1$ 的对称振子分别为半波对称振子和全波对称振子，最常用的是半波对称振子。由方向图可见，当电长度趋近于 3/2 时，天线的最大辐射方向将偏离 90°，而当电长度趋近于 2 时，在 $\theta = 90°$ 平面内就没有辐射了。

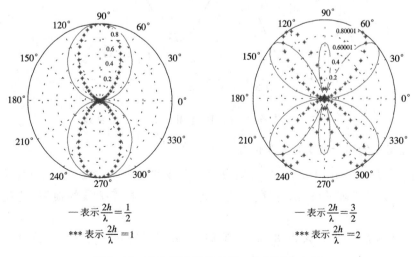

图 8 - 3　对称振子天线的归一化 E 面方向图

对称振子 　　　　　　　对称振子立体方向图 　　　　　　对称振子 E 面方向图

由于 $|F(\theta)|$ 不依赖于 φ，所以 H 面的方向图为圆。

根据式(6-3-7)，对称振子的辐射功率为

$$P_{\Sigma} = \frac{r^2 \mid E_{\max} \mid^2}{240\pi} \int_0^{2\pi} \int_0^{\pi} \mid F(\theta) \mid^2 \sin\theta \, \mathrm{d}\theta \, \mathrm{d}\varphi$$

$$= \frac{r^2}{240\pi} \frac{60^2 I_{\mathrm{m}}^2}{r^2} \int_0^{2\pi} \int_0^{\pi} \mid F(\theta) \mid^2 \sin\theta \, \mathrm{d}\theta \, \mathrm{d}\varphi$$

化简后得

$$P_{\Sigma} = \frac{15}{\pi} I_{\mathrm{m}}^2 \int_0^{2\pi} \int_0^{\pi} \mid F(\theta) \mid^2 \sin\theta \, \mathrm{d}\theta \, \mathrm{d}\varphi \qquad (8-1-6)$$

将式(8-1-6)代入式(6-3-13)得对称振子的辐射电阻为

$$R_{\Sigma} = \frac{30}{\pi} \int_0^{2\pi} \int_0^{\pi} \mid F(\theta) \mid^2 \sin\theta \, \mathrm{d}\theta \, \mathrm{d}\varphi \qquad (8-1-7)$$

将式(8-1-5)代入上式得

$$R_{\Sigma} = 60 \int_0^{\pi} \frac{\left[\cos(\beta h \cos\theta - \cos\beta h\right]^2}{\sin\theta} \, \mathrm{d}\theta \qquad (8-1-8)$$

图 8-4 给出了对称振子的辐射电阻 R_{Σ} 随其臂的电长度 h/λ 的变化曲线。

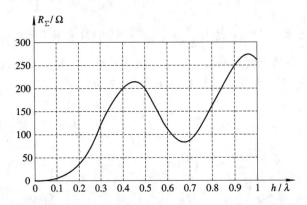

图 8-4　对称振子的辐射电阻与 h/λ 的关系曲线

1. 半波振子的辐射电阻及方向性

半波振子(Half-wave Dipole)广泛地应用于短波和超短波波段，它既可作为独立天线使用，也可作为天线阵的阵元，在微波波段还可用作抛物面天线的馈源(这将在第 9 章介绍)。

将 $\beta h = 2\pi h/\lambda = \pi/2$ 代入式(8-1-5)即得半波振子的 E 面方向图函数为

$$F(\theta) = \frac{\cos\left(\dfrac{\pi}{2}\cos\theta\right)}{\sin\theta} \qquad (8-1-9)$$

该函数在 $\theta = 90°$ 处具有最大值(为 1),而在 $\theta = 0°$ 与 $\theta = 180°$ 处为零,相应的方向图如图 8 - 3 所示。将上式代入式(8 - 1 - 7)得半波振子的辐射电阻为

$$R_{\Sigma} = 73.1 \ \Omega \tag{8 - 1 - 10}$$

将 $F(\theta)$ 代入式(6 - 3 - 8)得半波振子的方向函数为

$$D = 1.64 \tag{8 - 1 - 11}$$

方向图的主瓣宽度等于方程

$$F(\theta) = \frac{\cos\left(\dfrac{\pi}{2}\cos\theta\right)}{\sin\theta} = \frac{1}{\sqrt{2}} \qquad 0° < \theta < 180°$$

的两个解之间的夹角,由此可得其主瓣宽度为 78°。因而,半波振子的方向性比电基本振子的方向性(方向系数1.5,主瓣宽度为 90°)稍强一些。

2. 振子天线的输入阻抗

前面讲过对称振子天线可看作是由开路传输线张开 180° 后构成的,因此可借助传输线的阻抗公式来计算对称振子的输入阻抗,但必须作如下两点修正。

1)特性阻抗

由传输线理论知,均匀双导线传输线的特性阻抗沿线不变,在式(1 - 1 - 17)中取 $\varepsilon_r = 1$,则有

$$Z_0 = 120 \ln \frac{D}{a} \tag{8 - 1 - 12}$$

式中,D 为两导线间距;a 为导线半径。

而对称振子两臂上对应元之间的距离是可调的(见图 8 - 5),设对应元之间的距离为 $2z$,则对称振子在 z 处的特性阻抗为

$$Z_0(z) = 120 \ln \frac{2z}{a} \quad \Omega \tag{8 - 1 - 13}$$

式中,a 为对称振子的半径。

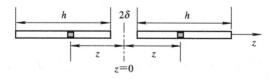

图 8 - 5 对称振子特性阻抗的计算

将 $Z_0(z)$ 沿 z 轴取平均值即得对称振子的平均特性阻抗 $\overline{Z}_0$ 为

$$\overline{Z}_0 = \frac{1}{h} \int_{\delta}^{h} Z_0(z) \mathrm{d}z = 120\left(\ln \frac{2h}{a} - 1\right) \quad \Omega \tag{8 - 1 - 14}$$

式中,2δ 为对称振子馈电端的间隙。

可见,$\overline{Z}_0$ 随 h/a 的变化而变化,在 h 一定时,a 越大,则 $\overline{Z}_0$ 越小。

2)对称振子上的输入阻抗

双线传输线几乎没有辐射,而对称振子是一种辐射器,它相当于具有损耗的传输线。根据传输线理论,长度为 h 的有耗线的输入阻抗为

$$Z_{in} = Z_0 \frac{\sinh 2\alpha h - \dfrac{\alpha}{\beta} \sin 2\beta h}{\cosh 2\alpha h - \cos 2\beta h} - jZ_0 \frac{\dfrac{\alpha}{\beta} \sinh 2\alpha h + \sin 2\beta h}{\cosh 2\alpha h - \cos 2\beta h} \qquad (8-1-15)$$

式中，Z_0 为有耗线的特性阻抗，由式(8-1-14)的 $\overline{Z}_0$ 来计算；α 和 β 分别为对称振子上的等效衰减常数和相移常数。

（1）对称振子上的等效衰减常数 α。

由传输线的理论知，有耗传输线的衰减常数 α 为

$$\alpha = \frac{R_1}{2Z_0} \qquad (8-1-16)$$

式中，R_1 为传输线的单位长度电阻。

对于对称振子而言，损耗是由辐射造成的，所以对称振子的单位长度电阻就是其单位长度的辐射电阻，记为 $R_{\Sigma 1}$。根据沿线的电流分布 $I(z)$，可求出整个对称振子的等效损耗功率为

$$P_L = \int_0^h \frac{1}{2} I^2(z) R_{\Sigma 1} \, dz \qquad (8-1-17)$$

对称振子的辐射功率为

$$P_\Sigma = \frac{1}{2} I_m^2 R_\Sigma \qquad (8-1-18)$$

因为 P_L 就是 P_Σ，即 $P_L = P_\Sigma$，故有

$$\int_0^h \frac{1}{2} I^2(z) R_{\Sigma 1} \, dz = \frac{1}{2} I_m^2 R_\Sigma \qquad (8-1-19)$$

对称振子的沿线电流分布为

$$I(z) = I_m \sin \frac{2\pi}{\lambda}(h - z) \qquad (8-1-20)$$

将上式代入式(8-1-19)得

$$R_{\Sigma 1} = \frac{2R_\Sigma}{\left[1 - \dfrac{\sin \dfrac{4\pi}{\lambda} h}{\dfrac{4\pi}{\lambda} h} \right] h} \qquad (8-1-21)$$

用式(8-1-14)中的 $\overline{Z}_0$ 和上式中的 $R_{\Sigma 1}$ 分别取代式(8-1-16)中的 Z_0 和 R_1，即可得出对称振子上的等效衰减常数 α。

（2）对称振子上的相移常数 β。

由传输线理论可知，有耗传输线的相移常数 β 为

$$\beta = \frac{2\pi}{\lambda} \sqrt{\frac{1}{2} \left[1 + \sqrt{1 + \left(\frac{R_1 \lambda}{2\pi L_1} \right)^2} \right]} \qquad (8-1-22)$$

式中，R_1 和 L_1 分别是对称振子单位长度的电阻和电感。导线半径 a 越大，L_1 越小，相移常数和自由空间的波数 $k = 2\pi/\lambda$ 相差就越大。令 $n_1 = \beta/k$，由于一般情况下 L_1 的计算非常复杂，因此 n_1 通常由实验确定。在不同的 h/a 值情况下，$n_1 = \beta/k$ 与 h/λ 的关系曲线如图 8-6 所示。式(8-1-22)和图 8-6 都表明，对称振子上的相移常数 β 大于自由空间的波数 k，亦即对称振子上的波长短于自由空间波长，这是一种波长缩短现象，故称 n_1 为波长

缩短系数，即

$$n_1 = \frac{\beta}{k} = \frac{\lambda}{\lambda_a} \qquad (8-1-23)$$

式中，λ 和 λ_a 分别为自由空间和对称振子上的波长。

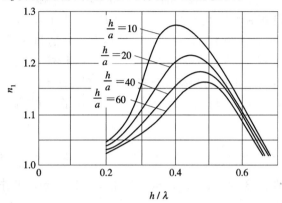

对称振子天线

图 8-6　$n_1 = \beta/k$ 与 h/λ 的关系曲线

造成上述波长缩短现象的主要原因有：

① 对称振子辐射引起振子电流衰减，使振子电流相速减小，相移常数 β 大于自由空间的波数 k，致使波长缩短。

② 由于振子导体有一定的半径，末端分布电容增大（称为末端效应），末端电流实际不为零，这等效于振子长度增加，因而造成了波长缩短的现象。振子导体越粗，末端效应越显著，波长缩短越严重。

图 8-7 是按式(8-1-15)由 MATLAB 画出的对称振子的输入电阻 R_{in} 和输入电抗 X_{in} 曲线，曲线的参变量是对称振子的平均特性阻抗 $\overline{Z}_0$。

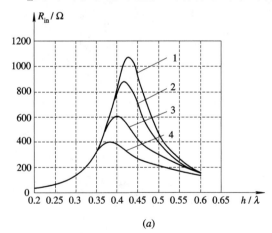
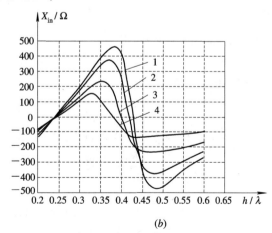

"1"—$\overline{Z}_0 = 455\ \Omega$；"2"—$\overline{Z}_0 = 405\ \Omega$；"3"—$\overline{Z}_0 = 322\ \Omega$；"4"—$\overline{Z}_0 = 240\ \Omega$

图 8-7　对称振子的输入阻抗与 h/λ 的关系曲线

（a）输入电阻；（b）输入电抗

由图 8-7 可以得到下列结论：

① 对称振子的平均特性阻抗 $\overline{Z}_0$ 越低，R_{in} 和 X_{in} 随频率的变化越平缓，其频率特性越

好。所以欲展宽对称振子的工作频带，常常采用加粗振子直径的办法。如短波波段使用的笼形振子天线就是基于这一原理。

② $h/\lambda \approx 0.25$ 时，对称振子处于串联谐振状态，而 $h/\lambda \approx 0.5$ 时，对称振子处于并联谐振状态，无论是串联谐振还是并联谐振，对称振子的输入阻抗都为纯电阻。但在串联谐振点（即 $h = \lambda/4n_1$）附近，输入电阻随频率变化平缓，且 $R_{in} = R_\Sigma = 73.1~\Omega$。这就是说，当 $h = \lambda/4n_1$ 时，对称振子的输入阻抗是一个不大的纯电阻，且具有较好的频率特性，也有利于同馈线的匹配，这是半波振子被广泛采用的一个重要原因。而在并联谐振点附近，$R_{in} = \overline{Z}_0^2/R_\Sigma$，这是一个高阻抗，且输入阻抗随频率变化剧烈，频率特性不好。

按式(8 - 1 - 15)计算对称振子的输入阻抗很繁琐，对于半波振子，在工程上可按下式作近似计算：

$$Z_{in} = \frac{R_\Sigma}{\sin^2 \beta h} - j\overline{Z}_0 \cot\beta h \tag{8 - 1 - 24}$$

[例 8 - 1]　设对称振子的长度为 $2h = 1.2$ m，半径 $a = 10$ mm，工作频率 $f = 120$ MHz，试近似计算其输入阻抗。

解：对称振子的工作波长为

$$\lambda = \frac{c}{f} = \frac{3 \times 10^8}{120 \times 10^6} = 2.5 \quad \text{m}$$

所以

$$\frac{h}{\lambda} = \frac{0.6}{2.5} = 0.24$$

查图 8 - 4 得

$$R_\Sigma = 65 \quad \Omega$$

由式(8 - 1 - 14)得对称振子的平均特性阻抗为

$$\overline{Z}_0 = 120\left(\ln \frac{2h}{a} - 1\right) = 454.5~\Omega$$

由 $h/a = 60$ 查图 8 - 6 得

$$n_1 = 1.04$$

因而相移常数为

$$\beta = 1.04k = 1.04 \cdot \frac{2\pi}{\lambda}$$

将以上 R_Σ、$\overline{Z}_0$ 及 β 一并代入输入阻抗公式，即

$$Z_{in} = \frac{R_\Sigma}{\sin^2 \beta h} - j\overline{Z}_0 \cot\beta h$$

$$= \frac{65}{\sin^2(1.04 \times 2\pi \times 0.24)} - j454.5 \cot(1.04 \times 2\pi \times 0.24)$$

$$\approx 65 - j1.1 \quad \Omega$$

8.2　阵列天线

为了加强天线的方向性，将若干辐射单元按某种方式排列构成系统，

8.2节 PPT

称为天线阵（Antenna Array）。构成天线阵的辐射单元称为天线元
或阵元。天线阵的辐射场是各天线元所产生场的矢量叠加，只要各
天线元上的电流振幅和相位分布满足适当的关系，就可以得到所
需要的辐射特性。本节只介绍由相似元组成的天线阵的方向性理
论。所谓的相似元，是指各阵元的形状与尺寸相同，且以相同的姿
态排列。下面从研究最简单的二元阵情况入手，介绍天线阵的基本规律，之后再介绍多元
阵的情况。

组阵的意义

1. 二元阵

设天线阵是由间距为 d，沿 x 轴排列的两个相同的天线元所组成的，如图 8 - 8 所示。
假设天线元由振幅相等的电流所激励，但天线元"2"
的电流相位超前天线元"1"的角度为 ζ，它们的远区
电场是沿 θ 方向的，于是有

$$E_{\theta1} = E_m F(\theta, \varphi) \frac{e^{-jkr_1}}{r_1} \qquad (8-2-1)$$

$$E_{\theta2} = E_m F(\theta, \varphi) e^{j\zeta} \frac{e^{-jkr_2}}{r_2} \qquad (8-2-2)$$

式中，$F(\theta, \varphi)$ 是各天线元本身的方向图函数；E_m 是
电场强度振幅。将上面两式相加得二元阵的辐射场为

$$E_\theta = E_{\theta1} + E_{\theta2} = E_m F(\theta, \varphi) \left[\frac{e^{-jkr_1}}{r_1} + \frac{e^{-jkr_2}}{r_2} e^{j\zeta} \right]$$

$$(8-2-3)$$

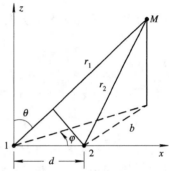

图 8 - 8　二元阵的辐射

由三角形公式可知：$b^2 = r_1^2 \sin^2\theta + d^2 - 2r_1 d \sin\theta\cos\varphi$，$r_2^2 = b^2 + r_1^2 \cos^2\theta$，于是有 $r_2^2 = r_1^2 + d^2 - 2r_1 d \sin\theta\cos\varphi$。由于观察点通常离天线相当远，故可认为自天线元"1"和"2"至点
M 的两射线平行，$r_1 \gg d$，所以 r_2 与 r_1 的关系可写成

$$r_2 \approx r_1 - d \sin\theta \cos\varphi \qquad (8-2-4)$$

同时考虑到

$$\frac{1}{r_1} \approx \frac{1}{r_2} \qquad (8-2-5)$$

将式(8 - 2 - 4)和式(8 - 2 - 5)代入式(8 - 2 - 3)得

$$E_\theta = E_m \frac{F(\theta, \varphi)}{r_1} e^{-jkr_1} \left[1 + e^{jkd \sin\theta \cos\varphi} e^{j\zeta} \right]$$

$$= \frac{2E_m}{r_1} F(\theta, \varphi) \cos\frac{\psi}{2} e^{-jkr_1} e^{j\frac{\psi}{2}} \qquad (8-2-6)$$

式中

$$\psi = kd \sin\theta \cos\varphi + \zeta \qquad (8-2-7)$$

所以，二元阵辐射场的电场强度模值为

$$|E_\theta| = \frac{2E_m}{r_1} |F(\theta, \varphi)| \left| \cos\frac{\psi}{2} \right| \qquad (8-2-8)$$

式中，$|F(\theta, \varphi)|$ 称为元因子（Primary Pattern）；$\left| \cos\dfrac{\psi}{2} \right|$ 称为阵因子（Array Pattern）。

元因子表示组成天线阵的单个辐射元的方向图函数，其值仅取决于天线元本身的类型和尺寸。它体现了天线元的方向性对天线阵方向性的影响。

阵因子表示各向同性元所组成的天线阵的方向性，其值取决于天线阵的排列方式及其天线元上激励电流的相对振幅和相位，与天线元本身的类型和尺寸无关。

由式(8-2-8)可以得到如下结论：在各天线元为相似元的条件下，天线阵的方向图函数是元因子与阵因子之积。这个特性称为方向图乘积定理(Pattern Multiplication)。

如果天线阵由两个沿 x 轴排列且平行于 z 轴放置的半波振子所组成，只要将元因子即半波振子的方向函数代入式(8-2-8)，即可得到二元阵的电场强度模值：

$$| E_\theta | = \frac{2E_\mathrm{m}}{r_1} \left| \frac{\cos\left(\frac{\pi}{2}\cos\theta\right)}{\sin\theta} \right| \left| \cos\frac{\psi}{2} \right| \qquad (8-2-9)$$

令 $\varphi=0$，即得二元阵的 E 面方向图函数：

$$| F_E(\theta) | = \left| \frac{\cos\left(\frac{\pi}{2}\cos\theta\right)}{\sin\theta} \right| \left| \cos\frac{1}{2}(kd\sin\theta+\zeta) \right| \qquad (8-2-10)$$

在式(8-2-9)中令 $\theta=\pi/2$，得到二元阵的 H 面方向图函数：

$$| F_H(\varphi) | = \left| \cos\frac{1}{2}(kd\cos\varphi+\zeta) \right| \qquad (8-2-11)$$

可见，二元阵的 E 面和 H 面的方向图函数与单个半波振子是不同的。特别在 H 面，由于单个半波振子无方向性，天线阵 H 面的方向图函数完全取决于阵因子。

[例8-2] 画出两个沿 x 方向排列、间距为 $\lambda/2$ 且平行于 z 轴放置的振子天线在等幅同相激励时的 H 面方向图。

解：由题意知，$d=\lambda/2$，$\zeta=0$，将其代入式(8-2-11)，得到二元阵的 H 面方向图函数为

$$| F_H(\varphi) | = \left| \cos\left(\frac{\pi}{2}\cos\varphi\right) \right| \qquad (8-2-12)$$

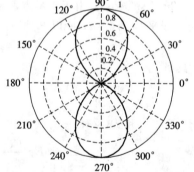

图8-9 等幅同相二元阵(边射阵) H 面方向图

根据式(8-2-12)画出的 H 面方向图如图8-9所示。

由图8-9可见，最大辐射方向在垂直于天线阵轴(即 $\varphi=\pm\pi/2$)的方向。这种最大辐射方向在垂直于阵轴方向的天线阵称为边射式直线阵。这是由于在垂直于天线阵轴(即 $\varphi=\pm\pi/2$)方向，两个振子的电场正好同相相加，而在 $\varphi=0$ 和 $\varphi=\pi$ 方向上，由天线元的间距所引入的波程差为 $\lambda/2$，相应的相位差为 $180°$，致使两个振子的电场相互抵消，因而在 $\varphi=0$ 和 $\varphi=\pi$ 方向上辐射场为零。

[例8-3] 画出两个沿 x 方向排列、间距为 $\lambda/2$ 且平行于 z 轴放置的振子天线在等幅反相激励时的 H 面方向图。

解：由题意知，$d=\lambda/2$，$\zeta=\pi$，将其代入式(8-2-11)，得到二元阵的 H 面方向图函数为

$$|F_H(\varphi)| = \left|\cos\frac{\pi}{2}(\cos\varphi + 1)\right| = \left|\sin\left(\frac{\pi}{2}\cos\varphi\right)\right| \qquad (8-2-13)$$

根据式(8-2-13)画出 H 面方向图如图 8-10 所示。由图可见方向图也呈"8"字形，但最大辐射方向在天线阵轴方向(这种最大辐射方向在阵轴线方向的天线阵称为端射式直线阵)。图 8-9 与图 8-10 相比较，它们的最大辐射方向和零辐射方向正好互相交换。这是因为在垂直于天线阵轴(即 $\varphi = \pm\pi/2$)的方向，两个振子的电流反相，且不存在波程差，故它们的电场反相抵消，而在 $\varphi = 0$ 和 $\varphi = \pi$ 方向上，由天线元的间距引入的波程差所产生的相位差正好被电流相位差补偿，因而在 $\varphi = 0$ 和 $\varphi = \pi$ 方向上两个振子的电场就同相相加了。

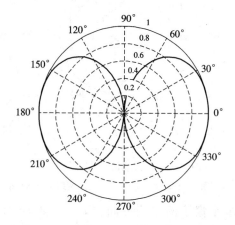

图 8-10 等幅反相二元阵(端射阵) H 面方向图

[**例 8-4**] 画出两个平行于 z 轴放置且沿 x 方向排列的半波振子，在 $d = \lambda/4$，$\zeta = -\pi/2$ 时的 H 面和 E 面方向图。

解：将 $d = \lambda/4$，$\zeta = -\pi/2$ 代入式(8-2-11)，得到 H 面方向图函数为

$$|F_H(\varphi)| = \left|\cos\frac{\pi}{4}(\cos\varphi - 1)\right| \qquad (8-2-14)$$

H 面方向图如图 8-11 所示。

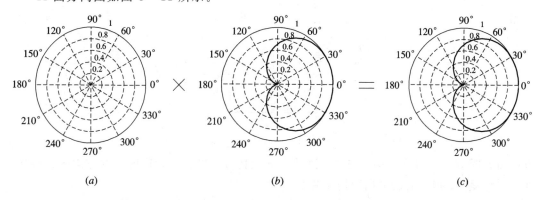

图 8-11 天线阵的 H 面方向图

(a) 元因子；(b) 阵因子；(c) 天线阵方向图

由图 8-11 可见，在 $\varphi = 0$ 时辐射最大，而在 $\varphi = \pi$ 时辐射为零，方向图的最大辐射方向沿着阵的轴线(这也是端射阵)。请读者自己分析其原因。

将 $d=\lambda/4$，$\zeta=-\pi/2$ 代入式$(8-2-10)$，得到 E 面方向图函数为

$$|F_E(\theta)|=\left|\frac{\cos\left(\dfrac{\pi}{2}\cos\theta\right)}{\sin\theta}\right|\left|\cos\frac{\pi}{4}(\sin\theta-1)\right| \qquad (8-2-15)$$

显然，E 面的阵方向图函数必须考虑单个振子的方向性。图 $8-12$ 给出了利用方向图乘积定理得出的 E 面方向图。

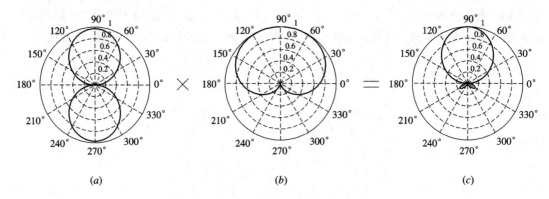

图 $8-12$　天线阵的 E 面方向图

(a) 元因子；(b) 阵因子；(c) 天线阵方向图

由图 $8-12$ 可见，单个振子的零值方向在 $\theta=0°$ 和 $\theta=180°$ 处，阵因子的零值在 $\theta=270°$ 处，所以，阵方向图共有三个零值方向，即 $\theta=0°$，$\theta=180°$，$\theta=270°$，阵方向图包含了一个主瓣和两个旁瓣。

［例 8-5］　由三个间距为 $\lambda/2$ 的各向同性元组成的三元阵，各元激励的相位相同，振幅为 $1:2:1$，试讨论这个三元阵的方向图。

解：这个三元阵可等效为由两个间距为 $\lambda/2$ 的二元阵组成的二元阵，如图 $8-13$ 所示。这样，元因子和阵因子均是一个二元阵，元因子、阵因子均由式$(8-2-12)$给出。根据方向图乘积定理，可得三元阵的 H 面方向图函数为

$$|F_H(\varphi)|=\left|\cos\left(\frac{\pi}{2}\cos\varphi\right)\right|^2 \qquad (8-2-16)$$

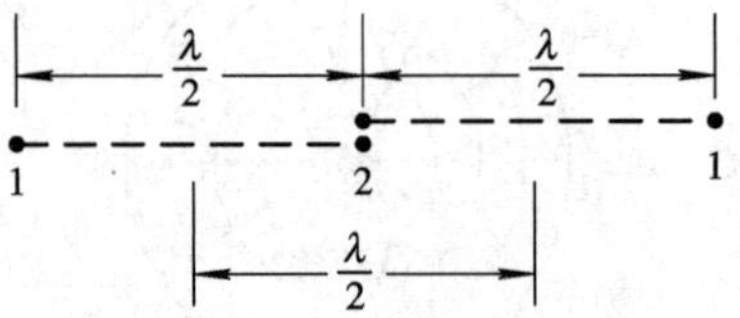

图 $8-13$　三元二项式阵

方向图如图 $8-14$ 所示。将其与二元阵的方向图比较，显然三元边射阵的方向图较尖锐，即方向性强些，但两者的方向图均无旁瓣。

上述三元阵是天线阵的一种特殊情况，即这种天线阵没有旁瓣，称为二项式阵。在 N 元二项式阵中，天线元上电流的振幅是按二项式展开的系数 $\dbinom{N}{n}$ 分布的，其中 $n=0,1,\cdots,N-1$。

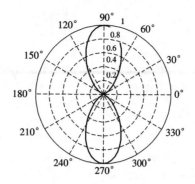

图 8 - 14　三元二项式阵的 H 面方向图

2. 均匀直线阵

均匀直线阵(Uniform Linear Arrays)是等间距、各阵元电流的幅度相等(等幅分布)而相位依次等量递增或递减的直线阵，如图 8 - 15 所示。N 个天线元沿 x 轴排成一行，且各阵元间距相等，相邻阵元之间相位差为 ζ。因为天线元的类型与排列方式相同，所以依据方向图乘积定理，天线阵方向图函数等于元因子与阵因子的乘积。这里，我们主要讨论阵因子。

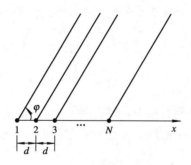

图 8 - 15　均匀直线阵

类似二元阵的分析，可得 N 元均匀直线阵的辐射场为

$$E_\theta = E_{\mathrm{m}} \frac{F(\theta, \varphi)}{r} \mathrm{e}^{-\mathrm{j}kr} \sum_{i=0}^{N-1} \mathrm{e}^{\mathrm{j}\cdot i(kd\,\sin\theta\,\cos\varphi+\zeta)} \qquad (8-2-17)$$

在上式中令 $\theta=\pi/2$，得到 H 平面归一化方向图函数(即阵因子方向函数)为

$$|A(\psi)| = \frac{1}{N}|1 + \mathrm{e}^{\mathrm{j}\psi} + \mathrm{e}^{\mathrm{j}2\psi} + \cdots + \mathrm{e}^{\mathrm{j}(N-1)\psi}| \qquad (8-2-18)$$

式中

$$\psi = kd\,\cos\varphi + \zeta \qquad (8-2-19)$$

式(8 - 2 - 18)右边的多项式是一等比级数，其和为

$$|A(\psi)| = \frac{1}{N}\left|\frac{1-\mathrm{e}^{\mathrm{j}N\psi}}{1-\mathrm{e}^{\mathrm{j}\psi}}\right| = \frac{1}{N}\left|\frac{\sin(N\psi/2)}{\sin(\psi/2)}\right| \qquad (8-2-20)$$

上式就是均匀直线阵的归一化阵因子的一般表示式。图 8 - 16 是五元阵的归一化阵因子图。

从图 8 - 16 可得出以下几个重要的结论。

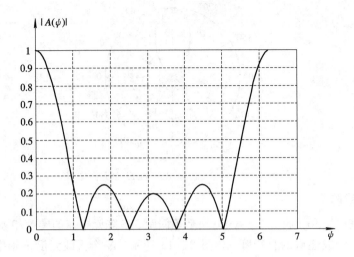

图 8 - 16　五元阵的归一化阵因子图

1) 主瓣方向

均匀直线阵的最大值发生在 $\psi = 0$ 或 $kd\cos\varphi_m + \zeta = 0$ 时，由此得出

$$\cos\varphi_m = -\frac{\zeta}{kd} \qquad\qquad (8-2-21)$$

这里有两种特殊情况尤为重要。

(1) 边射阵(Broadside Array)。

最大辐射方向在垂直于阵轴方向上，即 $\varphi_m = \pm\pi/2$，由式(8-2-21)得 $\zeta = 0$。也就是说，在垂直于阵轴的方向上，各元到观察点没有波程差，所以各元电流不需要有相位差，如[例 8 - 2]的情况。

(2) 端射阵(End-fire Array)。

最大辐射方向在阵轴方向上，即 $\varphi_m = 0$ 或 π，由式(8-2-21)得 $\zeta = -kd$($\varphi_m = 0$)或 $\zeta = kd$ ($\varphi_m = \pi$)。也就是说，阵的各元电流沿阵轴方向依次滞后 kd，如[例 8 - 3]的情况。

可见，直线阵相邻元电流相位差 ζ 的变化，引起方向图最大辐射方向的相应变化。如果 ζ 随时间按一定规律重复变化，最大辐射方向连同整个方向图就能在一定空域内往返运动，即实现方向图扫描。这种通过改变相邻元电流相位差实现方向图扫描的天线阵，称为相控阵。

2) 零辐射方向

阵方向图的零点发生在 $|A(\psi)| = 0$ 或

$$\frac{N\psi}{2} = \pm m\pi \qquad m = 1, 2, 3, \cdots \qquad (8-2-22)$$

处。显然，边射阵与端射阵相应的以 φ 表示的零点方位是不同的。

3) 主瓣宽度

当 N 很大时，头两个零点之间的主瓣宽度可近似确定。令 ψ_{01} 表示第一个零点，实际就是令式(8-2-22)中的 $m = 1$，则 $\psi_{01} = \pm 2\pi/N$。

（1）边射阵（$\zeta = 0$，$\varphi_m = \pi/2$）。

设第一个零点发生在 φ_{01} 处，则头两个零点之间的主瓣宽度为

$$2\Delta\varphi = 2(\varphi_{01} - \varphi_m)$$

所以

$$\cos\varphi_{01} = \cos(\varphi_m + \Delta\varphi) = \frac{\psi_{01}}{kd}$$

因而有

$$\sin\Delta\varphi = \frac{2\pi}{Nkd}$$

所以

$$2\Delta\varphi = 2 \cdot \arcsin\left(\frac{\lambda}{Nd}\right)$$

当 $Nd \gg \lambda$ 时，主瓣宽度为

$$2\Delta\varphi \approx \frac{2\lambda}{Nd} \tag{8-2-23}$$

式（8-2-23）是一个有实用意义的近似计算式。它表示了很长的均匀边射阵的主瓣宽度（以弧度计）近似等于以波长量度的阵长度的倒数的两倍。

（2）端射阵（$\zeta = -kd$，$\varphi_m = 0$）。

设第一个零点发生在 φ_{01} 及 $\psi_{01} = kd(\cos\varphi_{01} - 1)$ 处，则

$$\cos\varphi_{01} = \frac{\psi_{01}}{kd} + 1 = -\frac{2\pi}{Nkd} + 1 = 1 - \frac{\lambda}{Nd}$$

$$\cos\varphi_{01} = \cos\Delta\varphi = 1 - \frac{\lambda}{Nd}$$

当 $\Delta\varphi$ 很小时，$\cos\Delta\varphi \approx 1 - \frac{(\Delta\varphi)^2}{2}$，所以端射阵的主瓣宽度为

$$\Delta\varphi \approx \sqrt{\frac{2\lambda}{Nd}} \tag{8-2-24}$$

显然，均匀端射阵的主瓣宽度大于同样长度的均匀边射阵的主瓣宽度。

（3）旁瓣方位。

旁瓣是次极大值，它们发生在 $\left|\sin\dfrac{N\psi}{2}\right| = 1$ 处，即

$$\frac{N\psi}{2} = \pm(2m+1)\frac{\pi}{2} \qquad m = 1, 2, 3, \cdots \tag{8-2-25}$$

第一旁瓣发生在 $m = 1$ 即 $\psi = \pm 3\pi/N$ 的方向。

（4）第一旁瓣电平。

当 N 较大时，有

$$\frac{1}{N}\left|\frac{1}{\sin(3\pi/2N)}\right| \approx \frac{1}{N}\left|\frac{1}{3\pi/(2N)}\right| = \frac{2}{3\pi} \approx 0.212 \tag{8-2-26}$$

若以对数表示，多元均匀直线阵的第一旁瓣电平为

$$20\lg\frac{1}{0.212} = 13.5 \text{ dB} \tag{8-2-27}$$

当 N 很大时，此值几乎与 N 无关。也就是说，对于均匀直线阵，当第一旁瓣电平达到

−13.5 dB 后，即使再增加天线元数，也不能降低旁瓣电平。

因此，在直线阵方向图中，降低第一旁瓣电平的一种途径是使天线阵中各元上的电流按锥形分布，也就是使位于天线阵中部的天线元上的激励振幅比两端的天线元的要大。下面将举例说明这种阵列。

[例 8 − 6]　间距为 $\lambda/2$ 的十二元均匀直线阵见图 8 − 17。

① 求归一化阵方向函数。

② 求边射阵的主瓣零功率波瓣宽度和第一旁瓣电平，并画出方向图。

③ 此天线阵为端射阵时，求主瓣的零功率波瓣宽度和第一旁瓣电平，并画出方向图。

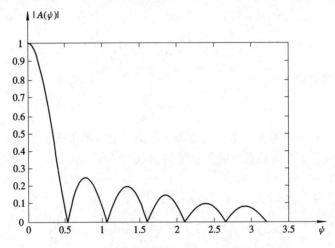

图 8 − 17　十二元均匀直线阵归一化阵方向图

解： 十二元均匀直线阵函数为

$$|A(\psi)| = \frac{1}{12}\left|\frac{\sin6\psi}{\sin(\psi/2)}\right|$$

其中

$$\psi = kd\cos\varphi + \zeta$$

其零点发生在 $\psi = \pm\dfrac{\pi}{6}$，$\pm\dfrac{\pi}{3}$，$\pm\dfrac{\pi}{2}$，$\pm\dfrac{2\pi}{3}$，$\pm\dfrac{5\pi}{6}$，$\pm\pi$ 处。

将阵间距 $d=\lambda/2$ 代入上式得

$$\psi = \pi\cos\varphi + \zeta$$

对于边射阵，$\zeta=0$，所以，$\psi=\pi\cos\varphi$。

第一零点的位置为

$$\pi\cos\varphi_{01} = \frac{\pi}{6}$$

主瓣零功率波瓣宽度为

$$2\Delta\varphi = 90° - \arccos\frac{1}{6} = 19.2°$$

第一旁瓣电平为

$$20\lg 0.212 = -13.5 \text{ dB}$$

方向图如图 8 − 18 所示。

对于端射阵，$\zeta=-\pi$，所以，$\psi=\pi\cos\varphi-\pi$。

第一零点的位置为

$$\pi \cos\varphi_{01} - \pi = -\frac{\pi}{6}$$

主瓣零功率波瓣宽度为

$$2\Delta\varphi = 68°$$

第一旁瓣电平为

$$20 \lg 0.212 = -13.5 \text{ dB}$$

方向图如图 8 - 19 所示。

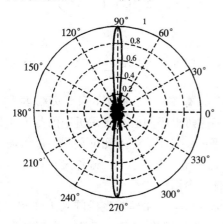

图 8 - 18　十二元均匀边射阵方向图

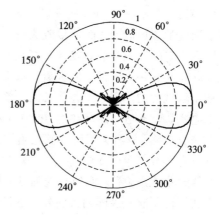

图 8 - 19　十二元均匀端射阵方向图

可见，十二元均匀直线阵的第一旁瓣电平（-13.5 dB）比五元均匀直线阵的第一旁瓣电平（-12 dB）仅降低了 1.5 dB。

［例 8 - 7］　五元边射阵，天线元间距为 $\lambda/2$，各元电流按三角形分布，其比值为 1 : 2 : 3 : 2 : 1，确定阵因子和归一化方向图，并将第一旁瓣电平与均匀五元阵相比较。

解：五元锥形阵的归一化阵因子为

$$|A(\psi)| = \frac{1}{9}|1 + 2e^{j\psi} + 3e^{j2\psi} + 2e^{j3\psi} + e^{j4\psi}|$$

$$= \frac{1}{9}\left|\frac{1 - e^{j3\psi}}{1 - e^{j\psi}}\right|^2 = \frac{1}{9}\left|\frac{\sin\dfrac{3\psi}{2}}{\sin\dfrac{\psi}{2}}\right|^2$$

上式中，$\psi = kd\cos\varphi + \zeta$，而 $\zeta = 0$，$d = \lambda/2$，所以

$$|A(\psi)| = \left|\frac{\sin\left(\dfrac{3}{2}\pi\cos\varphi\right)}{3\sin\left(\dfrac{1}{2}\pi\cos\varphi\right)}\right|^2$$

由式(8 - 2 - 27)知，五元锥形阵的主瓣发生在 $\psi = 0$ 即 $\varphi_m = \pm\pi/2$ 处，旁瓣发生在 $\left|\sin\left(\dfrac{3}{2}\pi\cos\varphi\right)\right| = 1$ 即 $\varphi = 0$、π 处，此时 $|A(\psi)| = 1/9$，其第一旁瓣电平为 -19.2 dB，而图 8 - 16 中的五元均匀边射阵的第一旁瓣电平为 -12 dB，显然不均匀分布直线阵的旁瓣电平降低了，但主瓣宽度却增加了。其方向图可借助 MATLAB 画出，如图 8 - 20 所示。

在天线系统中，降低旁瓣电平具有实际意义，然而天线阵的主瓣宽度和旁瓣电平是既相互依赖又相互对立的一对矛盾。天线阵方向图的主瓣宽度小，则旁瓣电平就高；反之，主瓣宽度大，则旁瓣电平就低。均匀直线阵的主瓣很窄，但旁瓣数目多、电平高；二项式直线阵的主瓣很宽，旁瓣就消失了。对发射天线来说，天线方向图的旁瓣是朝不希望的区域发射，从而分散了天线的辐射能量；而对接收天线来说，从不希望的区域接收，就要降低接收信噪比，因此它是有害的。但旁瓣又起到

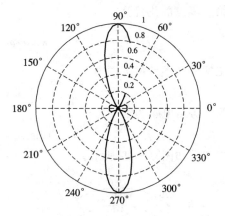

图 8 - 20　非均匀五元阵归一化阵因子方向图

了压缩主瓣宽度的作用，从这点来说，旁瓣似乎又是有益的。实际上，只要旁瓣电平低于给定的电平，旁瓣是允许存在的。能在主瓣宽度和旁瓣电平间进行最优折中的是道尔夫－切比雪夫分布阵。这种天线阵在满足给定旁瓣电平的条件下，主瓣宽度最窄。道尔夫－切比雪夫分布阵具有等旁瓣的特点，其数学表达式是切比雪夫多项式。道尔夫－切比雪夫分布边射阵是最优边射阵，它所产生的方向图是最优方向图。

事实上除了有直线阵列天线外，还有平面阵列天线，其原理与直线阵列天线相似。阵列天线可以有效提高天线的辐射性能，并且在馈电移相网络的配合下可以实现波束的扫描，形成相控阵。新一代移动通信广泛采用了阵列天线技术来实现多波束的扫描。

8.3　直立振子天线与水平振子天线

1. 直立振子天线

8.3节 PPT　　　相控阵

垂直于地面或导电平面架设的天线称为直立振子天线(Vertical Antenna)，它广泛地应用于长、中、短波及超短波波段。假设地面可视为理想导体，则地面的影响可用天线的镜像来替代，如图 8 - 21(a)、(c) 所示，单极天线

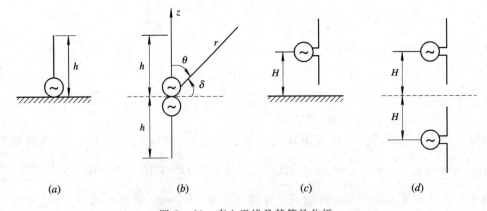

(a)　　　　　　　(b)　　　　　　　(c)　　　　　　　(d)

图 8 - 21　直立天线及其等效分析

(Monopole Antenna)可等效为一对称振子(见图 8 - 21(b)),对称振子可等效为一二元阵(见图8 - 21(d))。但应指出的是,此等效只是在地面或导体的上半空间成立。下面主要分析单极天线的电特性。

1) 单极天线的辐射场及其方向图

在理想导电平面上的单极天线的辐射场,可直接应用自由空间对称振子的公式进行计算,即

$$E_\theta = j\frac{60 I_m}{r} e^{-jkr} \frac{\cos(\beta h\ \cos\theta) - \cos\beta h}{\sin\theta} \qquad (8 - 3 - 1)$$

式中,$\beta = k = \dfrac{2\pi}{\lambda}$;$I_m$ 为波腹点电流,工程上常采用输入电流表示。波腹点电流与输入点电流 I_0 的关系为

$$I_0 = I_m \sin k(h - 0) = I_0 \qquad (8 - 3 - 2)$$

架设在地面上的线天线的两个主平面方向图一般用水平平面和铅垂平面来表示,当仰角 δ 及距离 r 为常数时,电场强度随方位角 φ 的变化曲线即为水平面方向图;当方位角 φ 及距离 r 为常数时,电场强度随仰角 δ 的变化曲线即为铅垂面方向图。

参看图 8 - 21(b)将 $\theta = 90° - \delta$ 及式(8 - 3 - 2)都代入式(8 - 3 - 1)中,得架设在理想导电平面上的单极天线的方向函数为

$$F(\delta) = \frac{\cos(kh\ \sin\delta) - \cos kh}{\cos\delta} \qquad (8 - 3 - 3)$$

由上式可见,单极天线水平面方向图仍然为圆。图 8 - 22 给出了四种不同的 h/λ 的铅垂平面方向图。

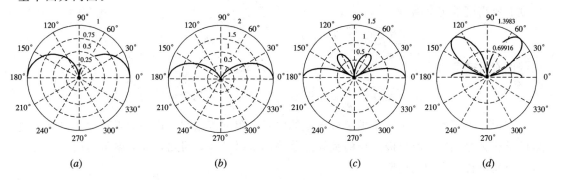

图 8 - 22　单极天线铅垂平面方向图

$(a)\ \dfrac{h}{\lambda} = \dfrac{1}{4}$;$(b)\ \dfrac{h}{\lambda} = \dfrac{1}{2}$;$(c)\ \dfrac{h}{\lambda} = \dfrac{2}{3}$;$(d)\ \dfrac{h}{\lambda} = \dfrac{3}{4}$

由图 8 - 22 可见,当 $\dfrac{h}{\lambda}$ 逐渐增大时,波瓣变尖;当 $\dfrac{h}{\lambda} > 0.5$ 时,出现旁瓣;当 $\dfrac{h}{\lambda}$ 继续增大时,由于天线上反相电流的作用,沿 $\delta = 0°$ 方向上的辐射减弱。因此,实际中一般取 $\dfrac{h}{\lambda}$ 为 0.53 左右。

当然,实际上大地为非理想导电体。也就是说,实际架设在地面上的单极天线方向图与上述方向图有些差别,主要是因为架设在地面上的单极天线辐射的电磁场以地面波方式传播。因此,准确计算单极天线的远区场时应考虑地面的影响,也就是应按地波传播的方

法计算辐射场。

2）有效高度

在第 6 章中介绍的有效长度，对于直立天线而言就是有效高度，它是一个衡量单极天线辐射强弱的重要的电指标。

设天线归于输入点电流的表达式为

$$I(z) = I_{\mathrm{m}} \sin k(h-z) = \frac{I_0}{\sin kh} \sin k(h-z) \qquad (8-3-4)$$

根据等效高度的定义，可求得归于输入点电流的有效高度为

$$I_0 h_{\mathrm{ein}} = \int_0^h I(z) \, \mathrm{d}z \qquad (8-3-5)$$

将式(8-3-4)代入上式即得

$$h_{\mathrm{ein}} = \frac{1-\cos kh}{k \, \sin kh} \qquad (8-3-6)$$

若 $h \ll \lambda$，则有

$$h_{\mathrm{ein}} = \frac{1}{k} \tan \frac{kh}{2} \approx \frac{h}{2} \qquad (8-3-7)$$

可见，当单极天线的高度 $h \ll \lambda$ 时，其有效高度约为实际高度的一半。

[例 8-8]　直立接地振子的高度 $h=15$ m，当工作波长 $\lambda=450$ m 时，求此天线的有效高度及辐射电阻。若归于输入电流的损耗电阻为 5 Ω，求天线的效率。

解：设天线上电流分布为

$$I(z) = I_{\mathrm{m}} \sin k(h-z)$$

根据有效高度的定义有

$$I_{\mathrm{m}} h_{\mathrm{ein}} = \int_0^h I(z) \, \mathrm{d}z = \int_0^h I_{\mathrm{m}} \sin k(h-z) \, \mathrm{d}z$$

天线的有效高度为

$$h_{\mathrm{ein}} = \frac{1}{k} \tan \frac{kh}{2} = \frac{\lambda}{2\pi} \tan \frac{h\pi}{\lambda} = 7.5 \text{ m}$$

在无限大理想导电地面上的单极天线的辐射电阻的求法与自由空间对称振子的辐射电阻的求法完全相同。但单极天线的镜像部分并不辐射功率，因此其辐射电阻为同样长度的自由空间对称振子辐射电阻的一半。

根据上述分析和式(8-1-6)，得单极天线的辐射功率为

$$P_{\Sigma} = \frac{15}{2\pi} I_{\mathrm{m}}^2 \int_0^{2\pi} \int_0^{\pi} \mid F(\delta) \mid^2 \cos\delta \, \mathrm{d}\delta \, \mathrm{d}\varphi$$

所以单极天线的辐射电阻为

$$R_{\Sigma} = 30 \int_0^{\pi} \frac{\left[\cos\left(\frac{\pi}{15} \sin\delta\right) - \cos\frac{\pi}{15}\right]^2}{\cos\delta} \, \mathrm{d}\delta$$

用 MATLAB 编程计算得

$$R_{\Sigma} = 0.0191 \quad \Omega$$

可见，当天线高度 $h \ll \lambda$ 时，辐射电阻是很低的。

根据效率的定义有

$$\eta = \frac{R_\Sigma}{R_\Sigma + R_1 \sin^2 kh} = \frac{0.02}{0.02 + 5 \sin^2 \left(\frac{\pi}{15}\right)} = 8.5\%$$

可见，单极天线的效率也很低。

3) 提高单极天线效率的方法

由于单极天线的高度往往受到限制，辐射电阻较低，而损耗电阻较大，致使天线效率很低，因此提高单极天线的效率是十分必要的。从前面的分析可知，提高单极天线效率的方法有两种：一是提高辐射电阻；二是降低损耗电阻。

(1) 提高天线的辐射电阻。

天线加载技术

提高辐射电阻可采用在顶端加容性负载和在天线中部或底部加感性负载的方法，这些方法都提高了天线上电流波腹点的位置，因而等效为增加了天线的有效高度，如图 8-23 所示。

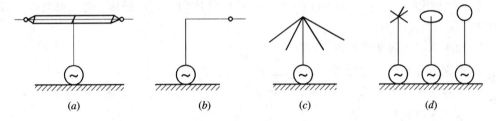

(a) (b) (c) (d)

图 8-23 加载单极天线

(a) T 形天线；(b) 倒 L 形天线；(c) 伞形天线；(d) 带辐射叶形、圆盘形、球形天线

单极天线顶端的线、板等统称为顶负载。它们的作用是使天线顶端对地的分布电容增大。分析顶部加载天线，可以将顶端对地的分布电容等效为一线段。

设顶电容为 C_a，天线的特性阻抗为 $\overline{Z}_0$，其等效的线段高度为 h'，则根据传输线理论有

$$\overline{Z}_0 \cot kh' = \frac{1}{\omega C_a} \tag{8-3-8}$$

$$h' = \frac{1}{k} \operatorname{arccot} \frac{1}{\overline{Z}_0 \, \omega C_a} \tag{8-3-9}$$

设天线顶部加载后虚高为

$$h_0 = h + h' \tag{8-3-10}$$

此时天线上的电流分布为

$$I(z) = \frac{I_0}{\sin kl} \sin k(h_0 - z) \tag{8-3-11}$$

天线的有效高度为

$$h'_{\text{ein}} = \frac{1}{I_0} \int_0^h I(z)\mathrm{d}z = \frac{2 \sin k\left(h_0 - \frac{h}{2}\right) \sin \frac{kh}{2}}{k \, \sin kh_0} \tag{8-3-12}$$

当 $h \ll \lambda$ 时，顶部加载后，天线归于输入点电流的有效高度为

$$h'_{\text{ein}} \approx h\left(1 - \frac{h}{2h_0}\right) > 0.5h \tag{8-3-13}$$

可见，天线顶部加载后的有效高度提高了，天线的效率也随之提高。

（2）降低损耗电阻。

单极天线铜损耗和周围介质损耗都相对不大，主要损耗来自于接地系统。通常认为接地系统的损耗主要是由两个因素引起的：其一是天线电流经地面流入接地系统时所产生的损耗——电场损耗，另一是天线上的电流产生磁场，根据边界条件，磁场作用在地表面上，地表面将产生径向电流，此电流流过有耗地层时将产生损耗——磁场损耗。而对于电高度较小的直立天线而言，磁场损耗将是主要的，一般采用在天线底部加辐射状地网的方式减小这一损耗。

总的来说，单极天线的方向增益较低。要提高其方向性，在超短波波段也可以采用在垂直于地面的方向上排阵，这就是直立共线阵，有关这方面的知识（类似于天线阵的分析）本书从略。

2. 水平振子天线

水平振子天线（Horizontal Dipole Antenna）经常应用于短波通信、电视或其他无线电系统中，这主要是因为：

① 水平振子天线架设和馈电方便。

② 地面电导率的变化对水平振子天线的影响较直立天线小。

③ 工业干扰大多是垂直极化波，因此用水平振子天线可减小干扰对接收的影响。

1）水平振子天线的方向图

水平振子天线又称双极天线（π形天线），其结构如图 8 - 24 所示。振子的两臂由单根或多股铜线构成，为了避免在拉线上产生较大的感应电流，拉线的电长度应较小，臂和支架采用高频绝缘子隔开，天线与周围物体要保持适当距离，馈线采用 600 Ω 的平行双导线。

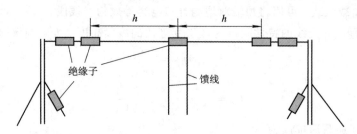

图 8 - 24　水平振子天线结构

与直立天线的情况类似，无限大导电地面的影响可用水平振子天线的镜像来替代，因此，架设在理想导电地面上的水平振子天线的辐射场可以用该天线及其镜像所构成的二元阵来分析；但应注意该二元阵的两天线元是同幅反相的，如果地面上的天线相位为零，则其镜像的相位就是 π，如图 8 - 25 所示。于是此二元阵的合成场为

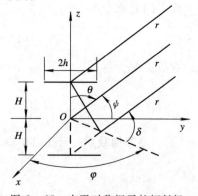

图 8 - 25　水平对称振子的辐射场

$$E = E_1 + E_2 = j60I_m \frac{\cos(kh \cos\psi) - \cos kh}{\sin\psi} \left(\frac{e^{-jkr_1}}{r_1} + \frac{e^{-j(kr_2+\pi)}}{r_2} \right) \quad (8-3-14)$$

其中，ψ 是射线与振子轴线即 y 轴之间的夹角，参看图 8-25。在球坐标系中有

$$\cos\psi - \boldsymbol{y} \cdot \boldsymbol{r} = \boldsymbol{y} \cdot (\boldsymbol{x} \sin\theta \cos\varphi + \boldsymbol{y} \sin\theta \sin\varphi + \boldsymbol{z} \cos\theta)$$

$$= \sin\theta \sin\varphi \quad (8-3-15)$$

又因为

$$\theta = 90° - \delta \quad (8-3-16)$$

因而有

$$\cos\psi = \cos\delta \sin\varphi, \qquad \sin\psi = \sqrt{1 - (\cos\delta \sin\varphi)^2} \quad (8-3-17)$$

下面来介绍两个主平面的方向图。

(1) 铅垂平面方向图。

在 $\varphi = 90°$ 的铅垂平面，远区辐射场有下列近似关系：

在幅度项中，令

$$r_1 = r_2 = r \quad (8-3-18)$$

在相位项中

$$r_1 \approx r - H \sin\delta \quad (8-3-19)$$

$$r_2 \approx r + H \sin\delta \quad (8-3-20)$$

将上述各式都代入式(8-3-14)，得架设在理想导电地面上的水平振子天线的辐射场为

$$E = j60I_m \frac{e^{-jkr}}{r} \cdot \frac{\cos(kh \cos\delta) - \cos kh}{\sqrt{1 - \cos^2\delta}} \cdot 2j \sin(kH \sin\delta) \quad (8-3-21)$$

所以 $\varphi = 90°$ 的铅垂平面方向函数为

$$| F(\delta) | = \left| \frac{\cos(kh \cos\delta) - \cos kh}{\sin\delta} \right| \cdot | \sin(kH \sin\delta) | \quad (8-3-22)$$

同理可得 $\varphi = 0°$ 的铅垂平面方向函数为

$$| F'(\delta) | = | \sin(kH \sin\delta) | \quad (8-3-23)$$

图 8-26 给出了架设在理想地面上的半波振子在 $H = \dfrac{\lambda}{4}, \dfrac{\lambda}{2}, \dfrac{3\lambda}{4}, \lambda$ 四种情况下的 $\varphi = 90°$(图 8-26(a)~(d))和 $\varphi = 0°$(图 8-26(e)~(h))的铅垂平面方向图。

由方向图 8-26 可得如下结论：

① 铅垂平面方向图形状取决于 $\dfrac{H}{\lambda}$，但不论 $\dfrac{H}{\lambda}$ 为多大，沿地面方向(即 $\delta = 0°$)辐射始终为零。

② $H \leqslant \dfrac{\lambda}{4}$ 时，在 $\delta = 60° \sim 90°$ 范围内场强变化不大，并在 $\delta = 90°$ 方向上辐射最大，这说明天线具有高仰角辐射特性，通常将这种具有高仰角辐射特性的天线称为高射天线。这种架设高度较低的水平振子天线，广泛使用在 300 km 以内的天波通信中。

③ $\varphi = 0°$ 的垂直平面方向图仅取决于 $\dfrac{H}{\lambda}$，且 $\dfrac{H}{\lambda}$ 越大，波瓣越多，第一波瓣(最靠近地面的波瓣)最强辐射方向的仰角 δ_{m1} 越小。在短波通信中，应使天线最大辐射方向的仰角 δ_{m1} 等于通信仰角 δ_0(δ_0 是根据通信距离及电离层反射高度来确定的)，由此可以确定天线的架设

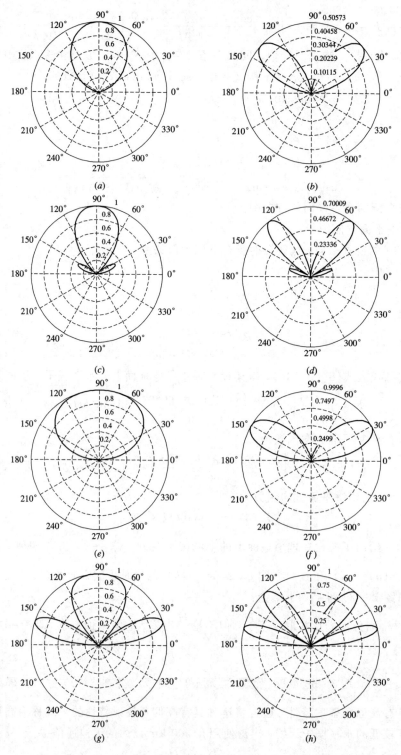

图 8-26 架设在理想地面上半波振子垂直平面方向图

(*a*) $H=\lambda/4$；(*b*) $H=\lambda/2$；(*c*) $H=3\lambda/4$；(*d*) $H=\lambda$；

(*e*) $H=\lambda/4$；(*f*) $H=\lambda/2$；(*g*) $H=3\lambda/4$；(*h*) $H=\lambda$

高度 H。于是有

$$\sin(kH \ \sin\delta_{m1}) = 1 \qquad (8 - 3 - 24)$$

$$\delta_0 = \delta_{m1} = \arcsin\frac{\lambda}{4H} \qquad (8 - 3 - 25)$$

所以天线的架设高度为

$$H = \frac{\lambda}{4 \ \sin\delta_0} \qquad (8 - 3 - 26)$$

（2）水平平面方向图。

仰角 δ 为不同常数时的水平平面方向函数为

$$|F(\delta, \varphi)| = \left| \frac{\cos(kh \ \cos\delta \ \sin\varphi) - \cos kh}{\sqrt{1 - \cos^2\delta \ \sin^2\varphi}} \cdot | \sin(kH \ \sin\delta)| \right| \qquad (8 - 3 - 27)$$

图 8 - 27 给出了不同仰角时的水平平面方向图。

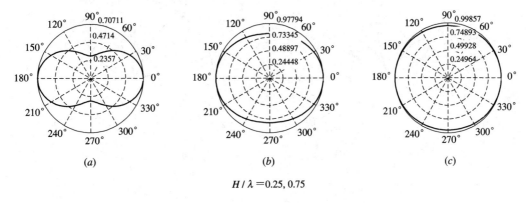

$$H / \lambda = 0.25, \ 0.75$$

图 8 - 27　理想地面上的水平半波振子不同仰角时的水平平面方向图
（a）$\delta = 30°$；（b）$\delta = 60°$；（c）$\delta = 75°$

由图 8 - 27 可见：

① 架设在理想地面上的水平对称振子不同仰角时的水平平面方向图与架设高度无关，但跟天线仰角有关，并且仰角越大，其方向性越弱。

② 由于高仰角水平平面方向性不明显，因此短波 300 km 距离以内的通信常把它作全方向性天线使用。

应该指出，上述分析仅当天线架设高度 $H \geqslant 0.2\lambda$ 时是正确的。如果不满足上述条件，就必须考虑地面波的影响了。

2）水平振子天线尺寸的选择

为保证水平振子天线在较宽的频带范围内的最大辐射方向不发生偏移，应选择振子的臂长 $h \leqslant 0.625\lambda$，以保证在与振子轴垂直的方向上始终有最大辐射，参见图 8 - 28。但当 h 太短时，天线的辐射能力变弱，效率将很低，加上天线的输入电阻太小而容抗很大，要实现天线与馈线的匹配就比较困难，因而振子的臂长又不能太短。通常应选择振子的臂长在下列范围内：

$$0.2\lambda \leqslant h \leqslant 0.625\lambda \qquad (8 - 3 - 28)$$

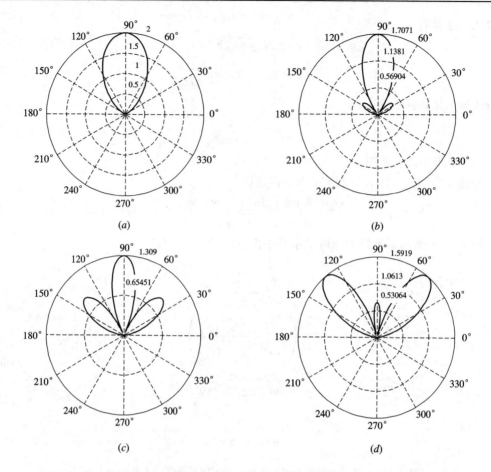

图 8 - 28　理想地面上(架设高度 $H=0.25\lambda$)水平对称振子不同臂长时的方向图
(a) $h=0.5\lambda$；(b) $h=0.625\lambda$；(c) $h=0.7\lambda$；(d) $h=0.8\lambda$

　　总之，直立阵子天线和水平振子天线是两类传统的基本天线，在车载通信、广播等领域有一定的应用，而新发展的一些天线也是在这些天线基础上逐步改进的。其中天线的加载技术值得关注，可扫描二维码获得更多信息。

8.4　引向天线与电视发射天线

1. 引向天线

　　引向天线又称八木天线(Yagi-Uda Antenna)，它由一个有源振子及若干个无源振子组成，其结构如图 8 - 29 所示。在无源振子中较长的一个为反射器(Reflector)，其余均为引向器(Director)。引向天线广泛地应用于米波、分米波波段的通信、雷达、电视及其他无线电系统中。引向天线的发现和发展充满传奇色彩，感兴趣的同学可扫描二维码了解。

8.4 节 PPT

八木天线

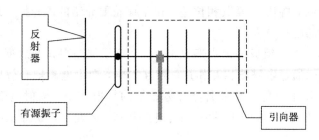

图 8 - 29 引向天线示意图

1) 工作原理

由天线阵理论可知，排阵可以增强天线的方向性，而改变各单元天线的电流分配比可以改变方向图的形状，以获得所要的方向性。引向天线实际上也是一个天线阵，与前述的天线阵相比，不同之处是：它只对其中的一个振子馈电，其余振子则是靠与馈电振子之间的近场耦合所产生的感应电流来激励的，而感应电流的大小取决于各振子的长度及其间距。因此调整各振子的长度及间距可以改变各振子之间的电流分配比，从而达到控制天线方向性的目的。如前所述，分析天线的方向性，必须首先求出各振子的电流分配比，即振子上的电流分布，但对于多元引向天线，要计算各振子上的电流分布是相当繁琐的。下面我们仅以二元阵(见图 8 - 30)为例来说明引向天线的工作原理。

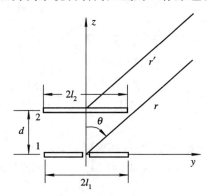

图 8 - 30 二元引向天线

设振子"1"为有源振子，"2"为无源振子，两振子沿 y 向放置，沿 z 轴排列，间距为 d，并假设振子电流按正弦分布，其波腹电流表达式分别为

$$\left.\begin{array}{l} I_1 = I_0 \\ I_2 = mI_0 e^{j\zeta} \end{array}\right\} \qquad (8-4-1)$$

式中，m 为两振子电流的振幅比；ζ 为两振子电流的相位差。它们均取决于振子的长度及其间距。

根据天线阵理论，此二元引向天线的辐射场为

$$E = E_1 + E_2 \approx E_1[1 + me^{j(kd\cos\theta + \zeta)}] = \frac{60I_1}{r}F_1(\theta) \cdot F_2(\theta) \qquad (8-4-2)$$

式中，$F_1(\theta)$ 为有源对称振子的方向函数；$F_2(\theta)$ 为二元阵阵因子的方向函数。

显然有

$$F_2(\theta) = 1 + me^{j(kd\cos\theta + \zeta)} \qquad (8-4-3)$$

式中，两振子的电流振幅比 m 及其相位差 ζ 由下面将要介绍的耦合振子理论来求得。

（1）耦合振子的阻抗方程。

在由若干个对称振子组成的天线阵中，每一个振子都是高频开放型电路，各振子彼此相距很近，它们之间通过电磁场相互作用、相互影响，产生电磁耦合效应，致使天线振子的电流分布相应地发生变化，因而耦合对称振子的辐射功率、辐射电阻与孤立振子的不同。由于这种耦合效应与低频集中参数耦合电路相似，因此可以仿照电路理论来介绍耦合对称振子的性能。

在二元耦合对称振子中，假设在两振子输入端均接入电源，在振子上产生电流。两振子的电流及所激发的空间电磁场互相作用。设振子"1"在自身电流及其场作用下的辐射功率为 $\dot{P}_{11}$，称为振子"1"的自辐射功率；振子"1"在振子"2"电流及其场的作用下的辐射功率为 $\dot{P}_{12}$，称为振子"1"的感应辐射功率。类似的定义耦合振子"2"的自辐射功率 $\dot{P}_{22}$ 与感应辐射功率 $\dot{P}_{21}$，则耦合振子"1"和"2"的辐射功率分别为

$$\left.\begin{array}{l} \dot{P}_{\Sigma 1} = \dot{P}_{11} + \dot{P}_{12} \\ \dot{P}_{\Sigma 2} = \dot{P}_{22} + \dot{P}_{21} \end{array}\right\} \tag{8-4-4}$$

设两振子的波腹电流分别为 I_{m1} 和 I_{m2}，则其辐射阻抗为

$$\left.\begin{array}{l} Z_{\Sigma 1} = \dfrac{2\dot{P}_{\Sigma 1}}{|I_{m1}|^2} = \dfrac{2\dot{P}_{11}}{|I_{m1}|^2} + \dfrac{2\dot{P}_{12}}{|I_{m1}|^2} \\[3mm] Z_{\Sigma 2} = \dfrac{2\dot{P}_{\Sigma 2}}{|I_{m2}|^2} = \dfrac{2\dot{P}_{22}}{|I_{m2}|^2} + \dfrac{2\dot{P}_{21}}{|I_{m2}|^2} \end{array}\right\} \tag{8-4-5}$$

令

$$Z_{11} = \frac{2\dot{P}_{11}}{|I_{m1}|^2}, \quad Z_{12}^{'} = \frac{2\dot{P}_{12}}{|I_{m1}|^2}, \quad Z_{22} = \frac{2\dot{P}_{22}}{|I_{m2}|^2}, \quad Z_{21}^{'} = \frac{2\dot{P}_{21}}{|I_{m2}|^2}$$

$$\tag{8-4-6}$$

Z_{11} 和 Z_{22} 分别称为振子"1"和振子"2"的自辐射阻抗，$Z_{12}^{'}$ 和 $Z_{21}^{'}$ 分别称为振子"1"和振子"2"的感应辐射阻抗，将式（8-4-6）代入式（8-4-5），则耦合振子的辐射阻抗为

$$\left.\begin{array}{l} Z_{\Sigma 1} = Z_{11} + Z_{12}^{'} \\ Z_{\Sigma 2} = Z_{22} + Z_{21}^{'} \end{array}\right\} \tag{8-4-7}$$

设两振子归于各自波腹电流的等效电压分别为 U_1 和 U_2，则辐射功率可以表示为

$$\left.\begin{array}{l} \dot{P}_{\Sigma 1} = \dfrac{1}{2} U_1 I_{m1}^{*} \\[3mm] \dot{P}_{\Sigma 2} = \dfrac{1}{2} U_2 I_{m2}^{*} \end{array}\right\} \tag{8-4-8}$$

式中，I_{m1}^{*} 和 I_{m2}^{*} 分别为 I_{m1} 和 I_{m2} 的共轭。

将上式改写为如下形式：

$$\left.\begin{array}{l} U_1 = \dfrac{2\dot{P}_{\Sigma 1}}{I_{m1}^{*}} \cdot \dfrac{I_{m1}}{I_{m1}} = I_{m1} Z_{\Sigma 1} = I_{m1} Z_{11} + I_{m1} Z_{12}^{'} \\[3mm] U_2 = \dfrac{2\dot{P}_{\Sigma 2}}{I_{m2}^{*}} \cdot \dfrac{I_{m2}}{I_{m2}} = I_{m2} Z_{\Sigma 2} = I_{m2} Z_{22} + I_{m2} Z_{21}^{'} \end{array}\right\} \tag{8-4-9}$$

式中，振子"1"和振子"2"的感应辐射阻抗 $Z_{12}^{'}$ 和 $Z_{21}^{'}$ 以及 $I_{m1} Z_{12}^{'}$ 和 $I_{m2} Z_{21}^{'}$ 分别是在振子"2"电

流和振子"1"电流的电磁场作用下产生的，它们分别与 I_{m2} 和 I_{m1} 成正比，即

$$\left.\begin{array}{l} Z'_{12} = \dfrac{I_{m2}}{I_{m1}} Z_{12} \\[4mm] Z'_{21} = \dfrac{I_{m1}}{I_{m2}} Z_{21} \end{array}\right\} \tag{8-4-10}$$

式中，Z_{12} 和 Z_{21} 分别为振子"1"和"2"归于波腹电流的互（辐射）阻抗，亦即 $I_{m1} = I_{m2}$ 时的感应辐射阻抗，根据互易定理 $Z_{12} = Z_{21}$。将上式代入式(8-4-9)得二元耦合振子的等效阻抗方程为

$$\left.\begin{array}{l} U_1 = I_{m1} Z_{11} + I_{m2} Z_{12} \\[2mm] U_2 = I_{m1} Z_{21} + I_{m2} Z_{22} \end{array}\right\} \tag{8-4-11}$$

对于引向天线，由于振子"2"为无源振子，其总辐射功率 $P_{\Sigma 2}$ 为 0，也就是总辐射阻抗 $Z_{\Sigma 2}$ 为 0，因而有

$$U_2 = I_{m2} Z_{\Sigma 2} = I_{m1} Z_{21} + I_{m2} Z_{22} = 0 \tag{8-4-12}$$

由上式得

$$\frac{I_{m2}}{I_{m1}} = -\frac{Z_{21}}{Z_{22}} = m e^{j\zeta} \tag{8-4-13}$$

所以有

$$\left.\begin{array}{l} m = \sqrt{\dfrac{R_{21}^2 + X_{21}^2}{R_{22}^2 + X_{22}^2}} \\[5mm] \zeta = \pi + \arctan\dfrac{X_{21}}{R_{21}} - \arctan\dfrac{X_{22}}{R_{22}} \end{array}\right\} \tag{8-4-14}$$

由上式可见，改变两振子的自阻抗和互阻抗，就可以改变两振子的电流分配比。

（2）采用感应电动势法计算自阻抗和互阻抗。

当空间中只存在单个振子时，一般假设其上的电流近似为正弦分布，当附近存在其他振子时，由于互耦的影响，严格来说其上电流分布将发生改变。但理论计算和实验均表明，细耦合振子上的电流分布仍和正弦分布相差不大，因此在工程计算上，将耦合振子的电流仍看作是正弦分布。

设振子"1"和振子"2"均沿 z 轴放置，如图 8-31 所示，则振子"2"的电场在振子"1"导体表面 z 处的切向分量为 E_{12z}，并在线元 $\mathrm{d}z$ 上产生感应电动势 $E_{12z}\,\mathrm{d}z$。假设振子为理想导体，根据边界条件，振子表面的切向电场应为零，因此振子"1"必须要产生一个反向电场 $-E_{12z}$，以抵消振子"2"在振子"1"上产生的场。也就是振子"1"的电源要对线元提供一个反电动势 $-E_{12z}\,\mathrm{d}z$。设振子"1"在 z 处的电流为 $I_1(z)$，则电源对线元 $\mathrm{d}z$ 所提供的功率为

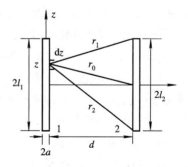

图 8-31　耦合振子阻抗的计算

$$\mathrm{d}\dot{P}_{12} = -\frac{1}{2} I_1^*(z) E_{12z}\,\mathrm{d}z \tag{8-4-15}$$

因此为抵消振子"2"在整个振子"1"上所产生的场，振子"1"的电源需要提供的总功率为

$$\dot{P}_{12} = -\frac{1}{2}\int_{-l_1}^{l_1} I_1^*(z)E_{12z}\,\mathrm{d}z \tag{8-4-16}$$

由式(8-4-6)得

$$Z_{12}' = \frac{2\dot{P}_{12}}{|I_{m1}^2|} = -\frac{1}{|I_{m1}^2|}\int_{-l_1}^{l_1} I_1^*(z)E_{12z}\,\mathrm{d}z \tag{8-4-17}$$

式中

$$E_{12z} = -\mathrm{j}30I_{m2}\left[\frac{e^{-\mathrm{j}kr_1}}{r_1}+\frac{e^{-\mathrm{j}kr_2}}{r_2}-\cos(kl_2)\frac{e^{-\mathrm{j}kr_0}}{r_0}\right] \tag{8-4-18}$$

其中

$$\left.\begin{aligned} r_0 &= \sqrt{d^2+z^2}\\ r_1 &= \sqrt{d^2+(l_2-z)^2}\\ r_2 &= \sqrt{d^2+(l_2+z)^2} \end{aligned}\right\} \tag{8-4-19}$$

考虑到 $I_{m1}=I_{m2}$，互阻抗 $Z_{12}=Z_{21}$，其表达式为

$$Z_{12} = \mathrm{j}30\int_{-l_1}^{l_1}\sin k(l_1-|z|)\left[\frac{e^{-\mathrm{j}kr_1}}{r_1}+\frac{e^{-\mathrm{j}kr_2}}{r_2}-\cos(kl_2)\frac{e^{-\mathrm{j}kr_0}}{r_0}\right]\mathrm{d}z \tag{8-4-20}$$

只要将式(8-4-19)中的间距 d 换为振子半径 a，则式(8-4-20)即变为振子的自阻抗，即

$$\left.\begin{aligned} Z_{11} &= \mathrm{j}30\int_{-l_1}^{l_1}\sin k(l_1-|z|)\left[\frac{e^{-\mathrm{j}kr_1}}{r_1}+\frac{e^{-\mathrm{j}kr_2}}{r_2}-\cos(kl_1)\frac{e^{-\mathrm{j}kr_0}}{r_0}\right]\mathrm{d}z\\ Z_{22} &= \mathrm{j}30\int_{-l_2}^{l_2}\sin k(l_2-|z|)\left[\frac{e^{-\mathrm{j}kr_1}}{r_1}+\frac{e^{-\mathrm{j}kr_2}}{r_2}-\cos(kl_2)\frac{e^{-\mathrm{j}kr_0}}{r_0}\right]\mathrm{d}z \end{aligned}\right\} \tag{8-4-21}$$

由上述两式可见，自阻抗主要取决于振子的长度，而互阻抗取决于振子的长度及振子之间的距离。将由式(8-4-20)及式(8-4-21)所求的自阻抗和互阻抗代入式(8-4-14)，即可得到耦合振子的电流振幅比及相位差。显然适当调整振子的长度及其间距，可得到不同的 m 和 ζ，也就是说可以得到不同的方向性。

(3) 无源振子的作用。

由上面的分析可知，改变振子的长度及其间距，就可以获得我们所需要的方向性。一般情况下，有源振子的长度为半波振子。图8-32中，考虑波长缩短效应，有源振子的长度为 $2l_1/\lambda=0.475$，并给出了无源振子在该长度下的 H 面方向图。

由图8-32可见，当无源振子与有源振子的间距 $d<0.25\lambda$ 时，无源振子的长度短于有源振子的长度，由于无源振子电流相位滞后于有源振子，故二元引向天线的最大辐射方向偏向无源振子所在的方向；反之，当无源振子的长度长于有源振子的长度时，无源振子的电流相位超前于有源振子，故二元引向天线的最大辐射方向偏向有源振子所在的方向。在这两种情况下，无源振子分别具有引导或反射有源振子辐射场的作用，故称为引向器或反射器。因此，通过改变无源振子的尺寸及与有源振子的间距来调整它们的电流分配比，就可以达到改变引向天线方向图的目的。一般情况下，无源振子与有源振子的间距取 $d=(0.15\sim0.23)\lambda$。当无源振子作引向器时，长度取为 $2l_2=(0.42\sim0.46)\lambda$，当无源振子作引向器时，长度取为 $2l_2=(0.50\sim0.55)\lambda$。

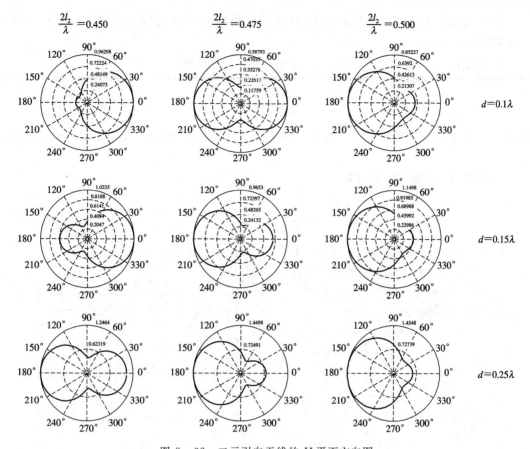

图 8 - 32　二元引向天线的 H 平面方向图

2）多元引向天线

对于总元数为 N 的多元引向天线，其分析方法与二元引向天线的分析方法相似。总元数为 N 的多元引向天线（见图 8 - 29）中，设第一根振子为反射器，第二根为有源振子，第三至第 N 根振子为引向器，则根据式（8 - 4 - 3）可得多元引向天线的 H 面方向函数为

$$| F(\theta) | = \left| \sum_{i=1}^{N} m_i \mathrm{e}^{\mathrm{j}(kd_i\cos\theta + \zeta_i)} \right| \tag{8 - 4 - 22}$$

式中，$m_i = \dfrac{I_i}{I_2}$，它表示第 i 根振子上的电流振幅与有源振子上电流振幅之比；ζ_i 表示第 i 根振子上的电流相位与有源振子上电流相位之差；d_i 表示第 i 根振子与有源振子之间的距离。

由耦合振子的理论可知，N 元引向天线应满足下列方程：

$$U_n = \sum_{i=1}^{N} I_i Z_{ni}, \quad (n = 1, 2, 3, \cdots, N) \tag{8 - 4 - 23}$$

式中，I_i 表示第 i 根振子上的电流振幅；当 $n = i$ 时，Z_{ni} 表示第 i 根振子的自阻抗；当 $n \neq i$ 时，Z_{ni} 表示第 i 根振子与第 n 根振子的互阻抗；U_n 表示第 n 根振子上的外加电压。对于引向天线有

$$\left. \begin{aligned} U_1 = U_3 = U_4 = \cdots = U_N = 0 \\ U_2 = U_0 \end{aligned} \right\} \tag{8 - 4 - 24}$$

当 N 比较大时，要求解上述方程，计算量是相当可观的。因此，对于多元引向天线，一般借助数值解法。

在工程上，多元引向天线的方向系数可用下式近似计算：

$$D_\Delta = K_1 \frac{L_a}{\lambda}$$ (8 - 4 - 25)

式中，L_a 是引向天线的总长度，也就是从反射器到最后一根引向器的距离；K_1 是比例常数。

主瓣半功率波瓣宽度近似为

$$2\alpha_{0.5} = 55° \sqrt{\frac{\lambda}{L_a}}$$ (8 - 4 - 26)

图 8 - 33(a)、(b) 分别是 K_1 与 L_a/λ 及 $2\alpha_{0.5}$ 与 L_a/λ 的关系曲线。

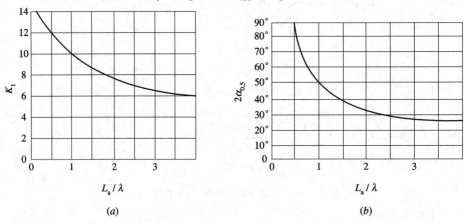

图 8 - 33　引向天线的比例关系和半功率波瓣宽度与 L_a/λ 的关系

(a) K_1 与 L_a/λ 实验曲线；(b) $2\alpha_{0.5}$ 与 L_a/λ 的关系曲线

由图 8 - 33 可见，当 L_a/λ 较小时，K_1 较大，随着 L_a/λ 的增大，也就是当引向器数目增多时，K_1 反而下降。这是由于随着引向器与有源振子间距离的增大，引向器上的感应电流减小，因而引向作用也逐渐减小，所以引向器数目一般不超过 12 个。

需要指出的是：在引向天线中，无源振子虽然使天线方向性增强，但由于各振子之间的相互影响，又使天线的工作频带变窄，输入阻抗降低，有时甚至低至十几欧姆，不利于与馈线的匹配。为了提高天线的输入阻抗和展宽频带，引向天线的有源振子常采用折合振子。

折合振子可看成是长度为 $\lambda/2$ 的短路双线传输线在纵长方向折合而成的。它实际是由两个非常靠近且平行的半波振子在末端相连后构成的，仅在一根振子的中部馈电，如图 8 - 34 所示。

根据耦合振子理论，折合振子的总辐射阻抗为

$$Z_\Sigma = Z_{\Sigma 1} + Z_{\Sigma 2} = Z_{11} + Z_{22} + Z_{21} + Z_{12}$$ (8 - 4 - 27)

由于两振子间距很小，因此有

$$Z_{11} \approx Z_{12} \approx Z_{21} \approx Z_{22}$$ (8 - 4 - 28)

所以，折合振子的辐射阻抗等于半波振子辐射阻抗的四倍，即

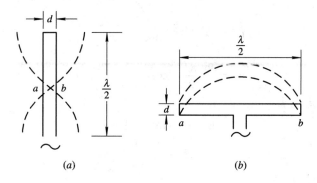

图 8 - 34 折合振子与短路双线传输线

(a) 短路双线传输线；(b) 折合振子

$$Z_\Sigma = 4Z_{11} \tag{8-4-29}$$

鉴于半波振子的输入阻抗为纯电阻，且输入阻抗等于辐射阻抗，即 $R_{in} = R_\Sigma = 73\ \Omega$，所以折合振子的输入阻抗为

$$Z_{in} = 4R_\Sigma = 300\quad \Omega \tag{8-4-30}$$

因此，折合振子的输入阻抗是半波振子的四倍，这就容易与馈线匹配。另外，折合振子相当于加粗的振子，所以工作带宽也比半波振子的宽。

引向天线由于结构简单、牢固，方向性较强且增益较高等特点，广泛地用作米波和分米波段的电视接收天线，其主要缺点是频带较窄。

2. 电视发射天线

1) 电视发射天线的特点

① 频率范围宽。我国电视广播所用的频率范围：1～12 频道（VHF 频段）为 48.5～223 MHz；13～68 频道（UHF 频段）为 470～956 MHz。

② 覆盖面积大。

③ 在以零辐射方向为中心的一定的立体角所对的区域内，电视信号变得十分微弱，因此零辐射方向的出现，对电视广播来说是不好的。

④ 由于工业干扰大多是垂直极化波，因此我国的电视发射信号采用水平极化，即天线及其辐射电场平行于地面。

⑤ 为了扩大服务范围，发射天线必须架在高大建筑物的顶端或专用的电视塔上。这就要求天线必须承受一定的风荷且具有防雷功能。

以上这些特点除了要求电视发射天线功率大、频带宽、水平极化，还要求天线在水平面内无方向性，而在铅垂平面有较强的方向性。

2) 旋转场天线（Turnstile Antenna）

设有两个电流大小相等 $I_1 = I_2$、相位差 $\zeta = 90°$ 的直线电流元，在水平面内垂直放置，如图 8 - 35 所示。

在 xOy 平面内的任一点上，它们产生的场强

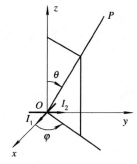

图 8 - 35 旋转场天线辐射场

分别为

$$
\left.
\begin{aligned}
E_1 &= \frac{60\pi I_1 l}{r\lambda}\ \sin\varphi\ \mathrm{e}^{-\mathrm{j}kr}\,\mathrm{e}^{\mathrm{j}\omega t} \\[2mm]
E_2 &= \frac{60\pi I_2 l}{r\lambda}\ \cos\varphi\ \mathrm{e}^{-\mathrm{j}kr}\,\mathrm{e}^{\mathrm{j}(\omega t+\zeta)}
\end{aligned}
\right\}
\tag{8-4-31}
$$

因而两电流元的合成场为

$$
E = A\sin(\omega t + \varphi) \tag{8-4-32}
$$

式中

$$
A = \frac{60\pi I l}{r\lambda}
$$

其方向图如图 8 - 36 所示。

图 8 - 36 可见，旋转场天线方向图是一个"8"字。当它以角频率 ω 在水平面内旋转时，其效果是在水平面内没有方向性，稳态方向图是个圆。

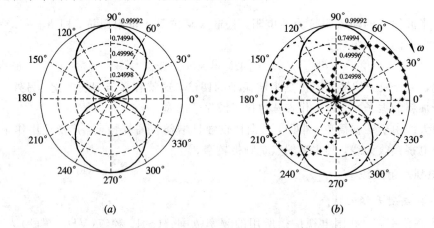

(a)   (b)

图 8 - 36　单个电流元和两正交电流元的方向图

(a) 单个电流元的方向图；(b) 旋转场天线方向图

由于电流元的辐射比较弱，实际应用的旋转场天线常常以半波振子作为单元天线，这时场点 P 处的合成场强的归一化模值为

$$
|E| = \sqrt{\left[\frac{\cos\left(\dfrac{\pi}{2}\cos\varphi\right)}{\sin\varphi}\right]^2 + \left[\frac{\cos\left(\dfrac{\pi}{2}\sin\varphi\right)}{\cos\varphi}\right]^2} \tag{8-4-33}
$$

其方向图在水平面内基本上是无方向的，如图 8 - 37 所示。

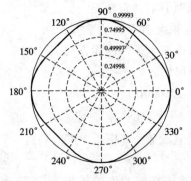

图 8 - 37　电流幅度相等、相差为 90° 的正交半波振子的水平面方向图

为了提高铅垂面内的方向性，可以将若干正交半波振子以半波长间距排阵，然后安装在同一根杆子上，而同一层内的两个正交半波振子馈电电缆的长度相差 $\lambda/4$，以获得 $90°$ 的相差，如图 8 - 38 所示。这种天线的特点是结构简单，但频带比较窄。电视发射天线要求有良好的宽频带特性，因此在天线的具体结构上必须采取一定的措施。目前调频广播和电视台所用的蝙蝠翼天线（Batwing Antenna）就是根据上述原理和要求设计的，其结构如图 8 - 39 所示。

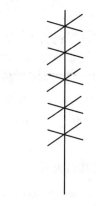

图 8 - 38　正交半波振子阵

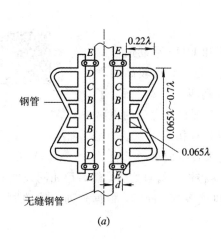

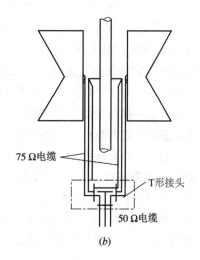

图 8 - 39　蝙蝠翼天线
(a) 结构；(b) 馈电

8.5　移动通信基站天线

8.5 节 PPT

1. 移动通信基站天线的特点

顾名思义，移动通信是指通信双方至少有一方在移动中进行信息传输和交换。也就是说，通信中的用户可以在一定范围内自由活动，因此其通信的运行环境十分复杂，多径效应、衰落现象及传输损耗等都比较严重，而且移动通信的用户由于受使用条件的限制，只能使用结构简单、小型轻便的天线。这就对移动通信基站天线提出了一些特殊要求，具体如下：

① 为尽可能免地形、地物的遮挡，天线应架设在很高的地方，这就要求天线有足够的机械强度和稳定性。

② 为使用户在移动状态下使用方便，天线应采用双极化。

③ 根据组网方式的不同，如果是顶点激励，则采用扇形天线；如果是中心激励，则采

用全向天线。

④ 为了节省发射机功率，天线增益应尽可能高。

⑤ 为了提高天线的效率及带宽，天线与馈线应良好匹配。

目前，陆地移动通信使用的频段除传统的 150 MHz(VHF)和 450 MHz、900 MHz、1800 MHz(UHF)频段外，我国还批准了 2515～2675 MHz、4800～4900 MHz(移动)、3400～3500 MHz(联通)、3500～3600 MHz(电信)频段用于 5G 通信，未来还会向 24 GHz 以上的毫米波方向发展。

2. 移动通信基站天线

移动通信技术发展迅速，基站天线的变化也比较快，从最早的角反射式交叉同轴天线、正交偶极子阵列、智能阵列天线一直到大规模 MIMO 智能阵列天线，不断进步。本节将对角反射式交叉同轴天线、正交偶极子阵列天线分别作一介绍，其他天线在后面再作介绍。

1) 角反射式交叉同轴天线

角反射式交叉同轴天线是最早用于 VHF 和 UHF 移动通信的基站天线，它一般由馈源和角形反射器组成。为了获得较高的增益，馈源一般采用并馈共轴阵列和串馈共轴阵列两种形式；而为了承受一定的风荷，反射器可以采用条形结构，只要导线之间的距离

基站天线

d 小于 0.1λ，它就可以等效为反射板。两块反射板构成 120°反射器，如图 8-40 所示。反射器与馈源组成扇形定向天线，3 个扇形定向天线组成全向天线。

并馈共轴阵列如图 8-41 所示，由功分器将输入信号均分，然后用相同长度的馈线将其分别送至各振子天线上。由于各振子天线电流等幅、同相，根据阵列天线的原理，其远区场同相叠加，因而其方向性得到加强。

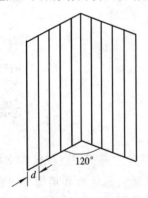

图 8-40　120°角形反射器

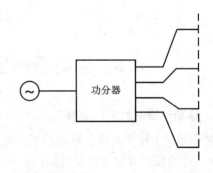

功分器

图 8-41　并馈共轴阵列

串馈共轴阵列如图 8-42 所示，关键点是利用 180°移相器，使各振子天线上的电流分布相位接近同相，以达到提高方向性的目的。为了缩短天线的尺寸，实际中还采用填充介质的垂直同轴天线，其结构原理如图 8-43(a)所示。辐射振子就是同轴线的外导体，而在辐射振子与辐射振子的连接处，同轴线的内外导体交叉连接成如图 8-43(b)所示的结构。

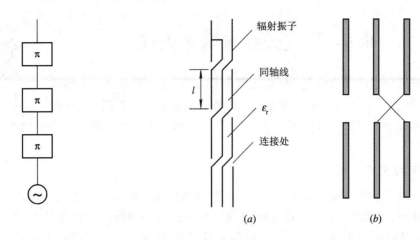

图 8-42 串馈共轴阵列

图 8-43 同轴高增益天线

为使各辐射振子的电流等幅、同相分布，每段同轴线的长度应为

$$l = \frac{\lambda_g}{2} \tag{8-5-1}$$

式中，λ_g 为工作波长。

若同轴线内部充以介电常数为 $\varepsilon_r = 2.25$ 的介质，则每段同轴线的长度为

$$l = \frac{\lambda_g}{2} = \frac{\lambda}{2\sqrt{\varepsilon_r}} = \frac{\lambda}{3} \tag{8-5-2}$$

式中，λ 为自由空间波长。

可见，这种天线具有体积小、增益高、垂直极化、水平面内无方向性的特点。这种天线加上角形反射器后，增益将更高。

2) 正交偶极子阵列天线

为了保证手机放置的灵活性，通常会采用双极化基站天线，如图 8-44 所示。它通常由正交偶极子单元(多个正交偶极子排成阵列)、功分馈电网络、反射底板和天线罩构成，其中两个端口是独立馈电，从而形成 ±45° 的双极化天线。无论是 3G、4G 还是 5G 移动通信，这种基站天线已经成为主流。由于频带要求、工程的可安装调试要求以及功能上的差别，这种天线正向着天线单元宽带化、馈电网络智能化以及倾角调整自动化等方向不断发展，但其原理基本相同。

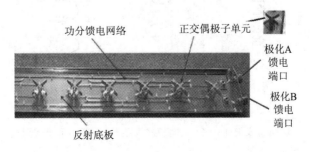

图 8-44 双极化基站天线示意图

8.6 螺旋天线与倒 F 天线

在移动通信的发展史上，螺旋天线和倒 F 天线在手机终端上的应用"功不可没"。在最早的移动终端上，螺旋天线是最时髦的配置，而后来的隐藏式手机天线则首选倒 F 天线(PIFA)。本节主要介绍螺旋天线和倒 F 天线的基本工作原理。

1. 螺旋天线

将导线绕制成螺旋形线圈而构成的天线称为螺旋天线(Helical Antenna)。通常它带有金属接地板(或接地网栅)，由同轴线馈电，同轴线的内导体与螺旋线相接，外导体与接地板相连，其结构如图 8 - 45 所示。螺旋天线是常用的圆极化天线。

螺旋天线的参数有：螺旋直径 $d = 2b$，螺距 h，圈数 N，每圈的长度 c，螺距角 δ，轴向长度 L。

这些几何参数之间的关系为

$$\begin{cases} c^2 = h^2 + (\pi d)^2 \\ \delta = \arctan \dfrac{h}{\pi d} \\ L = Nh \end{cases} \qquad (8-6-1)$$

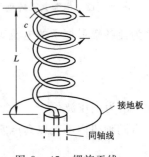

图 8 - 45 螺旋天线

螺旋天线的辐射特性与螺旋的直径有密切关系，具体如下：

① $d/\lambda < 0.18$ 时，天线的最大辐射方向在与螺旋轴线垂直的平面内，称为法向模式，此时天线称为法向模式天线，如图 8 - 46(a)所示。

② 当 $d/\lambda \approx 0.25 \sim 0.46$ 时，即螺旋天线一圈的长度 c 在一个波长左右的时候，天线的辐射方向在天线的轴线方向，此时天线称为轴向模式天线，如图 8 - 46(b)所示。

③ 当 $d/\lambda > 0.5$ 时，天线的最大辐射方向偏离轴线分裂成两个方向，方向图呈圆锥形状，此时天线称为圆锥形模式天线，如图 8 - 46(c)所示。

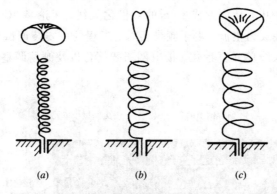

图 8 - 46 螺旋天线的辐射特性与螺旋直径的关系

(a) 法向模式天线；(b) 轴向模式天线；(c) 圆锥形模式天线

下面重点介绍前两种天线。

1) 法向模螺旋天线

由于法向模螺旋天线的电尺寸较小，其辐射场可以等效为电基本振子与磁基本振子辐射场的叠加，且它们的电流振幅相等，相位相同，如图 8 - 47(a)所示。

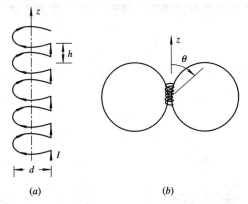

图 8 - 47 法向模螺旋天线的辐射特性分析

(a) 电基本振子与磁基本振子的组合；(b) E 面方向图

每一圈螺旋天线的辐射场为

$$E = a_\theta E_\theta + a_\varphi E_\varphi \qquad (8-6-2)$$

式中，E_θ 和 E_φ 分别是电基本振子与磁基本振子的辐射场。

N 圈螺旋天线的辐射场为

$$E = \frac{N\omega\mu_0 I}{4\pi} \cdot \frac{e^{-j\beta r}}{r} (a_\theta jh + a_\varphi k\pi b^2) \sin\theta \qquad (8-6-3)$$

式中，β 为相移常数。设螺旋线上的波长缩短系数为 n_1，则

$$\beta = n_1 k = n_1 \cdot \frac{2\pi}{\lambda} \qquad (8-6-4)$$

由于 E_θ 和 E_φ 的时间相位差为 $\pi/2$，所以法向模螺旋天线的辐射场是椭圆极化波，呈边射型，方向图呈"8"字形，如图 8 - 47(b)所示。只有当 $E_\theta = E_\varphi$ 即 $h = k\pi b^2$ 时，螺旋天线辐射圆极化波。

虽然法向模螺旋天线的辐射效率和增益都较低，但由于其加工简单、成本低廉，曾广泛用于超短波手持式通信机，特别是第二代移动通信终端上。

2) 轴向模螺旋天线

当 $d/\lambda \approx 0.25 \sim 0.45$ 时，螺旋天线一圈的周长接近一个波长，此时天线上的电流呈行波分布，则天线的辐射场呈圆极化，其最大辐射方向沿轴线方向。

由于螺旋天线的螺距角较小，可将一圈螺旋线看作是平面圆环，设一圈的周长等于 λ。假设在 t_1 时刻环上的电流分布如图 8 - 48(a)所示，A、B、C、D 是圆环上的四个对称点，它们的电流幅度相等，方向沿圆环的切线方向。因此每点的电流均可分解为 x 分量和 y 分量，且有

$$\begin{cases} I_{Ax} = -I_{Bx} \\ I_{Cx} = -I_{Dx} \end{cases} \qquad (8-6-5)$$

在 t_1 时刻，x 方向的电流在轴向的辐射相互抵消，而 y 方向的电流在轴向的辐射同相叠

加，即

$$E = -a_y E \qquad (8-6-6)$$

假设在 $t_2 = t_1 + T/4$ 时刻，环上的电流分布如图 8-48(b)所示，A、B、C、D 四个对称点上的电流发生了变化，每点的电流仍可分解为 x 分量和 y 分量，且有

$$\begin{cases} I_{Ay} = -I_{By} \\ I_{Cy} = -I_{Dy} \end{cases} \qquad (8-6-7)$$

可见在 t_2 时刻，y 方向的电流在轴向的辐射相互抵消，而 x 方向的电流在轴向的辐射同相叠加，即

$$E = a_x E \qquad (8-6-8)$$

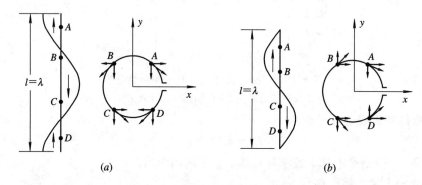

图 8-48　平面环的瞬时电流分布

通过以上的讨论可以得出以下结论：经过四分之一周期后，轴向辐射场由 y 方向变为 x 方向，即场矢量旋转了 90°，但振幅不变。依此类推，经过一个周期的时间，电场矢量将连续地旋转 360°，从而形成圆极化波。

螺旋天线可等效为 N 个相似元（平面圆环）组成的天线阵，要使整个螺旋天线在轴向上获得最大辐射，则必须使相邻两圈上对应点的电流在轴向上产生的场相位差 2π，即

$$\beta l - kh = 2\pi \qquad (8-6-9)$$

式中，βl 为相邻两圈上对应点的电流的相位差；kh 为相邻两圈上对应点在轴向的波程差。若按式(8-6-9)来选取 l 和 h，可使相邻两圈上对应点的电流在轴向上产生的场相位差为 2π，这样天线各圈的场在轴向同相叠加，因而在此方向有最大辐射，但此时方向系数不是最大。

要使螺旋天线在轴向获得最大辐射且方向系数最大，根据强方向性端射阵条件，天线的第一圈和最后一圈沿轴向产生的辐射场的相位差应等于 π，即

$$\beta l - kh = 2\pi + \frac{\pi}{N} \qquad (8-6-10)$$

所以有

$$l = \frac{1}{n_1}\left(\lambda + h + \frac{\lambda}{2N}\right) \qquad (8-6-11)$$

若按式(8-6-11)来选取 l 和 h，天线在轴向获得最大辐射且方向系数最大，但不能得到理想的圆极化，不过当 N 较大时，式(8-6-11)与式(8-6-9)差别不大，此时辐射场接近圆极化。

由式(8-6-11)还可以看到：当工作波长 λ 增长或变短时，波长缩短系数也随之增大或变小，结果使等式的右边几乎不变，从而使螺旋天线在一定的带宽内自动调整以满足获得最大方向系数的条件。

由于在轴向辐射螺旋天线上电流接近纯行波分布，所以在一定的带宽内，其阻抗变化也不大，且基本接近纯电阻。另外，它仅在末端有很小的反射。由于反射回接地平面的场非常弱，因此接地平面的影响可以忽略，且对接地平面尺寸的要求也不很严格，只要大于半波长即可，形状可以是圆的或方的，一般是金属圆盘。螺旋线的直径对天线的性能影响很小，当螺旋线圈按右旋形式绕制时，它就辐射或接收右旋圆极化波，反之，则辐射或接收左旋圆极化波。

由于轴向模天线具有圆极化能力，设计成的四臂螺旋天线(Quadrifilar Helix Antenna)具有全方向 360° 的接收能力，因此它已经成为高精度导航仪的首选天线。

2. 倒 F 天线

倒 F 天线

单极子天线(如图 8-49(a)所示)由于具有结构简单、制作成本低等特点而得到了广泛的应用，但其总长需达到 1/4 波长使其应用受到轮廓高度的限制。不过人们发现天线上的电流沿着天线向上逐渐减小，后段对辐射的贡献比较小，于是将单极子天线进行 90° 弯曲，得到了倒 L 天线(如图 8-49(b)所示)，但其总长仍然是 1/4 波长。对于倒 L 天线而言，其上半部分平行于地面，这样虽然有效降低了天线的高度但同时也增加了天线的容性，破坏了谐振特性，为此需要增加天线的感性。人们发现在天线的另一端增加一个倒 L 形接地结构，可以改善匹配特性，这样就形成了倒 F 天线(如图 8-49(c)所示)。这就是倒 F 天线的由来。这种结构很容易平面化，便形成了所谓平面倒 F 天线(PIFA, Planar Inverted-F Antenna)。这类天线由于制作工艺简单、易于匹配和共形，因而成为移动通信终端内置天线的主流结构。

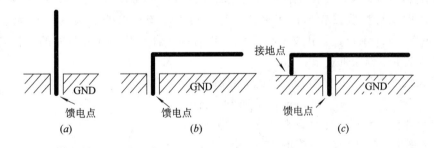

图 8-49 倒 F 天线的由来
(a) 单极子天线；(b) 倒 L 天线；(c) 倒 F 天线

倒 F 天线主要有三个结构参数：L、H 和 S(如图 8-50 所示)，这三个结构参数决定了天线的输入阻抗、谐振频率和阻抗带宽等性能。下面就把各个参数对天线性能的影响简单总结如下：

(1) 天线的谐振长度 L。该参数对天线的谐振频率和输入阻抗影响最为直接。当 L 增加时，天线的谐振频率降低，输入阻抗变小；当 L 减小时，天线的谐振频率升高，输入阻抗变大。

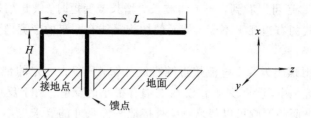

图 8-50 平面倒 F 天线的结构参数

（2）天线的高度 H。该参数对谐振也有一定影响，当 H 增加时，谐振频率降低，输入阻抗增加；当 H 减小时，谐振频率升高，输入阻抗减小。

（3）两条垂直臂之间的距离 S。当 S 增加时，谐振频率升高，输入阻抗减小；当 S 减小时，谐振频率降低，输入阻抗增加。

通过综合调整这三个参数可设计出满足工程需求的天线。同时由于该天线便于变形，因而在实际中形成了各种各样的变形结构，成为移动终端天线工程师必须钻研的天线结构之一。

8.7 行 波 天 线

8.7 节 PPT

前面讲的振子型天线，其上电流为驻波分布，如对称振子的电流分布为

$$I(z) = I_m \sin\beta(h - z) = \frac{I_m}{2j} \mathrm{e}^{\mathrm{j}\beta h} (\mathrm{e}^{-\mathrm{j}\beta z} - \mathrm{e}^{\mathrm{j}\beta z}) \qquad (8-7-1)$$

式中，第一项表示从馈电点向导线末端传输的行波；第二项表示从末端反射回来的从导线末端向馈电点传输的行波；负号表示反射系数为 -1。

当终端不接负载时，来自激励源的电流将在终端全部被反射。这样，振幅相等、传输方向相反的两个行波叠加就形成了驻波。凡天线上电流分布为驻波的均称为驻波天线（Standing-Wave Antenna）。驻波天线是双向辐射的，输入阻抗具有明显的谐振特性，因此，一般情况下工作频带较窄。

如果天线上电流分布是行波，则此天线称为行波天线（Traveling-Wave Antenna）。通常，行波天线是由导线末端接匹配负载来消除反射波而构成的，如图 8-51 所示。最简单的有行波单导线天线、V 形天线和菱形天线等，它们都具有较好的单向辐射特性、较高的增益及较宽的带宽，因此在短波、超短波波段都获得了广泛的应用。但由于部分能量被负载吸收，所以行波天线效率不高。

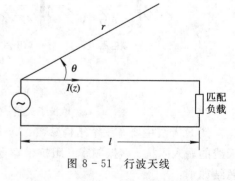

图 8-51 行波天线

1. 行波单导线天线的方向图

若天线终端接匹配负载，则天线上电流为行波分布：

$$I(z) = I_0 \, e^{-j\beta z} \qquad (8-7-2)$$

忽略地面的影响，行波天线的辐射场为

$$E_\theta = \frac{j60\pi}{\lambda r} \sin\theta e^{-j\beta r} \int_0^l I(z) e^{j\beta z \cos\theta} \, dz \qquad (8-7-3)$$

经积分得

$$E_\theta = \frac{j60\pi I_0}{\lambda r} \cdot \frac{\sin\theta}{1-\cos\theta} \cdot \sin\left[\frac{\beta l}{2}(1-\cos\theta)\right] e^{-j\beta\left[r+\frac{l}{2}(1-\cos\theta)\right]} \qquad (8-7-4)$$

因而，单根行波单导线天线的方向函数为

$$F(\theta) = \frac{\sin\theta \, \sin\left[\dfrac{\beta l}{2}(1-\cos\theta)\right]}{1-\cos\theta} \qquad (8-7-5)$$

图 8 - 52(a)和(b)分别为行波单导线长度为 $l=4\lambda$，8λ 时的方向图。

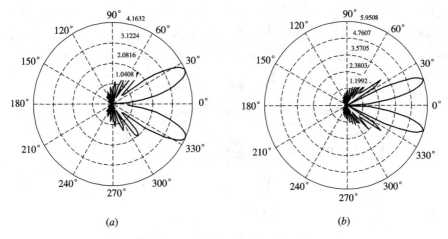

(a) (b)

图 8 - 52　$l=4\lambda$，8λ 时行波单导线方向图

由图 8 - 52 可见，行波天线是单方向辐射的，但其最大辐射方向随电长度 l/λ 的变化而变化，旁瓣电平较高且瓣数较多，与其他类型天线相比，相对其电尺寸而言增益是不高的。但这些不足可以利用排阵的方法来进行改善。

当天线较长时，行波天线的最大辐射方向可近似由下式确定：

$$\sin\left[\frac{\beta l}{2}(1-\cos\theta)\right] = 1 \qquad (8-7-6)$$

因此，有

$$\cos\theta_m = 1 - \frac{\lambda}{2l} \qquad (8-7-7)$$

由上式可见，当 l/λ 较大，工作波长改变时，最大辐射方向 θ_m 变化不大。

2. V 形天线和菱形天线(Vee Antenna and Rhombic Antenna)

用两根行波单导线可以组成 V 形天线。对于一定长度 l/λ 的行波单导线，适当选择张角 2θ，可以在张角的平分线方向上获得最大辐射，如图 8 - 53 所示。

由于 l/λ 较大时，工作波长改变而最大辐射方向 θ_m 变化不大，因此 V 形天线具有较好的方向图宽频带特性和阻抗宽频带特性。由于其结构及架设特别简单，特别适合用于短波移动式基站中。

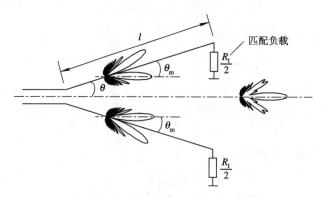

图 8-53 V 形天线($l/\lambda=10$，$\theta=15°$)

目前，另一种被广泛应用于短波通信和广播、超短波散射通信的行波天线是由四根行波单导线连接成的菱形天线，它可以看成是由两个 V 形天线在开口端相连而成的。其工作原理与 V 形天线相似。载有行波电流的四个臂长相等，它们的辐射方向图完全相同，如图 8-54 所示。适当选择菱形的边长和顶角 2θ，可在对角线方向获得最大辐射。

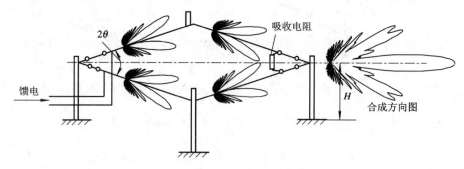

图 8-54 菱形天线及其平面方向图

8.8 宽频带天线

在许多场合中，要求天线有很宽的工作频率范围。按工程上的习惯用法，若天线的阻抗、方向图等

8.8节 PPT　　宽频带天线

电特性在一倍频程($f_{max}/f_{min}=2$)或几倍频程范围内无明显变化，就可称其为宽频带天线；若天线能在更大频程范围内(比如 $f_{max}/f_{min}\geqslant10$)工作，且其阻抗、方向图等电特性基本上不变化，就称其为非频变天线(Frequency-Independent Antenna)。

1. 非频变天线的条件

由前面的分析可知：驻波天线的方向图和阻抗对天线电尺寸的变化十分敏感。能否设计一种天线，当工作频率变化时，天线的尺寸也随之变化，即保持电尺寸不变，则天线能在很宽频带范围内保持相同的辐射特性，这就是非频变特性。事实上，天线只要满足以下两个条件，就可以实现非频变特性。

1) 角度条件

天线的形状仅取决于角度，而与其他尺寸无关，即

$$r = r_0 e^{a\varphi} \tag{8-8-1}$$

换句话说，当工作频率变化时，天线的形状、尺寸与波长之间的相对关系不变，如图 8-55 所示。

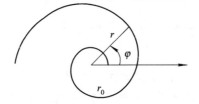

图 8-55　平面等角螺旋天线

2）终端效应弱

实际天线的尺寸总是有限的，有限尺寸的结构不仅是角度的函数，也是长度的函数。因此，当天线为有限长时，是否具有近似无限长时的特性，是能否构成实际的非频变天线的关键。如果天线上电流衰减得很快，则决定天线辐射特性的主要是载有较大电流的那部分，而其余部分作用较小，若将其截去，对天线的电性能影响不大，这样有限长天线就具有近似无限长天线的电性能，这种现象就称为终端效应弱。终端效应强弱取决于天线的结构。

满足上述两条件，即构成非频变天线。非频变天线分为两大类：等角螺旋天线和对数周期天线。

2. 平面等角螺旋天线（Planar Equiangular Spiral Antenna）

如图 8-56 所示是由两个对称臂组成的平面等角螺旋天线，它可看成是一变形的传输线，两个臂的四条边由下述关系确定：

$$r = r_0 e^{a\varphi}, \quad r = r_0 e^{a(\varphi-\delta)}, \quad r = r_0 e^{a(\varphi-\pi)}, \quad r = r_0 e^{a(\varphi-\pi-\delta)} \tag{8-8-2}$$

在螺旋天线的始端由电压激励激起电流并沿两臂传输。电流传输到两臂之间近似等于半波长区域时发生谐振，并产生很强的辐射，而在此区域之外，电流和场很快衰减。当增加或降低工作频率时，天线上有效辐射区沿螺旋线向里或向外移动，但有效辐射区的电尺寸不变，使得方向图和阻抗特性与频率几乎无关。实验证明：臂上电流在流过约一个波长后迅速衰减到 20 dB 以下，因此其有效辐射区就是周长约为一个波长以内的部分。

图 8-56　平面等角螺旋天线

平面等角螺旋天线的辐射场是圆极化的，且为双向辐射，即在天线平面的两侧各有一个主波束，如果将平面的双臂等角螺旋天线绕制在一个旋转的圆锥面上，则可以实现锥顶方向的单向辐射，且方向图仍然保持宽频带和圆极化特性。平面和圆锥等角螺旋天线的频率范围可以达到 20 倍频程或者更大。

式（8-8-1）又可写为如下形式：

$$\varphi = \frac{1}{a} \ln\left(\frac{r}{r_0}\right) \qquad (8-8-3)$$

因此，等角螺旋天线又称为对数螺旋天线。下面介绍另一类非频变天线——对数周期天线。

3. 对数周期天线(Log-Periodic Dipole Antenna)

1) 齿状对数周期天线

齿状对数周期天线的基本结构是将金属板刻成齿状，如图 8 - 57 所示。图中，齿是不连续的，其长度由原点发出的两根直线之间的夹角所决定，相邻两个齿的间隔是按照等角螺旋天线设计中相邻导体之间的距离设计的，即

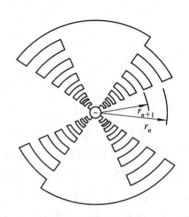

$$\frac{r_{n+1}}{r_n} = \frac{r_0\,\mathrm{e}^{a(\varphi-\delta)}}{r_0\,\mathrm{e}^{a(\varphi+2\pi-\delta)}} = \mathrm{e}^{-2\pi a} = \tau \quad （小于 1 的常数）$$

$$(8-8-4)$$

对于无限长的结构，当天线的工作频率变化 τ 倍，即频率从 f 变到 τf，$\tau^2 f$，$\tau^3 f$，… 时，天线的电结构

图 8 - 57 齿状对数周期天线

完全相同，因此在这些离散的频率点 f，τf，$\tau^2 f$，… 上具有相同的电特性，但在 $f \sim \tau f$、$\tau f \sim \tau^2 f$、… 等频率间隔内，天线的电性能有些变化，但只要这种变化不超过一定的指标，就可认为天线基本上具有非频变特性。由于天线性能在很宽的频带范围内以 $\ln\frac{1}{\tau}$ 为周期重复变化，所以称为对数周期天线。

实际上，天线不可能无限长，而齿的主要作用是阻碍径向电流。实验证明：齿片上的横向电流远大于径向电流，如果齿长恰等于谐振长度（即齿的一臂约等于 $\lambda/4$ 时，该齿具有最大的横向电流，且附近的几个齿上也具有一定幅度的横向电流，而那些齿长远大于谐振长度的各齿，其电流迅速衰减到最大值的 30 dB 以下，这说明天线的终端效应很弱，因此有限长的天线近似具有无限长天线的特性。

2) 对数周期偶极子天线

对数周期偶极子天线是由 N 个平行振子天线的结构依据下列关系设计的：

$$\frac{l_{n+1}}{l_n} = \frac{r_{n+1}}{r_n} = \frac{d_{n+1}}{d_n} = \tau \qquad (8-8-5)$$

其中，l 表示振子的长度；d 表示相邻振子的间距；r 表示由顶点到振子的垂直距离。其结构如图 8 - 58 所示，天线的几何结构主要取决于参数 τ、α 和 σ，它们之间满足下列关系：

$$\tan\alpha = \frac{l_n}{r_n} \qquad (8-8-6)$$

$$\sigma = \frac{d_n}{4l_n} = \frac{1-\tau}{4\tan\alpha} \qquad (8-8-7)$$

N 个对称振子天线用双绞传输线馈电，且两相邻振子交叉连接。当天线馈电后，能量沿双绞线传输，当能量行至长度接近谐振长度的振子，或者说振子的长度接近于半波长

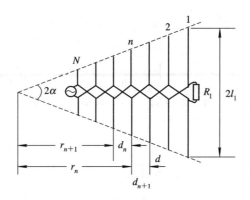

图 8 - 58　对数周期偶极子天线阵

时，由于发生谐振，输入阻抗呈现纯电阻，所以振子上电流大，形成较强的辐射场，我们把这部分称为有效辐射区；有效区以外的振子，由于离谐振长度较远，输入阻抗很大，因而其上电流很小，它们对辐射场的贡献可以忽略。当天线工作频率变化时，有效辐射区随频率的变化而左右移动，但电尺寸不变，因而，对数周期天线具有宽频带特性，其频带范围为 10 或者是 15 倍频程。目前，对数周期天线在超短波和短波波段获得了广泛的应用。

　　对数周期天线是端射型的线极化天线，其最大辐射方向沿连接各振子中心的轴线指向短振子方向，电场的极化方向平行于振子方向。

8.9　缝 隙 天 线

8.9 节 PPT　　缝隙天线

　　如果在同轴线、波导管或空腔谐振器的导体壁上开一条或数条窄缝，可使电磁波通过缝隙向外空间辐射而形成一种天线，这种天线称为缝隙天线（Slot Antenna），如图 8 - 59 所示。由于缝隙的尺寸小于波长，且开有缝隙的金属外表面的电流将影响其辐射，因此对缝隙天线的分析一般采用对偶原理。

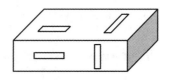

图 8 - 59　缝隙天线

1. 理想缝隙天线的辐射场

　　在研究实际的缝隙天线以前，先来研究开在无限大和无限薄的理想导电平板上的缝隙。

　　设 yOz 为无限大和无限薄的理想导电平板，在此面上沿 z 轴开一个长为 $2l$，宽为 $w(w \ll \lambda)$ 的缝隙，不论激励（实际缝隙是由外加电压或电场激励的）方式如何，缝隙中的场总垂直于缝的长边，如图 8 - 60(a) 所示。因此，理想缝隙天线可等效为由磁流源激励的对称缝隙，如图 8 - 60(b) 所示，与之相对偶的是尺寸相同的板状对称振子，如图 8 - 60(c) 所示。

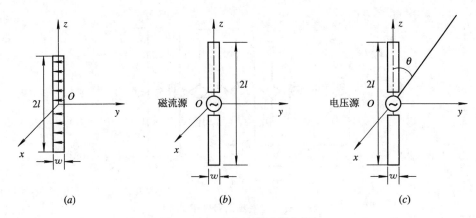

图 8-60 理想缝隙天线的辐射

（a）理想导电板上的缝隙；（b）对称缝隙；（c）板状对称振子天线

而板状对称振子的远区场与细长圆柱对称振子的相同。根据本章前面的介绍，长度为 $2l$ 的对称振子的辐射场为

$$E_\theta = \mathrm{j}60I_\mathrm{m}\frac{\cos(kl\,\cos\theta) - \cos kl}{\sin\theta}\frac{\mathrm{e}^{-\mathrm{j}kr}}{r} \qquad (8-9-1)$$

其方向函数为

$$F(\theta) = \frac{\cos(kl\,\cos\theta) - \cos kl}{\sin\theta} \qquad (8-9-2)$$

根据对偶原理，理想缝隙天线的方向函数与同长度的对称振子的方向函数 E 面和 H 面互相交换，如图 8-61 所示。

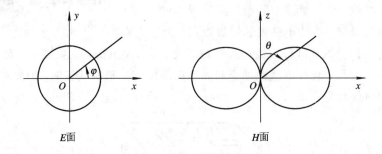

图 8-61 理想缝隙（$2l=\lambda/2$）辐射方向图

2. 波导缝隙天线

实际应用的波导缝隙天线通常是开在传输 TE_{10} 模的矩形波导壁上的半波谐振缝隙，如果所开缝隙截断波导内壁表面电流（即缝隙不是沿电流线开），表面电流的一部分将绕过缝隙，另一部分则以位移电流的形式沿原来的方向流过缝隙，因而缝隙被激励，向外空间辐射电磁波，如图 8-62 所示。纵缝"1""3""5"由横向电流激励；横缝"2"由纵向电流激励；斜缝"4"则由与其长边垂直的电流分量激励。而波导缝隙辐射的强弱取决于缝隙在波导壁上的位置和取向。为了获得最强辐射，应使缝隙垂直截断电流密度最大处的电流线，即应沿磁场强度最大处的磁场方向开缝，如缝"1""2""3"。实验证明，沿波导缝隙的电场分布与理想缝隙的几乎一样，近似为正弦分布，但由于波导缝隙是开在有限大波导壁上的，辐射

受没有开缝的其他三面波导壁的影响，因此是单向辐射，方向图如图 8 - 63 所示。

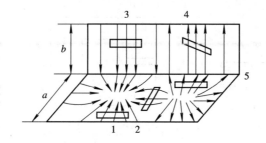

图 8 - 62　波导缝隙的辐射

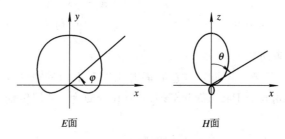

图 8 - 63　波导天线辐射方向图

　　单缝隙天线的方向性是比较弱的，为了提高天线的方向性，可在波导的一个壁上开多个缝隙组成天线阵。这种天线阵的馈电比较方便，天线和馈线一体，适当改变缝隙的位置和取向就可以改变缝隙的激励强度，以获得所需要的方向性，其缺点是频带比较窄。

8.10　微带天线

8.10 节 PPT　　　导航天线

　　微带天线（Microstrip Antenna）自 20 世纪 70 年代以来引起了广泛的重视与研究，各种形状的微带天线已在卫星通信、多普勒雷达及其他雷达导弹遥测技术以及生物工程等领域得到了广泛的应用。下面介绍微带天线的结构、特点及工作原理。

1. 微带天线的结构及特点

　　微带天线是由一块厚度远小于波长的介质板（称为介质基片）和（用印刷电路或微波集成技术）覆盖在它的两面上的金属片构成的，其中完全覆盖介质板的金属片称为接地板，而尺寸可以和波长相比拟的另一片称为辐射元，如图 8 - 64 所示。辐射元的形状可以是方形、矩形、圆形和椭圆形等。

　　微带天线的馈电方式分为两种，如图 8 - 65 所示。一种是侧馈，也就是馈电网络与辐射元刻制在同一表面；另一种是底馈，即同轴线的外导体直接与接地板相接，内导体穿过接地板和介质基片与辐射元相接。

　　微带天线的主要特点有体积小、重量轻、剖面低，因此容易做到与高速飞行器共形，且电性能多样化（如双频微带天线、圆极化天线等），尤其是容易和有源器件、微波电路集成为统一组件，因而适合大规模生产。在现代通信中，微带天线广泛应用于 100 MHz～

50 GHz 的频率范围。

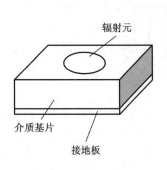

图 8 - 64 微带天线的结构

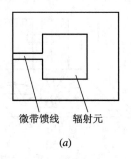

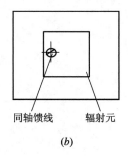

图 8 - 65 微带天线的馈电
(a) 侧馈；(b) 底馈

2. 微带天线的辐射原理

由于分析微带天线的方法不同，对它的辐射原理有不同的说法。为了简单起见，我们以矩形微带天线(Retangular-Patch Microstrip Antenna)为例，用传输线模分析法介绍它的辐射原理。

设辐射元的长为 l，宽为 w，介质基片的厚度为 h。现将辐射元、介质基片和接地板视为一段长为 l 的微带传输线，在传输线的两端断开形成开路，如图 8 - 66 所示。

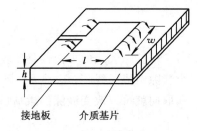

图 8 - 66 矩形微带天线开路端电场结构

根据微带传输线理论，由于基片厚度 $h \ll \lambda$，场沿 h 方向均匀分布。在最简单的情况下，场沿宽度 w 方向也没有变化，而仅在长度方向($l \approx \lambda/2$)有变化，其场分布如图 8 - 67 所示。

由图 8 - 67 可见，两开路端的电场均可以分解为相对于接地板的垂直分量和水平分量，两垂直分量方向相反，水平分量方向相同，因而在垂直于接地板的方向，两水平分量电场所产生的远区场同相叠加，而两垂直分量所产生的场反相相消。因此，两开路端的水平分量可以等效为无限大平面上同相激励的两个缝隙，如图 8 - 68 所示，缝的电场方向与长边垂直，并沿长边 w 均匀分布。缝的宽度为 $\Delta l \approx h$，长度为 w，两缝间距为 $l \approx \lambda/2$。这就是说，微带天线的辐射可以等效为由两个缝隙所组成的二元阵列。

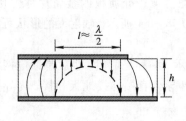

图 8 - 67 场分布侧视图

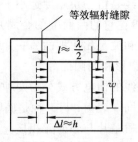

图 8 - 68 等效辐射缝隙

3. 辐射场及方向函数

建立如图 8 - 69 所示的坐标，设缝隙上电压为 U，缝的切向电场 $E_x = U/h$，可以等效为沿 z 方向的磁流，考虑到理想接地板上磁流的镜像，缝隙的等效磁流为

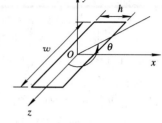

图 8 - 69　缝隙的辐射

$$J_m = z\,\frac{2U}{h} \qquad (8-10-1)$$

设磁流沿 x 和 z 方向都是均匀的，则单缝的辐射场为

$$E_\varphi = -\mathrm{j}2Ukw\,\frac{\mathrm{e}^{-\mathrm{j}kr}}{4\pi r}F(\theta,\varphi) \qquad (8-10-2)$$

式中

$$F(\theta,\varphi) = \frac{\sin\left(\dfrac{kw}{2}\cos\theta\right)}{\dfrac{kw}{2}\cos\theta}\sin\varphi \qquad (8-10-3)$$

又因为沿 x 轴排列、间距为 $l \approx \lambda/2$ 的二元阵的阵因子为

$$\cos\left(\frac{kl}{2}\sin\theta\cos\varphi\right) = \cos\left(\frac{\pi}{2}\sin\theta\cos\varphi\right) \qquad (8-10-4)$$

由方向图乘积定理，并分别令 $\theta=90°$ 和 $\varphi=90°$，即可得到微带天线的 E 面和 H 面方向函数为

$$F_E(\varphi) = \cos\left(\frac{kl}{2}\cos\varphi\right) = \cos\left(\frac{\pi}{2}\cos\varphi\right) \qquad (8-10-5)$$

$$F_H(\theta) = \frac{\sin\left(\dfrac{kw}{2}\cos\theta\right)}{\dfrac{kw}{2}\cos\theta}\sin\theta \qquad (8-10-6)$$

由上述两式画出 H 面和 E 面（$w = \lambda/2$）方向图分别如图 8 - 70(a)、(b)所示。

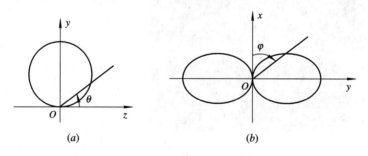

(a)　　　　　　　　　　(b)

图 8 - 70　微带天线方向图
(a) H 面；(b) E 面

由图可见，矩形微带天线的 E 面方向图与理想缝隙的 H 面方向图相同，这是因为在该面内的两缝隙的辐射不存在波程差。所不同的是 H 面，由于接地板的反射作用，使得辐射变成单方向的了。

单点馈电的微带贴片天线主要是线极化，其交叉极化分量也比较大，人们在深入研究后发现用它实现圆极化天线具有更广阔的应用前景。下面简单讨论一下微带天线的圆极化。

4. 微带天线的圆极化

圆极化天线

用微带天线可以实现圆极化，其大致途径有单馈、多馈、多单元三种形式。

单馈点圆极化微带天线通过选择合适的馈电位置及引入微扰，可以激发两个正交极化的简并模辐射而形成圆极化，它无需任何外加的相移和功率分配网络。如对于矩形微带贴片圆极化天线而言，就是通过切角等微扰激发起两个正交极化模 TM_{01}、TM_{10} 简并模辐射实现的。该类天线最大的特点是结构简单、易于集成、调试方便，因此成为卫星导航天线的一个重要的实现途径。但该类天线也存在着带宽过窄、增益不高的缺点。

多馈点圆极化微带天线通过两个或四个馈电点的馈电方式的设计来保证圆极化工作条件。对于双馈电点的圆极化天线，常用 T 形分支或 3 dB 分支电桥来激发两个模式振幅相同但相差 90°的正交模；而对于四馈电点的圆极化天线，通常采用移相网络使四个馈电点的相位依次为 0°、90°、180°和 270°，以满足其圆极化条件。双馈电点圆极化微带天线相比单馈点圆极化微带天线而言具有较宽的圆极化带宽，尤其是采用共面的 3 dB 分支电桥馈电的双馈点圆极化微带天线，其圆极化相对带宽可达 30%。由于馈电网络的引入，双馈（或多馈）点圆极化微带天线的设计也比单馈点圆极化微带天线更为复杂。

多单元圆极化微带天线实际上是一个微带阵列，它可以利用多个线极化的辐射源在相位上相差 90°，保持振幅不变来获得圆极化波，也可以利用圆极化单元配以相应的移相网络来满足圆极化条件，这一原理与四馈电点的单个圆极化微带天线比较类似。微带圆极化阵列天线可以实现更高的增益、更宽的带宽，甚至实现波束的扫描。图 8-71 是用四单元组成的一款用于隧道通信的高增益圆极化天线。

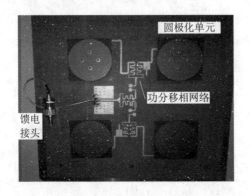

微带天线

图 8-71　高增益四单元微带圆极化阵列天线

8.11　智能天线与 MIMO 天线

8.11 节 PPT

随着无线通信技术的发展，频谱资源越来越紧张。为了把空间域对通信容量的贡献最大化，人们提出了智能天线波束赋形（简称智能天线）技术和多输入多输出天线（简称 MIMO 天线）技术，下面分别予以介绍。

1. 智能天线技术简介

智能天线在蜂窝系统中的应用研究始于 20 世纪 90 年代初，人们希望通过引入智能天线来扩大系统容量，同时克服共信道、多径衰落等无线移动通信技术中急需解决的问题。使用智能天线技术的主要优点有：

① 具有较高的接收灵敏度。

② 使空分多址系统(SDMA)成为可能。

③ 消除在上下链路中的干扰。

④ 抑制多径衰落效应。

下面简要介绍智能天线的工作原理。

智能天线是由天线阵和智能算法构成的，是数字信号处理技术与天线有机结合的产物。

由天线阵的理论可知，阵列天线的方向图取决于各天线单元上的电流幅度和相位，也就是说，如果天线单元上的电流幅度或相位发生变化，则方向图也会发生相应的变化。对智能天线基本的理解类似于雷达系统中的自适应天线阵，下面先介绍一下自适应天线阵的工作原理。图 8 - 72(a)为自适应天线阵原理框图。由图可见，自适应天线中不同用户的信号 A、B 等，先通过多工器合成为一路信号，然后将该路信号分为 D 路(D 为天线单元数)，并分别以 W_1，W_2，$\cdots$，W_D 进行加权，最后送到天线单元上。这样，在各天线单元上的信号波形相同，只是幅度和相位不同。假设加权系数为 W_1，W_2，$\cdots$，W_D 时，方向图如图 8 - 72(b)中的实线所示，如果用户移动了，天线可以改变加权系数，以改变天线单元上的电流分布，从而达到跟踪目标的目的，如图 8 - 72(b)中的虚线所示。由图 8 - 72 可见，如果在 A 点可以收到某个用户的信号，也可以收到所有其他用户的信号；而位于另一波束方向 B 点处收到的用户数与 A 点处的相同。因此，自适应天线的方向图是功率方向图，它只能对功率方向图进行调整，而无法对空间信道进行复用，这不但造成了功率的浪费，而且增加了电磁干扰。

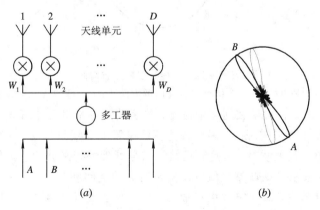

图 8 - 72 自适应天线原理框图

(a)自适应天线阵；(b)方向图

智能天线和自适应天线最大的不同之处在于信号加权与多路信号叠加的顺序，其原理框图如图 8 - 73 所示。它首先将每一个用户信号分为 D 路(D 为天线单元数)，并分别以 W_{1D}，W_{2D}，$\cdots$，W_{MD} 加权，得到 $M \times D$ 路信号(M 为用户数)，然后将相应的 M 路信号合成一路并送到各天线单元上。由于各天线单元上的信号都是由 M 路信号以不同的加权系数组合而成的，因此信号的波形是不同的，从而构成了 M 个信道方向图。对于每个传统的信道，当只有 A 信号存在时，通过选取 W_{11}，W_{12}，$\cdots$，W_{1D}，可以构成如图 8-74(a) 所示的信道方向图；当只有 B 信号存在时，通过选取 W_{M1}，W_{M2}，$\cdots$，W_{MD}，可以得到如图 8-74(b) 所示的信道方向图；当两个信号同时存在时，由场的叠加原理可知，智能天线的功率方向图为两个信道方向图的叠加，如图 8-74(c) 所示。从表面看，图 8-74(c) 的功率方向图与自适应天线方向图 8-72(b) 相似，但前者中 A 处接收到的信号主要是 A 信号，B 处接收到的信号的主要是 B 信号，从而保证了两个用户共用一个传输信道，实现空分复用。

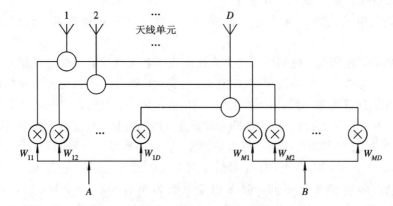

图 8-73　智能天线原理框图

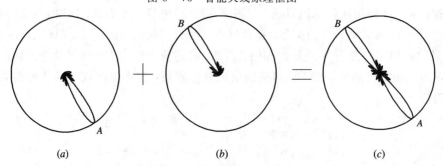

图 8-74　智能天线信道方向图

(a) 信号 A 存在时的方向图；(b) 信号 B 存在时的方向图；(c) 信号 A 和 B 均存在时的方向图

　　实际上，智能天线包含来波到达角检测、数字波束形成和零点相消三种技术，它们是由智能算法控制天线阵来实现的，因此智能算法是智能天线系统的核心部分。当天线阵接收到来自移动台的多径电波时，一是利用数字信号处理进行来波到达角估计（DOA），并通过高效、快速的算法来自动调整权值以便实现所需的空间和频率滤波；二是对天线阵采用数字方法进行波束形成，即数字波束形成（DBF），使天线主波束对准用户信号到达方向，旁瓣或零辐射方向对准干扰信号到达方向，从而节省了发射机的功率，减少了信号干扰与电磁环境污染。智能算法分为两大类：一类是在时域中进行处理来获得天线最优加权，这些算法起源于自适应数字滤波器，如最小均方法、递归最小均方误差算法等；另一类是在空间域对频谱进行分析来获得 DOA 的估计，即通过使用瞬时空间取样、空间谱估计算法来得到天线的最优权值，如果处理速度足够快，可以跟踪信道的时变，所以空间谱估计算法在快衰落信道上优于时域算法。近来，人们又提出了时空联合算法以提高分辨率。当然，智能算法还在不断研究探索中，相信在不远的将来会有更好的算法来满足日益增长的移动通信需求。

总之，智能天线将在以下几个方面提高移动通信系统的性能：

① 提高通信系统的容量和频谱利用效率。

② 增大基站的覆盖面积。

③ 提高数据传输速率。

④ 降低基站发射功率，节省系统成本，减少信号干扰与电磁环境污染。

可见，智能天线技术对提高未来移动通信系统的性能起着举足轻重的作用，也是第 5 代移动通信中实现 MIMO 天线的基本技术之一。

2. MIMO 天线的简介

1）MIMO 天线功能及特点

传统的单发单收、单发多收、多发单收等天线系统都传输的是单路信息，其通信容量受到限制，而 MIMO(Multiple-Input Multiple-Output) 天线系统在收、发端分别设置多副相互独立的天线，并利用多径效应提升通信容量：当多径分量足够丰富时，各对收、发的多径衰落趋于独立，则相应无线信道趋于独立，在相同频率下可同时产生多个传输信道。此技术在不增加带宽和发射功率的情况下可成倍地增加通信容量并提升频谱利用率，同时还有利于信号的稳定传输以及增强信号的收发强度等。从理论上看，天线数量越多，系统通信容量越高，但是实际天线数量需综合考虑系统实现代价等多方面因素。图 8-75 是 MIMO 天线系统的结构示意图。

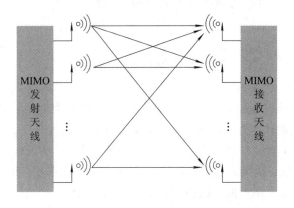

图 8-75　MIMO 天线系统结构示意图

2）基本实现方法

MIMO 技术主要利用空间分集（空时编码）、空间复用和波束赋形三种多天线技术来实现通信系统性能的提升。分集（可靠性）与复用（传输速率）为一对矛盾体，分集虽不能直接提高数据传输速率，但可以利用信道独立性进行不相关的信息传输，可获得更高的分集增益；复用通过将信号分割为几个数据流在不同天线上传输，从而提高系统传输速率；波束赋形多天线技术就是前面讨论的智能天线技术，它对多个天线的输出信号的相关性进行相位加权，实现不同角度信号的相长干涉或相消干涉，使目标方向获得最大增益。

3）典型结构

在设计 MIMO 天线时，天线的数目和间距是影响系统参数的重要因素，应尽量避免采用大尺寸的天线结构，在相同距离下小型化天线更能降低信号间的相关性；尽可能地将天线多功能化，用一副天线代替两副或两副以上天线。MIMO 天线的典型应用结构如图 8-76 所示。

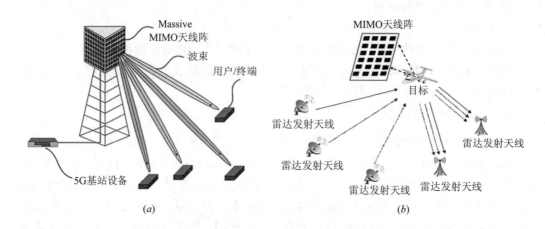

图 8-76　MIMO 天线的典型应用结构

（a）大规模 MIMO 基站阵列天线系统；（b）MIMO 雷达天线系统

因此本质上就天线的实现来看，MIMO 天线及智能天线均是由阵列天线、馈电控制网络以及信号处理模组组成的，而 MIMO 天线的信道数量更多，控制算法更加复杂。而且随着工作频段向毫米波段推进，其天线的结构和形式必将发生深刻的变革。

本 章 小 结

本章小结

本章首先从等效传输线理论出发，分析了对称振子天线的特性，给出了对称振子电参数的计算方法；接着介绍了天线阵的方向性理论，讨论了天线阵的方向图乘积定理；然后对工程中常用的鞭天线、水平振子天线、电视天线、移动通信基站天线、行波天线、宽频带天线、微带天线等天线一一进行了分析，讨论了其各自的基本工作原理及基本特性；最后简要介绍智能天线技术和 MIMO 天线技术。

习　题

典型例题

思考与拓展

8.1　什么是波长缩短效应？试简要解释其原因。

8.2　什么是方向图乘积定理？

8.3　什么是边射式天线阵？什么是端射式天线阵？试从物理概念上解释之。

8.4　一半波振子臂长 $h=35$ cm，直径 $2a=17.35$ mm，工作波长 $\lambda=1.5$ m，试计算其输入阻抗。

8.5 有两个平行于 z 轴并沿 x 轴方向排列的半波振子,若:

① $d=\lambda/4$, $\zeta=\pi/2$。

② $d=3\lambda/4$, $\zeta=\pi/2$。

试分别求其 E 面和 H 面方向函数,并画出方向图。

8.6 若将上述两个半波振子沿 y 轴排列,重复上题的计算。

8.7 六元均匀直线阵的各元间距为 $\lambda/2$,求:

① 天线阵相对于 ϕ 的归一化阵方向函数。

② 分别画出工作于边射状态和端射状态的方向图,并计算其主瓣半功率波瓣宽度和旁瓣电平。

8.8 两等幅馈电的半波振子沿 z 轴排列,若:

① $d=\lambda/4$, $\zeta=\pi/2$。

② $d=\lambda/4$, $\zeta=-\pi/2$。

它们的辐射功率都为 1 W,计算上述两种情况在 xOy 平面内 $\varphi=30°$、$r=1$ km 处的场强值。

8.9 五元二项式天线阵,其电流振幅比为 $1:4:6:4:1$,各元间距为 $\lambda/2$,则:

① 画出天线阵方向图。

② 计算其主瓣半功率波瓣宽度,并与相同间距的均匀五元阵相比较。

8.10 设以半波振子为接收天线,用来接收波长为 λ、极化方向与振子平行的线极化平面波,试求其在与振子细线垂直平面内的有效接收面积。

8.11 设在相距 1.5 km 的两个站之间进行通信,每个站均以半波振子为天线,工作频率为 300 MHz。若一个站发射的功率为 100 W,则另一个站的匹配负载中能收到多少功率?

8.12 直立振子的高度 $h=10$ m,当工作波长 $\lambda=300$ m 时,求它的有效高度以及归于波腹电流的辐射电阻。

8.13 当直立接地振子的高度 $h=40$ m,工作波长 $\lambda=600$ m,振子的直径 $2a=15$ mm 时,求振子的输入阻抗;若归于输入电流的损耗电阻 $R_1=5$ Ω,求振子的效率。

8.14 已知 T 形天线的水平部分长度为 100 m,特性阻抗为 346 Ω,垂直部分长度为 100 m,特性阻抗为 388 Ω,其工作波长 $\lambda=600$ m,求天线的有效高度与辐射电阻。

8.15 一架设在地面上的水平振子天线,工作波长 $\lambda=40$ m,若要在垂直于天线的平面内获得最大辐射仰角 $\delta=30°$,试计算该天线应架设多高。

8.16 一个七元引向天线,反射器与有源振子的间距为 0.15λ,各引向器等间距排列,且间距为 0.2λ,试估算其方向系数。

8.17 设长度为 L 的行波天线上,电流分布为:$I(z)=I_0 \mathrm{e}^{-\mathrm{j}\beta z}$,试求其方向函数并画出 $L=\lambda$, 5λ 的方向图。

8.18 试以对数周期天线为例,简述宽频带天线的工作原理。

8.19 N 匝、直径为 $2b$、螺距为 s 的法向模螺旋天线,其中 $2b$ 和 s 均远小于 λ/N,且螺旋天线辐射圆极化波,求:

① 增益系数和方向系数。

② 辐射电阻。

8.20 三元引向天线如题 8.20 图所示。设有源振子长度为 0.48λ，各振子的长度直径比都为 30，有源振子的波长缩短系数近似为 1.04，试用 MATLAB 计算：

① 天线的前后辐射比和辐射电阻。

② 画出其两主平面方向图。

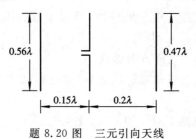

题 8.20 图 三元引向天线

第 9 章 面 天 线

与前述的线天线不同的另一类天线是面天线（Aperture Antenna），又称口径天线。它所载的电流沿天线体的金属表面分布，且面天线的口径尺寸远大于工作波长。面天线常用在无线电频谱的高频端，特别是微波波段。

求解面天线的辐射问题，通常采用口径场方法，即先由场源求得口径面上的场分布，再求出天线的辐射场。分析的基本依据是惠更斯‑菲涅尔原理，即在空间任意一点的场，是包围天线的封闭曲面上各点的电磁扰动产生的次级辐射在该点叠加的结果。

本章首先讨论惠更斯元的辐射，并由此导出平面口径辐射的一般表达式，然后介绍矩形口径及圆口径的一般辐射特性，最后阐述抛物面天线和卡塞格伦天线的工作原理。

9.1 惠更斯元的辐射

9.1 节 PPT

面天线的结构包括金属导体面 S'、金属导体面的开口径 S（即口径面）及由 $S_0 = S' + S$ 所构成的封闭曲面内的辐射源，如图 9-1 所示。由于在封闭面上有一部分是导体面 S'，所以其上的场为零，这样使得面天线的辐射问题简化为口径面 S 的辐射，即 $S_0 = S' + S \rightarrow S$，设口径上的场分布为 E^s，根据惠更斯‑菲涅尔原理，把口径面分割为许多面元 dS，称为惠更斯元。由面元上的场分布即可求出其相应的辐射场，然后再在整个口径面上积分便可求出整个口径的辐射场。下面先来分析惠更斯元的辐射场。

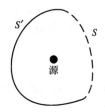

图 9-1 面天线的原理

如同电基本振子和磁基本振子是分析线天线的基本辐射单元一样，惠更斯元是分析面天线的基本辐射单元。设平面口径上一个惠更斯元 $dS = dx\,dy$，若面元上的切向电场为 E_y，切向磁场为 H_x，则根据等效原理，面元上的磁场等效为沿 y 轴方向放置，电流大小为 $H_x\,dx$ 的电基本振子，而面元上的电场则等效为沿 x 轴方向放置，磁流大小为 $E_y\,dy$ 的磁基本振子。因而惠更斯元可视为两正交的长度为 dy、

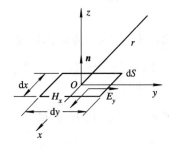

图 9-2 惠更斯元

大小为 $H_x\,dx$ 的电基本振子与长度为 dx、大小为 $E_y\,dy$ 的磁基本振子的组合，如图 9-2 所示，其中 n 为惠更斯元 dS 的外法线矢量。它的电流矩和磁流矩分别为

$$I_y l = (H_x\,dx)dy = H_x\,dS$$

$$I_x^M l = (E_y \, \mathrm{d}y)\mathrm{d}x = E_y \, \mathrm{d}S \qquad (9-1-1)$$

类似第 6 章沿 z 轴放置的电基本振子的辐射场，可得沿 y 轴放置的电基本振子辐射场为

$$
\begin{cases}
\boldsymbol{E} = -\mathrm{j}\,\dfrac{\eta I_y l}{2\lambda r}\mathrm{e}^{-\mathrm{j}kr}\big[\boldsymbol{a}_\theta \cos\theta \sin\varphi + \boldsymbol{a}_\varphi \cos\varphi\big] \\[2mm]
\boldsymbol{H} = -\mathrm{j}\,\dfrac{I_y l}{2\lambda r}\mathrm{e}^{-\mathrm{j}kr}\big[\boldsymbol{a}_\varphi \cos\theta \sin\varphi - \boldsymbol{a}_\theta \cos\varphi\big]
\end{cases}
\qquad (9-1-2)
$$

同样可得沿 x 轴放置的磁基本振子的远区场表达式为

$$
\begin{cases}
\boldsymbol{E} = \mathrm{j}\,\dfrac{I_x^M l}{2\lambda r}\mathrm{e}^{-\mathrm{j}kr}\big[\boldsymbol{a}_\theta \sin\varphi + \boldsymbol{a}_\varphi \cos\theta \cos\varphi\big] \\[2mm]
\boldsymbol{H} = -\mathrm{j}\,\dfrac{I_x^M l}{2\eta\lambda r}\mathrm{e}^{-\mathrm{j}kr}\big[\boldsymbol{a}_\theta \cos\theta \cos\varphi - \boldsymbol{a}_\varphi \sin\varphi\big]
\end{cases}
\qquad (9-1-3)
$$

将式(9-1-1)代入式(9-1-3)，可得惠更斯元的辐射场为

$$\mathrm{d}\boldsymbol{E} = \mathrm{j}\,\frac{\eta H_x \, \mathrm{d}S}{2\lambda r}\,\mathrm{e}^{-\mathrm{j}kr}\left[\boldsymbol{a}_\theta \sin\varphi\left(\frac{E_y}{\eta H_x}+\cos\theta\right)+\boldsymbol{a}_\varphi \cos\varphi\left(1+\frac{E_y}{\eta H_x}\cos\theta\right)\right] \qquad (9-1-4)$$

对于平面波，有 $E_y/H_x = \eta$，因此上式简化为

$$\mathrm{d}\boldsymbol{E} = \mathrm{j}\,\frac{E_y \, \mathrm{d}S}{2\lambda r}\mathrm{e}^{-\mathrm{j}kr}\big[\boldsymbol{a}_\theta \sin\varphi(1+\cos\theta)+\boldsymbol{a}_\varphi \cos\varphi(1+\cos\theta)\big] \qquad (9-1-5)$$

在研究天线方向性时，通常是关心两个主平面的情况，所以，我们只介绍面元的两个主平面的辐射。

在式(9-1-5)中，令 $\varphi=90°$，得面元在 E 平面的辐射场为

$$\mathrm{d}E_E = \mathrm{j}\,\frac{E_y \, \mathrm{d}S}{2\lambda r}\,\mathrm{e}^{-\mathrm{j}kr}(1+\cos\theta) \qquad (9-1-6)$$

同样，令 $\varphi=0°$，得面元在 H 平面的辐射场为

$$\mathrm{d}E_H = \mathrm{j}\,\frac{E_y \, \mathrm{d}S}{2\lambda r}\mathrm{e}^{-\mathrm{j}kr}(1+\cos\theta) \qquad (9-1-7)$$

由于式(9-1-6)与式(9-1-7)两等式右边在形式上相同，故惠更斯元在 E 面和 H 面的辐射场可统一为

$$\mathrm{d}E = \mathrm{j}\,\frac{E_y \, \mathrm{d}S}{2\lambda r}\,\mathrm{e}^{-\mathrm{j}kr}(1+\cos\theta)$$

$$(9-1-8)$$

因此，惠更斯元的方向函数为

$$|\,F(\theta)\,| = \left|\frac{1}{2}(1+\cos\theta)\right|$$

$$(9-1-9)$$

按上式可画出 E 面和 H 面的方向图如图 9-3 所示。

由图 9-3 可见，惠更斯元具有单向辐射特性，且其最大辐射方向为 $\theta=0°$ 的方向，即最大辐射方向与面元相垂直。

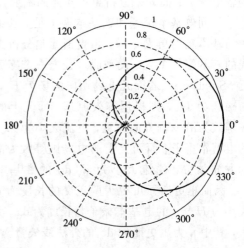

图 9-3　惠更斯元的方向图

9.2 平面口径的辐射

9.2节PPT   口面辐射原理

微波波段的无线电设备,如抛物面天线及喇叭照射器,它们的口径面 S 都是平面,所以讨论平面口径的辐射有普遍的实用意义。设平面口径面位于 xOy 平面上,坐标原点到观察点 M 的距离为 R,面元 $\mathrm{d}S$ 到观察点 M 的距离为 r,如图 9-4 所示。

将面元 $\mathrm{d}S$ 在两个主平面上的辐射场(式(9-1-8))$\mathrm{d}E$ 沿整个口径进行面积分,即得口面辐射场的一般表达式为

$$E_M = \mathrm{j}\, \frac{1}{2\lambda R}(1+\cos\theta)\iint\limits_S E_y\, \mathrm{e}^{-\mathrm{j}kr}\, \mathrm{d}S \qquad (9-2-1)$$

式中

$$r = \sqrt{(x-x_S)^2 + (y-y_S)^2 + (z-z_S)^2} \qquad (9-2-2)$$

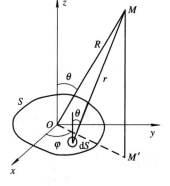

图 9-4 平面口径的辐射

场点 M' 的坐标也可用球坐标表示为

$$\left.\begin{aligned} x &= R\,\sin\theta\,\cos\varphi \\ y &= R\,\sin\theta\,\sin\varphi \\ z &= R\,\cos\theta \end{aligned}\right\} \qquad (9-2-3)$$

将式(9-2-3)代入式(9-2-2),并考虑到远区条件,则式(9-2-2)简化为

$$r \approx R - (x_S\,\sin\theta\,\cos\varphi + y_S\,\sin\theta\,\sin\varphi) \qquad (9-2-4)$$

将上式代入式(9-2-1)得任意口径面在远处辐射场的一般表达式为

$$E_M = \mathrm{j}\, \frac{\mathrm{e}^{-\mathrm{j}kR}}{R\lambda}\, \frac{1+\cos\theta}{2}\iint\limits_S E_y\, \mathrm{e}^{\mathrm{j}k(x_S\sin\theta\cos\varphi + y_S\sin\theta\sin\varphi)}\, \mathrm{d}S \qquad (9-2-5)$$

1. S 为矩形口径时辐射场的特性

设矩形口径(Rectangular Aperture)的尺寸为 $D_1 \times D_2$,如图 9-5 所示。下面讨论两种不同口径分布情形下的辐射特性。

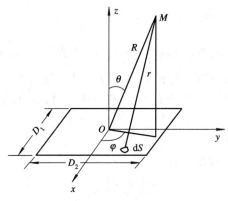

图 9-5 矩形口径的辐射

1) 口径场沿 y 轴线极化且均匀分布

当口径场沿 y 轴线极化且均匀分布时，有

$$E_y = E_0 \tag{9-2-6}$$

将式(9-2-6)代入式(9-2-5)积分得 E 平面和 H 平面方向函数分别为

$$|F_E(\theta)| = \left|\frac{\sin\psi_2}{\psi_2}\right|$$

$$= \left|\frac{\sin\left(\dfrac{kD_2}{2}\sin\theta\right)}{\dfrac{kD_2}{2}\sin\theta}\right| \left|\frac{1+\cos\theta}{2}\right| \tag{9-2-7}$$

$$|F_H(\theta)| = \left|\frac{\sin\psi_1}{\psi_1}\right| = \left|\frac{\sin\left(\dfrac{kD_1}{2}\sin\theta\right)}{\dfrac{kD_1}{2}\sin\theta}\right| \left|\frac{1+\cos\theta}{2}\right| \tag{9-2-8}$$

式中

$$\begin{cases} \psi_1 = \dfrac{kD_1}{2}\sin\theta\cos\varphi \\[2mm] \psi_2 = \dfrac{kD_2}{2}\sin\theta\sin\varphi \end{cases} \tag{9-2-9}$$

根据式(9-2-7)和式(9-2-8)，我们用 MATLAB 画出了 E 面和 H 面方向图，如图9-6所示。

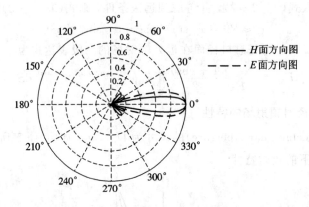

图 9-6　矩形口径场均匀分布时的方向图($D_1 = 3\lambda$，$D_2 = 2\lambda$)

由图 9-6 可见，最大辐射方向在 $\theta = 0°$ 的方向上，且当 D_1/λ 和 D_2/λ 都较大时，辐射场的能量主要集中在 z 轴附近较小的 θ 角范围内。因此，在分析主瓣特性时，可认为 $(1+\cos\theta)/2 \approx 1$。

(1) 主瓣宽度和旁瓣电平。

设 $\psi_{0.5}$ 表示半功率波瓣宽度，即

$$\left|\frac{\sin\psi_{0.5}}{\psi_{0.5}}\right| = \frac{1}{\sqrt{2}}$$

由 MATLAB 计算或查图9-7可得

$$\psi_{0.5} = 1.39, \quad 2\sin\theta_{0.5E} = 0.89\frac{\lambda}{D_2}, \quad 2\sin\theta_{0.5H} = 0.89\frac{\lambda}{D_1}$$

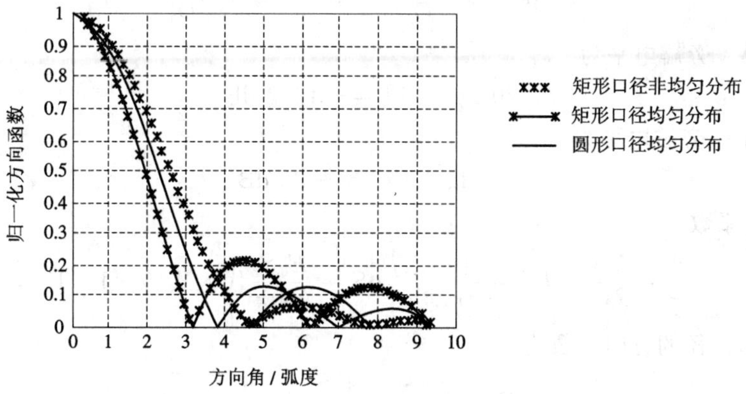

×××　矩形口径非均匀分布
×—×　矩形口径均匀分布
——　圆形口径均匀分布

纵轴：归一化方向函数
横轴：方向角/弧度

图 9-7　口径辐射方向函数曲线

当口径尺寸较大时，半功率波瓣宽度很小，所以有

$$2\theta_{0.5E} = 51°\frac{\lambda}{D_2}, \quad 2\theta_{0.5H} = 51°\frac{\lambda}{D_1} \tag{9-2-10}$$

E 面和 H 面最邻近主瓣的第一个峰值均为 0.214，所以第一旁瓣电平为

$$20\lg 0.214 = -13.2 \text{ dB} \tag{9-2-11}$$

（2）方向系数。

根据第 6 章中方向系数的定义，有

$$D = \frac{R^2 |E_{\max}|^2}{60P_\Sigma} \tag{9-2-12}$$

将 $|E_{\max}| = \dfrac{E_0 S}{R\lambda}$ 和 $P_\Sigma = \dfrac{1}{2\eta}\iint\limits_S E_0^2 \, \mathrm{d}S = \dfrac{E_0^2 S}{240\pi}$ 代入上式即得口径场均匀分布的矩形口径的方向系数为

$$D = 4\pi\frac{S}{\lambda^2} \tag{9-2-13}$$

2）口径场沿 y 轴线极化且振幅沿 x 轴余弦分布

当口径场沿 y 轴线极化且振幅沿 x 轴余弦分布时，有

$$E_y = E_0\cos\frac{\pi x_S}{D_1}, \quad \mathrm{d}S = \mathrm{d}x_S \, \mathrm{d}y_S \tag{9-2-14}$$

将上式代入式(9-2-5)，并积分得 E 面和 H 面方向函数分别为

$$|F_E(\theta)| = \left|\frac{\sin\psi_2}{\psi_2}\right| = \left|\frac{\sin\left(\frac{kD_2}{2}\sin\theta\right)}{\frac{kD_2}{2}\sin\theta}\right|\left|\frac{1+\cos\theta}{2}\right| \tag{9-2-15}$$

$$|F_H(\theta)| = \left|\frac{\cos\psi_1}{1-(2\psi_1/\pi)^2}\right| = \left|\frac{\cos\left(\frac{kD_1}{2}\sin\theta\right)}{1-\left(\frac{kD_1}{\pi}\sin\theta\right)^2}\right|\left|\frac{1+\cos\theta}{2}\right| \tag{9-2-16}$$

（1）主瓣宽度和旁瓣电平。

$$2\theta_{0.5E} = 51° \frac{\lambda}{D_2}, \quad 2\theta_{0.5H} = 68° \frac{\lambda}{D_1} \qquad (9-2-17)$$

E 平面第一旁瓣电平为

$$20 \lg 0.214 = -13.2 \text{ dB} \qquad (9-2-18)$$

H 平面第一旁瓣电平为

$$20 \lg 0.071 = -23 \text{ dB} \qquad (9-2-19)$$

（2）方向系数。

将 $|E_{\max}| = \frac{2}{\pi} \cdot \frac{E_0 S}{R\lambda}$ 和 $P_\Sigma = \frac{1}{2\eta} \iint_S E_y^2 \mathrm{d}S = \frac{E_0^2 S}{480\pi}$ 代入式（9-1-12），即得口径场余

弦分布的矩形口径的方向系数为

$$D = 4\pi \frac{S}{\lambda^2} \cdot \frac{8}{\pi^2} = 4\pi \frac{S}{\lambda^2} \upsilon \qquad (9-2-20)$$

式中，υ 为口径利用因数，此时 $\upsilon = 0.81$，而均匀分布时 $\upsilon = 1$。

[例 9-1] 设有一矩形口径 $a \times b$ 位于 xOy 平面内，口径场沿 y 方向线极化，其口径场的表达式为 $E_y^s = 1 - \left| \frac{2x}{a} \right|$，即相位均匀，振幅为三角形分布，其中 $|x| \leqslant \frac{a}{2}$。求：

① xOy 平面即 H 平面方向函数。

② H 面主瓣半功率宽度。

③ 第一旁瓣电平。

④ 口径利用系数。

解：根据远区场的一般表达式，即

$$E_M = \mathrm{j} \frac{\mathrm{e}^{-\mathrm{j}kR}}{R\lambda} \cdot \frac{1 + \cos\theta}{2} \iint_S E^S \mathrm{e}^{\mathrm{j}k(x_S \sin\theta \cos\varphi + y_S \sin\theta \sin\varphi)} \mathrm{d}S$$

将 $E^S = E_y^S = 1 - \left| \frac{2x}{a} \right|$ 和 $\mathrm{d}S = \mathrm{d}x_S \, \mathrm{d}y_S$ 一并代入上式，并令 $\varphi = 0$ 得

$$E_H = \mathrm{j} \frac{\mathrm{e}^{-\mathrm{j}kR}}{R\lambda} \cdot \frac{1 + \cos\theta}{2} \int_{-a/2}^{a/2} \left[1 - \left| \frac{2x_S}{a} \right| \right] \mathrm{e}^{\mathrm{j}kx_S \sin\theta} \mathrm{d}x_S \int_{-b/2}^{b/2} \mathrm{d}y_S$$

$$= \mathrm{j} \frac{\mathrm{e}^{-\mathrm{j}kR}}{R\lambda} \cdot \frac{1 + \cos\theta}{2} b \int_0^{a/2} \left(1 - \frac{2}{a} x_S \right) \left[\mathrm{e}^{\mathrm{j}kx_S \sin\theta} + \mathrm{e}^{-\mathrm{j}kx_S \sin\theta} \right] \mathrm{d}x_S$$

最后积分得

$$E_H = A \cdot S \cdot \frac{1}{2} \left| \frac{\sin(\psi/2)}{\psi/2} \right|^2$$

式中

$$A = \mathrm{j} \frac{\mathrm{e}^{-\mathrm{j}kR}}{\lambda R} \cdot \frac{1 + \cos\theta}{2}$$

$$S = ab$$

$$\psi = \frac{1}{2} ka \, \sin\theta$$

所以其 H 面方向函数为

$$|F_H(\theta)| = \left|\frac{\sin\left(\frac{ka}{4}\sin\theta\right)}{\frac{ka}{4}\sin\theta}\right|^2 \left|\frac{1+\cos\theta}{2}\right|$$

由

$$\left|\frac{\sin\left(\frac{ka}{4}\sin\theta\right)}{\frac{ka}{4}\sin\theta}\right|^2 = \frac{1}{\sqrt{2}}$$

求得主瓣半功率波瓣宽度为

$$2\theta_{0.5H} = 73°\frac{\lambda}{a}$$

第一旁瓣电平为

$$20\lg 0.05 = -26 \text{ dB}$$

将 $|E_{\max}| = \dfrac{S}{2R\lambda}$ 和 $P_\Sigma = \dfrac{1}{2\eta}\displaystyle\int_{-a/2}^{a/2}\left(1-\left|\dfrac{2x_S}{a}\right|\right)^2 dx_S \int_{-b/2}^{b/2} dy_S = \dfrac{S}{720\pi}$ 代入式(9-2-12)

得方向系数为

$$D = 4\pi\frac{S}{\lambda^2}\cdot\frac{3}{4}$$

所以口径利用系数 $\upsilon = 0.75$。

可见口径场振幅三角分布与余弦分布相比,主瓣宽度展宽,旁瓣电平降低,口径利用系数降低。

综上所述,与相同口径面积的均匀分布相比,口径场非均匀分布虽然可以使旁瓣(H 面)电平降低,但主瓣展宽,口径利用系数降低,且不均匀分布程度越高,这种效应越明显。

2. S 为圆形口径时的辐射特性

设圆形口径(Circular Aperture)的半径为 a,如图 9-8 所示。

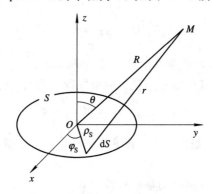

图 9-8 圆形口径时的辐射特性

在圆形口径上建立极坐标系(ρ_S,φ_S),则面元的坐标为

$$\begin{cases} x_S = \rho_S\cos\varphi_S \\ y_S = \rho_S\sin\varphi_S \end{cases} \tag{9-2-21}$$

将式(9-2-3)和式(9-2-21)代入式(9-2-2)得

$$r = R - \rho_S\sin\theta\cos(\varphi-\varphi_S) \tag{9-2-22}$$

考虑到面元的面积为

$$dS = \rho_S \, d\rho_S \, d\varphi_S \qquad (9-2-23)$$

将上述两式代入式(9-2-1)得圆形口径辐射场的一般表达式为

$$E_M = j \frac{e^{-jkR}}{R\lambda} \frac{1+\cos\theta}{2} \iint_S E^S \, e^{jk\rho_S \sin\theta \cos(\varphi-\varphi_S)} \rho_S \, d\rho_S \, d\varphi_S \qquad (9-2-24)$$

1) 口径场沿 y 轴线极化且在半径为 a 的圆面上均匀分布

当口径场沿 y 轴线极化且在半径为 a 的圆面上均匀分布时，有

$$E_y = E_0 \qquad (9-2-25)$$

将上式代入式(9-2-24)，并注意到

$$J_0(k\rho_S \sin\theta) = \frac{1}{2\pi} \int_0^{2\pi} e^{jk\rho_S \sin\theta \cos(\varphi-\varphi_S)} \, d\varphi_S \qquad (9-2-26)$$

$$\int_0^a t J_0(t) dt = a J_1(a) \qquad (9-2-27)$$

式中，$J_0(t)$，$J_1(t)$ 分别为零阶和一阶贝塞尔函数，于是均匀分布的圆形口径辐射场为

$$E_M = j \frac{e^{-jkR}}{R\lambda} \frac{1+\cos\theta}{2} E_0 S \frac{2J_1(\psi_3)}{\psi_3} \qquad (9-2-28)$$

式中

$$\psi_3 = ka \sin\theta, \qquad S = \pi a^2 \qquad (9-2-29)$$

因此，两主平面的方向函数为

$$|F_E(\theta)| = |F_H(\theta)| = \left| \frac{2J_1(\psi_3)}{\psi_3} \right| \left| \frac{1+\cos\theta}{2} \right| \qquad (9-2-30)$$

所以，由图 9-7 得其主瓣宽度为

$$2\theta_{0.5E} = 2\theta_{0.5H} = 61° \frac{\lambda}{2a} \qquad (9-2-31)$$

第一旁瓣电平为

$$20 \lg 0.132 = -17.6 \text{ dB} \qquad (9-2-32)$$

方向系数为

$$D = 4\pi \frac{S}{\lambda^2} \qquad (9-2-33)$$

2) 口径场沿 y 轴线极化且振幅沿半径方向呈锥削分布

当口径场沿 y 轴线极化且振幅沿半径方向呈锥削分布时，有

$$E_y = E_0 \left[1 - \left(\frac{\rho_S}{a} \right)^2 \right]^m \qquad (9-2-34)$$

式中，m 取任意非负整数。m 越大，意味着锥削越严重，即分布越不均匀，$m=0$ 对应于均匀分布。

表 9-1 给出了 m 为不同值时的辐射特性。

表 9-1　圆形口径辐射特性比较

m	主瓣半功率宽度/(°)	第一旁瓣电平/dB	口径利用因数
0	$61\lambda/2a$	-17.6	1
1	$72\lambda/2a$	-24.6	0.75
2	$84\lambda/2a$	-30.6	0.56

将式(9-2-34)代入式(9-2-24)即可得到方向函数为

$$|F_E(\theta)| = |F_H(\theta)| = |\Delta_{m+1}(ka\ \sin\theta)| \cdot \left|\frac{1+\cos\theta}{2}\right| \qquad (9-2-35)$$

综合上述不同口径的辐射特性，对于同相口径场而言可得到以下几个结论：

① 平面口径的最大辐射方向在口径平面的法线方向（即 $\theta=0°$）上。这是因为在此方向上，平面口径上所有惠更斯元到观察点的波程相位差为零，与同相离散天线阵的情况是一样的。

② 平面口径辐射的主瓣宽度、旁瓣电平和口径利用系数均取决于口径场的分布情况。口径场分布越均匀，主瓣越窄，旁瓣电平越高，口径利用系数越大。

③ 在口径场分布一定的情况下，平面口径电尺寸越大，主瓣越窄，口径利用系数越大。

3. 口径场不同相时对辐射的影响

前面的讨论均是假定口径场的相位同相分布，且只考虑口径场幅度分布对天线方向性的影响。但事实上，面天线的口径场一般是不同相的，这是因为一方面某些特殊情况要求口径场相位按一定规律分布；另一方面，即使要求口径场为同相场，由于天线的制造安装误差也会引起口径场不同相。下面简单讨论一下口径场的相位分布对天线方向性的影响。

1）直线律相移

平面电磁波垂直投射于平面口径时，口径场的相位偏差等于零，为同相场。当平面电磁波倾斜投射于平面口径时，在口径上形成线性相位相移。设在矩形口径上沿 x 轴有线性相位偏移，且相位最大偏移为 β_m，振幅为均匀分布，则口径场表达式为

$$E^S = E_0 e^{-j\left(\frac{x_S}{D_1/2}\right)\beta_m} \qquad (9-2-36)$$

将上式代入式(9-2-5)得 H 平面方向函数为

$$|F_H(\theta)| = \left|\frac{\sin(\psi_1-\beta_m)}{\psi_1-\beta_m}\right| \qquad (9-2-37)$$

将上式与同相口径场的表达式相比较，不难发现：口径场相位沿 x 轴有直线律相移时，方向图形状并不发生变化，但整个方向图发生了平移，且 β_m 越大，平移越大。

2）平方律相移

当球面波或柱面波垂直投射于平面口径时，口径平面上就会形成相位近似按平方律分布的口径场。设在矩形口径上沿 x 轴有平方律相位偏移，且相位最大偏移为 β_m，振幅为均匀分布，则口径场表达式为

$$E^S = E_0 e^{-j\left(\frac{x_S}{D_1/2}\right)^2\beta_m} \qquad (9-2-38)$$

从理论上讲，将上式代入式(9-2-5)即可得到有平方律相位偏移时的 H 平面方向函数。直接计算是较麻烦的，但借助计算机用 MATLAB 编程很容易得到其数值解，有兴趣的读者自己可计算一下。通过计算可以得到如下结论：当口径上存在平方律相位偏移时，方向图主瓣位置不变，但主瓣宽度增大，旁瓣电平升高。当 $\beta_m=\pi/2$ 时，旁瓣与主瓣混在一起；当 $\beta_m=2\pi$ 时，峰值下陷，主瓣呈马鞍形，方向性大大恶化。因而，在面天线的设计、加工及装配中，应尽可能减小口径上的平方律相移，如图 9-9 所示。

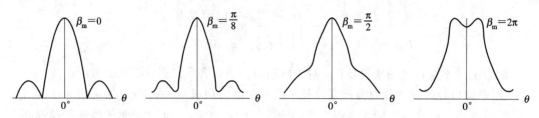

图 9-9 矩形口径平方律相位偏移 β_m 时的 H 平面方向图

9.3 旋转抛物面天线

9.3 节 PPT

旋转抛物面天线(Parabolic Reflector Antenna)是在通信、雷达和射电天文等系统中广泛使用的一种天线,它是由两部分组成的:其一是抛物线绕其焦轴旋转而成的抛物反射面,反射面一般采用导电性能良好的金属或在其他材料上敷以金属层制成;其二是置于抛物面焦点处的馈源(也称照射器)。馈源把高频导波能量转变成电磁波能量并投向抛物反射面,而抛物反射面将馈源投射过来的球面波沿抛物面的轴向反射出去,从而获得很强的方向性。

1. 抛物面天线的工作原理及分析方法

1) 抛物面天线的工作原理

抛物面天线

抛物面天线的几何关系图如图 9-10 所示。首先来介绍一下旋转抛物面天线的几何特性。在 yOz 平面上,焦点 F 在 z 轴且其顶点通过原点的抛物线方程为

$$y^2 = 4fz \qquad (9-3-1)$$

其中,f 为焦距。

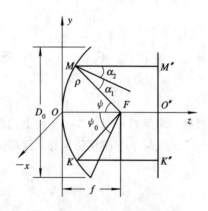

图 9-10 抛物面几何关系图

由此抛物线绕 OF 轴旋转而形成的抛物面方程为

$$x^2 + y^2 = 4fz \qquad (9-3-2)$$

为了分析方便,抛物线方程也经常用原点与焦点 F 重合的极坐标(ρ, ψ)来表示,即

$$\rho = \frac{2f}{1+\cos\psi} = f\sec^2\frac{\psi}{2} \qquad (9-3-3)$$

式中,ρ 为从焦点 F 到抛物面上任一点 M 的距离;ψ 为 ρ 与轴线 OF 的夹角。

设 $D_0 = 2a$ 为抛物面口径的直径，ψ_0 为抛物面口径的张角，则两者的关系为

$$\frac{f}{D_0} = 4 \tan \frac{\psi_0}{2} \qquad (9-3-4)$$

抛物面的形状可用焦距与直径之比或口径张角的大小来表征，实用抛物面的焦距直径比一般为 $0.25 \sim 0.5$。

① 抛物线的特性之一：通过其上任意一点 M 作与焦点的连线 FM，同时作一直线 MM' 平行于 OO''，则抛物线上 M 点切线的垂线（抛物线在 M 点的法线）与 MF 的夹角 α_1 等于它与 MM' 的夹角 α_2。因此，抛物面为金属面时，从焦点 F 发出的以任意方向入射的电磁波，经它反射后都平行于 OF 轴，使馈源相位中心与焦点 F 重合。即从馈源发出的球面波，经抛物线反射后变为平面波，形成平面波束。

② 抛物线的特性之二：其上任意一点到焦点 F 的距离与它到准线的距离相等。在抛物面口上，任一直线 $M'O''K''$ 与其准线平行，由图 9 - 10 可得

$$FM + MM'' = FK + KK'' = FO + OO'' = f + OO'' \qquad (9-3-5)$$

即从焦点发出的各条电磁波射线经抛物面反射后到抛物面口径上的波程为一常数，等相位面为垂直于 OF 轴的平面，抛物面的口径场为同相场，反射波为平行于 OF 轴的平面波。

由此，如果馈源辐射理想的球面波，抛物面口径尺寸为无限大时，抛物面就把球面波变为理想平面波，能量沿 z 轴正方向传播，其他方向的辐射为零。但实际上抛物面天线的波束不可能是波瓣宽度为零的理想波束，而是一个与抛物面口径尺寸及馈源方向图有关的窄波束。

2）分析方法

通常采用以下两种方法：

① 口径场法。根据上节提及的惠更斯原理，抛物面天线的辐射场可以用包围源的任意封闭曲面 $S' + S$ 上各次级波源产生的辐射场来叠加。对于具体的抛物面天线，S' 为抛物面的外表面，S 为抛物面的开口径。这样，在 S' 上的场为零，在口径 S 上各点场的相位相同。所以，只要求出口径面上的场分布，就可以利用上节的圆口径同相场的辐射公式来计算天线的辐射场。

② 面电流法。先求出馈源所辐射的电磁场在反射面上激励的面电流密度分布，然后由面电流密度分布再求抛物面天线的辐射场。

本书采用第一种方法。

2. 抛物面天线的辐射特性

1）口径场分布

计算口径场分布时，要依据两个基本定律——几何光学反射定律和能量守恒定律，而且必须满足以下几个条件：

① 馈源辐射理想的球面波，即它有一个确定的相位中心并与抛物面的焦点重合。

② 馈源的后向辐射为零。

③ 抛物面位于馈源辐射场的远区，即不考虑抛物面与馈源之间的耦合。

由于抛物面是旋转对称的，所以要求馈源的方向图也是旋转对称的，即仅是 ψ 的函数，设馈源的辐射功率为 P_Σ，方向函数为 $D_f(\psi)$，则它在 ψ 和 $\psi + \mathrm{d}\psi$ 之间的旋转角内的辐

射功率见图 9-11(a)，为

$$P(\psi,\ \psi+\mathrm{d}\psi)=\frac{P_\Sigma D_f(\psi)}{4\pi\rho^2}\cdot(\rho\ \mathrm{d}\psi\cdot2\pi\rho\ \sin\psi)$$

$$=\frac{1}{2}P_\Sigma D_f(\psi)\ \sin\psi\ \mathrm{d}\psi \tag{9-3-6}$$

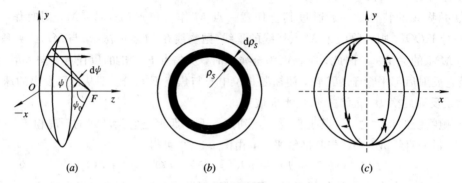

图 9-11　抛物面天线口径场分布示意图

(a) 旋转角 dψ 内的辐射功率；(b) 圆环 dρ_S 内的辐射功率；(c) 口径场的极化

假设口径上的电场为 E^s，则口径上半径为 ρ_S 和 $\rho_S+\mathrm{d}\rho_S$ 的圆环内的功率(见图 9-11(b))为

$$P(\rho_S,\ \rho_S+\mathrm{d}\rho_S)=\frac{1}{2}\cdot\frac{|E^s|^2}{120\pi}\cdot2\pi\rho_S\ \mathrm{d}\rho_S \tag{9-3-7}$$

又因为射线经抛物面反射后都与 z 轴平行，根据能量守恒定律，馈源在 ψ 和 ψ+dψ 角度范围内投向抛物面的功率等于被抛物面反射在口径上半径为 ρ_S 和 $\rho_S+\mathrm{d}\rho_S$ 的同轴圆柱面之间的功率。

因此，式(9-3-6)与式(9-3-7)相等即可求得

$$|E^s|^2=60P_\Sigma D_f(\psi)\ \sin\psi\ \frac{\mathrm{d}\psi}{\rho_S\ \mathrm{d}\rho_S} \tag{9-3-8}$$

又根据

$$\rho_S^2=x^2+y^2=4fz=4f(f-\rho\cos\psi)=4f^2\left(1-\frac{\rho}{f}\cos\psi\right)$$

将式(9-3-3)代入上式可得

$$\rho_S=2f\ \tan\frac{\psi}{2} \tag{9-3-9}$$

因而有

$$\mathrm{d}\rho_S=f\ \sec^2\frac{\psi}{2}\ \mathrm{d}\psi \tag{9-3-10}$$

将式(9-3-9)和式(9-3-10)代入式(9-3-8)即得口径场的表达式为

$$|E^s|=\sqrt{60P_\Sigma D_f(\psi)}\ \frac{\cos^2\dfrac{\psi}{2}}{f}=\frac{\sqrt{60P_\Sigma D_f(\psi)}}{\rho} \tag{9-3-11}$$

由式(9-3-11)可见，即使馈源是一个无方向性的点源，即 $D_f(\psi)=$ 常数，E^s 随 ψ 的增大仍按 1/ρ 规律逐渐减小。通常，馈源的辐射也随 ψ 的增大而减弱。考虑两方面的原因，口径场的大小由口径沿径向 ρ 逐渐减小，越靠近口径边缘，场越弱，但各点的场的相位都相同。

2）口径场的极化

口径场是辐射场，是横电磁波，所以场矢量必然与 z 轴垂直，即在口径上一般有 x 和 y 两个极化分量。在采用常规馈源（馈源的电流沿着 y 方向）时，口径上的电场极化如图 9-11(c) 所示。对于焦距直径比较大的天线来说，口径场的 y 分量称为口径场的主极化分量，而把 x 分量称为口径场的交叉极化分量。从图 9-11(c)可以看出，口径场的主极化分量 E_y 在四个象限内都具有相同的方向，而交叉极化分量 E_x 在四个象限的对称位置上大小相等、方向相反。因此，口径场的交叉极化分量在 E 面和 H 面内的辐射相互抵消，对方向图没有贡献。也就是说，由式(9-3-11)计算出来的口径场是主极化分量 E_y，而只有主极化分量对抛物面天线的 E 面和 H 面的辐射场有贡献。

3）方向函数

抛物面天线的辐射场如图 9-12 所示，由本章前面所求圆口径辐射场的表达式并令 $\varphi = 90°$ 得

$$E_E = \mathrm{j}\,\frac{\mathrm{e}^{-\mathrm{j}kR}}{R\lambda} \cdot \frac{1+\cos\theta}{2}\iint_S E^S\, \mathrm{e}^{\mathrm{j}k\rho_S\sin\varphi_S\sin\theta}\, \mathrm{d}S \qquad (9-3-12)$$

式中

$$\mathrm{d}S = \rho_S\, \mathrm{d}\rho_S\, \mathrm{d}\varphi_S \qquad (9-3-13)$$

将式(9-3-11)和式(9-3-9)、式(9-3-10)及式(9-3-13)一起代入式(9-3-12)得

$$E_E = \mathrm{j}\,\frac{f\sqrt{60P_\Sigma}}{R\lambda}\,\mathrm{e}^{-\mathrm{j}kR} \cdot (1+\cos\theta)\int_0^{2\pi}\int_0^{\psi_0}\sqrt{D_f(\psi)}\,\tan\frac{\psi}{2}\,\mathrm{e}^{\mathrm{j}2kf\tan\frac{\psi}{2}\sin\varphi_S\sin\theta}\,\mathrm{d}\psi\,\mathrm{d}\varphi_S$$

$$(9-3-14)$$

又根据

$$\mathrm{J}_0(t) = \frac{1}{2\pi}\int_0^{2\pi}\mathrm{e}^{\mathrm{j}t\sin\varphi_S}\,\mathrm{d}\varphi_S$$

则 E 面归一化方向函数可表示为

$$F_E(\theta) = \int_0^{\psi_0}\sqrt{D_f(\psi)}\,\tan\frac{\psi}{2}\mathrm{J}_0\left(ka\cot\frac{\psi_0}{2}\tan\frac{\psi}{2}\sin\theta\right)\mathrm{d}\psi \qquad (9-3-15)$$

式中，a 为抛物面口径半径；ψ_0 为口径张角。

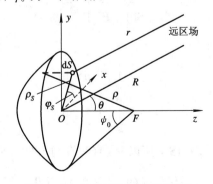

图 9-12　抛物面天线的辐射特性

因为抛物面是旋转对称的，馈源的方向函数也是旋转对称的，所以抛物面天线的 E 面和 H 面方向函数相同并表示为

$$F(\theta) = \int_0^{\psi_0} \sqrt{D_f(\psi)} \, \tan \frac{\psi}{2} J_0 \left(ka \cot \frac{\psi_0}{2} \tan \frac{\psi}{2} \sin\theta \right) d\psi \qquad (9-3-16)$$

如果给定抛物面的张角 ψ_0 及馈源方向函数 $D_f(\psi)$，即可由 MATLAB 画出天线方向图。

一般情况下，馈源的方向图越宽，口径张角越小，口径场就越均匀，因而抛物面方向图的主瓣越窄，旁瓣电平越高。另外，旁瓣电平除了直接与口径场分布的均匀程度有关外，馈源在 $\psi > \psi_0$ 以外的漏辐射也是旁瓣的部分，漏辐射越强，则旁瓣电平越高。此外，反射面边缘电流的绕射、馈源的反射、交叉极化等都会影响旁瓣电平。

对于大多数抛物面天线，主瓣宽度在如下范围内：

$$2\theta_{0.5} = K \frac{\lambda}{2a} \qquad (K = 65° \sim 80°) \qquad (9-3-17)$$

其中，对于 K：

① 如果口径场分布较均匀，系数 K 应取小一些，反之取大一些。

② 当口径边缘场比中心场约低 11 dB 时，系数 K 可取为 70°。

4）方向系数与最佳照射

（1）口径利用系数。

抛物面天线的方向系数为

$$D = \frac{R^2 \, | E_{\max} |^2}{60 P_\Sigma'} \qquad (9-3-18)$$

式中，P_Σ' 为口径辐射功率，其表达式为

$$P_\Sigma' = \frac{1}{2 \times 120\pi} \iint_S | E^s |^2 \, dS \qquad (9-3-19)$$

而 $| E_{\max} |$ 为 $\theta = 0°$ 方向 R 处的场，即

$$| E_{\max} | = \left| \frac{1}{\lambda R} \iint_S E^s \, dS \right| \qquad (9-3-20)$$

将上两式代入式(9-3-18)得

$$D = \frac{4\pi S}{\lambda^2} \frac{\left| \iint_S E^s \, dS \right|^2}{S \iint_S | E^s |^2 \, dS} = \frac{4\pi}{\lambda^2} S v \qquad (9-3-21)$$

其中，v 为口径利用系数，即

$$v = \frac{\left| \iint_S E^s \, dS \right|^2}{S \iint_S | E^s |^2 \, dS} \qquad (9-3-22)$$

由于 $\left| \iint_S E^s \, dS \right|^2 \leqslant S \iint_S | E^s |^2 \, dS$，所以 $v \leqslant 1$（只有均匀分布时 $v = 1$）。

将口径场表达式(9-3-11)代入式(9-3-22)，并化简得

$$v = \cot^2 \frac{\psi_0}{2} \frac{| \int_0^{\psi_0} \sqrt{D_f(\psi)} \, \tan \frac{\psi}{2} \, d\psi |^2}{\frac{1}{2} \int_0^{\psi_0} D_f(\psi) \, \sin\psi \, d\psi} \qquad (9-3-23)$$

如果给定抛物面的张角 ψ_0 及馈源方向函数 $D_f(\psi)$，即可借助 MATLAB 得到口径利用系数 υ。υ 与张角 ψ_0 及馈源方向函数 $D_f(\psi)$ 的关系可以描述如下：

① 张角 ψ_0 一定时，馈源方向函数 $D_f(\psi)$ 变化越快，方向图越窄，则口径场分布越不均匀，口径利用系数越低。

② 馈源方向函数 $D_f(\psi)$ 一定时，张角 ψ_0 越大，则口径场分布越不均匀，口径利用系数越低。

（2）口径截获系数。

馈源辐射的功率，除在 $2\psi_0$ 角的范围内被反射面截获外，其余的功率都溢失在自由空间。

设馈源辐射的功率为 P_Σ，投射到反射面上的功率为 $P_\Sigma^{'}$，则截获系数为

$$\upsilon_1 = \frac{P_\Sigma^{'}}{P_\Sigma} \qquad (9-3-24)$$

因为

$$P_\Sigma^{'} = \frac{P_\Sigma}{2} \int_0^{\psi_0} D_f(\psi) \sin\psi \, \mathrm{d}\psi \qquad (9-3-25)$$

所以

$$\upsilon_1 = \frac{1}{2} \int_0^{\psi_0} D_f(\psi) \sin\psi \, \mathrm{d}\psi \qquad (9-3-26)$$

如果给定抛物面的张角 ψ_0 及馈源方向函数 $D_f(\psi)$，即可借助 MATLAB 得到口径截获系数 υ_1。υ_1 与张角 ψ_0 及馈源方向函数 $D_f(\psi)$ 的关系可以描述如下：

① 张角 ψ_0 一定时，馈源方向函数 $D_f(\psi)$ 变化越快，方向图越窄，则口径截获系数越高。

② 馈源方向函数 $D_f(\psi)$ 一定时，张角 ψ_0 越大，则口径截获系数越高。

显然与口径利用系数是相反的。

（3）方向系数。

由式(9-3-18)得方向系数为

$$D = \frac{R^2 \mid E_{\max} \mid^2}{60P_\Sigma^{'}} = \frac{R^2 \mid E_{\max} \mid^2}{60P_\Sigma} \cdot \upsilon_1 = \frac{4\pi S}{\lambda^2} \upsilon_1 = \frac{4\pi S}{\lambda^2} g \qquad (9-3-27)$$

式中，$g=\upsilon\upsilon_1 \leqslant 1$，称为方向系数因数，它是用来判断抛物面天线性能优劣的重要参数之一，即

$$g = \cot^2\frac{\psi_0}{2} \left| \int_0^{\psi_0} \sqrt{D_f(\psi)} \tan\frac{\psi}{2} \mathrm{d}\psi \right|^2 \qquad (9-3-28)$$

可见，g 为抛物面天线张角的函数。但由于($g=\upsilon\upsilon_1$)口径利用系数 υ 和口径截获系数 υ_1 是两个相互矛盾的因素，因此，对于一定的馈源方向函数，必对应着一个最佳张角 ψ_{opt}，此时 g 最大，即方向系数最大。此时馈源对抛物面的照射称为最佳照射。一般最佳照射时 $g=0.83$，且抛物面口径边缘处的场强比中心处低 11 dB。

（4）其他因素的影响。

上述结论是在假定馈源辐射球面波、方向图旋转对称且无后向辐射等理想情况下得到的，但实际上：

① 馈源方向图一般不完全对称，它的后向辐射也不为零。

② 馈源和它的支杆对口径有一定的遮挡作用。

③ 反射面表面由于机械误差呈非理想抛物面。

④ 馈源不能准确地安装在焦点上，使口径场不完全同相，等等。

考虑上述诸多因素，应对 g 进行修正，通常取 $0.35\sim0.5$。

另外，由于抛物面几乎不存在热损耗，即 $\eta\approx1$，所以 $G\approx D$。这是抛物面天线一个很大的优点。

3. 馈源（Feeder）

1）对馈源的基本要求

抛物面天线的方向性很大程度上依赖于馈源。也就是说，馈源的好坏决定着抛物面天线性能的优劣，通常对馈源提出如下基本要求：

① 馈源方向图与抛物面张角配合，使天线方向系数最大；尽可能减少绕过抛物面边缘的能量漏失；方向图接近圆对称，最好没有旁瓣和后瓣。

② 具有确定的相位中心，这样才能保证相位中心与焦点重合时，抛物面口径为同相场。

③ 因为馈源置于抛物面的前方，所以尺寸应尽可能小，以减少对口径的遮挡。

④ 应具有一定的带宽，因为天线带宽主要取决于馈源系统的带宽。

2）馈源的选择

馈源的类型很多，馈源的选择应根据天线的工作波段和特定用途而定。抛物面天线多用于微波波段，馈源多采用波导辐射器（Waveguide Radiator）和喇叭（Horn），也有用振子、螺旋天线等作馈源的。

① 波导辐射器由于传输波型的限制，口径不大，方向图波瓣较宽，适用于短焦距抛物面天线。

② 长焦距抛物面天线的口径张角较小，为了获得最佳照射，馈源方向图应较窄，即要求馈源口径较大，一般采用小张角口径喇叭。

③ 在某些情况下，要求天线辐射或接收圆极化电磁波（如雷达搜索或跟踪目标），这就要求馈源为圆极化的，如螺旋天线等。

④ 若要求天线是宽频带的，则应采用宽频带馈源，如平面螺旋天线、对数周期天线等。

总之，应根据不同的情况，选择不同的馈源。

4. 抛物面天线的偏焦特性及其应用

偏馈天线

在实际应用中，有时需要波瓣偏离抛物面轴向作上下或左右摆动，或者使波瓣绕抛物面轴线作圆锥运动，也就是使波瓣在小角度范围内扫描，以达到搜索目标的目的。利用一种传动装置，使馈源沿垂直于抛物面轴线方向连续运动，即可实现波瓣扫描。在抛物面天线的焦点附近放置多个馈源，可形成多波束，用来发现和跟踪多个目标。

使馈源沿垂直于抛物面轴线的方向运动，即产生横向偏焦；使馈源沿抛物面轴线方向往返运动，即产生纵向偏焦。无论是横向偏焦还是纵向偏焦，它们都导致抛物面口径场相位偏焦。当横向偏焦不大时，抛物面口径场相位偏焦接近于线性相位偏焦，线性相位偏焦仅导致主瓣最大值偏离轴向，而方向图形状几乎不变；纵向偏焦引起口径场相位偏差是对称的，因此方向图也是对称的。纵向偏焦较大时，方向图波瓣变得很宽，这样，在雷达中一部天线可以兼作搜索和跟踪之用。大尺寸偏焦时波瓣变宽可用作搜索，正焦时波瓣变窄可用作跟踪。

9.4　卡塞格伦天线

9.4 节 PPT

卡塞格伦(Cassegrain)天线是双反射面天线(旋转抛物面作主反射面，旋转双曲面(Hyperbolic)作副反射面(Sub-reflector))，它已在卫星地面站、单脉冲雷达和射电天文等系统中广泛应用。与单反射面天线相比，卡塞格伦天线具有下列优点：

① 由于天线有两个反射面，几何参数增多，便于按照各种需要灵活地进行设计。

② 可以采用短焦距抛物面天线作主反射面，减小了天线的纵向尺寸。

③ 由于采用了副反射面，馈源可以安装在抛物面顶点附近，使馈源和接收机之间的传输线缩短，减小了传输线损耗所造成的噪声。

下面介绍卡塞格伦天线的几何特性和工作原理。

1. 卡塞格伦天线的几何特性

卡塞格伦天线是由主反射面、副反射面和馈源三部分组成的。主反射面由焦点在 F、焦距为 f 的抛物线绕其焦轴旋转而成；副反射面由一个焦点在 F_1 (称为虚焦点，与抛物面的焦点 F 重合)，另一个焦点在 F_2 (称为实焦点，在抛物面的顶点附近)的双曲线绕其焦轴旋转而成。主、副面的焦轴重合；馈源通常采用喇叭，它的相位中心位于双曲面的实焦点 F_2 上，如图 9-13 所示。

共形天线

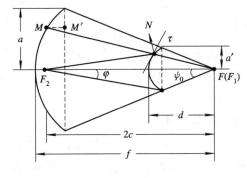

二次辐射

图 9-13　卡塞格伦天线的几何特性

(1) 双曲面的特性之一。

双曲面的任一点 N 处的切线 τ 把 N 对两焦点的张角 $\angle F_2NF$ 平分。连接 F、N 并延长之，与抛物面相交于点 M。这说明由 F_2 发出的各射线经双曲面反射后，反射线的延长线都相交于 F 点。因此，由馈源 F_2 发出的球面波，经双曲面反射后其所有的反射线就像从双曲面的另一个焦点发出来的一样，这些射线经抛物面反射后都平行于抛物面的焦轴。

（2）双曲面的特性之二。

双曲面上任一点的两焦点距离之差等于常数，由图 9 - 13 有

$$F_2 N - FN = c_1 \qquad (9-4-1)$$

根据抛物面的几何特性：

$$FN + NM + MM' = c_2 \qquad (9-4-2)$$

将上述两式相加得

$$F_2 N + NM + MM' = c_1 + c_2 = \text{const} \qquad (9-4-3)$$

这就是说，由馈源在 F_2 发出的任意射线经双曲面和抛物面反射后，到达抛物面口径时所经过的波程相等。

因此，由馈源在 F_2 发出的任意射线经双曲面和抛物面反射后，不仅相互平行，而且同时到达卡塞格伦天线。由此可见，卡塞格伦天线与旋转抛物面天线是相似的。

2. 卡塞格伦天线的几何参数

卡塞格伦天线有七个几何参数（见图 9 - 13）。其中，抛物面天线的参数有 $2a$，f 和 ψ_0，双曲面的参数有：$2a'$，d（顶点到焦点的距离），$2c$ 和 φ。

由本章前面的内容可知

$$a = 2f \tan \frac{\psi_0}{2} \qquad (9-4-4)$$

而由图 9 - 13 可以得到

$$a' \cot\varphi + a' \cot\psi_0 = 2c \qquad (9-4-5)$$

$$\frac{a'}{\sin\varphi} - \frac{a'}{\sin\psi_0} = 2(c-d) \qquad (9-4-6)$$

将式（9 - 4 - 6）进一步化简得

$$1 - \frac{\sin \frac{1}{2}(\psi_0 - \varphi)}{\sin \frac{1}{2}(\psi_0 + \varphi)} = \frac{d}{c} \qquad (9-4-7)$$

式（9 - 4 - 4）、式（9 - 4 - 5）和式（9 - 4 - 7）就是卡塞格伦天线的三个独立的几何参数关系式。通常根据天线的电指标和结构要求，选定四个参数，其他三个参数即可根据这三个公式求出。

3. 卡塞格伦天线的工作原理——等效抛物面原理

延长馈源至副面的任一条射线 $F_2 N$ 与该射线经副、主面反射后的实际射线 MM' 的延长线相交于 Q，由此方法而得到的 Q 点的轨迹是一条抛物线，如图 9 - 14 所示，于是有

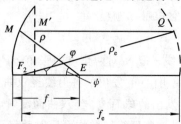

图 9 - 14 卡塞格伦天线的工作原理

$$\rho \sin\psi = \rho_e \sin\varphi \qquad (9-4-8)$$

根据抛物面方程：

$$\rho = \frac{2f}{1+\cos\psi} \qquad (9-4-9)$$

将式(9 - 4 - 9)代入式(9 - 4 - 8)并化简得

$$\rho_e = \frac{2f}{1+\cos\varphi} \cdot \frac{\tan\dfrac{\psi}{2}}{\tan\dfrac{\varphi}{2}} \qquad (9-4-10)$$

令 $A = \tan\dfrac{\psi}{2}\Big/\tan\dfrac{\varphi}{2}$，则上式可以写为

$$\rho_e = \frac{2fA}{1+\cos\varphi} = \frac{2f_e}{1+\cos\varphi} \qquad (9-4-11)$$

可见，上式表示一条抛物线，其焦点为 F_2，焦距为 f_e。

　　由此等效抛物线旋转形成的抛物面称为等效抛物面，此等效抛物面的口径尺寸与原抛物面的口径尺寸相同，但焦距放大了 A 倍，而放大倍数为

$$A = \frac{f_e}{f} = \tan\frac{\psi}{2}\Big/\tan\frac{\varphi}{2} = \frac{e+1}{e-1} \qquad (9-4-12)$$

式中，e 为双曲线的离心率。

　　综上所述，卡塞格伦天线可以用一个口径尺寸与原抛物面相同，但焦距放大了 A 倍的旋转抛物面天线来等效，二者具有相同的场分布。这样，就可以用前面介绍的旋转抛物面天线的理论来分析卡塞格伦天线的辐射特性及各种电参数。

　　应当指出，由于这种等效方法是由几何光学定律得到的，而微波频率远低于光频，因此这种等效只能是近似的。尽管如此，在一般情况下，用它来估算卡塞格伦天线的一些主要性质还是非常有效的。

本　章　小　结

本章小结

　　本章首先讨论了惠更斯元的辐射，并由此导出了平面口径辐射的一般表达式；然后分析了矩形口径及圆口径的辐射特性，讨论了口径不同相时对辐射的影响；最后，阐述了抛物面天线和卡塞格伦天线的工作原理，给出了两种天线的基本结构和辐射特点，还讨论了对馈源的要求和偏焦馈电的特点。

习　　题

典型例题　　思考与拓展

　9.1　简述口径利用因素与口径场分布的关系。

　9.2　简述直线律相移对口径辐射的影响。

　9.3　什么是最佳照射？

　9.4　旋转抛物面天线由哪几部分组成？

　9.5　旋转抛物面天线对馈源有哪些基本要求？

9.6 卡塞格伦天线与旋转抛物面天线相比，有哪些优点？

9.7 假设有一位于 xOy 平面内，尺寸为 $a \times b$ 的矩形口径，口径内场为均匀相位和余弦振幅分布：$f(x) = \cos(\pi x/a)$，$|x| \leqslant a/2$ 并沿 y 方向线极化。试求：

① xOz 平面的方向函数。

② 主瓣的半功率波瓣宽度。

③ 第一个零点的位置。

④ 第一旁瓣电平。

9.8 矩形口径尺寸与题 9.7 相同，若其场振幅分布为：$f(x) = E_0 + E_0 \cos(\pi x/a)$，相位仍为均匀分布，求其口径利用系数。

9.9 设旋转抛物面天线的馈源功率方向图函数为

$$D_f(\psi) = \begin{cases} D_0 \sec^2\left(\dfrac{\psi}{2}\right) & 0° \leqslant \psi \leqslant 90° \\ 0 & \psi > 90° \end{cases}$$

抛物面直径 $D = 150 \text{ cm}$，工作波长 $\lambda = 3 \text{ cm}$，如果要使抛物面口径振幅分布为：口径边缘相对其中心上的场值为 $1/\sqrt{2}$，试求：

① 焦比 f/D。

② 口径利用系数。

③ 天线增益。

9.10 设口径直径为 2 m 的抛物面天线，其张角为 67°，设馈源的方向函数为

$$D_f(\psi) = \begin{cases} (2n+1)\cos^n\psi & 0° \leqslant \psi \leqslant 90° \\ 0 & \psi > 90° \end{cases}$$

当 $n = 2$，$\lambda = 10 \text{ cm}$ 时，估算此天线的方向函数及主瓣半功率波瓣宽度；若改用 $n = 4$ 的馈源，口径利用系数、主瓣宽度及旁瓣电平将如何变化？

9.11 有一卡塞格伦天线，其抛物面主面焦距 $f = 2 \text{ m}$，若选用离心率 $e = 2.4$ 的双曲副反射面，求等效抛物面的焦距。

第 10 章　典型微波应用系统

前面讨论了微波的基本传输系统、微波的网络分析方法、微波电路基础、线天线、面天线及电波传播等内容,它们是微波实际应用系统的理论基础。正如绪论中所述,微波具有似光性、穿透性、宽频带特性、热效应特性、散射特性和抗低频干扰等特点,因此得到了广泛的应用。其应用主要分为两大类:一类是以微波作为信息载体,主要应用在雷达、导航、通信、遥感等领域;另一类是微波能的利用,主要应用在微波加热、微波生物医学及电量非电量的检测等领域。本章将只讨论微波作为信息载体的应用系统,主要讨论雷达系统、微波通信系统及微波遥感系统。

10.1　雷 达 系 统

10.1节 PPT

雷达(Radar)是微波的最早应用之一。"Radar"一词是英文无线电探测与测距(Radio Detection and Ranging)的缩写。雷达的工作机理是:电磁波在传播过程中遇到物体会产生反射,当电磁波垂直入射到接近理想的金属表面时所产生的反射最强烈,于是可根据从物体上反射回来的回波获得被测物体的有关信息。因此,雷达必须具有产生和发射电磁波的装置(即发射机和天线),以及接收物体反射波(简称回波)并对其进行检测、显示的装置(即天线、接收机和显示设备)。由于无论发射与接收电磁波都需要天线,根据天线收发互易原理,一般收发共用一部天线,这样就需要使用收/发开关实现收发天线的共用。另外,天线系统一般需要旋转扫描,故还需天线控制系统。雷达系统的基本组成框图如图 10-1 所示。

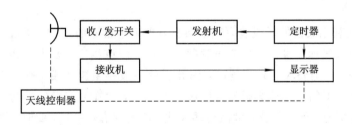

图 10-1　雷达系统的基本组成框图

传统的雷达主要用于探测目标的距离、方位、速度等信息,随着计算机技术、信号处理技术、电子技术、通信技术等相关技术的发展,现代雷达系统还能识别目标的类型、姿态,实时显示航迹甚至实现实时图像显示。所以,现代雷达系统一般由天馈子系统、射频收发子系统、信号处理子系统、控制子系统、显示子系统及中央处理子系统等组成,其原理框图如图 10-2 所示。

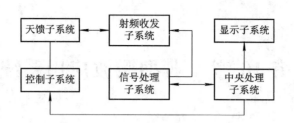

图 10 - 2　现代雷达系统的组成框图

　　大多数雷达工作于超短波或微波波段，因此在不同的雷达系统中，既有各种微波传输系统（包括矩形波导、阻抗匹配器、功率分配器等），又有线天线、阵列天线及面天线等天线系统。本节把重点放在介绍几种典型雷达系统的工作原理上，以使读者对雷达系统有所了解。

1. 雷达探测原理

　　电磁波具有幅度信息、相位信息、频率信息、时域信息及极化信息等多种信息，雷达利用从目标反射或散射回来的电磁波中提取的相关信息，可实现测距、测向、测速及目标识别与重建等功能。下面就雷达的基本探测原理加以介绍。

　　1）测距

　　电磁波在自由空间是以光速这一有限速度传播的。设雷达与目标之间的距离为 s，则由发射机经天线发射的雷达脉冲经目标反射后回到雷达，共走了 $2s$ 的距离。若能测得发射脉冲与回波脉冲之间的时间间隔 Δt，则目标距雷达的距离可由下式求得：

$$s = \frac{1}{2}c\Delta t \qquad (10 - 1 - 1)$$

　　传统的雷达采用同步扫描显示方式，使回波脉冲和发射脉冲同时显示在屏上，并根据时间比例刻度读出时差或距离，现代雷达则通过数字信号处理器将所测距离直接显示或记录下来。

　　2）测向

　　传统的雷达利用尖锐的天线波束瞄准目标，来确定目标的方位。天线波束越尖锐，测向就越精确。由天线理论可知，在工作频率一定时，波束越窄，要求天线的口径越大，反之，天线口径一定，则要求的频率越高，因此雷达一般在微波波段工作。为了实现窄波束全方位搜索，传统的雷达系统必须使天线波束按一定规律在要搜索的空间进行扫描以捕获目标。当发现目标时，停止扫描，微微转动天线，使接收信号最强，此时天线所指的方向就是目标所在方向。

　　从原理上讲，利用天线波束尖端的最强方向指向目标从而测定目标的方位是准确的，但由天线方向图可知，波束最强的方向附近，对方向性是很不敏感的，这给测向带来了较大的误差，因此这种方法适合搜索雷达而不适合跟踪雷达。单脉冲技术是解决测向精度的有效方法，这部分内容在后面叙述。

　　3）测速

　　由振荡源发射的电磁波以不变的光速 c 传播时，如果接收者相对振荡源是不动的，那么它在单位时间内所收到的振荡数目与振荡源产生的相同；如果振荡源与接收者之间有相对接近运动，则接收者在单位时间内接收的振荡数目比它不动时要多一点，也就是接收到的频率升高，当两者按相反方向运动时接收到的频率会下降。这就是多卜勒效应。可以证明，当飞行目标向雷达按靠近运动时，接收到的频率 f 与雷达振荡源发出的频率 f_0 的频差为

$$f_d = f - f_0 = f_0 \frac{2v_r}{c} \qquad (10-1-2)$$

式中，f_d 称为多卜勒频率；v_r 为飞行目标相对雷达的运动速度。可见，只要测得飞行目标的多卜勒频率，就可利用上式求得飞行目标的速度。这就是雷达测速原理。

4）目标识别原理

所谓目标识别，就是指利用雷达接收到的飞行目标的散射信号，从中提取特征信息并进行分析处理，从而分辨出飞行目标的类别和姿态。目标识别的关键是目标特征信息的提取，这涉及对目标的编码、特征选择与提取、自动匹配算法的研制等过程。

由于目标识别涉及电磁散射理论、模式识别理论、数字信号处理及合成孔径技术等多学科知识，而且特征信息提取的原理、方法也很多，因此这里不一一介绍了，仅对频域极点特征提取法加以简单介绍。

如前所述，从目标反射或散射回来的电磁波包含了幅度、相位、极化等有用信息。其中，回波中有限频率的幅度响应数据与目标的特征极点有一一对应关系。因此，基于频域极点特征提取的目标识别方法是根据回波中有限频率的幅度响应数据提取目标极点，然后将提取的目标极点与各类目标的标准模板库进行匹配识别，从而实现目标识别的。

正是根据上述原理，现代许多雷达系统不仅能探测飞行目标的距离、方位及速度，而且能分辨目标的类别和姿态，以便采取恰当的进攻或防御策略。

2. 几种典型的雷达系统

科学技术的飞速发展，使雷达系统不断推陈出新，雷达的用途也越来越广，品种繁多，在此不可能全面、系统地介绍所有的雷达系统，下面仅对单脉冲雷达、相控阵雷达及合成孔径雷达的工作原理加以简单介绍。

1）单脉冲雷达（Mono-pulse Radar）

前面讲到，用尖锐的方向图的最大值来测向的误差是较大的，对跟踪雷达来说是不合适的。单脉冲技术是提高测向误差的有效手段。由此技术构成的雷达称为单脉冲雷达。下面简单分析其中一种单脉冲雷达的工作原理。

单脉冲雷达采用的天线一般为卡塞格伦天线，其馈源为矩形多模喇叭。当天线完全对准目标方向时，接收的电磁波在喇叭馈源中激发的电磁场只有主模 TE_{10} 模；当天线偏离目标方向时，除主模外还会产生高次模，其中 TE_{20} 模会随着天线角度的变化而变化。对于如图 $10-3$ 所示的矩形喇叭馈源，当目标在喇叭中心线右面时，喇叭右侧的能量较大而左侧的较小，这时等效为主模 TE_{10} 和高次模 TE_{20} 按图中相位关系叠加，即右侧是两个模式分量的相加，而左侧是两个模式分量的相减；当目标在喇叭中心线左面时，激起的 TE_{20} 模极性与上述情形相反。于是只要设法从喇叭馈源中取出 TE_{20} 模，它的幅度随目标偏离天线轴方位角的增加而增加，相位取决于偏离方向而相差 $180°$，从而为单脉冲接收机提供了方向性。用检测到的角度误差信号去控制驱动机构使天线转动，改变其方位和俯仰，当误差为

零时天线瞄准目标,从而实现自动跟踪的目的。这就是单脉冲雷达的工作原理。

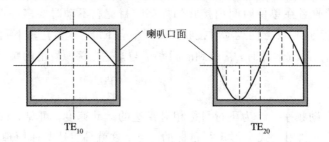

图 10-3　馈源口面不对称照射激起 TE$_{10}$、TE$_{20}$ 模

2) 相控阵雷达(Phase Radar)

一般雷达对目标的搜索是用机械扫描来实现的,但这种搜索的速度有限,而且一旦发现目标进入跟踪状态,就不能顾及来自不同方向的其他目标。相控阵雷达能实现多个目标的同时跟踪,而且采用自动波束扫描方式可实现快速搜索。

相控阵雷达实际上是阵列天线的一种应用,它是由为数众多的天线单元组成的阵列,在计算机的控制下对各天线单元的射频功率和相位进行控制,从而实现波束的扫描。由前面阵列天线的原理可知:当馈送给阵列天线单元的微波载波幅度与相位不同时,就得到不同的天线阵列辐射方向图,当随着时间的变化连续不断地改变单元之间的相位时,便能使形成的波束在一定的空间范围内扫描。这就是称其为"相控阵雷达"的原因。

相控阵雷达的组成原理相对其他雷达要复杂一些,实质上它是由多部"子雷达"组成的"母雷达",天线波束的扫描、组合和赋形以及雷达工作状态的选择、转换、目标的识别等均由计算机来完成。它能在几微秒之内,使波束从一个方向变换到另一个方向,其扫描速度之快是机械扫描雷达望尘莫及的。

在规划中的第三代移动通信中,智能天线技术正是相控阵技术在民用方面的应用。

3) 合成孔径雷达(Synthetic Aperture Radar)

要提高雷达的角分辨率,必须增大天线的口径或采用更短的工作波长。这两方面的努力都受到实际条件的限制,而用于卫星和飞机上的雷达对天线的限制就更严了。

合成孔径雷达是一种相干多卜勒雷达,它分为不聚焦型和聚焦型两种。不聚焦型合成孔径雷达利用雷达天线随运载工具的有规律运动而依次移动到若干位置上,在每个位置上发射一个相干脉冲信号,并依次对一连串回波信号进行接收存储(存储时保持接收信号的幅度和相位),当雷达天线移动一段相当长的距离 L 后,合成接收信号就相当于一个天线尺寸为 L 的大天线收到的信号,从而提高了分辨率。聚焦型合成孔径雷达在数据存储后,扣除接收到的回波信号中由雷达天线移动带来的附加相移,使其同相合成,所以其分辨率更高,当然处理也就变得更复杂了。

10.2　微波通信系统

10.2节 PPT

利用微波的宽频带特性可以实现多路信号共用同一信道,具有较大的通信容量,但微波具有视距传播的局限性,因此如何克服地球曲率和地面上各种障碍物的影响是建立微波远距离通信的首要条件。其中,微波中继通信系统、卫星通信系统和对流层散射通信系统是实现微波远距离通信的典型系统。下面就对微波中继通信系统做简单介绍。

　　微波中继通信也称为微波接力通信。由第 7 章可知，微波在空间是直线传播的，设地球上 A,B 两点天线的架设高度分别为 h_1，h_2，则由式（7-2-2）可得两者间的最大传输距离为

$$r_v = 3.57 \times 10^3 \left[\sqrt{h_1} + \sqrt{h_2} \right] \quad \text{m}$$

天线架设高度一般在 100 m 以下，所以一般视距为 50 km 左右。因此要利用微波进行远距离传输，必须在远距离的两个微波站之间设置许多中间站（即中继站），以接力的方式将信号一站一站地传递下去，从而实现远距离通信，这种通信方式就称为微波中继通信（Microwave Relay System）。下面对微波中继的转接方式及 SDH 数字微波通信系统做简单介绍。

1. 微波中继转接方式

　　按传输信号的形式，微波中继通信可分为模拟微波中继通信和数字微波中继通信。按中继方式可分为基带转接、中频转接和微波转接三种。所谓基带转接，是指在中继站首先将接收到的载频为 f_1 的微波信号经混频变成中频信号，然后经中放送到解调器，解调还原出基带信号，然后又对发射机的载波进行调制，并经微波功率放大后，以载频 f_1' 发射出去。所谓中频转接，是指在中继站将接收到的载频为 f_1 的微波信号经混频变成中频信号，然后经中放后直接上变频得到载频为 f_1' 微波信号，最后经微波功率放大后发射出去。显然它没有上下话路分离与信码再生的功能，只起到了增加通信距离的作用，这样设备就相对简单了。所谓微波转接，是指在中继站直接对接收到的微波信号放大、变频后再经微波功率放大后直接发射出去，这种转接的设备更为简单。基带转接的原理框图如图 10-4 所示。

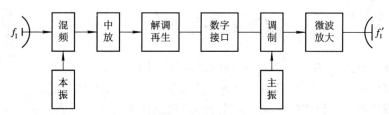

图 10-4　基带转接的原理框图

　　无论是数字信号还是模拟信号，经过长距离的传输，经一站一站转接后，原始信号将叠加上各种干扰与噪声，使信号质量下降。数字系统一般采用基带转接方式，它可利用数字差错控制技术实现基带信号再生，从而避免噪声的沿站积累，这也是数字微波中继系统主要采用基带转接方式的主要原因。带再生技术的中继站称为再生中继站。有时为了简化设备，降低功耗，也可采用混合中继方式，即在两个再生中继站之间的一些中继站采用中频转接或微波转接。由于基带电平变化积累、基带频响偏移等原因，模拟系统一般不宜采用基带转接方式，而采用中频转接或微波转接。

2. SDH 数字微波通信系统

　　数字微波中继通信与光纤通信、卫星通信一起被称为现代通信传输的三大主要手段。

它具有传输容量大、长途传输质量稳定、投资少、建设周期短、维护方便等特点，因此受到各国普遍重视。

同步数字系列(SDH)是新一代数字传输网体制，它是通信容量迅速增长、光纤通信持续发展的产物。SDH 的应用很广泛，它不仅可用于光纤通信系统，而且在微波传输中也被大量采用，从而成为数字微波中继通信的主要方式。SDH 数字微波中继通信系统广泛采用一些新技术，如全新的基带数字信号处理方式、高效率的数字载波调制技术、自适应的发信功率控制技术等。SDH 数字微波中继通信系统一般由终端站、枢纽站、分路站及若干中继站组成，如图 10-5 所示。处于线路两端或分支线路终点的站称为终端站，它可上、下全部支路信号，配备 SDH 数字微波传输设备和复用设备；处于线路中间，除了可以在本站上、下某收、发信波道的部分支路外，还可以沟通干线上两个方向之间通信的站称为分路站，有时分路站还可完成部分波道的信号再生后的继续传输，一般配备 SDH 数字微波传输设备和 SDH 分插复用设备，有时还需再生型传输设备；枢纽站一般处于干线上，需完成数个方向上的通信任务，它要完成某些波道的转接、复接与分接，还有某些波道的信号可能需要再生后继续传输，故这一类站的设备最多；中继站是处于线路中间不上、下话路的站，可分为信码再生中继和非再生中继，在 SDH 系统中一般采用再生中继方式，它可以去掉传输中引入的噪声、干扰和失真，这也体现了数字通信的优越性。无论是终端站还是中间站，都需要收发天线、馈线及各种微波器件，由此可见，微波中继通信是微波的典型应用之一。

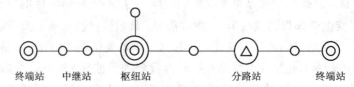

终端站　　中继站　　枢纽站　　　　　　分路站　　　终端站

图 10-5　SDH 数字微波中继通信系统组成框图

10.3　微波遥感系统

10.3 节 PPT

遥感技术(Remote Sensing)是一门新兴的多学科交叉的综合性科学技术，是空间技术与电子技术相结合的产物，用于在一定距离以外感受、探测和识别所需要研究的对象。微波遥感是遥感技术的重要分支之一，它是以地球为研究对象，通过电磁波传感器，收集地面目标辐射或反射的电磁波，获得其特征信息，经过接收记录、数据传输和加工处理，变成人们可以直接识别的信号或图像，从而揭示被测目标的性质和变化规律。

微波遥感系统的遥感器工作在微波波段，遥感方式可分为被动遥感和主动遥感。所谓被动遥感，是指遥感器直接接收目标的反射或散射信号；而主动遥感是指利用人工辐射源向目标发射电磁波，再接收由目标反射或散射的电磁波。由于微波波段的特殊性，微波遥感器具有全天候工作、对地表有穿透能力及能提供有别于红外线、可见光以外的特征信息等特点，从而使微波遥感在军事上、民用方面得到了广泛的应用。

本节首先介绍微波遥感系统的组成和基本工作原理，然后介绍两种常用微波遥感器(微波辐射计、微波成像雷达)的工作原理，最后介绍微波遥感的应用。

1. 微波遥感系统的工作原理

现代遥感系统由遥感工作平台、遥感器、无线电通信系统及信息处理系统组成。其中，遥感工作平台是安装遥感仪器的运载工具；遥感器是用来接收、记录被测目标电磁辐射的传感器，如扫描仪、雷达等；无线电通信系统用于控制、跟踪遥感仪器设备和传输遥感器所获得的目标信息；信息处理系统用以分析、处理、解译各种遥感信息。

微波遥感的一般过程是：地面目标的电磁辐射通过周围环境（如大气）进入遥感器后，遥感器将目标的特征信息加以接收、记录和处理后，再以无线电方式送给信息处理系统，信息处理系统将遥感信息进行加工处理，变成人们能够识别和分析的信号或图像。微波遥感之所以能够根据收集到的电磁辐射信息识别地面目标和现象，是基于电磁波与物质的相互作用——一切物质由于其种类（性质、形状、结构等）和环境条件的不同，具有完全不同的电磁辐射特性。当电磁波与物体（不论是固体、液体、气体还是等离子体）相遇时，会发生各种相互作用，并满足动量和能量守恒定律。在物质表面发生的相互作用称为面效应，电磁波透入物体表面以下一定距离发生的相互作用称为体效应。相互作用的结果会使入射波的振幅、方向、频率、相位和极化等发生变化，从而产生各种有用的特征信息，以此便能识别不同的物体。电磁波与物质的相互作用主要包括入射电磁波的反射、散射、透射、热效应及热辐射等。不同的遥感器的作用机制不同。

2. 微波遥感器

微波遥感器是微波遥感系统的关键，它的种类较多，这里主要介绍微波辐射计和微波成像雷达。

1）微波辐射计

我们知道，任何温度高于绝对零度的物体都会有热辐射，热辐射的波长范围为 $1\ \mu m \sim 1\ m$，而热辐射的频率主要取决于物体的温度和比辐射率。比辐射率表示物质通过辐射释放热量的难易程度。两个在同样环境中温度相同的物体，具有较高比辐射率的物体将更强烈地辐射出热射线。进一步研究还发现，在微波波段，各种物质的比辐射率相差很大，这种差别为识别物体提供了有用的信息。如油脂的比辐射率比海水高得多，在同样的温度下，油脂对微波辐射计的辐射能量比海水大很多，因此在海面上有油脂污染时，若将微波辐射计测得的信号转换成图片，就会看到浅色的油污漂浮在深色的海面上。这就是微波辐射计的遥感原理。图 10-6 所示是微波辐射计的一种——微波比较辐射计，下面讨论其工作原理。

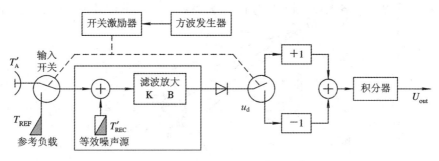

图 10-6　微波比较辐射计的工作原理图

从天线接收到的微波辐射能量和参考负载在开关的控制下交替输入到接收机，开关周期 τ_s 一般为 $10^{-3} \sim 10^{-1}$ s。于是检波前部分的输入功率分别来自天线的信号和参考负载的噪声功率，忽略输入开关的上升、衰落时间对接收机波形的影响，则平方律检波后的直流电压为

$$u_d = \begin{cases} C_d GkB(T_A' + T_{REC}'), & 0 \leqslant t \leqslant \tau_s/2 \\ C_d GkB(T_{REF} + T_{REC}'), & \tau_s/2 \leqslant t \leqslant \tau_s \end{cases} \quad (10-3-1)$$

式中，C_d 为平方律检波灵敏度（V/W）；k 为玻尔兹曼常数；τ_s 为开关周期；G，B 分别为滤波放大部分的增益和带宽。那么，积分器输出的平均电压为

$$\bar{u}_{out} = \frac{G_p}{\tau_s} \left[\int_0^{\tau_s/2} u_d \, dt - \int_{\tau_s/2}^{\tau_s} u_d \, dt \right] \quad (10-3-2)$$

式中，G_p 为检波输出到积分器输出间的电压增益。将式（10-3-1）代入式（10-3-2），并令 $G_s = 2G_p C_d GkB$，则有

$$\bar{u}_{out} = \frac{1}{2} G_s (T_A' - T_{REF}) \quad (10-3-3)$$

可见微波比较辐射计的输出与遥感温度 T_A' 和参考负载温度 T_{REF} 之差成正比，从而检测到了遥感物体的热辐射功率，这就是微波比较辐射计的工作原理。它与接收机的等效噪声温度 T_{REC}' 无关，从而保证了测量的稳定性。

以上介绍了微波比较辐射计的工作原理，其他类型的辐射计一般是其改进型，有兴趣的读者可参考有关文献作进一步的了解。

2）微波成像雷达

主动式微波遥感器实质上就是遥感雷达，它向目标发射微波信号，由于目标的几何形状、性质不同，接收到的回波的强度、极化、散射特性也不相同，从而可以提取所需信息。在遥感雷达中，微波成像雷达是最典型的，它能提供目标图像，因此得到了广泛的应用。微波成像雷达可分为真实孔径侧视雷达和合成孔径侧视雷达两类。上一节已经简单介绍了合成孔径雷达的工作原理，下面主要介绍一下真实孔径侧视雷达（也称为机载侧视雷达）。

机载侧视雷达是将一个长的水平孔径天线装在飞机的一侧或两侧，天线将微波能量集中成一个窄的扇形波束并在地面上形成窄带，如图 10-7 所示。天线将脉冲微波能量相继照射到窄带上各点，不同距离目标反射回来的回波在接收机中按时间先后分开，一个同步的强度调制光点在摄影胶片或显示器上横扫一条线，以便在与目标的地面距离成比例的地方记录目标的回波。当各条回波记录好后，再发另一个脉冲进行另一次扫描，从而产生条

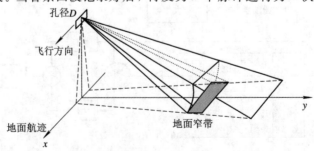

图 10-7　机载侧视雷达地面航迹与照射窄带示意图

带状的雷达图像。这种雷达的方位分辨率会随着距离的增大而迅速变坏。而合成孔径雷达则解决了这个问题,大大提高了分辨率,从而得到了更广泛的应用。

3. 微波遥感的应用

微波遥感除用在军事上外,还在民用方面,诸如水文、农业、气象等领域得到了广泛应用,如表 10－1 所示。

表 10－1 微波遥感应用范围(民用)一览表

应用领域	应用范围
水文	河流水位预报,洪水图,水面积计算,雪区图
农业	土壤湿度分布,冰冻融化边界,监视作物生长,产量预测
森林	火灾图像,木材体积估计,监视砍伐
海洋	海面风速,监视船只航行,海面污染监测,监视鱼群
气象	温度分布,雨量分布
地质	地质结构探测,矿藏探测

由此可见,微波遥感在保护生态环境、监测自然灾害等方面起着越来越重要的作用,这在强调环境保护的今天尤为重要。另一方面,随着遥感技术、信号处理技术、计算机技术等相关学科的进一步发展,微波遥感的分辨率会进一步提高,微波遥感势必会为人类的生存与发展作出更大的贡献。

10.4 无线传感与射频识别系统

10.4 节 PPT

随着集成电路、射频与微波技术以及计算机技术的迅速发展,以无线传感网(见图 10－8)为核心的"物联网"时代已经悄然出现。将传感器、微处理芯片、无线收发电路集成在一起构成无线智能传感单元(标签),通过阅读器接收信息,再通过无线和有线网络无缝连接即可形成"物联网"。

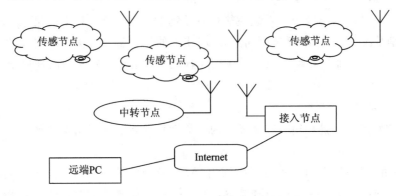

图 10－8 典型无线传感网框图

射频识别技术是无线传感网中的一个重要环节,它实现了传感单元与阅读器之间的无线信息交换。下面介绍射频识别技术。

射频识别（Radio Frequency Identification，RFID）系统主要由阅读器、应答器和后台计算机系统组成，如图 10-9 所示。它是利用无线电波将电子数据载体（即应答器）中的数据非接触地与阅读器进行数据交换从而实现识别的系统。由于 RFID 系统采用无线电技术，因此其具有在恶劣环境（如灰尘、雪、烟雾等）下可正常工作、抗磨损、检测范围宽、阅读速度快等特点，故被广泛地应用于生产流水线管理、产品跟踪、无钥匙门禁、不停车收费、动物跟踪、出入口监视、交通管理等领域。

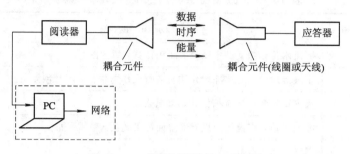

图 10-9　射频识别器的组成框图

1. RFID 的分类

RFID 系统按数据量来分，可分为 1 比特系统和电子数据载体系统。1 比特系统只能识别"有响应"和"无响应"两种状态，该系统虽然不能区分各个应答器，但由于系统简单、可靠，被广泛应用于商场的防盗系统中；电子数据载体系统是一类编码系统，每个应答器都有一个识别码，同时还可以存储 16～64 kb 的数据，而且一般需要将识别码和数据调制到一个载波上。

RFID 系统按工作频段可分为低频（50～150 kHz，13.56 MHz）、超高频（260～470 MHz）和微波（902～928 MHz，2.45 GHz，5.8 GHz）波段。低频段的应答器一般是无源的，应答器所需要的能量是由阅读器通过耦合元件传递给应答器的。因此，一般情况下，该类应答器和阅读器之间的有效距离是很近的，也称之为密耦合。而微波波段的应答器一般是远距离系统，其作用距离从 1 m 到 10 m 甚至更远。

2. 微波波段典型 RFID 的工作原理

工作在微波波段的射频识别系统往往具有较远的工作距离、较小的尺寸、较可靠的数据传输，特别是集成电路技术和数字信号处理技术的迅速进步，使微波波段的 RFID 得到了迅猛的发展，成为非接触识别技术的主要手段之一。这里主要介绍两种典型的微波波段 RFID 的工作原理。

1）微波 1 比特应答器

微波 1 比特应答器是利用电容二极管的非线性特性和能量存储特性来实现的，其典型原理图如图 10-10 所示。

阅读器持续发射用 1 kHz 信号振幅调制（ASK）、载波频率为 f_A（如 2.45 GHz）的已调信号，应答器的偶极子天线接收到信号后，由二极管的非线性特性产生高次谐波（其中二次谐波能量最大），利用电容二极管的能量储存特性，使高次谐波通过天线二次辐射，阅读器的接收通道检测到以频率 $2f_A$ 为载波的 ASK 信号并将其还原成 1 kHz 信号，当接收端检测到 1 kHz 信号时表明应答器在阅读器的覆盖范围内。这就是微波 1 比特应答器的工作

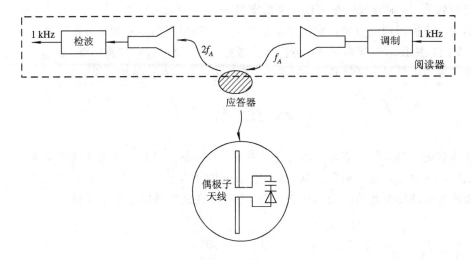

图 10 - 10 微波 1 比特应答器原理图

原理。加 1 kHz 的调制主要是为了提高抗干扰能力，这是因为如果阅读器周围碰巧有 $2f_A$ 的干扰信号，由于干扰信号没有被正常调制，所以阅读器不会响应。

2）电磁反向散射式应答器

电磁反向散射式应答器利用电磁波的散射原理来实现数据的传输，其典型作用原理如图 10 - 11 所示。

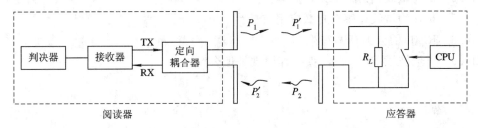

图 10 - 11 电磁反向散射式应答器的典型作用原理

阅读器经定向耦合器再通过天线将功率为 P_1 的电磁波发送到自由空间，经空间传播到达应答器时，接收天线的功率为 P_1'。该功率一部分通过接收天线送入负载转变为热能，另一部分则反向散射至自由空间。设反向散射的功率为 P_2，再次通过自由空间衰减，到达阅读器天线处的功率为 P_2'，经定向耦合器进入接收机，接收机可以获得反向散射功率 P_2' 与发射功率 P_1 的比值为

$$b = \frac{P_2'}{P_1}$$

在一定的发射功率、收发距离的前提下，比值 b 的大小取决于反向散射功率，而此功率取决于接收天线与负载的匹配程度。当接收天线与负载基本匹配时，几乎没有功率被反向散射回去；而当天线开路或短路时，几乎全部功率反向散射回去。特别当工作波长处于天线的谐振区时，反向散射十分明显。电磁反向散射式应答器正是利用电磁波的谐振反射特性，通过改变天线负载的状态，实现数据流的传输。当负载匹配时，比值 b 几乎为零，此时接收信息可以代表数字"0"；当 CPU 控制的开关使负载变为零（即短路）时，比值 b 将达

到一定的数值,此时接收信息可以代表数字"1"。

　　非接触识别特别是射频识别已逐步发展成一个跨学科的专业领域,它不但包含了微波技术、集成电路技术等基本领域,还包括了电磁兼容、数据保护与密码学、制造工艺学、通信网技术等多个学科。随着 RFID 技术的不断发展,其应用前景将十分广阔。

本 章 小 结

　　本章讨论了微波作为信息载体的应用系统,包括雷达系统、微波无线通信系统、微波遥感系统以及无线传感与射频识别系统,主要介绍了各系统的组成框图以及工作原理,明确了微波作为载体所起的作用,为进一步学习和研究此类系统奠定了基础。

习　　题

10.1　简述雷达测向原理。

10.2　什么叫目标识别? 微波信号的哪些信息可用于目标识别?

10.3　简述相控阵雷达的工作原理。

10.4　微波中继通信有哪几种中继方式?

10.5　微波中继系统的一般组成是什么?

10.6　简述微波辐射计的工作原理。

10.7　你认为微波遥感有什么应用前景?

10.8　RFID 的分类有哪些?

10.9　微波波段 RFID 的主要工作原理是什么?

附　　录

附录一　标准矩形波导参数和型号对照

附表1　标准矩形波导参数和型号对照表

波导型号		主模频带 /GHz	截止频率 /MHz	结构尺寸/mm			衰减 /(dB/m)	美国相应型号 EIAWR-
IECR-	部标 BJ-			标宽 a	标高 b	标厚 t		
3		0.32～0.49	256.58	584.2	292.1		0.00078	2300
4		0.35～0.53	281.02	533.4	266.7		0.00090	2100
5		0.41～0.62	327.86	457.2	228.6		0.00113	1800
6		0.49～0.75	393.43	381.0	190.5		0.00149	1500
8		0.64～0.98	513.17	292.0	146.0	3	0.00222	1150
9		0.76～1.15	605.27	247.6	123.8	3	0.00284	975
12	12	0.96～1.46	766.42	195.6	97.80	3	0.00405	770
14	14	1.14～1.73	907.91	165.0	82.50	2	0.00522	650
18	18	1.45～2.20	1137.1	129.6	64.8	2	0.00749	510
22	22	1.72～2.61	1372.4	109.2	54.6	2	0.00970	430
26	26	2.17～3.30	1735.7	86.4	43.2	2	0.0138	340
32	32	2.60～3.95	2077.9	72.14	34.04	2	0.0189	284
40	40	3.22～4.90	2576.9	58.20	29.10	1.5	0.0249	229
48	48	3.94～5.99	3152.4	47.55	22.15	1.5	0.0355	187
58	58	4.64～7.05	3711.2	40.40	20.20	1.5	0.0431	159
70	70	5.38～8.17	4301.2	34.85	15.80	1.5	0.0576	139
84	84	6.57～9.99	5259.7	28.50	12.60	1.5	0.0794	112
100	100	8.20～12.5	6557.1	22.86	10.16	1	0.110	90
120	120	9.84～15.0	7868.6	19.05	9.52	1	0.133	75
140	140	11.9～18.0	9487.7	15.80	7.90	1	0.176	62
180	180	14.5～22.0	11571	12.96	6.48	1	0.238	51
220	220	17.6～26.7	14051	10.67	4.32	1	0.370	42
260	260	21.7～33.0	17357	8.64	4.32	1	0.435	34
320	320	26.4～40.0	21077	7.112	3.556	1	0.583	28
400	400	32.9～50.1	26344	5.690	2.845	1	0.815	22
500	500	39.2～59.6	31392	4.775	2.388	1	1.060	19
620	620	49.8～75.8	39977	3.759	1.880	1	1.52	15
740	740	60.5～91.9	48369	3.099	1.549	1	2.03	12
900	900	73.8～112	59014	2.540	1.270	1	2.74	10
1200	1200	92.2～140	73768	2.032	1.016	1	2.83	8

附录二 史密斯圆图

下面来介绍圆图上一些特殊的点和线：

① 圆图中心点$(0,0)$对应于$\Gamma=0$，$r=1$，$x=1$，$\rho=1$，是匹配点；实轴上所有点（两端点除外）表示纯归一化电阻，$x=0$，等电阻圆半径为无穷大；实轴左端点对应于$\Gamma=-1$，$\bar{Z}=0$为短路点，而实轴右端点对应于$\Gamma=1$，$\bar{Z}=\infty$为开路点。

② 圆图的单位圆对应于$\Gamma=1$，$r=0$，$\bar{Z}=\pm jx$，该圆是纯归一化电抗圆。实轴以上半圆的等x曲线对应感性负载$x>0$；实轴以下半圆的等x曲线对应容性负载$x<0$。

③ 圆图右半实轴的点对应于电压波腹点，r的值即为驻波系数ρ的值；左半实轴上的点对应于电压波节点，r的值即为行波系数K的值。

使用圆图时还应注意，由于规定$z=0$为传输线负载端，z的正向是从负载指向信源。因此增加z，反射系数辐角随之减小，在圆图上应顺时针方向旋转；反之，反射系数辐角随z的减小而增加，在圆图上应逆时针方向旋转。

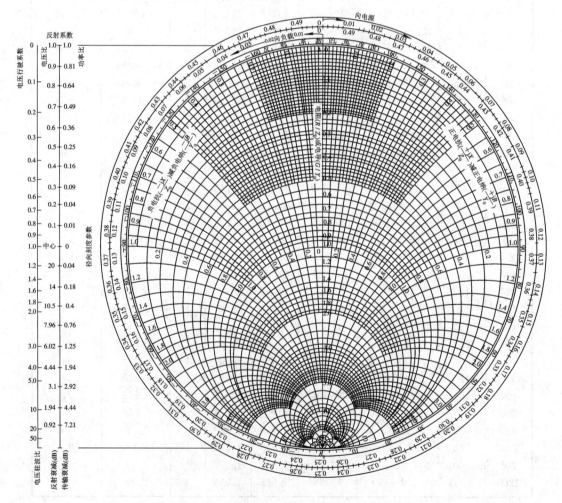

附图 1 史密斯圆图

附录三　[S]参数的多点测量法

[S]参数是微波网络中重要的物理量。三点测量是基本测量方法，但偶然误差很大，通常采用多点测量法。测量方法如下：

将被测网络接入微波传输系统中，终端接一精密可移短路器，如附图 2 所示，则终端反射系数 $\Gamma_1 = -\mathrm{e}^{\mathrm{j}2\pi l/\lambda_\mathrm{g}}$，其中 l 为短路器到参考面 T_2 的距离。

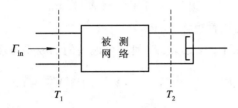

附图 2　[S]参数测量系统

设被测网络为互易网络，[S]参数为

$$[S] = \begin{bmatrix} S_{11} & S_{12} \\ S_{12} & S_{22} \end{bmatrix} \qquad\qquad (\text{附} 3-1)$$

则参考面 T_1 处的反射系数为

$$\Gamma_\mathrm{in} = S_{11} + \frac{S_{12}^2 \Gamma_1}{1 - S_{22}\Gamma_1} \qquad\qquad (\text{附} 3-2)$$

令 $g_1 = S_{12}^2 - S_{11}S_{22}$，$g_2 = S_{11}$，$g_3 = -S_{22}$，$z = \Gamma_1$，$W = \Gamma_\mathrm{in}$，则有

$$W = \frac{g_1 z + g_2}{g_3 z + 1} \qquad\qquad (\text{附} 3-3)$$

因此，只要求得 g_1，g_2，g_3，就可解得 S_{11}，S_{12}，S_{22}。设可变短路器改变 n 次，对应的终端反射系数为 $z_m(m=1\sim n)$，测得参考面 T_1 处的反射系数为 $W_m(m=1\sim n)$。

下面用拟合法来求 g_1，g_2，g_3。

由式(附 3-3)知，理论上各测量值应满足：

$$W - g_1 z - g_2 + g_3 W z = 0 \qquad\qquad (\text{附} 3-4)$$

而实际第 m 次测量的剩余误差为

$$V_m = W_m - g_1 z_m - g_2 + g_3 W_m z_m \quad (m=1\sim n) \qquad\qquad (\text{附} 3-5a)$$

写成矩阵为

$$\begin{bmatrix} V_1 \\ V_2 \\ \vdots \\ V_n \end{bmatrix} = \begin{bmatrix} W_1 \\ W_2 \\ \vdots \\ W_n \end{bmatrix} - \begin{bmatrix} z_1 & 1 & -W_1 z_1 \\ z_2 & 1 & -W_2 z_2 \\ \vdots & \vdots & \vdots \\ z_n & 1 & -W_n z_n \end{bmatrix} \begin{bmatrix} g_1 \\ g_2 \\ g_3 \end{bmatrix} \qquad\qquad (\text{附} 3-5b)$$

令

$$[X] = \begin{bmatrix} z_1^* & z_2^* & \cdots & z_n^* \\ 1 & 1 & \cdots & 1 \\ -W_1^* z_1^* & -W_2^* z_2^* & \cdots & -W_n^* z_n^* \end{bmatrix}$$

$$[V]^{\mathrm{T}} = [V_1 \quad V_2 \quad \cdots \quad V_n]^{\mathrm{T}}$$

$$[W]^{\mathrm{T}} = [W_1 \quad W_2 \quad \cdots \quad W_n]^{\mathrm{T}}$$

$$[g]^{\mathrm{T}} = [g_1 \quad g_2 \quad g_3]^{\mathrm{T}}$$

则式(附 3 - 5b)可写作

$$[V] = [W] - [X]^+ [g] \tag{附 3 - 6}$$

式中，$[X]^+$ 是 $[X]$ 的共轭转置矩阵。

现在的问题是寻找一组 g_1，g_2，g_3，使剩余误差的加权平方和最小，即

$$J = \sum_{m=1}^{n} P_m V_m^2 = [V]^+ [P][V] = \min \tag{附 3 - 7}$$

式中，$[P] = \begin{bmatrix} P_1 & 0 & 0 \\ 0 & \ddots & 0 \\ 0 & 0 & P_n \end{bmatrix}$ 为实加权矩阵。

设 $g_k = g_{kr} - \mathrm{j} g_{ki}(k = 1 \sim 3)$，令

$$\frac{\partial J}{\partial g_{kr}} = 0, \qquad \frac{\partial J}{\partial g_{ki}} = 0 \tag{附 3 - 8}$$

于是有

$$\left. \begin{array}{l} \sum_{m=1}^{n} P_m \left(\dfrac{\partial V_m}{\partial g_{kr}} V_m^* + V_m \dfrac{\partial V_m^*}{\partial g_{kr}} \right) = 0 \\[3mm] \sum_{m=1}^{n} P_m \left(\dfrac{\partial V_m}{\partial g_{ki}} V_m^* + V_m \dfrac{\partial V_m^*}{\partial g_{ki}} \right) = 0 \end{array} \right\} \quad (k = 1 \sim 3) \tag{附 3 - 9}$$

将式(附 3 - 5a)代入上式并整理可得

$$[X][P][X]^+ [g] = [X][P][W] \tag{附 3 - 10}$$

令

$$[c] = [X][P][X]^+, \quad [q] = [X][P][W] \tag{附 3 - 11}$$

则有

$$[g] = [c]^{-1}[q] \tag{附 3 - 12}$$

至此，由多点测量的反射系数可求得参数 $[g]$，从而求得 $[S]$ 参数。对于等精度测量可取 $[P] = [I]$。

我们将上述拟合方法用 MATLAB 编制了计算程序，下面给出算例。

设某微波二端口网络接入上述测量系统，测得的数据如附表 2 所示，已知 $\lambda_g = 30$ mm，参考面位置 $d = 20$ mm。

经过计算求得所测网络的 $[S]$ 矩阵为

$$\begin{bmatrix} -0.1 - \mathrm{j}0.3 & 0.9121 - \mathrm{j}0.4605 \\ 0.9121 - \mathrm{j}0.4605 & -0.1 - \mathrm{j}0.3 \end{bmatrix}$$

附表 2

测量次数	终端短路片位置/mm	反 射 系 数
1	21	−0.9740−j0.2267
2	22	−0.8873+j0.497
3	23	−0.5882+j0.8087
4	24	0.0564+j0.9984
5	25	0.9346+j0.3556
6	26	0.4257−j0.9049
7	27	0.3247−j0.9447
8	28	0.4423−j0.8969
9	29	0.3440−j0.9390
10	30	0.3940−j0.9190

附录四　微波 EDA 电磁仿真软件简介

EDA(Electronic Design Automation)是以电子系统设计为目标的电子产品自动化设计过程。它是以电路理论、微电子学、半导体工艺技术、软件科学和一些数值算法为基础,以计算机软件开发为核心内容的一门学科。一方面,EDA 技术可为电路级、系统级和物理实现级三个层次上的辅助设计过程;另一方面,EDA 技术应包括电子线路从低频到高频、从线性到非线性、从模拟到数字、从分立电路到集成电路的全部设计过程,其内容包括半导体工艺设计自动化、可编程器件设计自动化、电子系统设计自动化、印刷电路板设计自动化以及射频微波电路设计自动化等。比如 Agilent 公司的 ADS 软件从电路级仿真到射频微波的数值算法计算仿真,从半导体元器件建模分析到整个通信系统的整体仿真,从模拟电路到数字电路,无所不含。

目前,各种商业化的微波 EDA 软件工具不断涌现,不同的 EDA 仿真软件与电磁场的数值解法密切相关,不同的仿真软件是根据不同的数值分析方法进行仿真的,各种软件有各自的功能特点和使用范围。以下针对典型的商业化微波 EDA 软件进行分类对比,可为微波电路与系统的设计者进行正确选择和有效使用微波 EDA 软件工具提供有益参考。

1. 基于矩量法仿真的微波 EDA 仿真软件

基于矩量法仿真的 EDA 软件主要包括 ADS、Sonnet 电磁仿真软件、IE3D 和 Microwave Office。

1) ADS 仿真软件

Agilent ADS(Advanced Design System)软件是在 HP EESOF 系列 EDA 软件基础上

发展完善起来的大型综合设计软件，是美国安捷伦公司开发的大型综合设计软件，是为系统和电路工程师提供的可开发各种形式射频设计的软件。对于通信和航天/防御的应用，从最简单到最复杂，从离散射频/微波模块到集成 MMIC，从电路元件的仿真到模式识别的提取，新的仿真技术提供了高性能的仿真特性。该软件可以在微机上运行，其前身是工作站运行的版本 MDS(Microwave Design System)。该软件还提供了一种新的滤波器的设计引导，可以使用智能化设计规范的用户界面来分析和综合射频/微波回路集总元件滤波器，并可对平面电路进行场分析和优化。它允许工程师定义频率范围、材料特性、参数的数量，并根据用户的需要自动产生关键的无源器件模式。该软件范围涵盖了小至元器件大到系统级的设计和分析，尤其是其强大的仿真设计手段可在时域或频域内实现对数字、模拟线性或非线性电路的综合仿真分析与优化，并可对设计结果进行成品率分析与优化，从而大大提高复杂电路的设计效率。

2) Sonnet 仿真软件

Sonnet 也是一种基于矩量法的电磁仿真软件，提供面向 3D 平面高频电路设计系统以及微波、毫米波领域和电磁兼容/电磁干扰设计的 EDA 工具。Sonnet TM 应用于平面高频电磁场分析，频率从 1 MHz 到几千吉赫兹，主要的应用有微带匹配网络、微带电路、微带滤波器、带状线电路、带状线滤波器、过孔层的连接或接地耦合线分析、PCB 板电路分析、PCB 板干扰分析、桥式螺线电感器、平面高温超导电路分析、毫米波集成电路 MMIC 设计和分析、混合匹配的电路分析、HDI 和 LTCC 转换、单层或多层传输线的精确分析、多层的平面电路分析、单层或多层的平面天线分析、平面天线阵分析、平面耦合孔分析等。

3) IE3D 仿真软件

IE3D 是一个基于矩量法的电磁场仿真工具，可以解决多层介质环境下的三维金属结构的电流分布问题。它利用积分的方式求解 Maxwell 方程组，从而解决电磁波的效应、不连续性效应、耦合效应和辐射效应问题。仿真结果包括 S、Y、Z 参数，$VWSR$、RLC 等效电路电流分布，近场分布和辐射方向图，方向性效率和 RCS 等。IE3D 在微波/毫米波集成电路(MMIC)、RF 印刷板电路、微带天线、线天线和其他形式的 RF 天线、HTS 电路及滤波器 IC 的内部连接和高速数字电路封装方面是一个非常有用的工具。

4) Microwave Office 软件介绍

Microwave Office 软件是通过两个模拟器来对微波平面电路进行模拟和仿真的。对于由集总元件构成的电路，用电路的方法来处理较为简便。该软件设有 Voltaire XL 的模拟器来处理集总元件构成的微波平面电路问题，而对于由具体的微带几何图形构成的分布参数微波平面电路，则采用场的方法较为有效。该软件采用"EM Sight"的模拟器来处理任何多层平面结构的三维电磁场的问题。

"Voltaire XL"模拟器内设一个元件库，在建立电路模型时可以调出微波电路所用的元件，其中无源器件有电感、电阻、电容、谐振电路、微带线、带状线、同轴线等，非线性器件有双极晶体管、场效应晶体管、二极管等。

"EM Sight"模拟器是一个三维电磁场模拟程序包，可用于平面高频电路和天线结构的分析。其特点是：把修正谱域矩量法与直观的视窗图形用户界面(GUI)技术结合起来，使得计算速度加快许多。它可以分析射频集成电路(RFIC)、微波单片集成电路(MMIC)、微带贴片天线和高速印刷板电路(PCB)等电路的电气特性。

Microwave Office 2002 增加了一些新功能，如滤波器智能综合和智能负载牵引，可提高对存在的回路的电磁仿真；振荡器相位噪声分析和 3D 平面电磁仿真引擎，可使对某些复杂问题的仿真更加有效。

2. 基于时域有限差分的微波仿真软件

基于时域有限差分的仿真软件包括 CST Microwave Studio、Fidelity 和 IMST Empire。

1) CST Microwave Studio 仿真软件

CST Microwave Studio(CST SD)是为快速精确仿真电磁场高频问题而专门开发的 EDA 工具，是基于 PC 的 Windows 环境下的仿真软件，它主要应用在复杂设计和更高的谐振结构中。CST DS 通过散射参数使电磁场元件结合在一起，把复杂的系统分离成更小的子单元，通过对系统每一个单元行为的[S]参数的描述可以快速地分析和降低系统所需的内存。CST DS 考虑了在子单元之间高阶模式的耦合，结构分成小部分而没有影响系统的准确性。

传统的电路仿真软件仿真虽然快速，但是当考虑集肤效应损耗和材料的复杂性时，结果的准确性将受到很大影响。而 CST DS 的 3D 仿真软件克服了这种限制，可以解决任意几何形状下所建立的麦克斯韦方程，包括复杂的材料模式。

CST Microwave Studio，可以应用在仿真电磁场的领域(包括大多数的高频电磁场问题)。移动通信无线设计、信号完整性和电磁兼容(EMC)等具体应用范围包括耦合器、滤波器、平面结构电路、联结器、IC 封装、各种类型的天线、微波元器件、蓝牙技术和电磁兼容/干扰等。

2) Fidelity 仿真软件

Fidelity 是基于非均匀网络的时域有限差分方法的全三维电磁场仿真器，可以解决具有复杂填充介质求解域的场分布问题，仿真结构包括 S、Y、Z 参数，VSWR、RLC 等效电路，近场分布，坡印廷矢量和辐射方向图等。

Fidelity 可以分析非绝缘和复杂介质结构的问题。它在微波/毫米波集成电路(MMIC)、RF 印刷板电路、微带天线、线天线和其他形式的 RF 天线、HTS 电路及滤波器、IC 的内部连接和高速数字电路封装、EMI 及 EMC 方面有广泛的应用。

3) IMST Empire 仿真软件

IMST Empire 是一种 3D 电磁场仿真软件，它基于 3D 的时域有限差分方法(该方法已经变成 RF 元件设计的标准)。它的应用范围从分析平面结构、互联的多端口集成，到微波波导、天线、EMC 问题，基本覆盖了 RF 设计 3D 场仿真的整个领域。根据用户定义的频率范围，一次仿真的运行就可以得到散射参数、辐射参数和辐射场图。对于结构的定义，3D 编辑器集成到 Empire 软件中。AUTOCAD^{TM} 是一个流行的机械画图工具，可以在 EMPIRE 环境中使用，监视窗口和动画可以给出电磁波的现象并获得准确的结果。

3. 基于有限元的微波 EDA 仿真软件

HFSS 软件是以有限元法(FEM)为基础的仿真软件，应用 Ansoft HFSS 可直接得到特征阻抗、传播常数、S 参数及辐射场、天线方向图等结果。该软件被广泛应用于无线和有线通信计算机、卫星、雷达、半导体和微波集成电路、航空航天等领域。Ansoft HFSS 采用自适应网格剖分、ALPS 快速扫频切向元等专利技术，集成了工业标准的建模系统，提供了功能强大、使用灵活的宏语言，直观的后处理器及独有的场计算器可计算、分析、显示各种复杂的电磁场，并利用 Optimetrics 对任意的参数进行优化和扫描分析。

　　总之，随着 EDA 技术的发展，电磁仿真软件在微波产品设计中起着越来越重要的作用，大幅降低了产品的开发周期和研制费用，基本可以做到一次设计一次完成，仿真结果与实验测试结果非常相近。但随着工作频率的增加和电路复杂性的增加，需要更完善的数值分析方法来获得更精确的仿真结果。

部分习题参考答案

第 1 章

1.1　输入阻抗：$29.43\angle-23.79°\ \Omega$，$25\ \Omega$，$100\ \Omega$；

反射系数：$\dfrac{1}{3}e^{-j0.8\pi}$，$-\dfrac{1}{3}$，$\dfrac{1}{3}$

1.2　$65.9\ \Omega$，$43.9\ \Omega$，$0.67\ m$

1.4　① $0.5\ m$；

② $-\dfrac{49}{51}$；

③ $\dfrac{49}{51}$；

④ $2500\ \Omega$

1.6　$82.4\angle64.3°$

1.7　5.85；1.92

1.8　AB 段：$450\ V$；BC 段：$450\ V$；$300\ V$

1.9　$372.7\angle-26.56°\ V$；$138.89\ W$；$424.92\angle-33.69°\ V$

1.10　$214.46\ \Omega$；0.043λ

1.11　$(a)\ Z_{01}=88.38\ \Omega$，$l=0.287\lambda$

$(b)\ Z_{01}=70.7\ \Omega$，$l=0.148\lambda$

1.12　负载阻抗：$322.87-j736.95\ \Omega$；0.22λ；0.42λ

1.13　$2.5\ cm$；$3.5\ cm$

1.14　$0.95\ cm$

1.16　$80\ \Omega$

1.17　0.28λ，0.068λ

第 2 章

2.2　$\lambda=50\ mm$，不能；$\lambda=30\ mm$，能传输，工作在主模 TE_{10}；

$\lambda=20\ mm$，能传输，存在 TE_{10}、TE_{20}、TE_{01} 三种模式

2.3　① TE_{10}；

② $\lambda_{cTE_{10}}=46\ mm$，$\beta=158.8$，$\lambda_g=39.5\ mm$，$v_p=3.95\times10^8\ m/s$

2.4　① $\lambda_c=45.72\ mm$；$\lambda_g=40\ mm$；$\beta=50\pi$，$Z_w=159\pi\ \Omega$

② $\lambda_c=91.44\ mm$，$\lambda_g=31.7\ mm$，$\beta=63\pi$，$Z_w=127\pi\ \Omega$

③ 传输的主模仍然为 TE_{10}，λ_c，β，λ_g，Z_w 均不变，与(1) 相同

④ 波导中存在 TE_{10}、TE_{20}、TE_{01} 三种模式。对主模 TE_{10} 来说，$\lambda_c = 45.72$ mm，$\beta = 89.92\pi$，$\lambda_g = 22.2$ mm，$Z_w = 133.4\pi\ \Omega$

2.6 $f = \dfrac{c}{2a\sqrt{3+2\sqrt{2}}}$

2.7 $P_{br0} = 5.97$ MW

2.8

① 三种模式的截止波长为 $\begin{cases} \lambda_{cTE_{11}} = 3.4126a = 85.3150 \text{ mm} \\ \lambda_{cTM_{01}} = 2.6127a = 65.3175 \text{ mm} \\ \lambda_{cTE_{01}} = 1.6398a = 40.9950 \text{ mm} \end{cases}$

② 当工作波长 $\lambda = 70$ mm 时，只出现主模 TE_{11}

当工作波长 $\lambda = 60$ mm 时，出现 TE_{11} 和 TM_{01}

当工作波长 $\lambda = 30$ mm 时，出现 TE_{11}、TM_{01} 和 TE_{01}

③ $\lambda_g = 122.4498$ mm

2.9 $r = 8.6742$ mm；$r = 4.1681$ mm

2.10 ① 6.5 GHz $< f <$ 13 GHz；

② 加载（如脊波导）

2.11 1.47 mm $< a <$ 1.91 mm 时单模传输，此时传输的模式为主模 TE_{11}

第 3 章

3.2 69.4 Ω；最高工作频率 $f = 20$ GHz

3.3 $q = 0.69$；$\varepsilon_e = 6.5$；$Z_0 = 34.5\ \Omega$

3.4 0.56

3.5 宽度 1 mm；长度 4.94 mm

3.13 $f < 18 \times 10^{12}$ Hz 时单模传输

3.14 $D < 4.36\ \mu$m；$NA = 0.1443$

第 4 章

4.2 $[A] = \begin{bmatrix} \cos\theta - BZ_0\sin\theta & jZ_0\sin\theta \\ j\sin\theta/Z_0 + 2jB\cos\theta - jB^2Z_0\sin\theta & \cos\theta - BZ_0\sin\theta \end{bmatrix}$；

$B = 2Y_0\cot\theta$

4.4 $Z_{in} = \dfrac{Z_0(1-BX) + j\left(2X - \dfrac{1}{B}\right)}{(1-BX) + jBZ_0}$； $X = Z_0$；

$$B = \frac{1}{Z_0}$$

4.5 $[S] = \begin{bmatrix} -\text{j}0.2 & 0.98 \\ 0.98 & -\text{j}0.2 \end{bmatrix}$

4.6 $[S] = \begin{bmatrix} -\dfrac{\bar{Y}}{2+\bar{Y}} & \dfrac{2}{2+\bar{Y}} \\ \dfrac{2}{2+\bar{Y}} & -\dfrac{\bar{Y}}{2+\bar{Y}} \end{bmatrix}$

4.7 $[S] = \begin{bmatrix} -\dfrac{\bar{Y}}{2+\bar{Y}}e^{-\text{j}2\theta_2} & \dfrac{2}{2+\bar{Y}}e^{-\text{j}(\theta_1+\theta_2)} \\ \dfrac{2}{2+\bar{Y}}e^{-\text{j}(\theta_1+\theta_2)} & -\dfrac{\bar{Y}}{2+\bar{Y}}e^{-\text{j}2\theta_2} \end{bmatrix}$

4.8 $\Gamma_{\text{in}} = \dfrac{b_1}{a_1} = s_{11} + \dfrac{s_{12}s_{21}\Gamma_l}{1-s_{22}\Gamma_l}$

4.9 $[S'] = \begin{bmatrix} s_{11} & s_{12} & -s_{13} \\ s_{21} & s_{22} & -s_{23} \\ -s_{31} & -s_{32} & s_{33} \end{bmatrix}$

第 5 章

5.1 $\Gamma = 0.32e^{-\text{j}0.6\pi}$; $b = 0.67$

5.2 $b_1 = 0.57$ cm 或 1.75 cm

5.3 $\varepsilon_r' = 1.6$; $l = 0.67$ cm

5.5 $|\Gamma_{\text{in}}| = \dfrac{1}{2}\left|\dfrac{\sin\beta l}{\beta l}\right|\ln\bar{Z}_1$

5.6 耦合端：$P_3 = 0.0125$ W；隔离端：$P_4 = 5\times10^{-5}$ W；直通端：$P_2 = 24.9875$ W

5.7 $[S] = -\dfrac{1}{\sqrt{2}}\begin{bmatrix} 0 & j & 1 & 0 \\ j & 0 & 0 & 1 \\ 1 & 0 & 0 & j \\ 0 & 1 & j & 0 \end{bmatrix}$

5.8 $Z_{0e} = 59.8$ Ω; $Z_{0o} = 41.8$ Ω

5.10 $[S] = \dfrac{1}{\sqrt{2}}\begin{bmatrix} 0 & 1 & 1 & 0 \\ 1 & 0 & 0 & -1 \\ 1 & 0 & 0 & 1 \\ 0 & -1 & 1 & 0 \end{bmatrix}$

5.11 ① $[S] = \begin{bmatrix} 0 & e^{-\alpha l} \\ e^{-\alpha l} & 0 \end{bmatrix}$

② $[S] = \begin{bmatrix} 0 & \mathrm{e}^{-\mathrm{j}\theta} \\ \mathrm{e}^{-\mathrm{j}\theta} & 0 \end{bmatrix}$

③ $[S] = \begin{bmatrix} 0 & 0 \\ 1 & 0 \end{bmatrix}$

5.13 7.68 cm; $Q_0 = 2125$

5.14 入纸面

第 6 章

6.5 $2\theta_0 = 20°$; $2\theta_{0.5} = 14°$; -12.8 dB

6.6 ① $R_{\Sigma} = 20(kh)^4$;

② $D = 1.5$;

③ $h_{\mathrm{ein}} \approx h$

6.7 $E_{\varphi} = \dfrac{\omega \mu_0 p_{\mathrm{m}}}{2\lambda r} \sin\theta \mathrm{e}^{-\mathrm{j}kr}$; $H_{\theta} = -\dfrac{1}{\eta} \dfrac{\omega \mu_0 p_{\mathrm{m}}}{2\lambda r} \sin\theta \mathrm{e}^{-\mathrm{j}kr}$, 其中 $p_{\mathrm{m}} = abI_0 \cos\omega t$

6.8 $\boldsymbol{E} = -\mathrm{j} \dfrac{\eta I_0 \cos\omega t \, \mathrm{d}l}{2\lambda r} \mathrm{e}^{-\mathrm{j}kr} [\hat{\boldsymbol{a}}_{\theta} \cos\theta \sin\varphi + \hat{\boldsymbol{a}}_{\varphi} \cos\varphi]$

$\boldsymbol{H} = -\mathrm{j} \dfrac{I_0 \cos\omega t \, \mathrm{d}l}{2\lambda r} \mathrm{e}^{-\mathrm{j}kr} [\hat{\boldsymbol{a}}_{\varphi} \cos\theta \sin\varphi - \hat{\boldsymbol{a}}_{\theta} \cos\varphi]$

第 8 章

8.4 $Z_{\mathrm{in}} = 50 - \mathrm{j}21.8$ Ω

8.5 ① $F_E(\theta) = \left| \dfrac{\cos\left(\dfrac{\pi}{2}\cos\theta\right)}{\sin\theta} \right| \left| \cos \dfrac{\pi}{4}(1 + \sin\theta) \right|$,

$F_H(\varphi) = \left| \cos \dfrac{\pi}{4}(1 + \cos\varphi) \right|$;

② $F_E(\theta) = \left| \dfrac{\cos\left(\dfrac{\pi}{2}\cos\theta\right)}{\sin\theta} \right| \left| \cos \dfrac{\pi}{4}(1 + 3\sin\theta) \right|$,

$F_H(\varphi) = \left| \cos \dfrac{\pi}{4}(1 + 3\cos\varphi) \right|$

8.7 ① $|A(\psi)| = \dfrac{1}{12} \left| \dfrac{\sin 6\psi}{\sin \dfrac{\psi}{2}} \right|$, 其中 $\psi = kd \cos\varphi + \zeta$;

② 边射阵: $|A(\psi)| = \dfrac{1}{12} \left| \dfrac{\sin(6\pi\cos\varphi)}{\sin\left(\dfrac{\pi}{2}\cos\varphi\right)} \right|$

端射阵：$|A(\psi)| = \dfrac{1}{12}\left|\dfrac{\sin 6\pi(\cos\varphi+1)}{\sin\frac{\pi}{2}(\cos\varphi+1)}\right|$

8.8　① $|E_\varphi| = 11.5\ \text{mW/m}$

　　　② $|E_\varphi| = 11.5\ \text{mW/m}$

8.9　① $F_H(\varphi) = \left|\cos\left(\dfrac{\pi}{2}\cos\varphi\right)\right|^4$

　　　② $2\varphi_{0.5} = 30.3°$

8.10　$A_e = 0.13\lambda^2$

8.11　$P_{L\max} = 0.76\ \mu\text{W}$

8.12　$h_{em} \approx 1\ \text{m}；R_\Sigma = 0.0192\ \Omega$

8.13　$R_{in} = 6.86\ \Omega；\eta_A \approx 0.27$

8.14　$h_{ein} = 102.2\ \text{m}$

$$R_\Sigma = 30\int_0^\pi \frac{\cos\beta h'\cos(\beta h\cos\theta) - \sin\beta h'\sin(\beta h\cos\theta) - \cos\beta(h+h')}{[\cos\beta h' - \cos\beta(h+h')]^2\,\sin\theta}\,\mathrm{d}\theta$$

数值计算结果：$R_\Sigma = 37.6\ \Omega$

8.15　$H = 20\ \text{m}$

8.16　$D_\Delta = 10.8$

8.17　① $F(\theta) = \dfrac{\sin\theta\sin[\pi(1-\cos\theta)]}{1-\cos\theta}$

　　　② $F(\theta) = \dfrac{\sin\theta\sin[5\pi(1-\cos\theta)]}{1-\cos\theta}$

8.19　$G(\theta,\varphi) = 3\sin^2\theta；D = 3$

第 9 章

9.7　① $F_H(\theta) = \left|\dfrac{\cos\left(\frac{ka}{2}\sin\theta\right)}{1-\left(\frac{ka}{\pi}\sin\theta\right)^2}\right|\left|\dfrac{1+\cos\theta}{2}\right|；$　② $2\theta_{0.5} = 68°\dfrac{\lambda}{a}；$

　　　③ $\theta = \arcsin\left(1.5\dfrac{\lambda}{a}\right)；$　　　　　　　　　④ $-23\ \text{dB}$

9.8　$\upsilon = 0.966$

9.9　① $\dfrac{f}{D} = 4$　② $\upsilon = 0.99$　③ $G = 1.7\times10^4\ D_0$

9.10　$D = 2726$　　$2\theta_{0.5} = 3.5°$

9.11　$f_e = 4.86\ \text{m}$

参 考 文 献

[1] 鲍家善，等. 微波原理[M]. 北京：高等教育出版社，1985.

[2] 廖承恩. 微波技术基础[M]. 西安：西安电子科技大学出版社，1994.

[3] 顾茂章，等. 微波技术[M]. 北京：清华大学出版社，1989.

[4] 吴万春，梁昌洪. 微波网络及其应用[M]. 北京：国防工业出版社，1980.

[5] 魏文元，等. 天线原理[M]. 北京：国防工业出版社，1985.

[6] 周朝栋，等. 线天线理论与工程[M]. 西安：西安电子科技大学出版社，1988.

[7] 刘克成，等. 天线原理[M]. 长沙：国防科技大学出版社，1989.

[8] 王元坤. 电波传播概论[M]. 北京：国防工业出版社，1984.

[9] 柯林 R E. 微波工程基础[M]. 吕继尧，译. 北京：人民邮电出版社，1981.

[10] 柯林 R E. 天线与无线电波传播[M]. 王百锁，译. 大连：大连海运学院出版社，1988.

[11] POZAR D M. Microwave Engineering[M]. 4th ed. Hoboken：John Wiley & Sons, Inc., 2012.

[12] WOLFF E A, KAUL R. Microwave Engineering and Systems Applications[M]. Jon Wiley & sons, 1988.

[13] GUPTA K C, GARG R, BAHL I J. Microstrip Lines and Slotlines[M]. Artech House Inc., 1979.

[14] ELLIOTT R S. Antenna Theory and Design[M]. Prentice - Hill Inc., 1981.

[15] 杨恩耀，等. 天线[M]. 北京：电子工业出版社，1984.

[16] 孙立新，等. 第三代移动通信技术[M]. 北京：人民邮电出版社，2000.

[17] 解金山，等. 光纤通信技术[M]. 北京：电子工业出版社，1997.

[18] 汪国铎，等. 微波遥感[M]. 北京：电子工业出版社，1989.

[19] 傅海阳. SDH 数字微波传输系统[M]. 北京：人民邮电出版社，1998.

[20] 刘永坦. 雷达成像技术[M]. 哈尔滨：哈尔滨工业大学出版社，1999.

[21] 张志涌，等. 掌握和精通 MATLAB[M]. 北京：北京航空航天大学出版社，1999.

[22] FINKENZELLER K. 射频识别(RFID)技术[M]. 陈大才，译. 北京：电子工业出版社，2001.

[23] CHANG K. RF and Microwave Wireless System[M]. Newyork：John Wiley & Sons Inc., 2000.

[24] 李宗谦，佘京兆，高葆新. 微波工程基础[M]. 北京：清华大学出版社，2004.

[25] BOZZI M, GEORGIADIS A, WU K. Review of substrate-integrated waveguide circuits and antennas. IET Microw. Antennas Propag. 2011, 5(8)：909 - 920.

[26] DESLANDES D, WU K. Integrated microstrip and rectangular waveguide in planar form. IEEE Microw. Wireless Compon. Lett. 2001, 11(2)：68 - 70.

[27] DESLANDES D, WU K. Single-substrate integration technique of planar circuits and waveguide filters. IEEE Trans. Microw. Theory Techn. 2003, 593 - 596.

[28] 王家礼，郝延红，孙璐. 微波有源电路理论分析及设计[M]. 西安：西安电子科技大学出版社，2012.

[29] 傅君眉. 微波无源和有源电路原理[M]. 西安：西安交通大学出版社，1988.

[30] LEE T H. 平面微波工程：理论、测量与电路[M]. 余志平，孙玲玲，王皇，译. 北京：清华大学出版社，2014.

[31] 梁昌洪，陈曦. 电磁理论前沿探索扎记. 北京：电子工业出版社，2012.

[32] 张嘉伟. 双频圆极化天线的实现[D]. 西安电子科技大学硕士论文.